西安航空学院图书馆
3176717

普通高等教育农业农村部“十三五”规划教材
全国高等农林院校“十三五”规划教材
全国高等农业院校优秀教材

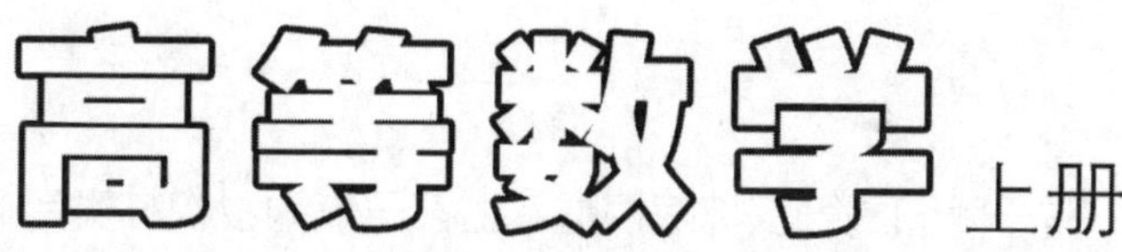

高等数学 上册

GAODENG SHUXUE

第三版

张香云　王家军　主编

U0291254

中国农业出版社
北　京

内容简介

鉴于我国高等农林院校基本上都已成为以农林类专业为特色和优势专业的多学科性大学的实际状况，本教材在体现农林特色的基础上，主要适应经管类、兼顾工科类专业教学，以“知识理论系统严谨，习题分层设置，给学生预留学习空间”为原则．全套书(上、下册)可满足普通高校 96～160 学时、不同类别专业的本科教学需要，并为组织分级(或分层次)教学提供方便．

本教材分为上、下两册．上册内容包括：函数与极限、函数连续性、导数与微分、微分中值定理及导数应用、不定积分、定积分及其应用、微分方程等．下册内容包括：空间解析几何与向量代数初步、多元函数微分学、重积分、曲线与曲面积分、无穷级数等内容．

为链接中学数学课改现状与高等数学课程的教学需要，在书末以附录形式给出了常用中学数学公式、极坐标与复数简介、微积分简史等．为方便学生学习和参考，分类积分表及本册各章节练习题的答案或提示(思考或证明题除外)也放在附录之中．

与本册教材相配套，我们编写有《高等数学学习指导与习题解析》(上册)．

第三版编写人员名单

主　编　张香云　王家军

副主编　宋红凤　张居丽

参　编　叶彩儿　丁素芬　李小亮
刘　静　贺志民　黄　敏

第一版编写人员名单

主　编　王家军

副主编　张香云　邬良春　徐光辉

参　编　胡　琴　宋红凤　张居丽

第二版编写人员名单

主　编　张香云　王家军

副主编　宋红凤　张居丽

参　编　叶彩儿　丁素芬　李小亮
　　　　刘　静　贺志民　黄　敏

第三版前言

本教材是王家军主编的《高等数学》(上册)的第三版，由王家军为总主编统筹修订．原书分别是农业部“十一五”“十二五”规划教材，并于2014年被评为“全国高等农业院校优秀教材”．

在已经连续使用九年的基础上，本次修订主要是顺应加强本科教育、重视基础教学的改革要求，以及不同专业对高等数学课程教学要求的新变化，进行了一些调整和优化．主要体现在：

1. 调整

在保持原书理论体系的前提下，针对不同专业或层次的教学需要，对原版内容进行微调．强调各专业依规定学时确定教学内容，对拓展性练习题予以标识(带“*”号).

2. 精简

适当精简或降低理论难度(如泰勒公式、级数部分等). 同时删去了原版中一些难度较大的例题，改换或增加了应用性例题．

3. 优化

保持原书中习题按“基本、提高、综合”三个层次的设置，对原版习题进行了优化和适度调整，习题中虚线下方为选做题．

4. 勘误

对原版中的一些录入性错误和叙述表达作了进一步修正完善．

对于本教材仍可能存在的问题与不足，敬请读者一如既往地提出批评建议．

编　者

2018年3月于杭州

第一版前言

随着高等教育大众化的深入发展，特别是高校相继实行大类招生并组织教学的形势下，提高高等数学的教学质量和大学生的科学素养，已经成为人们关注的焦点．作为全国高等农林院校“十一五”规划教材，本教材以教育部高教司《经济数学基础》及《工科类本科数学基础课程的数学基本要求》为指导，为方便工、管兼用或实行分类(分层次)教学而编写．

在内容安排方面，我们力图体现如下特点：

1. 充分关注中学实施新课程标准的课改实际，注重与中学数学知识相衔接．考虑到中学文科学生的学习情况，书中增加了极限部分的内容和例题；将高等数学经常用到而中学强调不足的相关知识列在附录之中，为学生提供学习上的参考与帮助．

2. 方便组织教学，内容系统简练，叙述循序渐进，例题典范全面．基本概念尽量由实例引入，定理公式则注重由果索因．既降低难度，又使学生能够领略数学发现与发展的过程，有利于培养创新思维能力．

3. 突出学习指导，便于学生自学．行文尽量通俗易懂，公式使用交代了注意事项．作为对重要内容的诠释、强调、引申和方法指导，分别安排了说明、注意、附注和评注；对前后关联性较强的内容，如函数极限与数列极限、多元微积分和一元微积分的相关知识，则按照“对照理解，突出区别”的原则加强了联系与沟通．这既是培养学生认知能力、促进理解和掌握的需要，也是我们多年建设精品课程、坚持“改进教学方法与进行学习指导相结合”教改实践的成果体现．

4. 强调微积分理论与方法的应用(特别给出了经济或农林方面的例

子)，展现微积分理论的历史真实与现实活力．理论联系实际，满足专业需要，开阔学生视野，培养应用能力．

5. 每节内容之后，都安排有分类习题：思考题侧重对概念和定理的理解；练习题满足对基本概念和解题方法的训练；提高题(以虚线划分)和总练习题则为学有余力者(或进行总复习)提供进一步的练习题材．

此外，为体现数学文化教育的思想，附录中还安排了微积分简史，以期培养学生学习数学、热爱数学的兴趣，提高其科学素养．

必须指出，根据所在学校的课程教学大纲去选择材料和组织教学，是任课老师的义务和权利．本教材在内容编排方面所做的安排，仅供参考．

本教材由浙江农林大学与南京林业大学联合编写．在使用多年的讲稿基础上，结合参编者的教学经验和教改成果修订而成．编写中受到了中国农业出版社、两所学校相关部门领导、教研室同仁的大力支持，在此表示衷心感谢！对所参照的众多同类书籍的作者，谨表示诚挚的敬意！

尽管我们做出了较大努力，但限于水平，错误或不足之处在所难免，敬请读者或同行批评指正．

编　者

2009 年 5 月

目 录

第一章　函数与极限

高等数学的主要研究对象是函数．本章作为全书的知识基础，将在中学数学的基础上复习或深化函数的概念、给出函数极限及其性质的讨论．

第 1 节　函　　数

本节是对中学函数概念的复习和深化．

一、集合与区间

1. 集合及其符号表示

集合是数学的一个原始概念，即指具有某种相同属性的对象的全体．在这里，对象称为集合的元素．本教材以大写英文字母 A，B，C，…表示**集合**，以小写英文字母 a，b，c，…表示集合的**元素**．如“a 是集合 A 的元素”，记为 $a\in A$（读作：a 属于 A）；而将“a 不是集合 A 的元素”记为 $a\notin A$（读作：a 不属于 A）．

集合的元素可以是具体的，也可以是抽象的．如 $A=\{$某学院 09 级新生$\}$，实数集合 $B=\{x|x^2>1\}$等．

本教材用到的集合主要是**实数集**．如果没有特别声明，以后提到的数都是**实数**；全体自然数的集合记作 **N**，全体整数的集合记作 **Z**，全体有理数的集合记作 **Q**，全体实数的集合记作 **R**.

符号“$\subset$，$\subseteq$，$\supset$，$\supseteq$，$\not\subset$”分别表示集合之间的大小与从属关系，如

$$\mathbf{N}\subset\mathbf{Z}\subset\mathbf{Q}\subset\mathbf{R}.$$

按照元素的多少，集合可简单地分为空集 $\varnothing$（不含任何元素）、有限集（仅含有限个元素）和无限集（含有无穷多个元素）3 类．

2. 区间

数集最常用的表示方式是区间．包括以下 4 种有限区间(图1－1)：

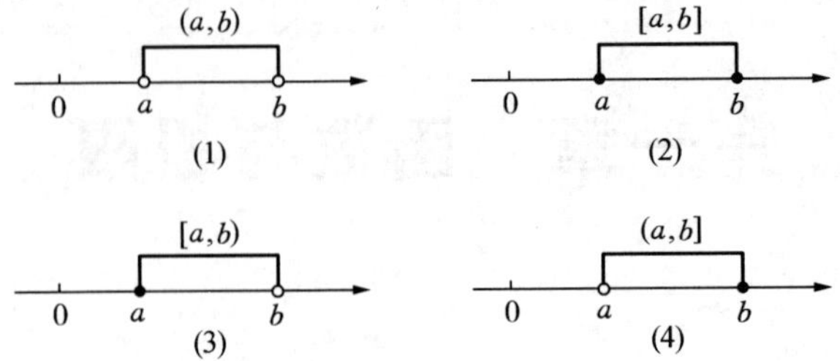

图 1－1

开区间$(a, b)=\{x \mid a<x<b\}$；闭区间$[a, b]=\{x \mid a\leqslant x\leqslant b\}$；

半开区间$(a, b]=\{x \mid a<x\leqslant b\}$或$[a, b)=\{x \mid a\leqslant x<b\}$.

和 5 种无限区间：

$$(a, +\infty)=\{x \mid a<x<+\infty\},\ [a, +\infty)=\{x \mid a\leqslant x<+\infty\},$$
$$(-\infty, b)=\{x \mid -\infty<x<b\},\ (-\infty, b]=\{x \mid -\infty<x\leqslant b\},$$
$$(-\infty, +\infty)=\{x \mid -\infty<x<+\infty\}=\mathbf{R}.$$

注意　这里的 a，$b\in\mathbf{R}$，且 $a<b$. 而“$-\infty$”或“$+\infty$”仅仅是表示无限的一种记号，而不是确定的结果(或数)，因此不能进行(像实数那样的)运算.

3. 邻域

一种特定的开区间形式——邻域是以后常用的．

设 x_0，$\delta\in\mathbf{R}$ 且 $\delta>0$，数集$\{x \mid |x-x_0|<\delta\}$称为点 x_0 的 δ **邻域**，记作 $U(x_0, \delta)$，即

$$U(x_0, \delta)=\{x \mid |x-x_0|<\delta\},$$

其中，点 x_0 叫作邻域$U(x_0, \delta)$的中心，δ 叫作该邻域的半径．

在实际使用(如后面对函数极限的讨论)中，往往需要去掉中心点 x_0 的邻域形式，即所谓点 x_0 的**去心 δ 邻域**(图 1－2)，记为

$$\mathring{U}(x_0, \delta)=\{x \mid 0<|x-x_0|<\delta\}.$$

考虑到上述 δ 取值大小的任意性，点 x_0 的邻域或去心邻域也常简记为 $U(x_0)$或$\mathring{U}(x_0)$.

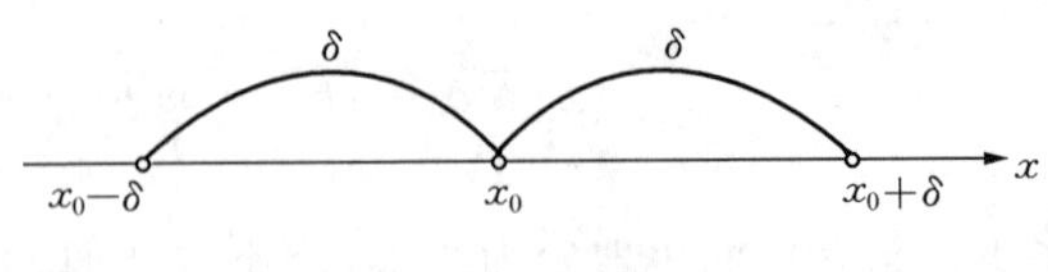

图 1－2

二、函数概念

自然现象或事物间的变化往往表现为数与量的形式，如温度、长度、面积等．由此产生了函数的概念．

定义1　设 x，y 是两个变量，$D\subset\mathbf{R}$ 是非空数集．如果存在确定的对应法则 f，使对任意的 $x\in D$，都有唯一确定的值 $y\in\mathbf{R}$ 与之对应，则称 f 是定义在 D 上的一个函数．记为

$$y=f(x),\ x\in D,$$

其中 D 称为函数的**定义域**，x 称为**自变量**，y 称为**因变量**；对每个给定的 $x_0\in D$，$y_0=f(x_0)\in\mathbf{R}$ 称为 x_0 的函数值；全体函数值的集合

$$f(D)=\{y\mid y=f(x),\ x\in D\}$$

称为函数的**值域**．

需要指出，记号 f 和 $f(x)$ 的含义是有区别的：前者表示由自变量 x 确定因变量 y 的对应法则(亦称函数关系)，其核心是由 x 到 y 的单值性；而后者表示自变量 x 所对应的具体函数值．但为了叙述方便，通常仍沿用记号 $f(x)$ 或 $y=f(x)$ 来表示函数．

注意　函数定义实质上强调了两个要素：确定的定义域和明确的单值性对应法则．这也是确定函数或进行函数比较的关键．

如果两个函数的定义域相同，对应法则也相同，则称这两个**函数相同**．例如 $y=1$ 与 $y=\sin^2x+\cos^2x$ 是相同的函数，而 $y=1$ 与 $y=\dfrac{x}{x}$ 不相同．

下面是几个重要的函数例子．

例1　符号函数

$$y=\operatorname{sgn}x=\begin{cases}1, & x>0,\\0, & x=0,\\-1, & x<0\end{cases}$$

的定义域 $D=(-\infty,\ +\infty)$，值域 $f(D)=\{-1,\ 0,\ 1\}$(图1-3).

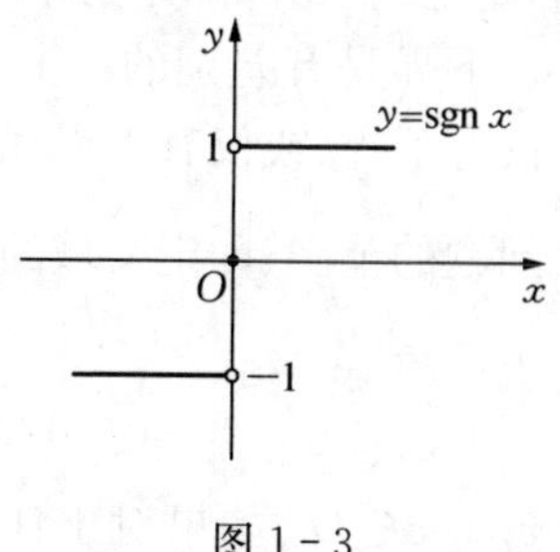

图1-3

例 2　取整函数　$y=[x]$. 即对任意实数 x，不超过 x 的最大整数简称为 x 的取整函数(图 1-4). 其定义域为 $D=(-\infty,\ +\infty)$，值域 $f(D)=\mathbf{Z}$(整数集).

例 3　绝对值函数　$y=|x|$. 即

$$f(x)=|x|=\begin{cases}x, & x\geqslant 0,\\ -x, & x<0.\end{cases}$$

称为绝对值函数(图 1-5). 其定义域 $D=(-\infty,\ +\infty)$，值域 $f(D)=[0,\ +\infty)$.

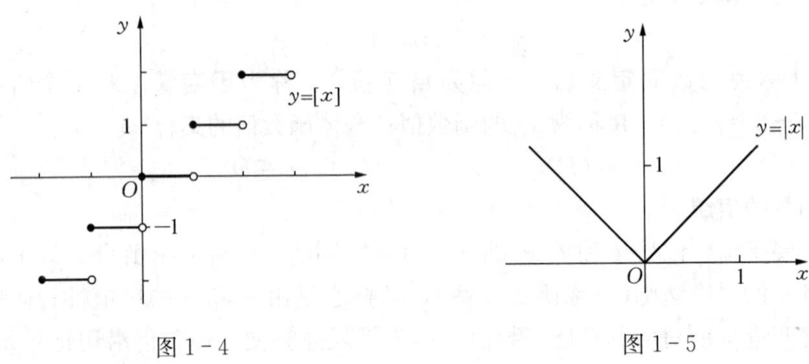

图 1-4　　　　图 1-5

三、函数的几种特性

函数的下面几种性质是十分重要的.

1. 有界性

作为对函数值域的整体性描述，有

定义 2　设函数 $y=f(x)$，$x\in D$. 如果存在正数 M，使对任意的 $x\in D$，都有 $|f(x)|\leqslant M$，则称 $f(x)$是在 D 上的**有界函数**(简称**有界**)；如果这样的 M 不存在，就称 $f(x)$是在 D 上的**无界函数**(简称**无界**).

如 $y=\sin x$ 在 $\mathbf{R}$ 上有界. 事实上：任给 $x\in\mathbf{R}$，都有 $|\sin x|\leqslant 1$(即 $M=1$).

注意　有界函数的等价定义是：如果存在常数 M_1 和 M_2，对于所有的 $x\in D$，都有 $M_1\leqslant f(x)\leqslant M_2$，则称 $f(x)$在 D 上有界.

这里，称 M_1 为 $f(x)$在 D 上的**下界**，M_2 为 $f(x)$在 D 上的**上界**.

必须指出，有界与有上、下界是有差别的：上界或下界仅是对 $f(x)$取值变化的单向限制. 特别是，仅有下界(或仅有上界)的函数是无界函数.

函数界的概念与所讨论问题的范围(即定义域的大小)有关，例如 $y=\dfrac{1}{x}$ 在 $(0,\ 2]$上无界，但在$[1,\ 2]$上有界.

2. 单调性

定义 3　设函数 $y=f(x)$，$x\in D$. 如果对于任意 x_1，$x_2\in D$，当 $x_1<x_2$

时，恒有 $f(x_1)<f(x_2)$，则称函数 $f(x)$ 在 D 上**单调增加**；反之，如果当 $x_1<x_2$ 时，恒有 $f(x_1)>f(x_2)$，则称函数 $f(x)$ 在 D 上**单调减少**．

说明　这里实际上定义的是**严格单调性**，简称单调性．以后不再专门说明，并将单调增加或单调减少的函数统称为**单调函数**．而且应该注意，单调性与函数的具体取值范围有着密切关系．

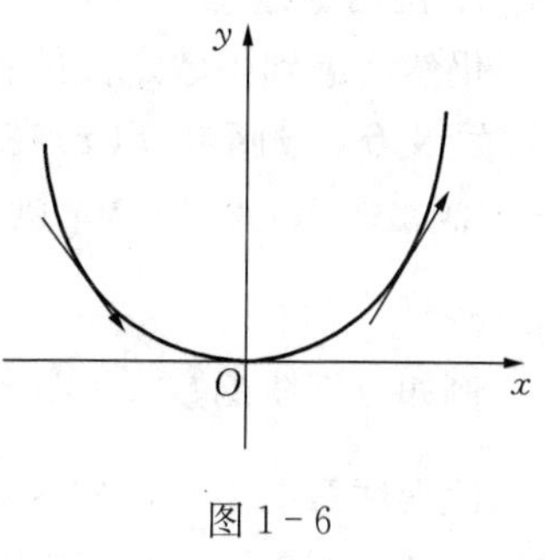

图 1－6

单调性反映在函数的图像上，即曲线 $y=f(x)$ 呈现“升”或“降”的特征．例如：$y=x^2$ 在 $[0, +\infty)$ 内单调增加，在 $(-\infty, 0]$ 内单调减少，但在 $(-\infty, +\infty)$ 内不是单调函数(图 1－6)．

3. 奇偶性

定义 4　设函数 $f(x)$ 的定义域 D 关于原点对称．对于任意的 $x\in D$，如果 $f(-x)=-f(x)$ 恒成立，则称 $f(x)$ 是 D 上的**奇函数**；而如果 $f(-x)=f(x)$ 恒成立，则称 $f(x)$ 是 D 上的**偶函数**．

例如，$y=x^2$ 在 $\mathbf{R}$ 上为偶函数，$y=x^3$ 在 $\mathbf{R}$ 上为奇函数，而 $y=x^2+x^3$ 在 $\mathbf{R}$ 上为非奇非偶函数．

4. 周期性

定义 5　设函数 $y=f(x)$，$x\in D$. 如果存在非零常数 l，使得对于任意的 $x\in D$，有 $x\pm l\in D$，且 $f(x\pm l)=f(x)$ 恒成立，则称 $f(x)$ 是**周期函数**．其中，数 l 叫作 $f(x)$ 的**周期**．

通常所谓的周期是指**最小正周期**，即对上述常数 l，有 $T=\min\{l \mid l>0\}$. 例如：函数 $y=\sin x$，$\cos x$ 以 2π 为周期，而 $y=\tan x$，$\cot x$ 以 π 为周期．

评注　(1) 周期函数的优点是能够实现“以局部代整体”，从而可简化讨论.

(2) 并非任意函数都有周期性，需要用定义严格判断．

(3) 周期函数的定义域一定是无限区间，但未必是整个数轴，如 $y=\sqrt{\sin x}$.

(4) 并非每个周期函数都有最小正周期．例如：**狄利克雷**(Dirichlet：1805—1859，德国数学家)**函数**

$$D(x)=\begin{cases}1, & x\in \mathbf{Q},\\ 0, & x\in \mathbf{R}\setminus\mathbf{Q}\end{cases}$$

以任意有理数为周期，但无最小正周期．

四、反函数

1. 反函数概念

仍然考虑到函数定义的特点，有

定义 6　设函数 $f(x)$在 D 上有定义．若对任意 $y\in f(D)$，都有唯一的 $x\in D$满足关系 $f(x)=y$，则称在 $f(D)$上定义了 $y=f(x)$的**反函数**，记作

$$x=f^{-1}(y),\ y\in f(D).$$

例如：直线函数 $y=2x-1$ 在 $\mathbf{R}$ 上有反函数 $x=\dfrac{y+1}{2}$，$y\in \mathbf{R}$.

值得注意的是，虽然函数与其反函数的定义域、值域实现了互换，但其图像仍是“一回事”，只不过观察的角度不同而已．但按照习惯，通常将反函数改记为

$$y=f^{-1}(x),\ x\in f(D).$$

这才产生了“函数与其反函数的图像关于直线 $y=x$ 对称”的结论．

2. 反函数的存在性定理

由函数定义中对应法则的单值性，结合反函数的说法可知，反函数存在的充要条件是：在定义域和值域之间，存在着一一对应：$D \xleftrightarrow{1-1} f(D)$.

由此出发，立得

定理　区间 I 上的单调函数必有反函数，且其反函数具有相同的单调性．

证明　不妨以函数 $y=f(x)$在 I 上单调增为例(单调减完全类似可证)．于是只需证明：对任意的 x_1，$x_2\in D$，恒有

$$x_1<x_2\Leftrightarrow f(x_1)<f(x_2)$$

即可；但这已由函数的单调增所保证．

附注　这就是反函数的存在性定理，它给出了反函数存在的充分性条件．但需要指出的是，此逆不真．例如，

例 4　$y=\begin{cases}x, & 0\leqslant x<1,\\ 3-x, & 1\leqslant x\leqslant 2\end{cases}$ 虽然在$[0,\ 2]$上有反函数，但该函数在$[0,\ 2]$上并非单调．

虽然一般函数并不总具有反函数，但如果缩小其定义区间，大都可以确定反函数．例如：$y=x^2$ 在其定义域 $\mathbf{R}$ 上没有反函数，但对于 $x>0$ 或 $x<0$ 却分别具有反函数：$x=\sqrt{y}$或 $x=-\sqrt{y}$.

五、复合函数

函数的复合运算是生成函数的重要手段．复合函数的概念在中学数学教

材中已经熟悉，例如：$y=\sin(x^2+1)$就是由 $y=\sin u$ 和 $u=x^2+1$ 复合而成的函数．

一般地，复合函数的定义如下：

定义7　设函数 $y=f(u)$的定义域为 D_1，而 $u=\varphi(x)$的定义域为 D_2．若 $\varphi(D_2)\subset D_1$，且对任意 $x\in D_2$，存在唯一的 $y\in \mathbf{R}$ 与之对应，则称 $y=f(\varphi(x))$ 是以 x 为自变量，u 为中间变量的**复合函数**．

注意　(1) 这里函数 $u=\varphi(x)$与 $y=f(u)$分别称为内、外函数，它们可以复合的关键条件是 $\varphi(D_2)\subset D_1$ 或 $\varphi(D_2)\cap D_1\neq\varnothing$，否则复合不能进行．例如函数 $y=\sqrt{u}$与 $u=-x^2-1$ 不能复合．

(2) 复合函数的定义域及值域也可由结果函数重新确定．如对

$$y=\sqrt{u}，u\in D_1=[0，+\infty) \text{ 和 } u=1-x^2，x\in D_2=(-\infty，+\infty)$$

的复合函数 $y=\sqrt{1-x^2}$，其定义域为 $D=[-1，1]\subset D_2$，值域为 $f(D)=[0，1]$.

(3) 复合运算的反面是**分解**．对复合函数的表达式，正确分离出其中各环节的基本函数，也具有十分重要的意义．如 $y=\sin\sqrt{1-a^x}$ 可分解为 $y=\sin u$，$u=\sqrt{v}$，$v=1-a^x$.

六、函数的四则运算

在满足函数定义的前提下，函数的四则运算定义如下：

设函数 $f(x)$，$x\in D_1$，$g(x)$，$x\in D_2$，则取 $D=D_1\cap D_2$ 时，$f(x)\pm g(x)$，$f(x)\cdot g(x)$均为 D 上的函数；且对 $g(x)\neq 0$，$\dfrac{f(x)}{g(x)}$也是 D 上的函数．

例如 $y=\sqrt{x}\ln x$ 是函数$\sqrt{x}$与 $\ln x$ 的乘积形式，其中，$\sqrt{x}$的定义域 $D_1=\{x\mid x\geqslant 0\}$，而 $\ln x$ 的定义域 $D_2=\{x\mid x>0\}$，故积函数的定义域为 $D=\{x\mid x>0\}$.

又如分式函数 $y=\dfrac{x^2-1}{x+1}$表示为 x^2-1 与 $x+1$ 的商，其中，分子、分母函数的定义域均为实数集 $\mathbf{R}$. 但考虑到分母不能为 0，故分式函数的定义域应为 $(-\infty，-1)\cup(-1，+\infty)$.

习题 1-1

思考题

单调函数一定有反函数，非单调的函数是否一定不存在反函数？

练习题

1. 求下列函数的定义域．

(1) $y=\sqrt{2+x-x^2}$；　　(2) $y=\sin x+\tan x$；

(3) $y=\dfrac{x^2-1}{x^2-3x+2}$.

2. 求下列函数值．

(1) 设 $f(x)=\sin x+\cos x$，求 $f\left(\dfrac{\pi}{2}\right)$，$f(x_0)$，$f(x_0+\Delta x)$；

(2) 设 $\varphi(x)=\begin{cases}|\sin x|, & |x|<3,\\ 0, & |x|\geqslant 3,\end{cases}$ 求 $\varphi\left(\dfrac{\pi}{6}\right)$，$\varphi\left(-\dfrac{\pi}{4}\right)$，$\varphi(-2)$，$\varphi(3)$.

3. 判断下列函数是否相同，并说明理由．

(1) $f(x)=\dfrac{x}{x}$ 与 $\varphi(x)=1$；　(2) $f(x)=\dfrac{2(x^2-1)}{x-1}$ 与 $\varphi(x)=2(x+1)$；

(3) $y=3x-1$ 与 $u=3v-1$.

4. 设 $f(x)=\sin x$，$\varphi(x)=x^2$，求 $f(\varphi(x))$，$\varphi(f(x))$.

5. 设 $f\left(x+\dfrac{1}{x}\right)=x^2+\dfrac{1}{x^2}$，求 $f(x)$.

6. 设 $\varphi(x+1)=\begin{cases}x^3, & 0\leqslant x\leqslant 1,\\ 3x, & 1<x\leqslant 2,\end{cases}$ 求 $\varphi(x)$.

7. 将下列函数分解成若干个简单函数．

(1) $y=\log_a\sqrt{x}$；　　(2) $y=(1-x^2)^{10}$；

(3) $y=(\tan\sqrt{1-x^2})^3$.

8. 已知 $f(x+2)=x^2\mathrm{e}^x+4$，求 $f(x)$ 的表达式．

9. 设 $f(x)=\begin{cases}2x+1, & x\geqslant 0,\\ x^2+2x-1, & x<0,\end{cases}$ 求 $f(x-2)$.

第2节　初等函数

本节是对中学所学主要函数内容的复习和深化．

一、基本初等函数

1. 常数函数

$y=C$（C 为常数），$D=\mathbf{R}$.

常数函数的图像是一条与 x 轴平行的直线(图 1－7).

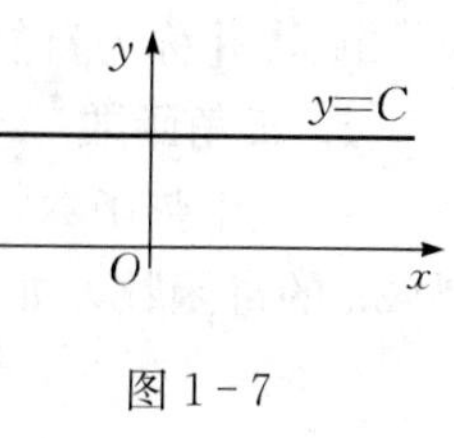

图 1－7

2. 幂函数

$y=x^{\alpha}$，其中 α 为常数，但 $\alpha \neq 0$.

幂函数的定义域和值域随 α 值的不同而不同．但不论 α 为何值，其定义域必包含 $x>0$. 当 $x>0$ 时，若 $\alpha>0$，则 $y=x^{\alpha}$ 为严格单调递增函数；若 $\alpha<0$，则 $y=x^{\alpha}$ 为严格单调递减函数．如图 1－8(a)和(b)所示．

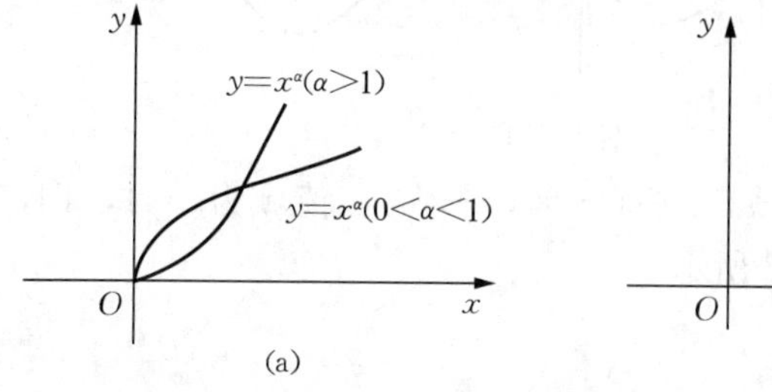

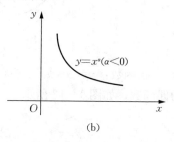

图 1－8

3. 指数函数

$y=a^{x}$，其中 $a>0$ 且 $a \neq 1$.

当 $a>1$ 时，$y=a^{x}$ 为严格单调递增函数；当 $0<a<1$ 时，$y=a^{x}$ 为严格单调递减函数．指数函数的图像总位于 x 轴的上方且经过点(0，1)，如图 1－9 所示．

4. 对数函数

$y=\log_{a}x$，其中 $a>0$，且 $a \neq 1$.

当 $a>1$ 时，$y=\log_{a}x$ 为严格单调递增函数；当 $0<a<1$ 时，$y=\log_{a}x$ 为严格单调递减函数．对数函数的图像总位于 y 轴右方，且过点(1，0)，如图 1－10 所示.

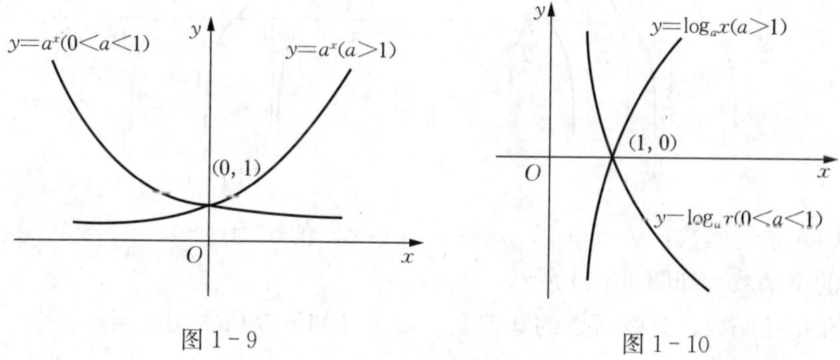

图 1－9　　图 1－10

说明　$y=\log_{a}x$ 与 $y=a^{x}$ 互为反函数．特别对 $a=\mathrm{e}$ 的特殊形式记为

$y=\ln x$，并称为自然对数函数．显然，它与 $y=e^x$ 互为反函数．

5. 三角函数

（1）正弦函数：$y=\sin x$，$x\in(-\infty,+\infty)$，值域为$[-1,1]$，是周期为 2π 的奇函数，如图 1－11 所示．

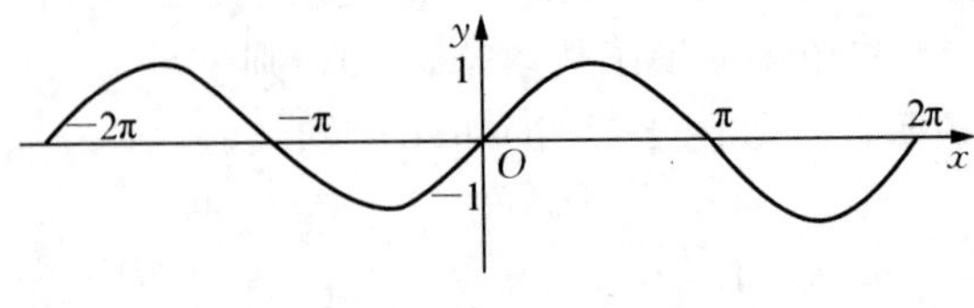

图 1－11

（2）余弦函数：$y=\cos x$，$x\in(-\infty,+\infty)$，值域为$[-1,1]$，是周期为 2π 的偶函数，如图 1－12 所示．

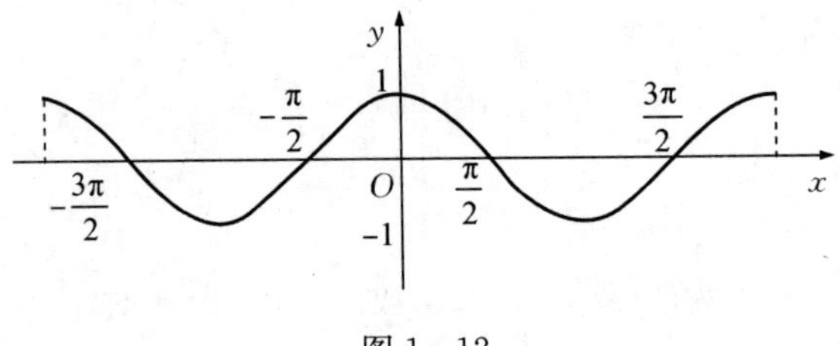

图 1－12

（3）正切函数：$y=\tan x$，$x\neq k\pi+\dfrac{\pi}{2}$，$k\in\mathbf{Z}$，值域为$(-\infty,+\infty)$，是周期为 π 的奇函数，如图 1－13 所示．

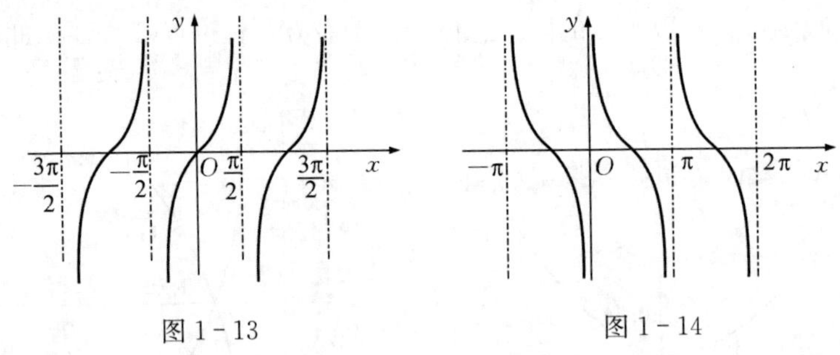

图 1－13　　　　图 1－14

（4）余切函数：$y=\cot x$，$x\neq k\pi$，$k\in\mathbf{Z}$，值域为$(-\infty,+\infty)$，是周期为 π 的奇函数，如图 1－14 所示．

在正弦函数、余弦函数的基础上，可定义如下今后常用的函数：

（5）正割函数：$y=\sec x=\dfrac{1}{\cos x}$，$x\neq k\pi+\dfrac{\pi}{2}$，$k\in\mathbf{Z}$，值域为$(-\infty,-1]\cup$

$[1, +\infty)$.

(6) 余割函数：$y=\csc x=\dfrac{1}{\sin x}$，$x\neq k\pi$，$k\in\mathbf{Z}$，值域为$(-\infty, -1]\cup[1, +\infty)$.

6. 反三角函数

(1) 反正弦函数：$y=\arcsin x$，$x\in[-1, 1]$，值域为$\left[-\dfrac{\pi}{2}, \dfrac{\pi}{2}\right]$，如图 1-15 所示.

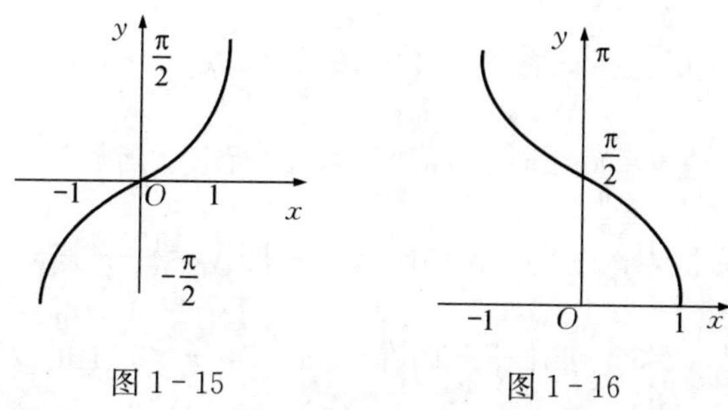

图 1-15　　图 1-16

说明　由于正弦函数 $y=\sin x$ 在$\left[-\dfrac{\pi}{2}, \dfrac{\pi}{2}\right]$上严格单调递增，值域为$[-1, 1]$，因此 $y=\arcsin x$ 是 $y=\sin x$ 在$\left[-\dfrac{\pi}{2}, \dfrac{\pi}{2}\right]$(称为主值区间)上的反函数.

(2) 反余弦函数：$y=\arccos x$，$x\in[-1, 1]$，值域为$[0, \pi]$，如图 1-16 所示.

说明　由于余弦函数 $y=\cos x$ 在$[0, \pi]$上严格单调递减，值域为$[-1, 1]$，故 $y=\arccos x$ 是 $y=\cos x$ 在$[0, \pi]$(称为主值区间)上的反函数.

(3) 反正切函数：$y=\arctan x$，$x\in\mathbf{R}$，值域为$\left(-\dfrac{\pi}{2}, \dfrac{\pi}{2}\right)$，如图 1-17 所示.

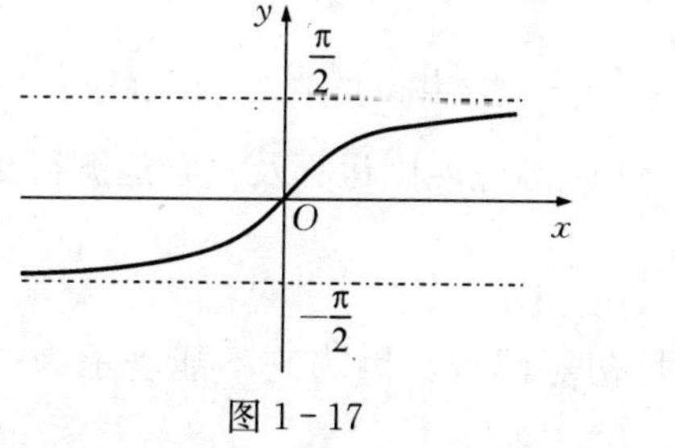

图 1-17

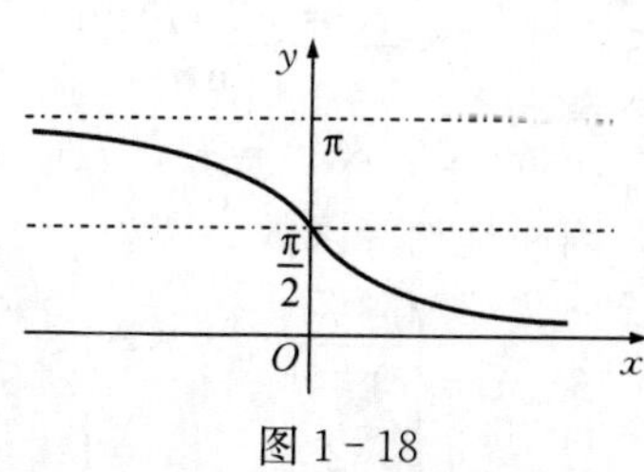

图 1-18

说明　由于正切函数 $y=\tan x$ 在 $\left(-\frac{\pi}{2},\ \frac{\pi}{2}\right)$ 上严格单调递增，值域为 $\mathbf{R}$，故 $y=\arctan x$ 是 $y=\tan x$ 在 $\left(-\frac{\pi}{2},\ \frac{\pi}{2}\right)$（称为主值区间）上的反函数．

(4) 反余切函数：$y=\operatorname{arccot} x$，$x\in\mathbf{R}$，值域为 $(0,\ \pi)$，如图 1-18 所示．

说明　余切函数 $y=\cot x$ 在 $(0,\ \pi)$ 上严格单调递减，值域为 $\mathbf{R}$，故 $y=\operatorname{arccot} x$ 是 $y=\cot x$ 在 $(0,\ \pi)$（称为主值区间）上的反函数．

例 1　求函数 $y=\cos 3x$ 在 $\left[0,\ \frac{\pi}{3}\right]$ 上的反函数．

解　因为 $x\in\left[0,\ \frac{\pi}{3}\right]$，故 $3x\in[0,\ \pi]$，所以 $y=\cos 3x$ 在 $\left[0,\ \frac{\pi}{3}\right]$ 上单调递减，且 $\left[0,\ \frac{\pi}{3}\right]$ 是 $y=\cos 3x$ 的主值区间，故所求反函数为 $3x=\operatorname{arcos} y$，$y\in[-1,\ 1]$，按照习惯，改写为 $3y=\arccos x$，即 $y=\frac{\arccos x}{3}$，$x\in[-1,\ 1]$.

例 2　求函数 $y=3+\tan\left(\frac{x}{2}+1\right)$ 在 $(-\pi-2,\ \pi-2)$ 上的反函数．

解　由 $\frac{x}{2}+1\in\left(-\frac{\pi}{2},\ \frac{\pi}{2}\right)$，知 $y=3+\tan\left(\frac{x}{2}+1\right)$ 在 $(-\pi-2,\ \pi-2)$ 上单调递增，且 $(-\pi-2,\ \pi-2)$ 是 $y=3+\tan\left(\frac{x}{2}+1\right)$ 的主值区间，故所求反函数为

$$\frac{x}{2}+1=\arctan(y-3),$$

即

$$x=2\arctan(y-3)-2,\ y\in(-\infty,\ +\infty).$$

按照习惯，改写为

$$y=2\arctan(x-3)-2,\ x\in(-\infty,\ +\infty).$$

二、初等函数

由基本初等函数经过有限次四则运算或复合而得到，且可以表示为一个解析式子的函数，统称为初等函数．

例 3　(1) $y=\frac{x\cos x+\arcsin x^2}{\ln x}$ $(0<x<1)$ 是由 $f_1(x)=x$，$f_2(x)=\cos x$，$f_3(x)=\arcsin x$，$f_4(x)=x^2$，$f_5(x)=\ln x$ 经过四则运算及复合运算得到的结果函数，因而是初等函数．

(2) $f(x)=\begin{cases}\frac{x^2-1}{x-1}, & x\neq 1,\\ 2, & x=1\end{cases}$ 不是初等函数，因为它不能表示为一个解

析式．

注意　分段函数一般不是初等函数，但是分段函数在其各个定义区间段上的解析式都是初等函数．

习题 1－2

思考题

下列函数是初等函数吗?

(1) $y=|x|$；

(2) $y=\operatorname{sgn} x$.

练习题

1. 求下列函数在指定区间上的反函数．

(1) $y=\sin 3x$，$x\in\left[-\frac{\pi}{6},\ \frac{\pi}{6}\right]$；

(2) $y=2-\cos x$，$x\in[0,\ \pi]$.

2. 指出下列初等函数是如何构成的，并写出其定义域．

(1) $y=\sqrt{x+2}$；

(2) $y=\arctan x+\sqrt{1-x}$；

(3) $y=\frac{e^x}{3x+2}$；

(4) $y=\sin(x+1)$.

第3节　数列极限

极限是高等数学中的基础性概念．我国古代数学家刘徽曾用内接正 6 边形，正 12 边形，…，正 192 边形等去逼近单位圆周，计算出了居世界领先水平的圆周率近似值 3.1416，其中就蕴涵了十分明确的极限思想．

一、数列的概念

我们知道，按照某确定法则排列着的无穷多个数

$$x_1,\ x_2,\ \cdots,\ x_n,\ \cdots \tag{1}$$

叫作**数列**．数列中的每一个数叫作该数列的项，其第 n 项 x_n 称为数列的一般项．按照集合的形式，数列(1)也常记为$\{x_n\}$.

对于无穷数列，我们主要关心该数列的变化趋势．例如下面几个数列

$$\frac{1}{2},\ \frac{1}{4},\ \frac{1}{8},\ \cdots,\ \frac{1}{2^n},\ \cdots;$$

$$2,\ 0,\ 2,\ \cdots,\ 1+(-1)^{n-1},\ \cdots;$$

$$2,\ 4,\ 6,\ \cdots,\ 2n,\ \cdots;$$

$$2,\ \frac{3}{2},\ \frac{4}{3},\ \cdots,\ \frac{n+1}{n},\ \cdots$$

的变化趋势是不一样的：数列$\left\{\frac{1}{2^n}\right\}$的通项随着$n$的无限增大而无限接近于数 0；数列$\{1+(-1)^{n-1}\}$随着$n$的无限增大却不能与任意常数无限接近；数列$\{2n\}$随着$n$的不断增大无限增大；数列$\left\{\frac{n+1}{n}\right\}$则随着$n$的无限增大而无限接近于常数 1.

二、数列极限的定义

对于上述讨论的一般说法，我们引入数列极限的定义：

定义 1　设有数列$\{x_n\}$和常数a，若当n无限增大时，x_n无限接近于常数a，则称a为数列$\{x_n\}$的极限，也称数列$\{x_n\}$收敛于a. 记作

$$\lim_{n\to\infty}x_n=a \text{ 或 } x_n\to a(n\to\infty).$$

否则称数列$\{x_n\}$没有极限或发散.

但严格地讲，这样的极限概念只是一种描述性的说法——因为“x_n无限接近于a”中的“无限接近”本身就是含混的. 为此，我们以数列$\left\{x_n=\frac{n+1}{n}\right\}$为例，分析“当$n\to\infty$时，$x_n$无限接近于常数$a$”的本质含义，并由此引出数列极限的精确定义.

我们知道，数a与数b之间的接近程度可以用绝对值$|b-a|$来衡量：$|b-a|$越小，就表示数轴上的点a与点b之间距离越小，即a与b越接近. 用这种量化的形式描述“当$n\to\infty$时，数列$\left\{x_n=\frac{n+1}{n}\right\}$无限接近于常数 1”这个几何事实，当然是科学而合理的. 例如，由于

$$|x_n-1|=\left|\frac{n+1}{n}-1\right|=\frac{1}{n},$$

而“x_n与数 1 的距离无限变小”就意味着：无论事先给出怎样小的一个正数ε，只要通过解不等式

$$|x_n-1|=\left|\frac{n+1}{n}-1\right|=\frac{1}{n}<\varepsilon,$$

即可确定从某项开始，上述“距离”都能够满足并保持“比数ε更小”的特定

要求．具体举例如下：

如果要求“x_n 与 1 的距离比$\frac{1}{10}$小”，则通过解 $|x_n-1|=\frac{1}{n}<\frac{1}{10}$，得到 $n>10$，这就意味着从第 11 项起，该数列中的各项 x_n 与数 1 的距离都比$\frac{1}{10}$小；

如果要求“x_n 与 1 的距离比$\frac{1}{10^2}$小”，则同上由 $|x_n-1|=\frac{1}{n}<\frac{1}{10^2}$可得 $n>100$，即从第 101 项起，该数列中的各项 x_n 与 1 的距离都比$\frac{1}{10^2}$小；

……

当然，任何实际正数的“小”都是相对的，因而不足以表示“任意小”．为此，我们用上面引进的希腊字母 ε 来表示“任意给定的正数”（其小的程度没有限制），并用 ε 来刻画“x_n 与 1 的接近程度”，就产生了数列极限的精确定义.

定义 2　设数列$\{x_n\}$，a 是常数．如果对任意给定的 $\varepsilon>0$，总存在正整数 N，使当 $n>N$ 时，恒有 $|x_n-a|<\varepsilon$，则称常数 a 是数列$\{x_n\}$的极限，或称数列$\{x_n\}$收敛于 a. 记作

$$\lim_{n\to\infty}x_n=a \text{ 或 } x_n\to a(n\to\infty).$$

说明　① 定义中的 ε 表示取值能够无限变小的变量，因而“任给 $\varepsilon>0$”可以描述“x_n 与 a 任意接近的程度”；而“总存在 N”意味着：对给定的 $\varepsilon>0$，满足不等式 $|x_n-a|<\varepsilon$ 的临界自然数 N 必须存在．但应该注意，作为不等式的解，这样的自然数 N 并不唯一，这里的关键是其存在！

可见，“ε 和 N”是本定义的两个要素，因而上述定义通常被称为数列极限的“$\varepsilon-N$”语言．

例 1　证明$\lim\limits_{n\to\infty}\frac{n+1}{n}=1$.

证明　对于任意的 $\varepsilon>0$，由

$$|x_n-1|=\left|\frac{n+1}{n}-1\right|=\frac{1}{n}<\varepsilon，解得 n>\frac{1}{\varepsilon}.$$

故取 $N=\left[\frac{1}{\varepsilon}\right]$，则当 $n>N$ 时，即恒有 $|x_n-1|<\varepsilon$ 成立．从而由定义知

$$\lim_{n\to\infty}\frac{n+1}{n}=1.$$

例 2　证明$\lim\limits_{n\to\infty}\frac{1}{2^n}=0$.

证明　对于任意的$0<\varepsilon<1$，由

$$\left|\frac{1}{2^n}-0\right|=\frac{1}{2^n}<\varepsilon\text{，解得 }n>-\frac{\ln\varepsilon}{\ln 2}.$$

故取$N=\left[-\dfrac{\ln\varepsilon}{\ln 2}\right]$，则当$n>N$时，恒有$\left|\dfrac{1}{2^n}-0\right|<\varepsilon$成立．从而由定义知

$$\lim_{n\to\infty}\frac{1}{2^n}=0.$$

完全仿例2可证：对$|q|<1$，有$\lim\limits_{n\to\infty}q^n=0$.

② 由上例可知：用定义证明数列极限，主要是解不等式求N的过程．因此，通常不等式求解的有关方法均可照搬过来．如

例3　证明$\lim\limits_{n\to\infty}\dfrac{(-1)^n}{(n+1)^2}=0$.

证明　对于任意的$\varepsilon>0$，由

$$\left|\frac{(-1)^n}{(n+1)^2}-0\right|=\frac{1}{(n+1)^2}<\frac{1}{n+1}<\frac{1}{n}<\varepsilon\text{，解得 }n>\frac{1}{\varepsilon}.$$

故取$N=\left[\dfrac{1}{\varepsilon}\right]$，则当$n>N$时，恒有$\left|\dfrac{(-1)^n}{(n+1)^2}-0\right|<\varepsilon$成立．从而所证成立．

在上面例子中，我们使用了解不等式的放大求解法，其理论根据就是极限定义中对N的有关说明．

③ 数列极限的几何意义．由于极限定义

$\lim\limits_{n\to\infty}x_n=a\Leftrightarrow$任取$\varepsilon>0$，存在$N\in\mathbf{Z}^+$，当$n>N$时，都有$|x_n-a|<\varepsilon$，

事实上强调了从第$N+1$项起，数列中的所有项均要满足

$$a-\varepsilon<x_n<a+\varepsilon\text{ 或 }x_n\in(a-\varepsilon,\ a+\varepsilon),$$

亦即对整个数列而言，至多只有有限项，即x_1至x_N可以落在该区间之外——这是数列极限存在的本质特征（图1-19）.

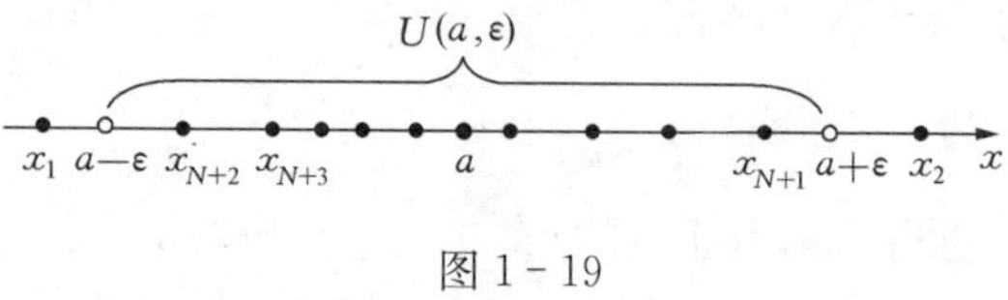

图1-19

三、收敛数列的性质

1. 基本性质

收敛数列具有下列性质．

定理1（极限唯一性）　若数列$\{x_n\}$收敛，其极限唯一确定．

证明　假设对实数a，b同时成立$\lim\limits_{n\to\infty}x_n=a$及$\lim\limits_{n\to\infty}x_n=b$，则由极限定义：

任给$\varepsilon>0$，分别存在N_1，N_2，使当$n>N=\max\{N_1, N_2\}$时，同时成立

$$|x_n-a|<\varepsilon \text{ 及 } |x_n-b|<\varepsilon,$$

从而有
$$|a-b|\leqslant|x_n-a|+|x_n-b|<2\varepsilon.$$

注意到$\varepsilon>0$任意小而a，b是常数，于是必有$a=b$.

定理 2(数列有界性)　若数列$\{x_n\}$收敛，则$\{x_n\}$有界.

为证明此定理，首先介绍数列有界的概念. 按照函数有界的定义，这里有

定义 3　设数列$\{x_n\}$. 如果存在正数M，使对一切自然数n，都成立$|x_n|\leqslant M$，则称**数列$\{x_n\}$有界**；否则称**数列无界**.

例如：数列$\{x_n=1+(-1)^n\}$有界$(M=2)$，因为对任意自然数n，$|1+(-1)^n|\leqslant 2$恒成立；而数列$\{x_n=2n\}$无界：随着n的无限增大，$2n$可超过任意指定的正数.

现在给出定理 2 的证明.

证明　设$\lim\limits_{n\to\infty}x_n=a$. 由极限定义：特别对$\varepsilon=1$，存在正整数$N$，当$n>N$时，恒有$|x_n-a|<1$，于是

$$|x_n|=|(x_n-a)+a|\leqslant|x_n-a|+|a|<1+|a|.$$

取$M=\max\{|x_1|, |x_2|, \cdots, |x_N|, 1+|a|\}$，则对一切自然数$n$，已有$|x_n|\leqslant M$，故数列$\{x_n\}$有界.

说明　数列有界是数列收敛的必要条件(非充分). 如数列$\{2, 0, 2, 0, \cdots\}$虽然有界，但发散.

定理 3(数列保号性)　若$\lim\limits_{n\to\infty}x_n=a>0(<0)$，则存在正整数$N$，当$n>N$时，恒有$x_n>0(<0)$.

证明　仅以$a>0$的情形为例，其余类似可得.

由极限定义：对于$\varepsilon=\dfrac{a}{2}>0$，存在正整数$N$，当$n>N$时，恒有$|x_n-a|<\dfrac{a}{2}$，解此不等式即得$x_n>a-\dfrac{a}{2}=\dfrac{a}{2}>0$.

2. 四则运算性质

收敛数列满足四则运算法则，即

定理 4　设$\lim\limits_{n\to\infty}x_n=a$，$\lim\limits_{n\to\infty}y_n=b$，则

(1) $\lim\limits_{n\to\infty}(x_n\pm y_n)=\lim\limits_{n\to\infty}x_n\pm\lim\limits_{n\to\infty}y_n=a\pm b$；

(2) $\lim\limits_{n\to\infty}(x_n\cdot y_n)=\lim\limits_{n\to\infty}x_n\cdot\lim\limits_{n\to\infty}y_n=a\cdot b$；

(3) $\lim\limits_{n\to\infty}\dfrac{x_n}{y_n}=\dfrac{\lim\limits_{n\to\infty}x_n}{\lim\limits_{n\to\infty}y_n}=\dfrac{a}{b}$，$b\neq 0$.

证明　(由定义可得，从略).

例 4　求$\lim\limits_{n\to\infty}\dfrac{2n^3-3n^2+2}{5n^3+4n+3}$.

解　先用 n^3 去除分子、分母，再求极限，有

$$\lim_{n\to\infty}\frac{2n^3-3n^2+2}{5n^3+4n+3}=\lim_{n\to\infty}\frac{2-\dfrac{3}{n}+\dfrac{2}{n^3}}{5+\dfrac{4}{n^2}+\dfrac{3}{n^3}}=\frac{2}{5}.$$

例 5　求$\lim\limits_{n\to\infty}\left(\dfrac{1}{n^2}+\dfrac{2}{n^2}+\cdots+\dfrac{n}{n^2}\right)$.

解　由于 $n\to\infty$ 时，上式是无限项之和，故定理 4 不能使用．对此，宜先将函数化简变形，然后再求极限：

$$\lim_{n\to\infty}\left(\frac{1}{n^2}+\frac{2}{n^2}+\cdots+\frac{n}{n^2}\right)=\lim_{n\to\infty}\frac{1+2+\cdots+n}{n^2}=\lim_{n\to\infty}\frac{\dfrac{1}{2}n(n+1)}{n^2}=\frac{1}{2}.$$

3. 极限存在性定理

作为数列极限存在性的理论根据，这里仅不加证明地给出．

定理 5(单调有界原理)　单调增有上界的数列必有极限，单调减有下界的数列必有极限．

例 6　证明数列$\sqrt{2}$，$\sqrt{2+\sqrt{2}}$，…，$\sqrt{2+\sqrt{2+\cdots+\sqrt{2}}}$，…收敛．

证明　记 $x_n=\sqrt{2+\sqrt{2+\cdots+\sqrt{2}}}$，显然 $x_n=\sqrt{2+x_{n-1}}$，且是递增的．

由数学归纳法，由于 $x_2=\sqrt{2+x_1}<\sqrt{2+2}=2$，假定 $x_n=\sqrt{2+x_{n-1}}<2$，则有

$$x_{n+1}=\sqrt{2+x_n}<\sqrt{2+2}=2,$$

从而对所有自然数 n 成立 $x_n<2$. 这表明所给数列单调增有上界，故收敛．

附注　利用上面证明得到的前后项关系(称为**递推公式**)：$x_n=\sqrt{2+x_{n-1}}$，可以求出所给数列的具体极限：

假定$\lim\limits_{n\to\infty}x_n=a$，注意到这里必然 $a>0$，故在上述递推公式两边同取极限，即得 $a=\sqrt{2+a}$，解之，得 $a=2$($a=-1$ 不合要求，舍去).

例 7　证明$\lim\limits_{n\to\infty}\left(1+\dfrac{1}{n}\right)^n$存在．

证明　利用几何平均值不大于算术平均值的公式，分别证明如下：

先证单调性．记

$$a_1=a_2=\cdots=a_n=1+\frac{1}{n},\ a_{n+1}=1,$$

立得
$$\sqrt[n+1]{\left(1+\frac{1}{n}\right)^n}<\frac{n\left(1+\frac{1}{n}\right)+1}{n+1}=1+\frac{1}{n+1},$$

从而
$$\left(1+\frac{1}{n}\right)^n<\left(1+\frac{1}{n+1}\right)^{n+1}.$$

这表明对自然数 $n\geqslant 1$，$x_n<x_{n+1}$(递增).

再证有界性．改记

$$a_1=a_2=\cdots=a_n=1+\frac{1}{n},\ a_{n+1}=a_{n+2}=\frac{1}{2},$$

同上可得

$$\sqrt[n+2]{\left(1+\frac{1}{n}\right)^n\cdot\frac{1}{4}}<1,$$

从而有$\left(1+\frac{1}{n}\right)^n<4$(有上界).

故由定理 5，所证极限存在．

此例历史上有多种证法．与本例证法不同的另一初等证法，可参见与本教材配套的《高等数学学习指导与习题解析》(上册)相应章节的例 8.

为方便应用，在此规定：$\lim\limits_{n\to\infty}\left(1+\frac{1}{n}\right)^n=\mathrm{e}$.

定理 6(迫敛法则)　设数列$\{x_n\}$，$\{y_n\}$，$\{z_n\}$满足

(1) 存在正整数 N_0，当 $n>N_0$ 时，$y_n\leqslant x_n\leqslant z_n$；

(2) $\lim\limits_{n\to\infty}y_n=\lim\limits_{n\to\infty}z_n=a$，

则数列$\{x_n\}$收敛，且$\lim\limits_{n\to\infty}x_n=a$.

证明　由条件(2)及极限定义：任给 $\varepsilon>0$，分别存在 N_1，N_2，使当 $n>\max\{N_1,\ N_2\}$时，同时成立 $|y_n-a|<\varepsilon$ 及 $|z_n-a|<\varepsilon$，由此解得

$$y_n>a-\varepsilon \text{ 及 } z_n<a+\varepsilon.$$

再结合条件(1)，取 $N=\max\{N_0,\ N_1,\ N_2\}$，则当 $n>N$ 时，对上述 $\forall\varepsilon>0$ 恒有

$$a-\varepsilon<y_n\leqslant x_n\leqslant z_n<a+\varepsilon\text{，故 }|x_n-a|<\varepsilon.$$

由极限定义，已有$\lim\limits_{n\to\infty}x_n=a$ 成立．

评注　迫敛法则在极限讨论中有重要价值．其应用思想是：对给定的数列通项适当放、缩，在保证所得两个数列同极限的情况下，实现求、证极限的目的.

例 8　求$\lim\limits_{n\to\infty}\left(\frac{1}{\sqrt{n^2+1}}+\frac{1}{\sqrt{n^2+2}}+\cdots+\frac{1}{\sqrt{n^2+n}}\right)$.

解　由于对任意自然数 n，有

$$\frac{n}{\sqrt{n^2+n}}\leqslant\frac{1}{\sqrt{n^2+1}}+\frac{1}{\sqrt{n^2+2}}+\cdots+\frac{1}{\sqrt{n^2+n}}\leqslant\frac{n}{\sqrt{n^2+1}},$$

而$\lim\limits_{n\to\infty}\frac{n}{\sqrt{n^2+1}}=\lim\limits_{n\to\infty}\frac{n}{\sqrt{n^2+n}}=1$，故所求极限

$$\lim_{n\to\infty}\left(\frac{1}{\sqrt{n^2+1}}+\frac{1}{\sqrt{n^2+2}}+\cdots+\frac{1}{\sqrt{n^2+n}}\right)=1.$$

4. 收敛数列与其子数列的关系

首先介绍子数列的概念．

在保持数列$\{x_n\}$中各项顺序的前提下，任意抽取$\{x_n\}$中的无限多项所组成的新数列$\{x_{n_k}\}\subset\{x_n\}$，称为原数列$\{x_n\}$的**子数列**，简称**子列**．

比如，$\{x_{2k+1}\}$，$\{x_{2k}\}$就是数列$\{x_n\}$的两个特殊子列，称为**奇子列**和**偶子列**.

值得注意的是，由子列中各项的选取要求可知：$n_k\geqslant k$，$k\geqslant 1$.

对收敛数列而言，其收敛性与其子列之间有如下关系：

定理 7　设数列$\{x_n\}$收敛于 a，则$\{x_n\}$的任何子列也收敛，且同收敛于 a.

证明　任取$\{x_{n_k}\}\subset\{x_n\}$，由题设$\lim\limits_{n\to\infty}x_n=a$，即任给 $\varepsilon>0$，存在 N，使当 $n>N$ 时，成立 $|x_n-a|<\varepsilon$.

特别取 $K=N$，则当 $k>K$ 时，由 $n_k\geqslant k>N$ 知，已有 $|x_{n_k}-a|<\varepsilon$，故

$$\lim_{k\to\infty}x_{n_k}=a.$$

评注　此定理从反面给出了判断数列极限不存在的好方法．如

例 9　已知数列$\{x_n=(-1)^n\}$中：

奇子列有极限：$\lim\limits_{k\to\infty}x_{2k-1}=\lim\limits_{k\to\infty}(-1)^{2k-1}=-1$；

偶子列有极限：$\lim\limits_{k\to\infty}x_{2k}=\lim\limits_{k\to\infty}(-1)^{2k}=1$，

故原数列发散．

习题 1-3

思考题

1. 发散数列有收敛的子数列吗？
2. 数列极限$\lim\limits_{n\to\infty}x_n=a$ 的定义中，N 与 ε 之间的关系是什么？

练习题

1. 用观察法判断下列数列的敛散性，如果收敛，写出极限．

(1) $x_n=\frac{3n}{n+2}$；　　(2) $x_n=(-1)^{n-1}\frac{1}{3^{n-1}}$；

(3) $x_n=(-1)^{n-1}n^2$；　　(4) $x_n=\frac{1}{n+3}$.

2. 根据数列极限的定义证明.

(1) $\lim\limits_{n\to\infty}(-1)^n\frac{1}{\sqrt{n}}=0$；　　(2) $\lim\limits_{n\to\infty}\frac{3n+1}{n-1}=3$.

3. 对数列$\left\{\frac{n}{2n-1}\right\}$，自第几项之后，其各项与$\frac{1}{2}$的距离小于$\frac{1}{100}$？第几项之后，其各项与$\frac{1}{2}$的距离小于ε？

4. 求下列极限.

(1) $\lim\limits_{n\to\infty}\frac{2n^3-n^2+1}{n^3-n^2+1}$；　　(2) $\lim\limits_{n\to\infty}\frac{2n^2-n+1}{n^3-n+1}$；

(3) $\lim\limits_{n\to\infty}\frac{(n+2)(n+3)(n+4)}{5n^3}$；　　(4) $\lim\limits_{n\to\infty}\left(1+\frac{1}{2}+\frac{1}{4}+\cdots+\frac{1}{2^n}\right)$.

5. 证明数列$\sqrt{2}$，$\sqrt{2\cdot\sqrt{2}}$，$\sqrt{2\cdot\sqrt{2\cdot\sqrt{2}}}$，…存在极限，并求此极限.

6. 求$\lim\limits_{n\to\infty}\left(\frac{1}{n^2}+\frac{1}{(n+1)^2}+\cdots+\frac{1}{(n+n)^2}\right)$.

第4节　函数极限

数列$\{x_n\}$是定义在正整数集上的一类特殊函数：$x_n=f(n)$. 对于以实数x为自变量的一般函数而言，由于x的变化取值方式比正整数n更加灵活，故函数极限的表现形式也更为复杂.

一、自变量趋向于无穷大时的函数极限

考虑到实变量x沿数轴的正、负两个方向无限增大时，函数变化的情况一般不会相同，故分为

1. $x\to+\infty$时的函数极限

这是与数列极限形式最为接近的一种形式. 实际上，由于“$x\to+\infty$”与“$n\to\infty$”有着同样趋向，故在数列极限定义中“改n为x”，即得

定义1　设函数$f(x)$在$(a,+\infty)$上有定义，A是常数. 若$x\to+\infty$时，$f(x)$无限趋近于A，则称$x\to+\infty$时函数$f(x)$以A为极限，记为

$\lim\limits_{x\to+\infty}f(x)=A$.

将此改为量化语言的精确表述，即

定义 1′ 设 $y=f(x)$ 在 $(a,+\infty)$ 上有定义，$A\in\mathbf{R}$. 如果对于任意给定的 $\varepsilon>0$，总存在实数 $M>0$，使当 $x>M$ 时，都有 $|f(x)-A|<\varepsilon$，则称 $f(x)$ 当 $x\to+\infty$ 时以 A 为极限. 记为 $\lim\limits_{x\to+\infty}f(x)=A$.

说明 ① 此即函数极限的"ε—M"定义，它与数列极限的"ε—N"定义有着完全类似的表现形式，其中的 M 也有着与 N 相同的"临界"意义.

② 从 M 与 N 的关系易知，此类函数极限的证明也主要是求 M 的过程.

例 1 通过观察写出 $\lim\limits_{x\to+\infty}\dfrac{1}{x}$ 的极限，并证明之.

解 当 $x\to+\infty$ 时，$\dfrac{1}{x}$ 与 $\dfrac{1}{n}$ 的变化趋势显然相同. 而已知 $\lim\limits_{n\to\infty}\dfrac{1}{n}=0$，故亦有 $\lim\limits_{x\to+\infty}\dfrac{1}{x}=0$.

下证 $\lim\limits_{x\to+\infty}\dfrac{1}{x}=0$.

根据极限形式，不妨假设 $x>0$. 任给 $\varepsilon>0$，由

$$|f(x)-0|=\left|\frac{1}{x}-0\right|=\frac{1}{|x|}=\frac{1}{x}<\varepsilon\text{，解得 }x>\frac{1}{\varepsilon}\text{，}$$

即取 $M=\dfrac{1}{\varepsilon}$，则当 $x>M$ 时，恒有 $\left|\dfrac{1}{x}-0\right|<\varepsilon$，从而有

$$\lim_{x\to+\infty}\frac{1}{x}=0.$$

2. $x\to-\infty$ 时的函数极限

对于 $x<0$ 而绝对值无限增大的情形，即 $x\to-\infty$，仿上面的定义，有

定义 2 设函数 $f(x)$ 在 $(-\infty,a)$ 上有定义，A 是常数. 若 $x\to-\infty$ 时，$f(x)$ 无限趋近于 A，则称 $x\to-\infty$ 时函数 $f(x)$ 以 A 为极限，记为 $\lim\limits_{x\to-\infty}f(x)=A$.

与此相应地定量化语言是

定义 2′ 设 $y=f(x)$ 在 $(-\infty,a)$ 上有定义，$A\in\mathbf{R}$. 如果对于任意给定的 $\varepsilon>0$，总存在正数 $M>0$，使当 $x<-M$ 时，恒有 $|f(x)-A|<\varepsilon$，则称 $f(x)$ 当 $x\to-\infty$ 时以 A 为极限. 记为 $\lim\limits_{x\to-\infty}f(x)=A$.

这里之所以仍取 $M>0$，是为了此类极限表述形式的统一. 实际上，$x<-M$ 也满足 $|x|>M$，故对自变量 x 的绝对值无限增大(记作 $x\to\infty$)的形式，有

定义 3 设 $y=f(x)$ 对 $|x|$ 充分大时有定义，$A\in\mathbf{R}$. 如果对于任意给定的 $\varepsilon>0$，总存在正数 $M>0$，当 $|x|>M$ 时，恒有 $|f(x)-A|<\varepsilon$，则称

$f(x)$当$x\to\infty$时以A为极限．记为$\lim\limits_{x\to\infty}f(x)=A$.

$\lim\limits_{x\to\infty}f(x)=A$的几何意义是，对于任意给定的$\varepsilon>0$，存在正数$M$，当$|x|>M$时，函数$y=f(x)$的图形位于两条直线$y=A-\varepsilon$和$y=A+\varepsilon$所形成的带形区域之间(图1-20)，且以$y=A$为**水平渐近线**.

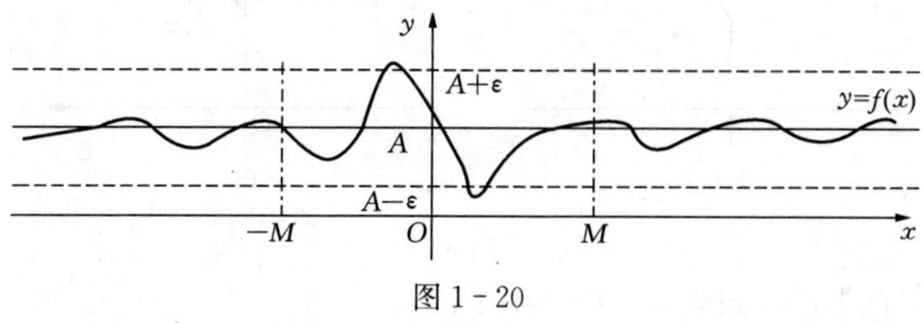

图1-20

例2　证明$\lim\limits_{x\to\infty}\dfrac{1}{x}=0$.

证明　任给$\varepsilon>0$，由例1的证明改进可得

$$|f(x)-0|=\left|\frac{1}{x}-0\right|=\frac{1}{|x|}<\varepsilon，解得|x|>\frac{1}{\varepsilon},$$

故取$M=\dfrac{1}{\varepsilon}$，则当$|x|>M$时，恒有$|f(x)-0|=\dfrac{1}{|x|}<\varepsilon$. 此即表明

$$\lim_{x\to\infty}\frac{1}{x}=0.$$

说明　由上可知，“$x\to\infty$”是“$x\to+\infty$”与“$x\to-\infty$”的合并结果．这三者在表述方式上的差异，其实就是对不等式$|x|>M$的具体表述．而且，事实上有

定理1　$\lim\limits_{x\to\infty}f(x)$存在等价于$\lim\limits_{x\to+\infty}f(x)$与$\lim\limits_{x\to-\infty}f(x)$都存在且相等.

二、自变量趋向于有限值时的函数极限

1. 概念引入

对函数极限的讨论，更多的是讨论$f(x)$在某指定点x_0附近的变化势态．我们看如下的例子.

例3　讨论$x\to1$时，函数$f(x)=x+1$和函数$g(x)=\dfrac{x^2-1}{x-1}$的变化性态.

解　显然在$x=1$处，$f(x)$有定义，而$g(x)$无定义．但当$x\to1$时，函数$f(x)=x+1$与$g(x)=\dfrac{x^2-1}{x-1}$都无限接近于2，即当$x\to1$时，$f(x)=x+1$与$g(x)=\dfrac{x^2-1}{x-1}$的极限均为2(图1-21)．这表明，函数在某点处的极限存在与函

数在该点有无定义是无关的．

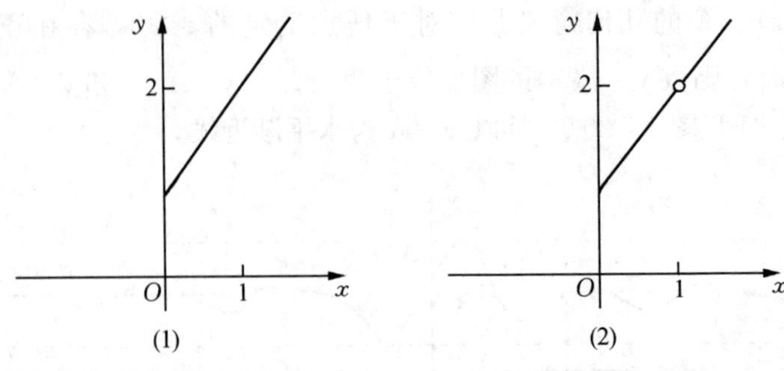

图 1-21

对此类问题的抽象表述，即产生了：

定义 4　设函数 $f(x)$ 在 $\mathring{U}(x_0)$ 内有定义，如果存在常数 A，使得 $x\to x_0(x\neq x_0)$ 时，函数 $f(x)$ 无限接近于 A，则称 A 为 $x\to x_0$ 时函数 $f(x)$ 的极限，记为 $\lim\limits_{x\to x_0}f(x)=A$.

应该注意：这里的极限条件"$x\to 1$"要求"x 连续地、从 1 的任何方向趋近于 1"，而当 $|x-1|$ 任意小时，都能使 $|f(x)-2|$ 任意小．于是借鉴数列极限的定量化表述方式，即可写出

定义 4′　设函数 $f(x)$ 在 $\mathring{U}(x_0)$ 内有定义，$A\in\mathbf{R}$. 如果对于任意给定的 $\varepsilon>0$，总存在 $\delta>0$，使当 $0<|x-x_0|<\delta$ 时，恒有 $|f(x)-A|<\varepsilon$ 成立，则称 $f(x)$ 当 $x\to x_0$ 时以 A 为极限．记为 $\lim\limits_{x\to x_0}f(x)=A$.

附注　① 此即 $x\to x_0$ 型函数极限定义的"$\varepsilon-\delta$ 语言"．其要素是：ε 与 δ，而特征是：$|f(x)-A|<\varepsilon$ 依赖于 $0<|x-x_0|<\delta$ 来实现；这同时也提供了证明方法．

② 极限值 A 的存在性与函数 $y=f(x)$ 在点 x_0 的定义无关．这已由上例所说明．于是，在以后对此类极限的讨论中，无须考虑函数在点 x_0 处的定义情况．

函数 $f(x)$ 当 $x\to x_0$ 时以 A 为极限的几何解释是：对于任意给定的 $\varepsilon>0$，存在去心邻域 $\mathring{U}(x_0,\delta)$，使函数 $y=f(x)$ 的图形位于四条直线 $x=x_0\pm\delta$ 与 $y=A\pm\varepsilon$ 所围开矩形之间（图 1-22）.

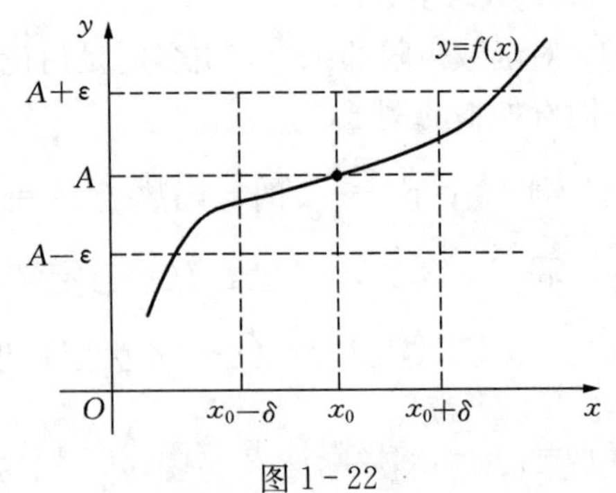

图 1-22

例 4　证明 $\lim\limits_{x\to x_0}C=C$，其中的 C，$x_0\in\mathbf{R}$.

证明　由于对任意实数 x_0，恒有

$$|f(x)-C|=|C-C|=0,$$

故对任意给定的 $\varepsilon>0$，取 $\delta=\varepsilon>0$，则当 $0<|x-x_0|<\delta$ 时，即有

$$|C-C|<\varepsilon,$$

所以

$$\lim_{x\to x_0}C=C.$$

例 5　证明 $\lim\limits_{x\to 0}(2x-1)=-1$.

证明　任给 $\varepsilon>0$，由

$$|f(x)-(-1)|=|2x-1+1|=2|x|<\varepsilon\text{，解得 }|x|<\frac{\varepsilon}{2},$$

只要取 $\delta=\dfrac{\varepsilon}{2}$，即可保证 $|x-0|<\delta$ 时，恒有 $|f(x)-(-1)|=2|x|<\varepsilon$，所以

$$\lim_{x\to 0}(2x-1)=-1.$$

例 6　证明 $\lim\limits_{x\to 1}\dfrac{x^2-1}{x-1}=2$.

证明　任给 $\varepsilon>0$，由

$$|f(x)-2|=\left|\frac{x^2-1}{x-1}-2\right|=|x-1|<\varepsilon\text{，解得 }|x-1|<\varepsilon,$$

只要取 $\delta=\varepsilon$，即可保证 $0<|x-1|<\delta$ 时，恒有 $\left|\dfrac{x^2-1}{x-1}-2\right|<\varepsilon$，所以

$$\lim_{x\to 1}\frac{x^2-1}{x-1}=2.$$

例 7　证明 $\lim\limits_{x\to 0}\left(x\sin\dfrac{1}{x}\right)=0$.

证明　任给 $\varepsilon>0$，由

$$\left|x\sin\frac{1}{x}-0\right|=|x|\left|\sin\frac{1}{x}\right|\leqslant|x|<\varepsilon\text{，解得 }|x|<\varepsilon,$$

故取 $\delta=\varepsilon$，即当 $0<|x-0|<\delta$ 时，恒有 $\left|x\sin\dfrac{1}{x}-0\right|<\varepsilon$ 成立，所以

$$\lim_{x\to 0}\left(x\sin\frac{1}{x}\right)=0.$$

2. 单侧极限

上述定义要求全面考查自变量 x 从两侧趋向于 x_0 时函数的变化情况．但有时只能或只需考虑 x 从某一侧趋向 x_0 的极限问题，此即所谓的“单侧极限”：

定义 5　设函数 $f(x)$ 在 x_0 的左半邻域内 $(x_0-\delta_0,\ x_0)$ 有定义，$A\in\mathbf{R}$. 如

果对于任意给定的 $\varepsilon>0$，总存在 $0<\delta<\delta_0$，使当 $x_0-\delta<x<x_0$ 时，都有 $|f(x)-A|<\varepsilon$，则称 $f(x)$ 当 $x\to x_0^-$ 时以 A 为**左极限**. 记为

$$f(x_0-0)=\lim_{x\to x_0^-}f(x)=A.$$

类似地，将上述的 $(x_0-\delta_0,\ x_0)$ 改为右半邻域 $(x_0,\ x_0+\delta_0)$，即可定义 $f(x)$ 在 x_0 的**右极限**：$f(x_0+0)=\lim\limits_{x\to x_0^+}f(x)$.

比较定义 4 与定义 5 中的有关叙述，即得函数极限与其单侧极限的关系：

定理 2 $\lim\limits_{x\to x_0}f(x)=A\Leftrightarrow f(x_0-0)=f(x_0+0)=A$.

例 8 设函数 $f(x)=\begin{cases}x+1, & x\geqslant 0,\\ 2x-1, & x<0,\end{cases}$ 证明 $\lim\limits_{x\to 0}f(x)$ 不存在(图 1-23).

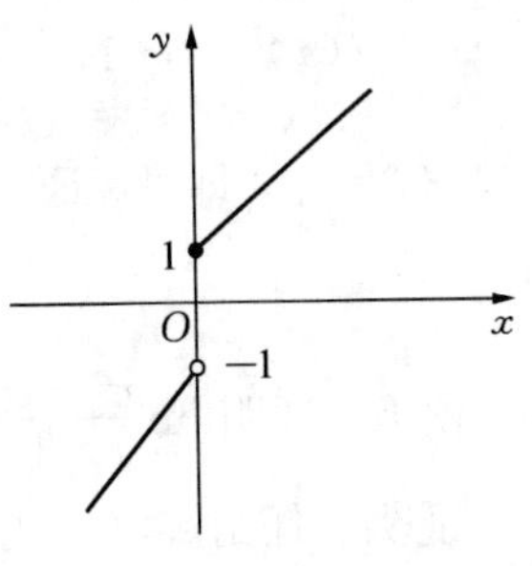

图 1-23

证明 由定义 4 已有

$$\lim_{x\to 0^+}f(x)=\lim_{x\to 0^+}(x+1)=1.$$

类似可得

$$\lim_{x\to 0^-}f(x)=\lim_{x\to 0^-}(2x-1)=-1.$$

由于 $f(0-0)=-1\neq f(0+0)=1$，故由定理 2，$\lim\limits_{x\to 0}f(x)$ 不存在.

三、函数极限的性质

函数极限作为数列极限的一般形式，当然也具有数列极限的相关性质. 下面以“$x\to a$”的极限形式为代表给出介绍，其他类型的极限均有类似结果.

1. 基本性质

定理 3(局部保号性) 若 $\lim\limits_{x\to x_0}f(x)=A\neq 0$，则存在 $\delta>0$，使对 $0<|x-x_0|<\delta$，恒有 $f(x)\neq 0$，且 $f(x)$ 与 A 同号.

证明 不妨设 $A>0$. 根据 $\lim\limits_{x\to x_0}f(x)=A$ 的定义，对于给定的 $\varepsilon=\dfrac{A}{2}>0$，存在 $\delta>0$，当 $0<|x-x_0|<\delta$ 时，恒有 $|f(x)-A|<\varepsilon$ 成立. 由此即得

$$f(x)>A-\varepsilon=\frac{A}{2}>0.$$

推论 3-1 若 $\lim\limits_{x\to x_0}f(x)=A$，且存在 $\delta>0$，对 $0<|x-x_0|<\delta$ 有 $f(x)\geqslant 0$，则 $A\geqslant 0$；反之，若 $f(x)\leqslant 0$，则 $A\leqslant 0$.

证明 (借用定理 3，以反证法可得)从略.

定理 4(局部有界性)　若$\lim\limits_{x\to x_0}f(x)=A$，则存在$\delta>0$，使对$0<|x-x_0|<\delta$，恒有$|f(x)|\leqslant M$，其中$M$为常数.

证明　(用定义，同数列极限可证)从略.

2. 极限的四则运算法则

定理 5　若$\lim\limits_{x\to x_0}f(x)=A$，$\lim\limits_{x\to x_0}g(x)=B$，则当$x\to x_0$时，函数$f(x)\pm g(x)$，$f(x)\cdot g(x)$及$\dfrac{f(x)}{g(x)}(B\neq 0)$的极限也存在，且

(1) $\lim\limits_{x\to x_0}(f(x)\pm g(x))=\lim\limits_{x\to x_0}f(x)\pm\lim\limits_{x\to x_0}g(x)=A\pm B$;

(2) $\lim\limits_{x\to x_0}(f(x)g(x))=\lim\limits_{x\to x_0}f(x)\cdot\lim\limits_{x\to x_0}g(x)=AB$;

(3) $\lim\limits_{x\to x_0}\dfrac{f(x)}{g(x)}=\dfrac{\lim\limits_{x\to x_0}f(x)}{\lim\limits_{x\to x_0}g(x)}=\dfrac{A}{B}$.

证明　(由定义可得)从略.

推论 5-1　(1) 设$c\in\mathbf{R}$，$\lim\limits_{x\to x_0}f(x)=A$，则$\lim\limits_{x\to x_0}cf(x)=cA$.

(2) $\lim\limits_{x\to x_0}\dfrac{1}{f(x)}=\dfrac{1}{A}(A\neq 0)$.

极限四则运算中的加法和乘法法则可推广到有限个变量的情形，这在求极限的计算中是常用的化简手段.

例 9　求$\lim\limits_{x\to 1}(3x^2-2x+1)$.

解　
$$\begin{aligned}\lim_{x\to 1}(3x^2-2x+1)&=\lim_{x\to 1}3x^2-\lim_{x\to 1}2x+\lim_{x\to 1}1=3\lim_{x\to 1}x^2-2\lim_{x\to 1}x+1\\&=3\times 1^2-2\times 1+1=2.\end{aligned}$$

例 10　求$\lim\limits_{x\to 1}\dfrac{x^2+2x-3}{x^2+x-2}$.

解　当$x\to 1$时，分子与分母的极限均为零，故不能直接应用定理 5 中的(3)；但对于$x\to 1$而$x\neq 1$，约去分子和分母不为零的公因子$(x-1)$，即得

$$\lim_{x\to 1}\frac{x^2+2x-3}{x^2+x-2}=\lim_{x\to 1}\frac{(x-1)(x+3)}{(x-1)(x+2)}=\lim_{x\to 1}\frac{x+3}{x+2}=\frac{\lim\limits_{x\to 1}(x+3)}{\lim\limits_{x\to 1}(x+2)}=\frac{4}{3}.$$

例 11　求$\lim\limits_{x\to 1}\left(\dfrac{1}{1-x}-\dfrac{3}{1-x^3}\right)$.

解　当$x\to 1$时，$\dfrac{1}{1-x}$与$\dfrac{3}{1-x^3}$的极限均不存在，定理 3 不能直接应用.先将函数化简为

$$\frac{1}{1-x}-\frac{3}{1-x^3}=\frac{1+x+x^2-3}{1-x^3}=\frac{(x+2)(x-1)}{1-x^3}=-\frac{x+2}{x^2+x+1},$$

则有　$$\lim_{x\to1}\left(\frac{1}{1-x}-\frac{3}{1-x^3}\right)=\lim_{x\to1}\left(-\frac{x+2}{x^2+x+1}\right)=-1.$$

例 12　求$\lim\limits_{x\to\infty}\dfrac{2x^3-3x^2+2}{5x^3+4x^2+3}$.

解　先用 x^3 去除分子、分母，再求极限，有

$$\lim_{x\to\infty}\frac{2x^3-3x^2+2}{5x^3+4x^2+3}=\lim_{x\to\infty}\frac{2-\dfrac{3}{x}+\dfrac{2}{x^3}}{5+\dfrac{4}{x}+\dfrac{3}{x^3}}=\frac{2}{5}.$$

一般地，当$a_0\neq0$，$b_0\neq0$，m 和 n 为非负整数时，有

$$\lim_{x\to\infty}\frac{a_0x^m+a_1x^{m-1}+\cdots+a_m}{b_0x^n+b_1x^{n-1}+\cdots+b_n}=\begin{cases}0, & \text{当 } n>m \text{ 时},\\ \dfrac{a_0}{b_0}, & \text{当 } n=m \text{ 时},\\ \infty, & \text{当 } n<m \text{ 时}.\end{cases}$$

3. 复合函数的极限

对于复合函数的极限求法，有

定理 6　设函数 $y=f(\varphi(x))$在$\mathring{U}(x_0)$内有定义，且

(1) 函数 $u=\varphi(x)$，且$\lim\limits_{x\to x_0}\varphi(x)=u_0$；

(2) 函数 $y=f(u)$，且$\lim\limits_{u\to u_0}f(u)=A$，

则　$$\lim_{x\to x_0}f(\varphi(x))=\lim_{u\to u_0}f(u)=A.$$

证明　由极限定义，这里需要证明：对任给$\varepsilon>0$，存在$\delta>0$，使当$0<|x-x_0|<\delta$时，$|f(\varphi(x))-A|<\varepsilon$ 成立．

由(2)知，任给$\varepsilon>0$，存在 $\eta>0$，使当 $0<|u-u_0|<\eta$时，$|f(u)-A|<\varepsilon$ 成立．

又由条件(1)，对于上述 $\eta>0$，亦应存在 $\delta>0$，当 $0<|x-x_0|<\delta$时，有

$$0<|u-u_0|=|\varphi(x)-u_0|<\eta,$$

从而已有

$$|f(\varphi(x))-A|=|f(u)-A|<\varepsilon,$$

这就表明了：$\lim\limits_{x\to x_0}f[\varphi(x)]=A$.

注意　本定理给出了“极限与复合”两种运算交换次序的依据和方法，也给出了通过代换 $u=\varphi(x)$求极限的理论依据，这对复合函数求极限十分方便．

例 13　求$\lim\limits_{x\to3}\sqrt{\dfrac{x-3}{x^2-9}}$.

解　由定理 6，

$$\lim_{x\to3}\sqrt{\frac{x-3}{x^2-9}}=\lim_{x\to3}\sqrt{\frac{1}{x+3}}=\sqrt{\frac{1}{6}}=\frac{\sqrt{6}}{6}.$$

例 14　求$\lim\limits_{x\to0}\dfrac{\sqrt[n]{1+x}-1}{x}$，$n$ 为正整数．

解　记 $f(x)=\dfrac{\sqrt[n]{1+x}-1}{x}$，作代换 $\sqrt[n]{1+x}=t$，则 $x=t^n-1$，且 $x\to0$ 时，$t\to1$，故所求极限为

$$\lim_{t\to1}\frac{t-1}{t^n-1}=\lim_{t\to1}\frac{1}{t^{n-1}+t^{n-2}+\cdots+t+1}=\frac{1}{n}.$$

4. 极限存在性定理

类似于数列极限的情形，有

定理 7（单调有界原理）　单调增加有上界的函数必有极限，单调减少有下界的函数必有极限．

定理 8（迫敛法则）　如果存在 $r>0$，使对 $\forall x\in\mathring{U}(x_0, r)$ 有 $\varphi(x)\leqslant f(x)\leqslant g(x)$，且 $\lim\limits_{x\to x_0}\varphi(x)=\lim\limits_{x\to x_0}g(x)=A$，则 $\lim\limits_{x\to x_0}f(x)=A$.

以上各定理均可仿数列情形进行理解，证明从略．

例 15　求极限$\lim\limits_{x\to\infty}\dfrac{x^{\frac{2}{3}}\sin x}{x+1}$.

解　分子、分母同除以 x，则

$$原式=\lim_{x\to\infty}\frac{x^{-\frac{1}{3}}\sin x}{1+\dfrac{1}{x}}=\lim_{x\to\infty}\frac{\dfrac{1}{\sqrt[3]{x}}\sin x}{1+\dfrac{1}{x}},$$

由于

$$0\leqslant\left|\frac{\sin x}{\sqrt[3]{x}}\right|\leqslant\left|\frac{1}{\sqrt[3]{x}}\right|\text{且}\lim_{x\to\infty}\frac{1}{\sqrt[3]{x}}=0,$$

于是$\lim\limits_{x\to\infty}x^{-\frac{1}{3}}\sin x=0$，而$\lim\limits_{x\to\infty}\left(1+\dfrac{1}{x}\right)=1$，因此

$$\lim_{x\to\infty}\frac{x^{\frac{2}{3}}\sin x}{x+1}=0.$$

习题 1－4

思考题

左、右极限有何意义？有什么应用价值？

练习题

1. 用观察法判断下列函数的极限存在与否，如果存在写出其极限值．

(1) $\lim\limits_{x\to\infty}\dfrac{3x}{x+2}$；　(2) $\lim\limits_{x\to+\infty}\dfrac{\sin x}{x}$；

(3) $\lim\limits_{x\to1}(5x^2+1)$；　(4) $\lim\limits_{x\to-1}\dfrac{x^2-1}{x+1}$.

2. 用极限定义证明.

(1) $\lim\limits_{x\to+\infty}\dfrac{\sin x}{\sqrt{x}}=0$；　(2) $\lim\limits_{x\to2}(2x+1)=5$；

(3) $\lim\limits_{x\to-2}\dfrac{x^2-4}{x+2}=-4$.

3. 设函数 $f(x)=\begin{cases}x-1, & -1\leqslant x<0,\\ \sqrt{1-x^2}, & 0\leqslant x\leqslant1,\end{cases}$ 讨论$\lim\limits_{x\to0}f(x)$.

4. 求 $f(x)=\dfrac{|x|}{x}$ 当 $x\to0$ 时的左、右极限；并讨论 $x\to0$ 时，$f(x)$是否有极限.

5. 求下列极限.

(1) $\lim\limits_{x\to\infty}\dfrac{2x^3-x^2+1}{x^3-x^2+1}$；　(2) $\lim\limits_{x\to\infty}\dfrac{2x^2-x+1}{x^3-x+1}$；

(3) $\lim\limits_{x\to+\infty}\dfrac{\sqrt{2x}+3}{\sqrt{x+5}}$；　(4) $\lim\limits_{x\to2}\dfrac{x^2+5}{x-3}$；

(5) $\lim\limits_{x\to\sqrt{3}}\dfrac{x^2-3}{x^2+1}$；　(6) $\lim\limits_{x\to1}\dfrac{x^2-2x+1}{x^2-1}$；

(7) $\lim\limits_{x\to0}\dfrac{4x^3-2x^2+x}{3x^2+2x}$；　(8) $\lim\limits_{x\to4}\dfrac{\sqrt{x}-2}{x-4}$.

6. 判断下列函数当 $x\to x_0$ 时的极限是否存在？如存在，试求之.

(1) $f(x)=\dfrac{2(x^2-1)}{x-1}$，$x_0=1$；　(2) $f(x)=\begin{cases}\sin x, & x\leqslant0,\\ \ln x, & x>0,\end{cases}$ $x_0=0$；

(3) $f(x)=\begin{cases}\tan x, & x<\dfrac{\pi}{2},\\ \dfrac{1}{x-\dfrac{\pi}{2}}, & x>\dfrac{\pi}{2},\end{cases}$ $x_0=\dfrac{\pi}{2}$.

---

7. 求下列极限.

(1) $\lim\limits_{n\to\infty}\dfrac{2^n-1}{4^n+1}$；　(2) $\lim\limits_{x\to+\infty}(\sqrt{2x}-\sqrt{2x-3})$；

(3) $\lim\limits_{x\to-8}\dfrac{\sqrt{1-x}-3}{2+\sqrt[3]{x}}$；

(4) $\lim\limits_{x\to1^+}\left(\sqrt{\dfrac{1}{x-1}+1}-\sqrt{\dfrac{1}{x-1}-1}\right)$（提示：令$\dfrac{1}{x-1}=t$）.

第5节　两个重要极限公式

极限的存在性判定与计算，是极限理论的两大任务．本节给出两个重要的极限公式，并介绍由此引出的公式化求极限方法．

一、公式$\lim\limits_{x\to0}\dfrac{\sin x}{x}=1$

事实上，图 1－24 中，取 $0<x<\dfrac{\pi}{2}$，有

$$\sin x<x<\tan x=\frac{\sin x}{\cos x},$$

由此可得 $1<\dfrac{x}{\sin x}<\dfrac{1}{\cos x}$，即

$$\cos x<\frac{\sin x}{x}<1.\quad(1)$$

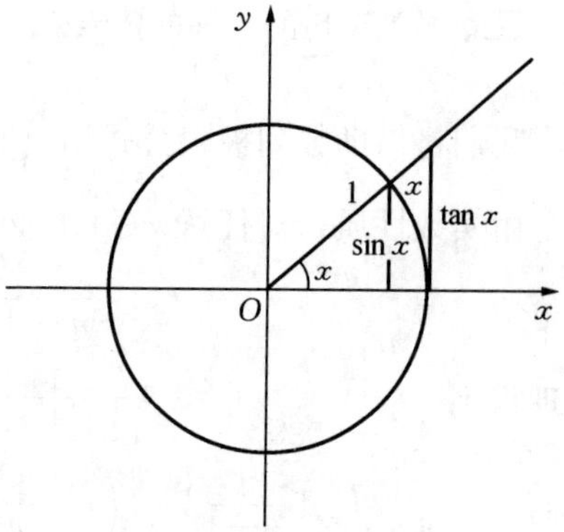

图 1－24

注意到 $\lim\limits_{x\to0^+}\cos x=1$，故由追敛法则

$$\lim_{x\to0^+}\frac{\sin x}{x}=1.$$

同理，对 $-\dfrac{\pi}{2}<x<0$，注意(1)仍成立，且 $\lim\limits_{x\to0^-}\cos x=1$，所以

$$\lim_{x\to0^-}\frac{\sin x}{x}=1.$$

综上即得 $\lim\limits_{x\to0}\dfrac{\sin x}{x}=1$.

评注　这是求三角函数类极限中应用广泛的公式．在使用时必须注意该公式的形式特征，并酌情进行化简变形，才能更加方便有效．

例 1　求 $\lim\limits_{x\to0}\dfrac{\sin2x}{x}$.

解　$\lim\limits_{x\to0}\dfrac{\sin2x}{x}=\lim\limits_{x\to0}\dfrac{\sin2x}{2x}\cdot2=2\cdot\lim\limits_{x\to0}\dfrac{\sin2x}{2x}=2$.

例 2　求 $\lim\limits_{x\to0}\dfrac{1-\cos x}{x^2}$.

解 $\lim\limits_{x\to 0}\dfrac{1-\cos x}{x^2}=\lim\limits_{x\to 0}\dfrac{2\sin^2\dfrac{x}{2}}{x^2}=\dfrac{1}{2}\lim\limits_{x\to 0}\dfrac{\sin^2\dfrac{x}{2}}{\left(\dfrac{x}{2}\right)^2}=\dfrac{1}{2}\lim\limits_{x\to 0}\left(\dfrac{\sin\dfrac{x}{2}}{\dfrac{x}{2}}\right)^2=\dfrac{1}{2}\cdot 1=\dfrac{1}{2}.$

例 3 求$\lim\limits_{x\to\infty}x\sin\dfrac{1}{x}$.

解 $\lim\limits_{x\to\infty}x\sin\dfrac{1}{x}=\lim\limits_{x\to\infty}\dfrac{\sin\dfrac{1}{x}}{\dfrac{1}{x}}=1.$

二、公式$\lim\limits_{x\to\infty}\left(1+\dfrac{1}{x}\right)^x=\mathrm{e}$

我们将借助数列极限公式$\lim\limits_{n\to\infty}\left(1+\dfrac{1}{n}\right)^n=\mathrm{e}$来证明．

由实数性质，对任意$x\in\mathbf{R}$，必存在n，使得$n\leqslant x<n+1$，所以

$$\frac{1}{n+1}<\frac{1}{x}\leqslant\frac{1}{n},$$

整理得到
$$1+\frac{1}{n+1}<1+\frac{1}{x}\leqslant 1+\frac{1}{n},$$

从而
$$\left(1+\frac{1}{n+1}\right)^n<\left(1+\frac{1}{x}\right)^n\leqslant\left(1+\frac{1}{x}\right)^x<\left(1+\frac{1}{n}\right)^{n+1},$$

由迫敛法则即得

$$\lim_{x\to\infty}\left(1+\frac{1}{x}\right)^x=\mathrm{e}.$$

评注 ① 显然，此公式对$x\to\pm\infty$均成立．

② 利用代换$z=\dfrac{1}{x}$，可得公式的另一表达形式$\lim\limits_{z\to 0}(1+z)^{\frac{1}{z}}=\mathrm{e}$.

③ 本公式的应用对象是幂指函数且表示为“$(1+0)^{\frac{1}{0}}$”的极限类型，使用时要紧扣公式的形式特征，并注意化简变形．

例 4 求极限$\lim\limits_{x\to\infty}\left(1-\dfrac{2}{x}\right)^x$.

解 $\lim\limits_{x\to\infty}\left(1-\dfrac{2}{x}\right)^x=\lim\limits_{x\to\infty}\left[\left(1+\dfrac{1}{-\dfrac{x}{2}}\right)^{-\frac{x}{2}}\right]^{-2}=\left[\lim\limits_{x\to\infty}\left(1+\dfrac{1}{-\dfrac{x}{2}}\right)^{-\frac{x}{2}}\right]^{-2}$

$$=\mathrm{e}^{-2}=\frac{1}{\mathrm{e}^2}.$$

例 5 求极限$\lim\limits_{x\to 0}\dfrac{\ln(1+x)}{x}$.

解 $\lim\limits_{x\to0}\dfrac{\ln(1+x)}{x}=\lim\limits_{x\to0}\dfrac{1}{x}\ln(1+x)=\lim\limits_{x\to0}\ln(1+x)^{\frac{1}{x}}$

$$=\ln\left(\lim_{x\to0}(1+x)^{\frac{1}{x}}\right)=\ln \mathrm{e}=1.$$

例6 求极限$\lim\limits_{x\to0}\dfrac{\mathrm{e}^x-1}{x}$.

解 令$u=\mathrm{e}^x-1$，则$x=\ln(1+u)$，且当$x\to0$时，有$u\to0$，于是

$$\lim_{x\to0}\frac{\mathrm{e}^x-1}{x}=\lim_{u\to0}\frac{u}{\ln(1+u)}=1.$$

这里利用了例5的结果．

例7 求极限$\lim\limits_{x\to\infty}\left(\dfrac{x}{x+1}\right)^x$.

解 由于$\left(\dfrac{x}{x+1}\right)^x=\left(1+\dfrac{-1}{x+1}\right)^{x+1-1}=\left(1+\dfrac{-1}{x+1}\right)^{-(x+1)(-1)}\cdot\dfrac{1}{1-\dfrac{1}{x+1}}$,

于是 $\lim\limits_{x\to\infty}\left(\dfrac{x}{x+1}\right)^x=\left(\lim\limits_{x\to\infty}\left(1+\dfrac{1}{-(x+1)}\right)^{-(x+1)}\right)^{(-1)}\cdot\lim\limits_{x\to\infty}\dfrac{1}{1-\dfrac{1}{x+1}}=\dfrac{1}{\mathrm{e}}$.

例8 求极限$\lim\limits_{x\to0}(\cos^2x)^{\csc^2x}$.

解 $\lim\limits_{x\to0}(\cos^2x)^{\csc^2x}=\lim\limits_{x\to0}[1+(\cos^2x-1)]^{\frac{-1}{\cos^2x-1}}=\mathrm{e}^{-1}$.

习题1-5

思考题

确定下列极限是否存在，若存在，则求之．

(1) $\lim\limits_{x\to0}\dfrac{\sin x}{x}$;　　(2) $\lim\limits_{x\to\infty}\dfrac{\sin x}{x}$;

(3) $\lim\limits_{x\to0}x\sin\dfrac{1}{x}$;　　(4) $\lim\limits_{x\to\infty}x\sin\dfrac{1}{x}$;

(5) $\lim\limits_{x\to0}x\sin x$;　　(6) $\lim\limits_{x\to\infty}x\sin x$;

(7) $\lim\limits_{x\to0}\dfrac{1}{x}\sin\dfrac{1}{x}$;　　(8) $\lim\limits_{x\to\infty}\dfrac{1}{x}\sin\dfrac{1}{x}$.

练习题

1. 计算下列极限．

(1) $\lim\limits_{x\to0}\dfrac{\tan x}{x}$;　　(2) $\lim\limits_{x\to0}\dfrac{\arcsin x}{x}$;

(3) $\lim\limits_{x\to0}\dfrac{\sin2x}{\sin3x}$;　　(4) $\lim\limits_{x\to0}\dfrac{1-\cos x}{x\tan x}$;

(5) $\lim\limits_{x\to a}\dfrac{\cos x-\cos a}{x-a}$.

2. 计算下列极限.

(1) $\lim\limits_{x\to 0}(1-x)^{\frac{1}{x}}$；

(2) $\lim\limits_{n\to\infty}\left(1+\dfrac{2}{n}\right)^{n+3}$；

(3) $\lim\limits_{x\to 0}(1+x)^{\frac{2}{\sin x}}$；

(4) $\lim\limits_{x\to\infty}\left(1+\dfrac{k}{x}\right)^{x}$，$k$ 为常数；

(5) $\lim\limits_{x\to 0}(1+3\tan^2 x)^{\cot^2 x}$.

---

3. 利用极限存在准则证明 $\lim\limits_{n\to\infty}\sqrt[n]{a}=1(a>1)$.

4. 已知 $\lim\limits_{x\to 1}\dfrac{x^2+ax+b}{1-x}=5$，求 a，b.

5. 求极限 $\lim\limits_{x\to\infty}\left(\sin\dfrac{1}{x}+\cos\dfrac{1}{x}\right)^{x}$.

第6节　无穷小与无穷大

为方便讨论和应用，本节介绍两类重要的极限形式.

一、无穷小

1. 无穷小概念

笼统地讲，凡在特定极限条件下以零为极限的变量(函数或数列)统称为无穷小．以 $x\to x_0$ 为例写成“$\varepsilon-\delta$”语言，即

定义1　设函数 $f(x)$ 在 $\mathring{U}(x_0)$ 内有定义．如果任给 $\varepsilon>0$，存在 $\delta>0$，使当 $0<|x-x_0|<\delta$ 时，恒有 $|f(x)|<\varepsilon$，则称 $f(x)$ 当 $x\to x_0$ 时为无穷小.

例如，由于 $\lim\limits_{x\to\infty}\dfrac{1}{x^2}=0$，所以函数 $\dfrac{1}{x^2}$ 是 $x\to\infty$ 时的无穷小．同理，因为 $\lim\limits_{x\to 1}(x^2-2x+1)=0$，所以函数 x^2-2x+1 是 $x\to 1$ 时的无穷小.

注意　无穷小是变量而非“很小的数”，并且判断一个量是否为无穷小，必须通过求其极限去讨论.

例如，$\dfrac{1}{x^2}$ 当 $x\to\infty$ 时是无穷小，但当 $x\to 0$ 时则不然！

2. 无穷小与函数极限的关系

仍以 $x\to x_0$ 为例，注意到 $\lim\limits_{x\to x_0}f(x)=A\Leftrightarrow\lim\limits_{x\to x_0}(f(x)-A)=0$，立得

定理 1　$\lim\limits_{x\to x_0}f(x)=A\Leftrightarrow f(x)=A+\alpha$，其中 $\lim\limits_{x\to x_0}\alpha=0$.

证明　必要性　设 $\lim\limits_{x\to x_0}f(x)=A$，则任取 $\varepsilon>0$，存在 $\delta>0$，使当 $0<|x-x_0|<\delta$ 时，恒有

$$|f(x)-A|=|(f(x)-A)-0|<\varepsilon,$$

故由极限的定义，这已表明 $\lim\limits_{x\to x_0}(f(x)-A)=0$.

由无穷小定义，这里 $f(x)-A=\alpha$ 是 $x\to x_0$ 时的无穷小，故 $f(x)=A+\alpha$.

充分性　设 $f(x)=A+\alpha$，其中 $A\in\mathbf{R}$，而 α 是 $x\to x_0$ 时的无穷小，则由极限运算性质，已有

$$\lim_{x\to x_0}f(x)=\lim_{x\to x_0}(A+\alpha)=A+\lim_{x\to x_0}\alpha=A.$$

其余类型的函数极限形式可类似证明.

定理给出的“极限与无穷小互化”形式与方法十分重要，后面会经常用到.

3. 无穷小的性质

作为极限的特定形式，无穷小自然也满足极限的四则运算法则. 因而在相同的极限条件下，有

定理 2　(1) 有限个无穷小的和仍是无穷小.

(2) 有限个无穷小的乘积仍是无穷小.

(3) 无穷小与有界函数的乘积仍是无穷小.

证明　由极限运算法则，(1)和(2)显然成立. 下面仍以 $x\to x_0$ 为例，仅证(3).

设 $g(x)$为有界函数，即存在 $\delta_1>0$，对满足 $0<|x-x_0|<\delta_1$ 的所有 x，存在常数 $M>0$，使 $|g(x)|\leqslant M$. 又设 $\lim\limits_{x\to x_0}f(x)=0$，即对任意 $\varepsilon>0$，存在 $\delta_2>0$，当 $0<|x-x_0|<\delta_2$ 时，恒有 $|f(x)|<\dfrac{\varepsilon}{M}$.

于是取 $\delta=\min\{\delta_1,\delta_2\}$，当 $0<|x-x_0|<\delta$ 时，即有

$$|f(x)\cdot g(x)|<\frac{\varepsilon}{M}\cdot M=\varepsilon，从而\lim_{x\to x_0}f(x)g(x)=0.$$

附注　上述性质给出了求极限的特殊方法.

例 1　求极限 $\lim\limits_{x\to 0}x\sin\dfrac{1}{x}$.

解 由于 x 是 $x\to 0$ 时的无穷小，而对 $x\neq 0$，$\left|\sin\dfrac{1}{x}\right|\leqslant 1$(有界)，所以

$$\lim_{x\to 0} x\sin\frac{1}{x}=0.$$

本例的几何意义如图 1－25 所示．当 x 趋向于 0 时，对应的函数值既有正值也有负值，但振幅越来越小，并无限地接近于 0.

注意 无限个无穷小之和不一定是无穷小.

例如，虽然 $\lim\limits_{n\to\infty}\dfrac{1}{n}=0$，但是

$$\lim_{n\to\infty}\underbrace{\left(\frac{1}{n}+\frac{1}{n}+\cdots+\frac{1}{n}\right)}_{n个}=1.$$

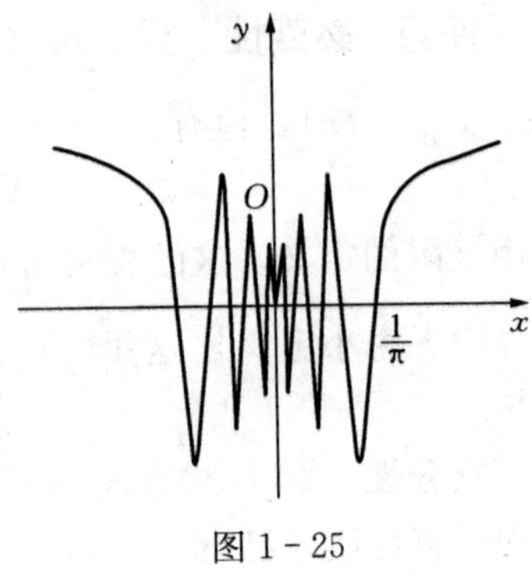

图 1－25

二、无穷大

作为极限“不存在”的情形之一，如：当 $x\to+\infty$ 时，$\ln x\to+\infty$；当 $x\to 1$ 时，$\dfrac{x}{x-1}\to\infty$ 等．这表明：$\ln x$ 随 x 的增大而无限增大(无上界)；而 $\dfrac{x}{x-1}$ 随 $|x-1|$ 无限变小而无限增大(无上界)．由此引出了无穷大的概念．下面仍以 $x\to x_0$ 的情形为例，其他情形可类似定义.

1. 无穷大的概念

定义 2 设函数 $f(x)$ 在 $\mathring{U}(x_0)$ 内有定义，若对于任给 $M>0$，总存在 $\delta>0$，使当 $0<|x-x_0|<\delta$ 时，恒有 $|f(x)|>M$，则称函数 $f(x)$ 是当 $x\to x_0$ 时的无穷大，记为 $\lim\limits_{x\to x_0}f(x)=\infty$.

评注 ① 考虑到定义表述中的绝对值形式，这里将 ∞、$\pm\infty$ 统称为无穷大.

② $\lim\limits_{x\to x_0}f(x)=\infty$ 的几何意义是：函数的图形曲线 $y=f(x)$ 在点 x_0 处有**垂直渐近线** $x=x_0$.

③ 无穷大也是变量，而且与极限条件密切相关.

④ 无穷大与无界函数不同，无穷大必然是无界的，但反之不然．比如当 $x\to\infty$ 时，函数 $y=x^2$ 是无穷大，而 $f(x)=[1+(-1)^x]^x$ 仅是无界函数.

2. 无穷大与无穷小的关系

从 $\lim\limits_{x\to 0}\dfrac{1}{x}=\infty$ 与 $\lim\limits_{x\to 0}x=0$ 的关系可知

定理 3　在自变量特定的变化形式下，如果 $f(x)$ 为无穷大，则 $\frac{1}{f(x)}$ 为无穷小；反之，如果 $f(x)$ 为无穷小，且 $f(x)\neq 0$，则 $\frac{1}{f(x)}$ 为无穷大．

证明　以 $\lim\limits_{x\to x_0}f(x)=\infty$，证明 $\lim\limits_{x\to x_0}\frac{1}{f(x)}=0$ 为例．

由无穷大定义：任给 $\varepsilon>0$，对 $M=\frac{1}{\varepsilon}$，存在 $\delta>0$，当 $0<|x-x_0|<\delta$ 时，有 $|f(x)|>M=\frac{1}{\varepsilon}$，故 $\left|\frac{1}{f(x)}\right|=\left|\frac{1}{f(x)}-0\right|<\varepsilon$，由此可得 $\lim\limits_{x\to x_0}\frac{1}{f(x)}=0.$

反之，设 $\lim\limits_{x\to x_0}f(x)=0$ 且 $f(x)\neq 0$，可证明 $\lim\limits_{x\to x_0}\frac{1}{f(x)}=\infty.$

事实上，由无穷小定义：任给 $M>0$，对 $\varepsilon=\frac{1}{M}$，存在 $\delta>0$，当 $0<|x-x_0|<\delta$ 时，有 $|f(x)|<\varepsilon=\frac{1}{M}$，由于 $f(x)\neq 0$，从而 $\left|\frac{1}{f(x)}\right|>M$，即 $\lim\limits_{x\to x_0}\frac{1}{f(x)}=\infty.$

由此可将无穷大转化为无穷小来讨论．如在相同的极限条件下，仿照无穷小的性质，对无穷大也有

(1) 无穷大与有界函数之和为无穷大．

(2) 有限个无穷大之积为无穷大．

(3) 同号无穷大之和为无穷大．

注意　不能笼统地说：两个无穷大之和(或商)是无穷大．例如，当 $x\to 0^+$ 时，$\frac{1}{x}$，$-\frac{1}{x}$ 均为无穷大，但 $\lim\limits_{x\to 0^+}\left[\frac{1}{x}+\left(-\frac{1}{x}\right)\right]=0$. 另外，有

$$\lim_{x\to 0^+}\frac{1}{x}=+\infty,\quad \lim_{x\to 0^+}\frac{1}{x^2}=+\infty,\text{ 但}\lim_{x\to 0^+}\frac{\frac{1}{x}}{\frac{1}{x^2}}=0.$$

三、无穷小的比较

定理 2 讨论了无穷小的和与积，那么两个无穷小之商的结果是什么？

例如 $x\to 0$ 时，x，x^2，x^3，$\sin x$ 均是无穷小，但它们趋向于零的速度却有着明显差异．为刻画无穷小趋向于零的快慢程度，特引入无穷小比较的定义：

定义 3　设 α，β 是同一个极限条件下的两个无穷小，

(1) 如果 $\lim\frac{\beta}{\alpha}=0$，则称 β 是比 α **高阶的无穷小**，记为 $\beta=o(\alpha)$.

(2) 如果 $\lim\dfrac{\beta}{\alpha}=C\neq0$，则称 β 与 α 是**同阶无穷小**(其中的 C 为常数).

(3) 如果 $\lim\dfrac{\beta}{\alpha}=1$，则称 β 与 α 是**等价无穷小**，记为 $\beta\sim\alpha$.

例 2 比较下列无穷小:

(1) x 与 x^2，$x\to0$；(2) $\dfrac{1}{n}$ 与 $\dfrac{1}{n^2}$，$n\to\infty$；

(3) x^2-9 与 $x-3$，$x\to3$；(4) $\tan x$ 与 $\sin x$，$x\to0$.

解 (1) 由于 $\lim\limits_{x\to0}\dfrac{x^2}{x}=0$，故 x^2 是比 x 高阶的无穷小，即 $x^2=o(x)$，$x\to0$.

(2) 由于 $\lim\limits_{n\to\infty}\dfrac{\dfrac{1}{n^2}}{\dfrac{1}{n}}=0$，故 $\dfrac{1}{n^2}$ 是比 $\dfrac{1}{n}$ 高阶的无穷小，即 $\dfrac{1}{n^2}=o\left(\dfrac{1}{n}\right)$，$n\to\infty$.

(3) 由于 $\lim\limits_{x\to3}\dfrac{x^2-9}{x-3}=6$，故 $x\to3$ 时，x^2-9 与 $x-3$ 是同阶无穷小.

(4) 由于 $\lim\limits_{x\to0}\dfrac{\tan x}{\sin x}=\lim\limits_{x\to0}\dfrac{1}{\cos x}=1$，故 $\tan x$ 与 $\sin x$ 是等价无穷小，即

$$\tan x\sim\sin x,\ x\to0.$$

四、等价无穷小的应用

等价无穷小有着重要应用，比如

定理 4 在给定的极限条件下，β 与 α 是等价无穷小的充分必要条件是

$$\beta=\alpha+o(\alpha).$$

证明 必要性 设 $\alpha\sim\beta$，则由

$$\lim\frac{\beta-\alpha}{\alpha}=\lim\left(\frac{\beta}{\alpha}-\frac{\alpha}{\alpha}\right)=1-1=0,$$

知 $\beta-\alpha=o(\alpha)$，即 $\beta=\alpha+o(\alpha)$.

充分性 设 $\beta=\alpha+o(\alpha)$，则由

$$\lim\frac{\beta}{\alpha}=\lim\frac{\alpha+o(\alpha)}{\alpha}=1,$$

从而 $\beta\sim\alpha$.

注意 本定理的意义是：等价无穷小可以互相表示．例如，根据上节的极限结果，对 $x\to0$，有如下等价无穷小的常用形式

$$x\sim\sin x\sim\tan x\sim\arcsin x\sim\arctan x\sim\ln(1+x)\sim(\mathrm{e}^x-1),$$

因此，也有 $\sin x=x+o(x)$，$\tan x=x+o(x)$等．

定理5(等价代换法则) 在同样的极限条件下，若

(1) $\alpha'\sim\alpha$，$\beta'\sim\beta$；　　(2) $\lim\frac{\beta'}{\alpha'}$存在，

则
$$\lim\frac{\beta}{\alpha}=\lim\frac{\beta'}{\alpha'}.$$

证明 由等价无穷小定义，立得

$$\lim\frac{\beta}{\alpha}=\lim\left(\frac{\beta}{\beta'}\frac{\beta'}{\alpha'}\frac{\alpha'}{\alpha}\right)=\lim\frac{\beta}{\beta'}\lim\frac{\beta'}{\alpha'}\lim\frac{\alpha'}{\alpha}=\lim\frac{\beta'}{\alpha'}.$$

定理5的应用意义是，在满足条件的前提下，分式的极限可利用等价无穷小代换的方式来化简．

例3 求极限$\lim\limits_{x\to0}\frac{\sin3x}{\tan2x}$.

解 当 $x\to0$ 时，由于 $\sin3x\sim3x$，$\tan2x\sim2x$，所以

$$\lim_{x\to0}\frac{\sin3x}{\tan2x}=\lim_{x\to0}\frac{3x}{2x}=\frac{3}{2}.$$

例4 求极限$\lim\limits_{x\to0}\frac{\tan x-\sin x}{x^3}$.

解 $\lim\limits_{x\to0}\frac{\tan x-\sin x}{x^3}=\lim\limits_{x\to0}\frac{\sin x(1-\cos x)}{x^3\cos x}=\lim\limits_{x\to0}\frac{x\cdot\frac{1}{2}x^2}{x^3\cos x}=\frac{1}{2}$.

注意 ① 这里 $\sin x$，$1-\cos x$，$\cos x$ 都是所求极限中函数的因式，如前所述，当 $x\to0$ 时，有 $\sin x\sim x$，$1-\cos x\sim\frac{1}{2}x^2$.

② 无穷小等价代换不能直接在和函数中进行．如例4的如下解法是错误的：

$$\lim_{x\to0}\frac{\tan x-\sin x}{x^3}=\lim_{x\to0}\frac{x-x}{x^3}=0.$$

习题1-6

思考题

1. 说明函数 $f(x)=(1+(-1)^x)^x$ 当 $x\to\infty$时无界，但非无穷大．
2. 两个无穷小的商是否一定是无穷小？举例说明．

练习题

1. 求极限．

(1) $\lim\limits_{x\to0}x\cos\frac{1}{x}$；　　(2) $\lim\limits_{x\to\infty}\frac{\arctan x}{x^2}$.

2. 证明当 $x\to 0$ 时，$1-\cos x\sim\frac{1}{2}x^2$.

3. 利用等价无穷小的性质，求下列极限.

(1) $\lim\limits_{x\to 0}\frac{\sin 5x}{3x}$；

(2) $\lim\limits_{x\to 0}\frac{\sin x^n}{(\sin x)^m}$($m$，$n$ 为正整数)；

(3) $\lim\limits_{x\to 0}\frac{x^3+2x^2}{\sin^2 x}$；

(4) $\lim\limits_{x\to 0}\frac{(1+x^2)^{\frac{1}{3}}-1}{\cos x-1}$.

4. 证明：无穷小的等价关系具有下列性质：

(1) 自反性：$\alpha\sim\alpha$.

(2) 对称性：若 $\alpha\sim\beta$，则 $\beta\sim\alpha$.

(3) 传递性：若 $\alpha\sim\beta$，$\beta\sim\gamma$，则 $\alpha\sim\gamma$.

总练习一

1. 填空题

(1) $f(x)=\frac{1}{\lg|x-5|}$的定义域是________.

(2) 设函数 $f(x)=\begin{cases}1, & |x|\leqslant 1,\\ 0, & |x|>1,\end{cases}$ 则 $f[f(x)]=$________.

(3) $\lim\limits_{n\to\infty}n\left(\frac{1}{n^2+\pi}+\frac{1}{n^2+2\pi}+\cdots+\frac{1}{n^2+n\pi}\right)=$________.

(4) 若 $\lim\limits_{x\to 0}\frac{x}{f(x)}=2$，则 $\lim\limits_{x\to 0}\frac{f(2x)}{x}=$________.

(5) 若 $\lim\limits_{x\to\infty}\left(\frac{x}{x+1}\right)^{kx}=\mathrm{e}^2$，则 $k=$________.

(6) 当 $x\to 0^-$ 时，$\mathrm{e}^{\frac{1}{x}}$ 为无穷________量.

(7) 已知当 $x\to 0$ 时，$(1+ax^2)^{\frac{1}{3}}-1$ 与 $\cos x-1$ 是等价无穷小，则 $a=$________.

(8) 若 $\lim\limits_{x\to\infty}\left(\frac{x^2+1}{x+1}-ax-b\right)=0$，则 $a=$________，$b=$________.

2. 选择题

(1) 函数 $f(x)=\frac{x}{1+x^2}$在定义域内为(　　).

A. 有上界无下界；

B. 有下界无上界；

C. 有界且$-\frac{1}{2}\leqslant f(x)\leqslant\frac{1}{2}$；

D. 有界且$-2\leqslant f(x)\leqslant 2$.

(2) 设$f(x)$是定义在$(-\infty, +\infty)$上的任意函数，则下列结论错误的是(　　).

A. $f(|x|)$是偶函数；

B. $|f(x)|$是偶函数；

C. $f(x)+f(-x)$是偶函数；

D. $f(x)-f(-x)$是奇函数.

(3) $\lim\limits_{n\to\infty}\left(\frac{1}{\sqrt{n^2+1}}+\frac{1}{\sqrt{n^2+2}}+\cdots+\frac{1}{\sqrt{n^2+n}}\right)=$(　　).

A. 1；　　B. 0；

C. ∞；　　D. 不存在但非∞.

(4) 当$x\to 1$时，函数$\frac{x^2-1}{x-1}\mathrm{e}^{\frac{1}{x-1}}$的极限是(　　).

A. 2；　　B. 0；

C. ∞；　　D. 不存在但非∞.

(5) 当$x\to 0$时，与x等价的无穷小是(　　).

A. $2x$；　　B. $x^2+\sin x$；

C. $\tan\sqrt[3]{x}$；　　D. $x\sin x$.

(6) 当$n\to\infty$时，$n\sin\frac{1}{n}$是(　　).

A. 无穷大量；　　B. 无穷小量；

C. 无界变量；　　D. 有界变量.

(7) 设函数$f(x)=\frac{|x-1|}{x-1}$，则极限$\lim\limits_{x\to 1}f(x)=$(　　).

A. 0；　　B. -1；

C. 1；　　D. 不存在.

(8) 已知$\lim\limits_{x\to 2}\frac{x^2+ax+b}{x^2-x-2}-2$，则下列结论正确的是(　　).

A. $a=-8$，$b=2$；　　B. $a=2$，b为任意实数；

C. $a=2$，$b=-8$；　　D. a，b均为任意实数.

3. 设$f(x)=\frac{\sqrt{1+x^2}}{x}$，求$f[f(x)]$.

4. 设 $f(x)=\dfrac{x}{x-1}$，求 $f[f(x)]$和 $f\left[\dfrac{1}{f(x)}\right]$.

5. 求下列极限.

(1) $\lim\limits_{x\to 4}\dfrac{\sqrt{2x+1}-3}{\sqrt{x-2}-\sqrt{2}}$；　　(2) $\lim\limits_{x\to 1}\dfrac{\sqrt[3]{x}-1}{\sqrt{x}-1}$；

(3) $\lim\limits_{x\to +\infty}\sqrt{x}(\sqrt{x+1}-\sqrt{x})$；　　(4) $\lim\limits_{x\to 1}\dfrac{x^2-x+1}{(x-1)^2}$；

(5) $\lim\limits_{x\to 0}\dfrac{\sin x^2\cos\dfrac{1}{x}}{\tan x}$；　　(6) $\lim\limits_{x\to 0}(1+x^2)^{\frac{1}{1-\cos x}}$；

(7) $\lim\limits_{x\to\infty}\left(\dfrac{3+x}{6+x}\right)^{\frac{x+1}{2}}$；　　(8) $\lim\limits_{x\to 0}\left(\dfrac{a^x+b^x+c^x}{3}\right)^{\frac{1}{x}}$ $(a>0，b>0，c>0)$.

第二章　函数连续性

连续性是一种常见的自然现象，如气温变化、植物生长等．作为这类现象的数学描述，即所谓“连续函数”．连续函数是高等数学的主要研究对象．

第1节　函数连续的概念

一、函数的连续性

1. 连续性概念

为方便计，先引入函数“增量”的概念．

设函数 $f(x)$ 在 $U(x_0)$ 内有定义．对任意 $x\in U(x_0)$，称 $\Delta x=x-x_0$ 为自变量的增量(大小任意、可正可负)，而

$$\Delta y=f(x_0+\Delta x)-f(x_0)$$

称为 $f(x)$ 在 x_0 的增量．

注意　这里“Δy”是一个整体记号．在 $\Delta x>0$ 的前提下，$\Delta y>0$ 即表明变量 y 递增(图 2-1)，而 $\Delta y<0$ 则表明变量 y 递减．

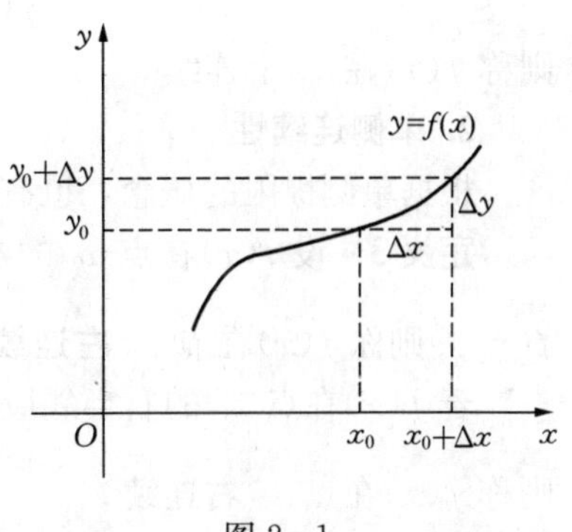

图 2-1

对一般(非常数)函数，Δy 必随 Δx 的大小变化而改变．但如果 $\Delta x\to 0$ 时，有

$$\lim_{\Delta x\to 0}\Delta y=\lim_{\Delta x\to 0}[f(x_0+\Delta x)-f(x_0)]=0,$$

则从几何意义上，反映出曲线 $y=f(x)$ 在点 x_0 上方“连绵不断”．此即

定义1　设 $f(x)$ 在 $U(x_0)$ 内有定义．在 x_0 任取 Δx 使 $x_0+\Delta x\in U(x_0)$，若

$$\lim_{\Delta x \to 0} \Delta y = 0,$$

则称 $f(x)$在点 x_0 连续.

说明 ① 在极限意义上，定义 1 实际上表述的是：

$$\lim_{\Delta x \to 0} \Delta y = \lim_{\Delta x \to 0} [f(x_0 + \Delta x) - f(x_0)] = 0,$$

这等价于

$$\lim_{\Delta x \to 0} f(x_0 + \Delta x) = f(x_0) \text{ 或 } \lim_{x \to x_0} f(x) = f(x_0). \qquad (1)$$

这揭示了函数连续性的本质：函数值等于极限值. 因此，(1)式亦为函数 $f(x)$ 在点 x_0 连续的常用描述.

定义 1 给出了判断具体函数是否连续的常用方法.

例 1 讨论 $f(x)=x^2$ 在点 $x_0=1$ 处的连续性.

解 在 $x_0=1$ 处任取 Δx，有

$$\Delta y = f(1+\Delta x) - f(1) = (1+\Delta x)^2 - 1^2 = 2\Delta x + (\Delta x)^2.$$

因为 $$\lim_{\Delta x \to 0} \Delta y = \lim_{\Delta x \to 0} (2\Delta x + (\Delta x)^2) = 0,$$

所以 $f(x)=x^2$ 在点 $x_0=1$ 处连续.

例 2 证明 $f(x)=\sin x$ 在点 $x_0=0$ 处连续.

证明 在点 $x_0=0$ 处任取 Δx，有

$$\Delta y = f(0+\Delta x) - f(0) = \sin(0+\Delta x) - \sin 0 = \sin \Delta x.$$

因为 $$\lim_{\Delta x \to 0} \Delta y = \lim_{\Delta x \to 0} \sin \Delta x = 0,$$

所以 $f(x)=\sin x$ 在点 $x_0=0$ 处连续.

② 将连续性的等价定义 $\lim\limits_{x \to x_0} f(x) = f(x_0)$写成极限的 ε—δ 语言形式，即

定义 2 设函数 $f(x)$在 $U(x_0)$内有定义. 若任给 $\varepsilon>0$，存在 $\delta>0$，使当 $|x-x_0|<\delta$ 时，恒有

$$|f(x) - f(x_0)| < \varepsilon,$$

则称 $f(x)$在 x_0 上连续.

2. 单侧连续性

根据单侧极限的概念，也有

定义 3 设 $f(x)$在点 x_0 的左半邻域$(x_0-\delta, x_0)$内有定义，且 $\lim\limits_{x \to x_0^-} f(x) = f(x_0)$，则称 $f(x)$在点 x_0 **左连续**；

若 $f(x)$在点 x_0 的右半邻域$(x_0, x_0+\delta)$内有定义，且 $\lim\limits_{x \to x_0^+} f(x) = f(x_0)$，则称 $f(x)$在点 x_0 **右连续**.

特别是，结合极限存在性的结论，还有

定理 函数 $f(x)$在点 x_0 处连续$\Leftrightarrow f(x)$在点 x_0 处既左连续也右连续.

评注　这是讨论分段函数在分界点处是否连续的主要方法.

例3　讨论 $f(x)=|x|$ 在点 $x=0$ 的连续性.

解　因为 $\lim\limits_{x\to0^-}|x|=\lim\limits_{x\to0^-}(-x)=0=f(0)$，$\lim\limits_{x\to0^+}|x|=\lim\limits_{x\to0^+}x=0=f(0)$，所以 $f(x)=|x|$ 在点 $x=0$ 处连续.

例4　讨论 $f(x)=\operatorname{sgn}x=\begin{cases}1, & x>0,\\ 0, & x=0,\\ -1, & x<0\end{cases}$ 在 $x=0$ 的连续性.

解　因为
$$\lim_{x\to0^-}\operatorname{sgn}x=\lim_{x\to0^-}(-1)=-1\neq f(0),$$
所以 $f(x)=\operatorname{sgn}x$ 在 $x=0$ 不连续.

(另外，仅由 $\lim\limits_{x\to0^+}\operatorname{sgn}x=\lim\limits_{x\to0^+}1=1\neq f(0)$，亦知 $f(x)=\operatorname{sgn}x$ 在 $x=0$ 不连续).

3. 区间上的连续性

定义4　设 $f(x)$在$(a,\ b)$上有定义. 若对任意 $x\in(a,\ b)$，$f(x)$在 x 处都连续，则称 $f(x)$在$(a,\ b)$上连续；

若 $f(x)$在$(a,\ b)$上连续，且在 $x=a$ 右连续，在 $x=b$ 左连续，则称$f(x)$在$[a,\ b]$上连续.

例5　讨论 $f(x)=x^2$，$x\in\mathbf{R}$ 的连续性.

解　对任意 $x\in\mathbf{R}$，因为
$$\Delta y=(x+\Delta x)^2-x^2=2x(\Delta x)+(\Delta x)^2,$$
有
$$\lim_{\Delta x\to0}\Delta y=\lim_{\Delta x\to0}(2x\Delta x+(\Delta x)^2)=0,$$
且注意到 $x\in\mathbf{R}$ 的任意性，所以 $f(x)=x^2$ 在$(-\infty,\ +\infty)$上连续.

结合“点连续”的几何意义，在区间上连续的函数图像就是该区间上方分布的一条“连续不断”的曲线.

二、函数的间断点

连续的反面是“不连续”——称之为“间断”. 结合连续定义的本质说明，即有

定义5　如果下列情形至少有其一发生：

(1) $f(x_0)$不存在；(2) $\lim\limits_{x\to x_0}f(x)$不存在；(3) $\lim\limits_{x\to x_0}f(x)\neq f(x_0)$，

则称 $f(x)$在点 x_0 **间断**.

由此定义，函数的间断点可分为两大类：

1. 第一类间断点

对于在点 x_0 处左、右极限均存在的间断点，称为$f(x)$的**第一类间断点**.

其中：左、右极限均存在且相等的间断点称为**可去间断点**，而左、右极限均存在但不相等的间断点称为**跳跃间断点**.

例 6　讨论函数 $f(x)=\dfrac{x^2-1}{x-1}$ 的连续性.

解　因为函数在点 $x=1$ 无定义，所以在 $x=1$ 间断. 但有

$$\lim_{x\to1}\frac{x^2-1}{x-1}=\lim_{x\to1}(x+1)=2,$$

故点 $x=1$ 为 $f(x)=\dfrac{x^2-1}{x-1}$ 的可去间断点.

说明　这里“可去”的意思是：既然函数仅在该点间断，而其极限又存在，那么在该点处用其极限值来补充(或修改)定义，即可使函数变得连续起来.

如在例 6 中，令

$$F(x)=\begin{cases}\dfrac{x^2-1}{x-1}, & x\neq1,\\ 2, & x=1,\end{cases}$$

则 $F(x)$ 显然已在 $x=1$ 处连续，从而在整个 $\mathbf{R}$ 上连续(当然，这里的函数形式已改变，与原来函数并不相同).

又如在前面例 4 中，由于 $f(0-0)=-1\neq f(0+0)=1$，所以 $x=0$ 是 $f(x)=\operatorname{sgn}x$ 的跳跃间断点.

2. 第二类间断点

在点 x_0 处，左、右极限至少有一个不存在的间断点，称为 $f(x)$ 的**第二类间断点**.

特别地，如果函数 $f(x)$ 在点 x_0 的左、右极限中至少有一个为 ∞，则称 x_0 为 $f(x)$ 的**无穷(大)间断点**.

例 7　函数 $f(x)=\dfrac{1}{x}$ 在点 $x=0$ 无定义，所以在 $x=0$ 处间断. 又由于 $\lim\limits_{x\to0}\dfrac{1}{x}=\infty$，因而 $x=0$ 是 $\dfrac{1}{x}$ 的无穷间断点.

例 8　函数 $f(x)=\sin\dfrac{1}{x}$ 在点 $x=0$ 处无定义，所以在 $x=0$ 处间断. 又由于 $\sin\dfrac{1}{x}$ 当 $x\to0$ 时的左、右极限均振荡不存在，因而点 $x=0$ 为 $\sin\dfrac{1}{x}$ 的第二类间断点，称为振荡型间断点.

习题 2－1

思考题

1. 若 $f(x)$ 在点 x_0 连续，而 $g(x)$ 在点 x_0 不连续，问 $f(x)\cdot g(x)$，

$f(x)+g(x)$在点 x_0 是否连续？

2. $f(x)$在点 x_0 连续时，函数 $|f(x)|$ 在点 x_0 是否连续？反之如何？

练习题

1. 求出下列函数的间断点，并指出间断点的类型；如果是可去间断点，则补充定义使它连续．

(1) $y=\dfrac{x^2-1}{x^2-3x+2}$；　(2) $y=\dfrac{\tan x}{x}$；　(3) $y=\begin{cases}x^2, & x<0,\\ 1, & x=0,\\ x, & x>0;\end{cases}$

(4) $y=\dfrac{1}{1+2^{\frac{1}{x}}}$；　(5) $y=\begin{cases}x^2-1, & x\leqslant 1,\\ x+3, & x>1.\end{cases}$

2. 求 a 的值，使 $f(x)=\begin{cases}e^x, & x<0,\\ x+a, & x\geqslant 0\end{cases}$ 在$(-\infty, +\infty)$内连续．

3. a 为何值时，函数 $f(x)=\begin{cases}(\cos x)^{-x^2}, & x\neq 0,\\ a, & x=0\end{cases}$ 是连续函数？

4. 设函数 $f(x)=\lim\limits_{n\to\infty}\dfrac{1-x^{2n}}{1+x^{2n}}x$，求其间断点并判断间断点的类型．

5. 讨论 $f(x)=\begin{cases}x^2-1, & -1<x<0,\\ x, & 0\leqslant x<1,\\ 2-x, & 1\leqslant x\leqslant 2\end{cases}$ 的连续性．

第2节　连续函数的性质

一、连续函数的四则运算

借助函数连续性的定义及极限的四则运算法则，不难得到

定理 1　设函数 $f(x)$与 $g(x)$均在点 x_0 处连续，则

(1) $f(x)\pm g(x)$在点 x_0 处也连续；

(2) $f(x)\cdot g(x)$在点 x_0 处也连续；

(3) $\dfrac{f(x)}{g(x)}(g(x_0)\neq 0)$在点 x_0 处也连续．

本定理的证明及推广均与极限的四则运算相同，这里从略．

二、反函数的连续性

定理 2　设函数 $f(x)$在 D 上单调增加(或减少)且连续，则 $f^{-1}(x)$在

$f(D)$上也单调增加(或减少)且连续．

证明　(这里的单调性前面已证；而连续性用定义可得)从略．

例1　已知指数函数 $y=\mathrm{e}^x$ 在$(-\infty, +\infty)$上单调增加且连续，因此，其反函数 $y=\ln x$ 在$(0, +\infty)$上也单调增加且连续．

三、复合函数的连续性

类似于复合函数的极限运算，这里也有

定理3　设函数 $y=f(u)$在点 $u=u_0$ 连续，而函数 $u=\varphi(x)$在点 $x=x_0$ 连续且$\varphi(x_0)=u_0$，则复合函数 $y=f[\varphi(x)]$在点 $x=x_0$ 连续．

注意　这实质是说：如果 $f(u)$，$\varphi(x)$都在相应点处连续，则极限符号与函数符号可交换顺序：

$$\lim_{x\to x_0} f[\varphi(x)] = f[\lim_{x\to x_0}\varphi(x)] = f[\varphi(x_0)].$$

这使得连续函数的运算极其方便，也给出了求复合函数极限的根本依据．

例2　讨论函数 $y=\sin\dfrac{1}{x}$的连续性．

解　函数 $y=\sin\dfrac{1}{x}$由 $y=\sin u$ 与 $u=\dfrac{1}{x}$复合而成，其中 $\sin u$ 在$(-\infty, +\infty)$上连续，而$\dfrac{1}{x}$在$(-\infty, 0)\cup(0, +\infty)$上连续，由定理 3，函数 $\sin\dfrac{1}{x}$在$(-\infty, 0)\cup(0, +\infty)$上连续．

四、初等函数连续性

由定义及上面的讨论可知：

定理4　基本初等函数在其定义域内连续．

注意到初等函数是由常数函数及基本初等函数经过有限次四则运算或复合运算而得到，于是有

定理5　初等函数在其定义区间上连续．

注意　① 这里定义区间是指包含在定义域内的区间．

② 由此结论，以后对初等函数连续性的讨论即归结为对函数定义域的检查，这自然是十分方便的．

③ 更重要的是，如果 $f(x)$是初等函数，且 x_0 在 $f(x)$的定义区间内，可立得

$$\lim_{x\to x_0} f(x) = f(x_0).$$

这正是化简变形求极限的理论依据．

例 3　讨论 $f(x)=\dfrac{x^3+3x^2-x-3}{x^2+x-6}$ 的连续区间，并求下列极限．

(1) $\lim\limits_{x\to 0}f(x)$；　　(2) $\lim\limits_{x\to -3}f(x)$；　　(3) $\lim\limits_{x\to 2}f(x)$．

解　当 $x^2+x-6\neq 0$ 时，函数 $f(x)$ 有意义，即 $f(x)$ 的连续区间为

$$I=(-\infty,\ -3)\cup(-3,\ 2)\cup(2,\ +\infty).$$

(1) 由于 $x=0\in I$，所以 $\lim\limits_{x\to 0}f(x)=f(0)=\dfrac{-3}{-6}=\dfrac{1}{2}$.

又因为 $f(x)=\dfrac{x^3+3x^2-x-3}{x^2+x-6}=\dfrac{(x^2-1)(x+3)}{(x+3)(x-2)}=\dfrac{x^2-1}{x-2}$，所以

(2) $\lim\limits_{x\to -3}f(x)=\lim\limits_{x\to -3}\dfrac{x^2-1}{x-2}=-\dfrac{8}{5}$.

(3) $\lim\limits_{x\to 2}f(x)=\lim\limits_{x\to 2}\dfrac{x^2-1}{x-2}=\infty$.

习题 2-2

思考题

关于初等函数的连续性结论，为什么表达成“初等函数在其定义区间上连续”，而不说成是“初等函数在其定义域上连续”？

练习题

1. 求下列极限．

(1) $\lim\limits_{x\to 0}\ln\dfrac{\sin x}{x}$；　　(2) $\lim\limits_{x\to 0}\ln\left(1+\dfrac{\sin x}{1+x^2}\right)$；

(3) $\lim\limits_{x\to 0}\dfrac{\sqrt{x+1}-1}{x}$；　　(4) $\lim\limits_{x\to +\infty}(\sqrt{x^2+x}-\sqrt{x^2-x})$.

2. 求函数 $f(x)=\sqrt{x-2}+\dfrac{1}{\ln(x-1)}$ 的连续区间．

3. 设函数 $f(x)=\begin{cases}e^x(\sin x+\cos x), & x>0,\\ 2x+a, & x\leqslant 0\end{cases}$ 是 $\mathbf{R}$ 上的连续函数，求常数 a.

第 3 节　闭区间上连续函数的性质

闭区间上的连续函数具有一系列非常直观的优良性质，并有着十分重要的应用．本节不加证明地介绍如下．

一、最值性定理

最大值与最小值的概念已在中学所熟悉，它在数学应用方面占有重要位置．作为函数取值的整体性概念，首先给出

定义　设函数 f 在区间 D 上有定义．若存在 $x_0\in D$，使对任意 $x\in D$，有

$$f(x)\leqslant f(x_0)\quad(\text{或 } f(x)\geqslant f(x_0))$$

成立，则称 $f(x_0)$是 $f(x)$在 D 上的最大(或最小)值．

一般而言，最值存在性的判断较为困难．但对于闭区间上的连续函数，却有

定理 1(最大值最小值定理)　若 $f(x)$在$[a, b]$上连续，则 $f(x)$在$[a, b]$上必取得最大值与最小值．

说明　① 图 2－2 可说明定理中条件的充分性．

② 联系到函数有上界或有下界的概念，这里事实上说明了

定理 2(有界性定理)　若 $f(x)$在$[a, b]$上连续，则 $f(x)$在$[a, b]$上有界．

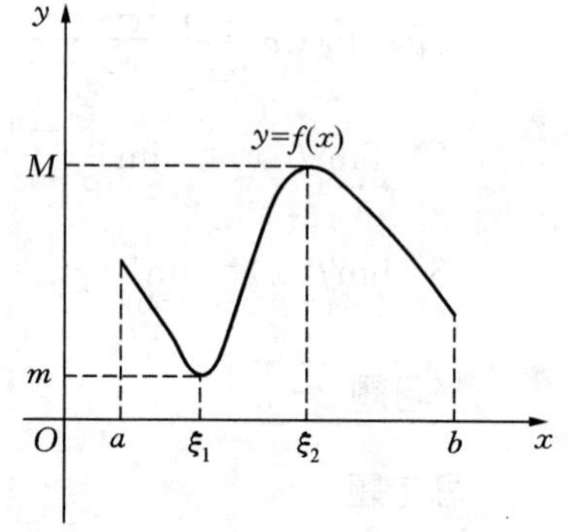

图 2－2

二、介值性定理

上面的两个定理，共同说明了这样的几何事实：$f(x)$在$[a, b]$上连续，其值域 $f([a, b])$也是闭区间$[m, M]$. 由此又得

定理 3(介值性定理)　设 $f(x)$在$[a, b]$上连续，则对任意 $c\in(m, M)$，至少存在一点 $\xi\in(a, b)$，使得 $f(\xi)=c$.

说明　定理的几何意义：在$[a, b]$上连续的曲线 $y=f(x)$与介于水平直线 $y=m$，$y=M$ 之间的直线 $y=c$ 至少有一个交点(图 2－3).

定理 4(零点定理，或根的存在定理)　设

(1) $f(x)$在$[a, b]$上连续；

(2) $f(a)\cdot f(b)<0$,

则至少存在一点 $\xi\in(a, b)$，使得 $f(\xi)=0$.

说明　这是判断函数方程或多项式有无实根的重要方法．其几何意义是：在满足定理的条件下，曲线 $y=f(x)$与 x 轴至少相交一次．

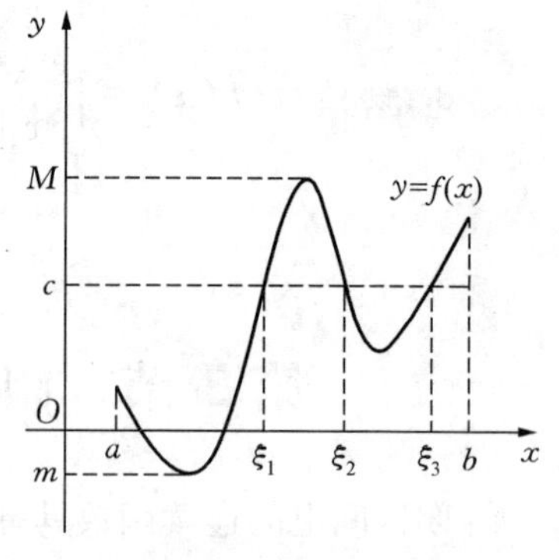

图 2－3

例　证明 $x^3-3x^2-x+3=0$ 在区间 $[-2, 0]$、$[0, 2]$ 及 $[2, 4]$ 内恰好各有一个实根．

证明　设 $f(x)=x^3-3x^2-x+3$，计算得

$f(-2)=-15<0$，$f(0)=3>0$，$f(2)=-3<0$，$f(4)=15>0$，
故由零点定理，至少存在 $\xi_1\in(-2, 0)$，$\xi_2\in(0, 2)$，$\xi_3\in(2, 4)$，使得

$$f(\xi_1)=0,\ f(\xi_2)=0,\ f(\xi_3)=0,$$

即 ξ_1，ξ_2，ξ_3 即为给定方程的根．

由于三次方程至多有三个实根，故在上述各区间内均恰有一个实根．

习题 2-3

思考题

将零点定理中的区间改为 $(-\infty, +\infty)$，且

$$\lim_{x\to-\infty} f(x)\cdot \lim_{x\to+\infty} f(x)<0,$$

其结论是否仍成立?

练习题

1. 证明：方程 $x^5-3x-1=0$ 至少有一个实根介于 1 和 2 之间．

2. 证明：方程 $x\cdot 2^x=1$ 至少有一个小于 1 的正实根．

3. 设函数 $f(x)$ 在 $[a, b]$ 上连续，且 $f(a)<a$，$f(b)>b$，证明：在区间 (a, b) 内至少有一点 ξ，使得 $f(\xi)=\xi$.

总练习二

1. 填空题

(1) 设 $f(x)=\begin{cases} a+bx^2, & x\leqslant 0, \\ \dfrac{\sin bx}{x}, & x>0 \end{cases}$ 在 $x=0$ 处连续，则 a 和 b 满足关系__________．

(2) 设 $f(x)=\dfrac{e^x-b}{(x-1)(x-a)}$ 有无穷间断点 $x=0$ 及可去间断点 $x=1$，则 $a=$__________，$b=$__________．

(3) 函数 $f(x)=\dfrac{x^2-1}{x^2-5x+6}$ 的间断点是________．

(4) 函数 $f(x)=\dfrac{1}{e^{\frac{1}{x}}-1}$，则 $x=0$ 是________间断点．

(5) 设 $f(x)=\begin{cases}\dfrac{\sin 4x}{x}, & x<0,\\ 3x^2-2x+k, & x\geqslant 0\end{cases}$ 在定义域内连续，则 $k=$________.

(6) $f(x)=\begin{cases}x\sin\dfrac{1}{x}, & x<0,\\ \sin x, & x>0,\end{cases}$ 则 $\lim\limits_{x\to 0}f(x)=$________.

(7) $f(x)=\begin{cases}\dfrac{x^2+3x-10}{x-2}, & x\neq 2,\\ a, & x=2,\end{cases}$ 当 $a=$________时，函数 $f(x)$ 在 $x=2$ 处连续.

(8) 函数 $f(x)$ 在 $x=0$ 处连续，且 $x\neq 0$ 时，$f(x)=\mathrm{e}^{-\frac{1}{x^2}}$，则 $f(0)=$ ________.

2. 选择题

(1) 设函数 $f(x)=\dfrac{1}{\mathrm{e}^{\frac{x}{x-1}}-1}$，则正确的结论是(　　).

A. $x=0$，$x=1$ 都是 $f(x)$ 的第一类间断点；

B. $x=0$，$x=1$ 都是 $f(x)$ 的第二类间断点；

C. $x=0$ 是 $f(x)$ 的第一类间断点，$x=1$ 是 $f(x)$ 的第二类间断点；

D. $x=0$ 是 $f(x)$ 的第二类间断点，$x=1$ 是 $f(x)$ 的第一类间断点.

(2) 设函数 $f(x)=\lim\limits_{n\to\infty}\dfrac{1+x}{1+x^{2n}}$，有关函数 $f(x)$ 间断点的正确结论为(　　).

A. 不存在间断点；　　B. 存在间断点 $x=1$；

C. 存在间断点 $x=0$；　　D. 存在间断点 $x=-1$.

(3) 点 $x=1$ 是函数 $f(x)=\begin{cases}3x-1, & x<1,\\ 1, & x=1,\\ 3-x, & x>1\end{cases}$ 的(　　).

A. 连续点；　　B. 跳跃间断点；

C. 可去间断点；　　D. 第二类间断点.

(4) 设 $f(x)$ 在点 a 连续，且在 a 的去心邻域内有 $f(x)>0$，则(　　).

A. $f(a)>0$；　　B. $f(a)<0$；

C. $f(a)\geqslant 0$；　　D. $f(a)\leqslant 0$.

(5) 点 $x=2$ 是函数 $f(x)=\arctan\dfrac{1}{2-x}$ 的(　　).

A. 无穷间断点；　　B. 振荡间断点；

C. 可去间断点；　　D. 跳跃间断点．

(6) 函数 $f(x)=\dfrac{\sin x}{x}+\dfrac{e^x}{1-x}$ 的间断点的个数为(　　).

A. 0；　　B. 1；

C. 2；　　D. 3.

(7) 函数 $f(x)$ 在 $x=0$ 处连续，且 $x\neq 0$ 时，$f(x)=\dfrac{e^x-1}{x}$，则 $f(0)=$(　　).

A. 0；　　B. 1；

C. -1；　　D. e.

(8) 设 $f(x)=\begin{cases}\dfrac{\sin x}{x}, & x>0,\\ a, & x\leqslant 0\end{cases}$ 在 $x=0$ 处连续，则 $a=$(　　).

A. -1；　　B. 1；

C. 2；　　D. 3.

3. 求下列极限．

(1) $\lim\limits_{x\to 0}\sqrt{x^2+3x+2}$；　　(2) $\lim\limits_{x\to\frac{\pi}{2}}\ln(-2\sin 3x)$；

(3) $\lim\limits_{x\to\infty}\left(\dfrac{3x}{1+x}\right)^{\frac{2x}{x-1}}$.

4. 讨论函数 $f(x)=\begin{cases}\dfrac{2^{\frac{1}{x}}-1}{2^{\frac{1}{x}}+1}, & x\neq 0,\\ 1, & x=0\end{cases}$ 的连续性．

5. 设 $f(x)=\begin{cases}x^2, & x\leqslant 1,\\ 2-x, & x>1,\end{cases}$ $g(x)=\begin{cases}x, & x\leqslant 1,\\ x+4, & x>1,\end{cases}$ 讨论 $f[g(x)]$ 的连续性.

6. 设 $f(x)=\lim\limits_{n\to\infty}\dfrac{x^{2n+1}+ax^2+bx}{x^{2n}+1}$ 连续，求 a，b.

7. 证明方程 $x=\sqrt{a\sin x+b}$ 至少有一个不大于 $\sqrt{a+b}$ $(a, b>0)$ 的正根．

8. 对 $a>0$，证明 $ae^x=1+x+\dfrac{x^2}{2}$ 至少有一个实根．

第三章　导数与微分

微分学是本课程的主要内容之一，它包括导数与微分两个部分．

第1节　导数概念

一、引例

导数概念源自物体运动的瞬时速度，以及对几何曲线切线的斜率研究等．

1. 直线运动的瞬时速度

设一质点做直线运动，其位移 s 是时间 t 的函数：$s=s(t)$．为刻画该质点在 $t=t_0$ 时的瞬时速度，我们考察在 t_0 到 $t_0+\Delta t$ 这段时间内质点的位移

$$\Delta s = s(t_0+\Delta t)-s(t_0). \tag{1}$$

若质点做匀速运动，则该时间段内的平均速度

$$\bar{v}=\frac{\Delta s}{\Delta t}=\frac{s(t_0+\Delta t)-s(t_0)}{\Delta t} \tag{2}$$

为常值，在任一时刻的速度都相同．

若质点做变速运动，则(2)不是常数，而且不能作为质点在 t_0 时的瞬时速度来看待．于是考虑将 Δt 取的足够小，即令 $\Delta t\to 0$ 时，如果(2)的极限

$$\lim_{\Delta t\to 0}\bar{v}=\lim_{\Delta t\to 0}\frac{s(t_0+\Delta t)-s(t_0)}{\Delta t} \tag{3}$$

存在，即将其作为质点在时刻 t_0 的瞬时速度．

2. 曲线上切线的斜率

设 $M_0(x_0,\ y_0)$是曲线 C：$y=f(x)$上的点，在 C 上另取点 $M(x,\ y)$，称

连接 M_0M 的直线为曲线 C 的割线(图 3-1).记 φ 为割线 M_0M 的倾角，则割线 M_0M 的斜率是

$$\tan\varphi=\frac{y-y_0}{x-x_0}=\frac{f(x)-f(x_0)}{x-x_0}.$$

当点 M 沿曲线 C 趋于点 M_0(这时 $x\to x_0$)时，如果割线的极限位置 M_0T 存在，则称直线 M_0T 为曲线 C 在点 $M_0(x_0, y_0)$的切线．此时，倾角 φ 趋于切线 M_0T 的倾角 α. 因此当 $x\to x_0$ 时，如果极限

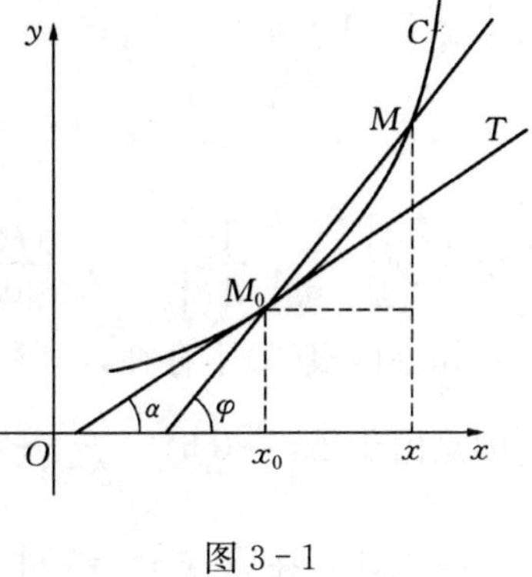

图 3-1

$$k=\tan\alpha=\lim_{x\to x_0}\frac{f(x)-f(x_0)}{x-x_0} \tag{4}$$

存在，即为曲线 C 在点 $M_0(x_0, y_0)$的切线斜率．

二、导数的定义与求法举例

1. 导数定义

上面讨论的两个实际问题，都可以归结为如下特定的极限形式

$$\lim_{x\to x_0}\frac{f(x)-f(x_0)}{x-x_0}, \tag{5}$$

其中 $x-x_0$ 是自变量在 x_0 处的增量，即 $\Delta x=x-x_0$，而 $f(x)-f(x_0)$是函数 $y=f(x)$的增量 $\Delta y=f(x_0+\Delta x)-f(x_0)$. 由于 $x\to x_0$ 即 $\Delta x\to 0$，故(5)式又可表示为

$$\lim_{\Delta x\to 0}\frac{\Delta y}{\Delta x}\text{或}\lim_{\Delta x\to 0}\frac{f(x_0+\Delta x)-f(x_0)}{\Delta x}$$

等形式．

在自然科学、工程领域以及经济分析中，还有许多问题(例如物体转动的角速度、电流强度、边际成本或边际收益等)，都可以经过数学抽象而归结为(5)的模型．由此引出了导数的概念．

定义 1　设函数 $y=f(x)$在邻域 $U(x_0)$内有定义．任取 Δx 使 $x_0+\Delta x\in U(x_0)$，如果极限

$$\lim_{\Delta x\to 0}\frac{\Delta y}{\Delta x}=\lim_{\Delta x\to 0}\frac{f(x_0+\Delta x)-f(x_0)}{\Delta x}$$

存在，则称 $f(x)$在 x_0 处可导；并称该极限值为函数 $y=f(x)$在点 x_0 的导数，

记为 $f'(x_0)$，即

$$f'(x_0)=\lim_{\Delta x\to 0}\frac{\Delta y}{\Delta x}=\lim_{\Delta x\to 0}\frac{f(x_0+\Delta x)-f(x_0)}{\Delta x}, \tag{6}$$

或记为 $y'\Big|_{x=x_0}$，$\dfrac{\mathrm{d}y}{\mathrm{d}x}\Big|_{x=x_0}$，$\dfrac{\mathrm{d}f(x)}{\mathrm{d}x}\Big|_{x=x_0}$ 等.

如果极限(5)不存在，则称函数 $y=f(x)$ 在点 x_0 处不可导；如果不可导的原因是由于 $\Delta x\to 0$ 时，$\dfrac{\Delta y}{\Delta x}\to\infty$，也称函数 $y=f(x)$ 在点 x_0 处有无穷大导数.

特别地，在原点 $x_0=0$ 处，导数定义为 $f'(0)=\lim\limits_{x\to 0}\dfrac{f(x)-f(0)}{x}$，而如果还有 $f(0)=0$，则有更简形式：$f'(0)=\lim\limits_{x\to 0}\dfrac{f(x)}{x}$.

如果函数 $y=f(x)$ 在开区间 I 内的每个点都可导，则称函数 $y=f(x)$ 在开区间 I 内可导．这时，对于每一个 $x\in I$，都对应着函数 $y=f(x)$ 一个确定的导数值，这样就构成了一个新的函数，称为 $y=f(x)$ 的导函数，记为

$$y',\ f'(x),\ \frac{\mathrm{d}y}{\mathrm{d}x}\text{或}\frac{\mathrm{d}f(x)}{\mathrm{d}x}$$

等．通常情况下，导函数也简称导数．其定义形式是

$$f'(x)=\lim_{\Delta x\to 0}\frac{f(x+\Delta x)-f(x)}{\Delta x}.$$

显然，函数 $y=f(x)$ 在点 x_0 的导数 $f'(x_0)$，正是导函数 $f'(x)$ 在点 x_0 的函数值：$f'(x_0)=f'(x)\mid_{x=x_0}$.

下面用导数定义求一些简单函数的导数.

例 1　求函数 $y=2x+3$ 在 $x_0=2$ 的导数.

解　$f'(2)=\lim\limits_{\Delta x\to 0}\dfrac{f(2+\Delta x)-f(2)}{\Delta x}$

$$=\lim_{\Delta x\to 0}\frac{2(2+\Delta x)+3-(2\times 2+3)}{\Delta x}=\lim_{\Delta x\to 0}\frac{2\Delta x}{\Delta x}=2.$$

例 2　求函数 $y=C$（C 为常数）的导数.

解　$y'=\lim\limits_{\Delta x\to 0}\dfrac{f(x_0+\Delta x)-f(x_0)}{\Delta x}=\lim\limits_{\Delta x\to 0}\dfrac{C-C}{\Delta x}=0$，即 $(C)'=0$.

这说明，任何常数的导数为零.

例 3　求函数 $y=x^n\,(n\in\mathbf{N}^+)$ 在 $x=a$ 处的导数.

解　$y'\mid_{x=a}=\lim\limits_{x\to a}\dfrac{f(x)-f(a)}{x-a}=\lim\limits_{x\to a}\dfrac{x^n-a^n}{x-a}$

$$=\lim_{x\to a}(x^{n-1}+ax^{n-2}+\cdots+a^{n-1})=na^{n-1}.$$

将上式中的 a 换作 x，即可得到

$$y'=(x^n)'=nx^{n-1}.$$

对于更一般的幂函数 $y=x^\mu$（μ 为任意实数），其求导公式类似地有

$$y'=(x^\mu)'=\mu x^{\mu-1}\quad\text{（将在以后证明）}.$$

利用该公式，可以方便地求出任意幂函数的导数，例如

当 $\mu=\frac{1}{3}$ 时，$(x^{\frac{1}{3}})'=\frac{1}{3}x^{\frac{1}{3}-1}=\frac{1}{3}x^{-\frac{2}{3}}=\frac{1}{3\sqrt[3]{x^2}}$；

当 $\mu=-2.5$ 时，$(x^{-2.5})'=(-2.5)x^{-2.5-1}=-2.5x^{-3.5}=-\frac{2.5}{x^{3.5}}$；

等等．

例 4　求函数 $y=\sin x$ 的导数．

解　$(\sin x)'=\lim\limits_{\Delta x\to 0}\frac{\sin(x+\Delta x)-\sin x}{\Delta x}=\lim\limits_{\Delta x\to 0}\frac{2\cos\left(x+\frac{\Delta x}{2}\right)\sin\frac{\Delta x}{2}}{\Delta x}$

$$=\cos x\cdot\lim_{\Delta x\to 0}\frac{\sin\frac{\Delta x}{2}}{\frac{\Delta x}{2}}=\cos x.$$

这表明：正弦函数的导数是余弦函数．

用类似方法可以求得 $(\cos x)'=-\sin x$.

例 5　求函数 $y=a^x$（$a>0$，$a\neq 1$ 为常数）的导数．

解　$(a^x)'=\lim\limits_{\Delta x\to 0}\frac{a^{x+\Delta x}-a^x}{\Delta x}=\lim\limits_{\Delta x\to 0}\frac{a^x(a^{\Delta x}-1)}{\Delta x}=a^x\lim\limits_{\Delta x\to 0}\frac{(a^{\Delta x}-1)}{\Delta x}$，

利用第一章中的极限结论 $\lim\limits_{\Delta x\to 0}\frac{(a^{\Delta x}-1)}{\Delta x}=\ln a$，可得

$$(a^x)'=a^x\ln a.$$

这就是指数函数的求导公式．特别当 $a=\mathrm{e}$ 时，由于 $\ln\mathrm{e}=1$，有

$$(\mathrm{e}^x)'=\mathrm{e}^x.$$

这表明：e^x 的导数是它本身．

2. 单侧导数

导数作为极限的形式，自然也有如下情况．

例 6　求函数 $y=|x|$ 在 $x=0$ 处的导数（图 3－2）.

解　作为分段函数的分界点，函数在 $x=0$ 处的导数显然不能直接求出．注意到

$$\lim_{\Delta x\to 0}\frac{f(0+\Delta x)-f(0)}{\Delta x}=\lim_{\Delta x\to 0}\frac{|\Delta x|}{\Delta x}.$$

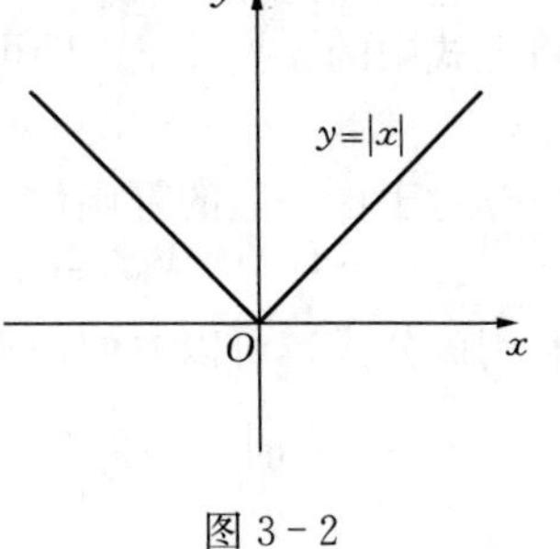

图 3-2

当 $\Delta x<0$ 时，$\lim\limits_{\Delta x\to 0^-}\dfrac{|\Delta x|}{\Delta x}=\lim\limits_{\Delta x\to 0^-}\dfrac{-\Delta x}{\Delta x}=-1$，而对 $\Delta x>0$，$\lim\limits_{\Delta x\to 0^+}\dfrac{|\Delta x|}{\Delta x}=\lim\limits_{\Delta x\to 0^+}\dfrac{\Delta x}{\Delta x}=1$，从而由极限的存在性定理(左、右极限都存在且相等)，可知 $\lim\limits_{\Delta x\to 0}\dfrac{f(0+\Delta x)-f(0)}{\Delta x}$ 不存在，亦即函数 $y=|x|$ 在 $x=0$ 处不可导.

这样的例子说明：分段函数在分界点 x_0 处的导数，应使用导数的定义形式分别计算左极限 $\lim\limits_{\Delta x\to 0^-}\dfrac{\Delta y}{\Delta x}$ 和右极限 $\lim\limits_{\Delta x\to 0^+}\dfrac{\Delta y}{\Delta x}$. 这就是函数 $f(x)$ 在 x_0 处的左导数和右导数概念，分别记为

左导数　$f'_-(x_0)=\lim\limits_{\Delta x\to 0^-}\dfrac{\Delta y}{\Delta x}=\lim\limits_{\Delta x\to 0^-}\dfrac{f(x_0+\Delta x)-f(x_0)}{\Delta x}$，

右导数　$f'_+(x_0)=\lim\limits_{\Delta x\to 0^+}\dfrac{\Delta y}{\Delta x}=\lim\limits_{\Delta x\to 0^+}\dfrac{f(x_0+\Delta x)-f(x_0)}{\Delta x}$.

左导数和右导数统称为**单侧导数**. 从极限意义上，自然有

定理 1　函数 $y=f(x)$ 在点 x_0 处可导的充分必要条件是：左导数 $f'_-(x_0)$ 和右导数 $f'_+(x_0)$ 都存在且相等.

定义 2　如果函数 $y=f(x)$ 在开区间 (a, b) 内可导，且 $f'_+(a)$ 和 $f'_-(b)$ 都存在，则称 $f(x)$ 在闭区间 $[a, b]$ 上可导.

例 7　求函数 $y=f(x)=\begin{cases}x^2+2, & x\leqslant 1,\\ 2x+1, & x>1\end{cases}$ 在 $x=1$ 处的导数.

解　这里 $f(1)=3$，而

$$f'_-(1)=\lim_{\Delta x\to 0^-}\frac{f(1+\Delta x)-f(1)}{\Delta x}=\lim_{\Delta x\to 0^-}\frac{(1+\Delta x)^2+2-3}{\Delta x}$$

$$=\lim_{\Delta x\to 0^-}\frac{(\Delta x)^2+2\Delta x}{\Delta x}=2,$$

$$f'_+(1)=\lim_{\Delta x\to 0^+}\frac{f(1+\Delta x)-f(1)}{\Delta x}=\lim_{\Delta x\to 0^+}\frac{2(1+\Delta x)+1-3}{\Delta x}$$

$$=\lim_{\Delta x\to 0^+}\frac{2\Delta x}{\Delta x}=2.$$

因为 $f'_-(1)=f'_+(1)=2$，所以 $y=f(x)$ 在 $x=1$ 处可导，且 $f'(1)=2$.

三、导数的几何意义与应用

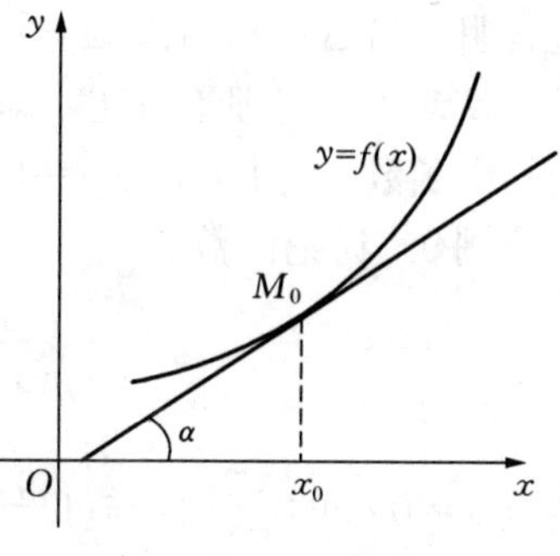

图 3-3

由前面对切线的讨论，函数 $y=f(x)$ 在 x_0 处的导数 $f'(x_0)$ 在几何上表示曲线 $y=f(x)$ 在点 $M_0(x_0, f(x_0))$ 处的切线斜率：$f'(x_0)=\tan\alpha$，其中 α 是切线对 x 轴正方向的倾角(图 3-3).

由此结合直线的点斜式方程，可写出曲线 $y=f(x)$ 在点 $M_0(x_0, f(x_0))$ 处的切线方程

$$y-y_0=f'(x_0)(x-x_0).$$

过切点 $M_0(x_0, f(x_0))$ 且与切线垂直的直线称为曲线 $y=f(x)$ 在点 $M_0(x_0, f(x_0))$ 处的**法线**. 如果 $f'(x_0)\neq 0$，则法线方程为

$$y-y_0=-\frac{1}{f'(x_0)}(x-x_0).$$

例 8　讨论曲线 $y=x^{\frac{1}{2}}$ 在何点处的切线与直线 $y=x$ 平行？求出该切线方程和相应的法线方程.

解　已知 $y=x$ 的斜率 $k=1$，由两条直线平行的条件知，所求切线的斜率也应等于 1. 即在点 $M(x_0, y_0)$ 处，应有

$$y'\Big|_{x=x_0}=(x^{\frac{1}{2}})'\Big|_{x=x_0}=\frac{1}{2}x^{-\frac{1}{2}}\Big|_{x=x_0}=\frac{1}{2\sqrt{x_0}}=1.$$

由此解得 $x_0=\frac{1}{4}$ 及 $y_0=\frac{1}{2}$，即曲线 $y=x^{\frac{1}{2}}$ 在点 $\left(\frac{1}{4}, \frac{1}{2}\right)$ 处的切线与 $y=x$ 平行.

所求切线的方程为 $y-\frac{1}{2}=x-\frac{1}{4}$，即 $y=x+\frac{1}{4}$；而法线方程为

$$y-\frac{1}{2}=-\left(x-\frac{1}{4}\right)，即\ y=-x+\frac{3}{4}.$$

四、函数可导性与连续性的关系

函数在某点处的可导性与连续性之间，有如下密切联系.

定理 2　函数 $y=f(x)$ 在点 x_0 处可导，则函数在点 x_0 处连续.

证明　由定理条件及导数定义

$$f'(x_0)=\lim_{\Delta x\to 0}\frac{\Delta y}{\Delta x},$$

而由极限运算法则，又得

$$\lim_{\Delta x\to 0}\Delta y=\lim_{\Delta x\to 0}\left(\frac{\Delta y}{\Delta x}\cdot\Delta x\right)=\lim_{\Delta x\to 0}\frac{\Delta y}{\Delta x}\cdot\lim_{\Delta x\to 0}\Delta x=f'(x_0)\cdot 0=0,$$

这表明：当 $\Delta x\to 0$ 时，$\Delta y\to 0$，即函数 $y=f(x)$在点 x_0 处连续．

注意　该定理不可逆，即函数在一点连续仅是在该点可导的必要条件．如例 6 中函数 $y=|x|$ 在 $x=0$ 处是连续的，但在该点不可导．

例 9　讨论函数

$$f(x)=\begin{cases} x\sin\dfrac{1}{x}, & x\neq 0, \\ 0, & x=0 \end{cases}$$

在点 $x=0$ 处的连续性与可导性．

解　由 $\lim\limits_{x\to 0}f(x)=\lim\limits_{x\to 0}\left(x\sin\dfrac{1}{x}\right)=0=f(0)$，可知 $f(x)$在点 $x=0$ 处连续．

现在讨论 $f(x)$在点 $x=0$ 处的可导性．由于

$$\lim_{\Delta x\to 0}\frac{\Delta y}{\Delta x}=\lim_{\Delta x\to 0}\frac{f(0+\Delta x)-f(0)}{\Delta x}=\lim_{\Delta x\to 0}\frac{\Delta x\cdot\sin\dfrac{1}{\Delta x}}{\Delta x}=\lim_{\Delta x\to 0}\sin\frac{1}{\Delta x}$$

不存在，故 $f(x)$在点 $x=0$ 处不可导．

习题 3－1

思考题

1. 初等函数在其定义区间上一定可导吗？

2. 若曲线 $y=f(x)$处处有切线，则函数 $f(x)$是否在相应范围内处处可导？

练习题

1. $\lim\limits_{h\to 0}\dfrac{2(c+h)^2-2c^2}{h}$ 是函数 $f(x)=$________在点 $x=$________的导数．

2. 设 $f'(x_0)$存在，求：

(1) $\lim\limits_{h\to 0}\dfrac{f(x_0+h)-f(x_0-h)}{2h}$；　　(2) $\lim\limits_{\Delta x\to 0}\dfrac{f(x_0)-f(x_0-\Delta x)}{2\Delta x}$；

(3) $\lim\limits_{t\to 0}\dfrac{f(x_0)-f(x_0+2t)}{t}$.

3. 设 $f(x)=x\sqrt{\dfrac{1-x}{1+x}}$，则 $f'(0)=$________.

4. 利用导数定义求下列函数在给定点的导数．

(1) $f(x)=x^2$，求 $f'(1)$；　　(2) $f(x)=3x+1$，求 $f'(2)$；

(3) $f(x)=x^2-x$，求 $f'(3)$；　　(4) $f(s)=\dfrac{1}{s-1}$，求 $f'(4)$.

5. 用已知导数结果求下列函数的导数．

(1) $y=\sqrt[3]{x^2}$；　　(2) $y=\frac{1}{x^3}$；

(3) $y=2^x$；　　(4) $y=\frac{\sqrt[3]{x}\sqrt[5]{x^2}}{x^2}$.

6. 设 $f(x)=(x-a)\varphi(x)$，其中 $\varphi(x)$ 在 $x=a$ 处连续，求 $f'(a)$.

7. 设 $f(x)$ 为可导函数，且满足条件 $\lim\limits_{x\to 0}\frac{f(1)-f(1-x)}{2x}=-1$，则曲线 $y=f(x)$ 在点 $(1, f(1))$ 处的切线斜率是________.

8. 求曲线 $y=\sin x$ 在点 $\left(\frac{\pi}{6}, \frac{1}{2}\right)$ 处的切线方程和法线方程.

9. 求曲线 $y=\mathrm{e}^x$ 在点 $(1, \mathrm{e})$ 处的切线方程和法线方程.

10. 设函数 $f(x)=|x|\sin x$，求 $f'(0)$.

---

11. 设函数 $f(x)=\lim\limits_{n\to\infty}\sqrt[n]{1+|x|^{3n}}$，则 $f(x)$ 在 $(-\infty, +\infty)$ 内(　　).

A. 处处可导；　　B. 恰有一个不可导点；

C. 恰有两个不可导点；　　D. 至少有三个不可导点.

12. 设 $f(x)=\begin{cases}\frac{2}{3}x^2, & x\leqslant 1,\\ x^2, & x>1,\end{cases}$ 则 $f(x)$ 在 $x=1$ 处的(　　).

A. 左、右导数都存在；

B. 左导数存在，右导数不存在；

C. 左导数不存在，右导数存在；

D. 左、右导数都不存在.

13. 若 $f(x)$ 在 x_0 处可导且 $f'(x_0)=0$，讨论 $|f(x)|$ 在点 x_0 处的可导性，如果可导，求出其导数值.

14. 设函数 $f(x)=\begin{cases}x, & x<0,\\ \ln(1+x), & x\geqslant 0,\end{cases}$ 求 $f'(0)$.

15. 假设 $f(x)$ 可导，且 $f'(x_0)=m$，求 $f'(-x_0)$.

(1) 当 $f(x)$ 是奇函数时；(2) 当 $f(x)$ 是偶函数时.

16. 设 $f(x)=\begin{cases}2\mathrm{e}^x+a, & x<0,\\ x^2+bx+1, & x\geqslant 0,\end{cases}$ 选择合适的 a 与 b，使得 $f(x)$ 处处可导.

第2节　函数的求导法则

虽然利用定义求导数是最基本的方法，但对于大多数函数而言，直接用定义求导往往非常困难．本节将在介绍导数基本运算法则的基础上，建立公式化的求导方法．

一、函数和、差、积、商的求导法则

定理 1　设函数 $f(x)$，$g(x)$ 在点 x 可导，则其和、差、积、商(分母为零的点除外)都在点 x 可导，且

(1) $[f(x)\pm g(x)]'=f'(x)\pm g'(x)$；

(2) $[f(x)\cdot g(x)]'=f'(x)g(x)+f(x)g'(x)$；

(3) $\left[\dfrac{f(x)}{g(x)}\right]'=\dfrac{f'(x)g(x)-f(x)g'(x)}{g^2(x)}(g(x)\neq 0)$.

证明　由定义，分别有

$$(1)\ [f(x)\pm g(x)]'=\lim_{\Delta x\to 0}\frac{[f(x+\Delta x)\pm g(x+\Delta x)]-[f(x)\pm g(x)]}{\Delta x}$$
$$=\lim_{\Delta x\to 0}\frac{f(x+\Delta x)-f(x)}{\Delta x}\pm\lim_{\Delta x\to 0}\frac{g(x+\Delta x)-g(x)}{\Delta x}$$
$$=f'(x)\pm g'(x).$$

这法则可简洁地表示为 $[f\pm g]'=f'\pm g'$.

$$(2)\ [f(x)\cdot g(x)]'=\lim_{\Delta x\to 0}\frac{f(x+\Delta x)g(x+\Delta x)-f(x)g(x)}{\Delta x}$$
$$=\lim_{\Delta x\to 0}\left[\frac{f(x+\Delta x)-f(x)}{\Delta x}\cdot g(x+\Delta x)+f(x)\cdot\frac{g(x+\Delta x)-g(x)}{\Delta x}\right]$$
$$=\lim_{\Delta x\to 0}\frac{f(x+\Delta x)-f(x)}{\Delta x}\cdot\lim_{\Delta x\to 0}g(x+\Delta x)+f(x)\lim_{\Delta x\to 0}\frac{g(x+\Delta x)-g(x)}{\Delta x}$$
$$=f'(x)g(x)+f(x)g'(x).$$

最后的等式用到了题设 $g'(x)$ 存在，故 $g(x)$ 在点 x 连续：$\lim\limits_{\Delta x\to 0}g(x+\Delta x)=g(x)$.

该法则可简洁地表示为 $(f\cdot g)'=f'\cdot g+f\cdot g'$.

$$(3)\ \left[\frac{f(x)}{g(x)}\right]'=\lim_{\Delta x\to 0}\frac{\dfrac{f(x+\Delta x)}{g(x+\Delta x)}-\dfrac{f(x)}{g(x)}}{\Delta x}$$
$$=\lim_{\Delta x\to 0}\frac{f(x+\Delta x)g(x)-f(x)g(x+\Delta x)}{g(x+\Delta x)g(x)\Delta x}$$

$$=\lim_{\Delta x\to 0}\frac{[f(x+\Delta x)-f(x)]g(x)-f(x)[g(x+\Delta x)-g(x)]}{g(x+\Delta x)g(x)\Delta x}$$

$$=\frac{g(x)}{g^2(x)}\lim_{\Delta x\to 0}\frac{f(x+\Delta x)-f(x)}{\Delta x}-\frac{f(x)}{g^2(x)}\lim_{\Delta x\to 0}\frac{g(x+\Delta x)-g(x)}{\Delta x}$$

$$=\frac{f'(x)g(x)-f(x)g'(x)}{g^2(x)}.$$

此法则可简洁地表示为

$$\left[\frac{f}{g}\right]'=\frac{f'\cdot g-f\cdot g'}{g^2}.$$

特别取 $g(x)=C$（C 为常数），有

推论 1-1　$[Cf(x)]'=Cf'(x)$.

推论 1-2　$\left[\frac{1}{f(x)}\right]'=-\frac{f'(x)}{f^2(x)}$.

定理 1 还可以推广到任意有限项的情形．例如，设 $f(x)$，$g(x)$，$h(x)$均可导，则

$$[f(x)\pm g(x)\pm h(x)]'=f'(x)\pm g'(x)\pm h'(x);$$

$$\begin{aligned}[f(x)g(x)h(x)]'&=[f(x)g(x)]'h(x)+[f(x)g(x)]h'(x)\\&=[f'(x)g(x)+f(x)g'(x)]h(x)+f(x)g(x)h'(x)\\&=f'(x)g(x)h(x)+f(x)g'(x)h(x)+f(x)g(x)h'(x).\end{aligned}$$

例 1　$y=4x^3+5x-\frac{1}{x}-6$，求 y'.

解　$y'=\left(4x^3+5x-\frac{1}{x}-6\right)'$

$$=(4x^3)'+(5x)'-\left(\frac{1}{x}\right)'-(6)'$$

$$=12x^2+5+\frac{1}{x^2}.$$

例 2　$y=e^x(\sin x+\cos x)$，求 y'.

解　$y'=(e^x)'(\sin x+\cos x)+e^x(\sin x+\cos x)'$

$$=e^x(\sin x+\cos x)+e^x(\cos x-\sin x)$$

$$=2e^x\cos x.$$

例 3　$y=\tan x$，求 y'.

解　$y'=(\tan x)'=\left(\frac{\sin x}{\cos x}\right)'$

$$=\frac{(\sin x)'\cos x-\sin x(\cos x)'}{\cos^2 x}$$

$$=\frac{\cos^2 x+\sin^2 x}{\cos^2 x}=\frac{1}{\cos^2 x}=\sec^2 x.$$

这就是正切函数的求导公式．类似可得到余切函数的导数公式

$$(\cot x)'=-\csc^2 x.$$

例 4 $y=\sec x$，求 y'.

解 $y'=(\sec x)'=\left(\frac{1}{\cos x}\right)'=\frac{-(\cos x)'}{\cos^2 x}=\frac{\sin x}{\cos^2 x}=\sec x\tan x.$

此即正割函数的求导公式．类似可得余割函数的导数公式：

$$(\csc x)'=-\csc x\cot x.$$

二、反函数求导法则

定理 2 如果函数 $x=f(y)$在区间 I_y 内单调、可导且 $f'(y)\neq 0$，则其反函数 $y=f^{-1}(x)$在对应区间 $I_x=\{x \mid x=f(y),\ y\in I_y\}$内也可导，且

$$[f^{-1}(x)]'=\frac{1}{f'(y)} \text{ 或 } \frac{\mathrm{d}y}{\mathrm{d}x}=\frac{1}{\frac{\mathrm{d}x}{\mathrm{d}y}}.$$

证明 由于 $x=f(y)$在区间 I_y 内单调、可导(从而连续)，则由第二章连续函数的性质，其反函数 $y=f^{-1}(x)$在区间 I_x 内也同样单调且连续．于是，任取 $x\in I_x$ 及增量 $\Delta x\neq 0$，使 $x+\Delta x\in I_x$，有

$$\Delta y=f^{-1}(x+\Delta x)-f^{-1}(x)\neq 0 \text{ 且} \lim_{\Delta x\to 0}\Delta y=0,$$

从而$\frac{\Delta y}{\Delta x}=\frac{1}{\frac{\Delta x}{\Delta y}}$，且

$$[f^{-1}(x)]'=\lim_{\Delta x\to 0}\frac{\Delta y}{\Delta x}=\lim_{\Delta y\to 0}\frac{1}{\frac{\Delta x}{\Delta y}}=\frac{1}{f'(y)}.$$

这表明：函数与其反函数的导数在形式上互为倒数．

下面求反三角函数和对数函数的导数．

例 5 对 $y=\arcsin x$，求$\frac{\mathrm{d}y}{\mathrm{d}x}$.

解 因为 $y=\arcsin x(-1<x<1)$是函数 $x=\sin y\left(-\frac{\pi}{2}<x<\frac{\pi}{2}\right)$的反函数，函数 $x=\sin y$ 在开区间 $I_y=\left(-\frac{\pi}{2},\ \frac{\pi}{2}\right)$内单调、可导，且$(\sin y)'=\cos y>0$，因此，在对应区间 $I_x=(-1,\ 1)$内，有

$$(\arcsin x)'=\frac{1}{(\sin y)'}=\frac{1}{\cos y}=\frac{1}{\sqrt{1-\sin^2 y}}=\frac{1}{\sqrt{1-x^2}}.$$

类似可得反余弦函数的导数：

$$(\arccos x)'=-\frac{1}{\sqrt{1-x^2}}.$$

说明　在三角函数公式 $\arccos x=\frac{\pi}{2}-\arcsin x$ 的两端求导，也可以得到与上面完全相同的求导结果．

例6　$y=\arctan x$，求$\frac{dy}{dx}$.

解　因为 $y=\arctan x$ 是函数 $x=\tan y\left(-\frac{\pi}{2}<y<\frac{\pi}{2}\right)$的反函数，函数 $x=\tan y$ 在开区间 $I_y=\left(-\frac{\pi}{2}, \frac{\pi}{2}\right)$内单调、可导，且$(\tan y)'=\sec^2 y\neq 0$，因此，在对应区间 $I_x=(-\infty, +\infty)$内，有

$$(\arctan x)'=\frac{1}{(\tan y)'}=\frac{1}{\sec^2 y},$$

注意到 $\sec^2 y=1+\tan^2 y=1+x^2$，从而得到

$$(\arctan x)'=\frac{1}{1+x^2}.$$

类似可得反余切函数的导数：

$$(\text{arccot}\, x)'=-\frac{1}{1+x^2}.$$

说明　在三角函数公式 $\text{arccot}\, x=\frac{\pi}{2}-\arctan x$ 的两端求导数，也可以得到与上面完全相同的求导结果．

例7　$y=\log_a x\,(a>0, a\neq 1$ 为常数$)$，求$\frac{dy}{dx}$.

解　因为 $y=\log_a x\,(a>0, a\neq 1$ 为常数$)$是函数 $x=a^y$ 的反函数，函数 $x=a^y$ 在开区间 $I_y=(-\infty, +\infty)$内单调、可导，且$(a^y)'=a^y\ln a\neq 0$，因此，在对应区间 $I_x=(0, +\infty)$内，有

$$(\log_a x)'=\frac{1}{(a^y)'}=\frac{1}{a^y\ln a}.$$

又因为 $a^y=x$，从而$(\log_a x)'=\frac{1}{x\ln a}$.

特别地，有$(\ln x)'=\frac{1}{x}$.

三、复合函数的求导法则

一般初等函数常表现为基本初等函数的复合形式，如 $\ln(1+x^2)$，$e^{\sin^2 x}$，$\cos\dfrac{x}{1+2x^2}$等．求这类函数的导数需要借助下面的法则来进行．

定理 3　设 $u=g(x)$在点 x 可导，$y=f(u)$在点 u 可导，则复合函数$y=f[g(x)]$在点 x 可导，且其导数为

$$\frac{\mathrm{d}y}{\mathrm{d}x}=f'(u)\cdot g'(x)\text{ 或}\frac{\mathrm{d}y}{\mathrm{d}x}=\frac{\mathrm{d}y}{\mathrm{d}u}\cdot\frac{\mathrm{d}u}{\mathrm{d}x}.$$

证明　对 x 取增量 Δx，则函数 u 有增量 $\Delta u=g(x+\Delta x)-g(x)$，而函数 $y=f(u)$有增量 $\Delta y=f(u+\Delta u)-f(u)$.

若 $u=g(x)$在 x 的某邻域内为常数，$y=f[g(x)]$也是常数，则其导数为零，定理 3 的结论自然成立．

若 $u=g(x)$在 x 的邻域内不是常数，则 $\Delta u\neq 0$，此时

$$\begin{aligned}\frac{\Delta y}{\Delta x}&=\frac{f[g(x+\Delta x)]-f[g(x)]}{\Delta x}\\&=\frac{f[g(x+\Delta x)]-f[g(x)]}{g(x+\Delta x)-g(x)}\cdot\frac{g(x+\Delta x)-g(x)}{\Delta x}\\&=\frac{f(u+\Delta u)-f(u)}{\Delta u}\cdot\frac{g(x+\Delta x)-g(x)}{\Delta x},\end{aligned}$$

故
$$\frac{\mathrm{d}y}{\mathrm{d}x}=\lim_{\Delta u\to 0}\frac{f(u+\Delta u)-f(u)}{\Delta u}\cdot\lim_{\Delta x\to 0}\frac{g(x+\Delta x)-g(x)}{\Delta x}=f'(u)g'(x).$$

其中利用了题设条件“$u=g(x)$在点 x 可导”及“可导必连续”的结论，即 $\Delta x\to 0$ 蕴涵了 $\Delta u\to 0$.

本定理称为复合函数求导的**链式法则**，其中对复合形式“层层求导”的思想和方法，可推广到含有多个中间变量及其他复合函数情形．如：

设 $y=f(u)$，$u=\varphi(v)$，$v=\psi(x)$均可导，则

$$\frac{\mathrm{d}y}{\mathrm{d}x}=\frac{\mathrm{d}y}{\mathrm{d}u}\cdot\frac{\mathrm{d}u}{\mathrm{d}x}\text{，而其中的}\frac{\mathrm{d}u}{\mathrm{d}x}=\frac{\mathrm{d}u}{\mathrm{d}v}\cdot\frac{\mathrm{d}v}{\mathrm{d}x},$$

故复合函数 $y=f\{\varphi[\psi(x)]\}$的导数为$\dfrac{\mathrm{d}y}{\mathrm{d}x}=\dfrac{\mathrm{d}y}{\mathrm{d}u}\cdot\dfrac{\mathrm{d}u}{\mathrm{d}v}\cdot\dfrac{\mathrm{d}v}{\mathrm{d}x}$.

例 8　$y=e^{\sin^2 x}$，求$\dfrac{\mathrm{d}y}{\mathrm{d}x}$.

解　$y=e^{\sin^2 x}$可看作由 $y=e^u$，$u=v^2$，$v=\sin x$ 复合而成，因此

$$\frac{\mathrm{d}y}{\mathrm{d}x}=\frac{\mathrm{d}y}{\mathrm{d}u}\cdot\frac{\mathrm{d}u}{\mathrm{d}v}\cdot\frac{\mathrm{d}v}{\mathrm{d}x}=\mathrm{e}^{u}\cdot 2v\cdot\cos x$$

$$=\mathrm{e}^{\sin^2 x}\cdot 2\sin x\cdot\cos x$$

$$=\sin 2x\mathrm{e}^{\sin^2 x}.$$

例 9　$y=\cos\frac{x}{1+2x^2}$，求$\frac{\mathrm{d}y}{\mathrm{d}x}$.

解　$y=\cos\frac{x}{1+2x^2}$可看作由 $y=\cos u$，$u=\frac{x}{1+2x^2}$复合而成，而

$$\frac{\mathrm{d}y}{\mathrm{d}u}=-\sin u,\ \frac{\mathrm{d}u}{\mathrm{d}x}=\frac{1+2x^2-x(4x)}{(1+2x^2)^2}=\frac{1-2x^2}{(1+2x^2)^2},$$

所以　$$\frac{\mathrm{d}y}{\mathrm{d}x}=\frac{\mathrm{d}y}{\mathrm{d}u}\cdot\frac{\mathrm{d}u}{\mathrm{d}x}=-\sin u\cdot\frac{1-2x^2}{(1+2x^2)^2}=\frac{2x^2-1}{(1+2x^2)^2}\sin\frac{x}{1+2x^2}.$$

由以上例子可以看出，对复合函数求导时，首先要分解该复合函数由哪些基本初等函数复合而成，然后逐层求导即可．当然，对复合函数的分解比较熟悉时，在求导时可省略写出中间变量的过程．

例 10　$y=\ln(1+x^2)$，求$\frac{\mathrm{d}y}{\mathrm{d}x}$.

解　$$\frac{\mathrm{d}y}{\mathrm{d}x}=[\ln(1+x^2)]'=\frac{1}{1+x^2}(1+x^2)'=\frac{2x}{1+x^2}.$$

例 11　$y=\sqrt[3]{1-4x^2}$，求$\frac{\mathrm{d}y}{\mathrm{d}x}$.

解　$$\frac{\mathrm{d}y}{\mathrm{d}x}=[(1-4x^2)^{\frac{1}{3}}]'=\frac{1}{3}(1-4x^2)^{-\frac{2}{3}}\cdot(1-4x^2)'$$

$$=\frac{-8x}{3\sqrt[3]{(1-4x^2)^2}}.$$

例 12　$y=\ln(\sqrt{1+x^2}-x)$，求$\frac{\mathrm{d}y}{\mathrm{d}x}$.

解　$$\frac{\mathrm{d}y}{\mathrm{d}x}=[\ln(\sqrt{1+x^2}-x)]'=\frac{1}{\sqrt{1+x^2}-x}(\sqrt{1+x^2}-x)'$$

$$=\frac{1}{\sqrt{1+x^2}-x}\left(\frac{2x}{2\sqrt{1+x^2}}-1\right)=\frac{1}{\sqrt{1+x^2}-x}\cdot\frac{x-\sqrt{1+x^2}}{\sqrt{1+x^2}}$$

$$=-\frac{1}{\sqrt{1+x^2}}.$$

例 13　设 $x>0$，证明幂函数的导数公式

$$(x^{\mu})'=\mu x^{\mu-1}.$$

证明　因为$(x^{\mu})=(e^{\ln x})^{\mu}=e^{\mu\ln x}$，所以

$$(x^{\mu})'=(e^{\mu\ln x})'=e^{\mu\ln x}\cdot(\mu\ln x)'=x^{\mu}\cdot\mu\cdot\frac{1}{x}=\mu x^{\mu-1}.$$

四、基本导数公式与公式化求导方法

基本初等函数的导数公式和本节所讨论的求导法则，在初等函数的求导运算中有着重要的作用．为便于查阅和记忆，现汇总如下．

1. 基本导数公式

(1) $(C)'=0$；　(2) $(x^{\mu})'=\mu x^{\mu-1}$；

(3) $(\sin x)'=\cos x$；　(4) $(\cos x)'=-\sin x$；

(5) $(\tan x)'=\sec^2 x$；　(6) $(\cot x)'=-\csc^2 x$；

(7) $(\sec x)'=\sec x\tan x$；　(8) $(\csc x)'=-\csc x\cot x$；

(9) $(a^x)'=a^x\ln a$；　(10) $(e^x)'=e^x$；

(11) $(\log_a x)'=\dfrac{1}{x\ln a}$；　(12) $(\ln x)'=\dfrac{1}{x}$；

(13) $(\arcsin x)'=\dfrac{1}{\sqrt{1-x^2}}$；　(14) $(\arccos x)'=-\dfrac{1}{\sqrt{1-x^2}}$；

(15) $(\arctan x)'=\dfrac{1}{1+x^2}$；　(16) $(\operatorname{arccot} x)'=-\dfrac{1}{1+x^2}$.

2. 导数四则运算法则

设$f=f(x)$，$g=g(x)$都可导，则

(1) $[f\pm g]'=f'\pm g'$.　(2) $(Cu)'=Cu'$(C是常数).

(3) $(f\cdot g)'=f'\cdot g+f\cdot g'$.　(4) $\left(\dfrac{f}{g}\right)'=\dfrac{f'g-fg'}{g^2}(g\neq 0)$.

3. 反函数求导法则

设$x=f(y)$在区间I_y内单调、可导，且$f'(y)\neq 0$，则其反函数$y=f^{-1}(x)$在$I_x=f(I_y)$内也可导，且

$$[f^{-1}(x)]'=\frac{1}{f'(y)}\text{或}\frac{dy}{dx}=\frac{1}{\frac{dx}{dy}}.$$

4. 复合函数求导法则

设$y=f(u)$，其中$u=g(x)$，$f(u)$与$g(x)$均可导，则复合函数$y=f[g(x)]$也可导，且

$$\frac{dy}{dx}=\frac{dy}{du}\cdot\frac{du}{dx}\text{或}y'(x)=f'(u)\cdot g'(x).$$

5. 初等函数的求导问题与方法

以上述基本导数公式为依据、以求导法则为(化简)手段，即所谓“公式化求导方法”，可以解决所有初等函数的求导问题，所以必须熟练掌握．下面再举一例．

例 14　已知 $y=f\left(\frac{3x-2}{3x+2}\right)$，$f'(x)=\arctan x^2$，求$\left.\frac{\mathrm{d}y}{\mathrm{d}x}\right|_{x=0}$．

解　先求$\frac{\mathrm{d}y}{\mathrm{d}x}$，由于

$$\frac{\mathrm{d}y}{\mathrm{d}x}=f'\left(\frac{3x-2}{3x+2}\right)\cdot\left(\frac{3x-2}{3x+2}\right)'=\frac{12}{(3x+2)^2}f'\left(\frac{3x-2}{3x+2}\right),$$

因此，

$$\left.\frac{\mathrm{d}y}{\mathrm{d}x}\right|_{x=0}=3f'(-1)=3\arctan 1=\frac{3\pi}{4}.$$

习题 3-2

思考题

1. 初等函数的导函数仍是初等函数吗？
2. 可导奇函数的导函数是奇函数还是偶函数？可导偶函数的导函数呢？
3. 可导的周期函数，其导函数是否还是周期函数？
4. 设 $f(x)=x(x+1)(x+2)\cdots(x+n)$，则 $f'(0)=$________．
5. 函数 $f(x)=|x^2+x-2|$ 的不可导点有________个．

练习题

1. 求下列函数的导数．

(1) $y=x^4+\frac{6}{x^2}-\frac{2}{x}$；　　(2) $y=x^3+3^x-\mathrm{e}^x$；

(3) $y=x^3\cdot\ln x$；　　(4) $y=\frac{\ln x}{x}$；

(5) $y=x^2\sin x$；　　(6) $y=\mathrm{e}^x\cdot\sin x\cdot\cos x$；

(7) $y=\frac{\sin x+\cos x}{\cos x}$；　　(8) $y=\frac{1+\sin t}{1+\cos t}$；

(9) $y=\sec x+\tan x-3$；　　(10) $y=\frac{\mathrm{e}^x}{x^2}$.

2. 求下列函数在给定点处的导数．

(1) $y=2\sin x+\cos x$，求 $y'|_{x=\frac{\pi}{6}}$；

(2) $\rho=\theta(1+\cos\theta)$，求$\left.\frac{\mathrm{d}\rho}{\mathrm{d}\theta}\right|_{\theta=\frac{\pi}{4}}$；

(3) $f(x)=\dfrac{x}{x-3}$，求 $f'(0)$和 $f'(2)$.

3. 求曲线 $y=x+\sin^2 x$ 上横坐标为 $x=\dfrac{\pi}{2}$的点处的切线方程和法线方程.

4. 求下列函数的导数.

(1) $y=\ln|x|$；　　(2) $y=\sin(x^2+x)$；

(3) $y=\mathrm{e}^{-x^2}$；　　(4) $y=\ln(1+x^2)$；

(5) $y=1+\cos^2 3x$；　　(6) $y=\sqrt{9-x^2}$；

(7) $y=\arctan \mathrm{e}^{-x}$；　　(8) $y=\dfrac{\arcsin x}{\arccos x}$；

(9) $y=\ln\sin x$；　　(10) $y=\ln\tan x$.

5. 求下列函数的导数.

(1) $y=x^2\sin^2 2x$；　　(2) $y=\dfrac{1}{\sqrt{1+x^2}}$；

(3) $y=\mathrm{e}^{-\frac{x}{2}}\sin 3x$；　　(4) $y=\arctan\dfrac{1}{x}$；

(5) $y=\left(\dfrac{x+1}{x-1}\right)^3$；　　(6) $y=\dfrac{\sin x}{x}$；

(7) $y=\arccos x^2$；　　(8) $y=\ln(x+\sqrt{a^2+x^2})$；

(9) $y=\ln(\sec x+\tan x)$；　　(10) $y=\ln[\cos(10+3x^2)]$.

6. 求下列函数的导数.

(1) $y=\sqrt{1+\mathrm{e}^{x^2}}$；　　(2) $y=\sin^n x\sin nx$；

(3) $y=\ln\ln x$；　　(4) $y=\dfrac{\sqrt{1+x}-\sqrt{1-x}}{\sqrt{1+x}+\sqrt{1-x}}$；

(5) $y=\arcsin\sqrt{\dfrac{1-x}{1+x}}$；　　(6) $y=\dfrac{\mathrm{e}^t-\mathrm{e}^{-t}}{\mathrm{e}^t+\mathrm{e}^{-t}}$；

(7) $y=\mathrm{e}^{\sin\frac{1}{x}}$；　　(8) $y=x\arccos\dfrac{x}{2}-\sqrt{4-x^2}$.

7. 对于下面的双曲函数及反双曲函数.

$$\operatorname{sh} x=\frac{\mathrm{e}^x-\mathrm{e}^{-x}}{2}，\operatorname{ch} x=\frac{\mathrm{e}^x+\mathrm{e}^{-x}}{2}，\operatorname{th} x=\frac{\mathrm{e}^x-\mathrm{e}^{-x}}{\mathrm{e}^x+\mathrm{e}^{-x}}，$$

$\operatorname{arsh} x=\ln(x+\sqrt{1+x^2})$，$\operatorname{arch} x=\ln(x+\sqrt{x^2-1})$，$\operatorname{arth} x=\dfrac{1}{2}\ln\dfrac{1+x}{1-x}$，

证明：(1) $(\operatorname{sh} x)'=\operatorname{ch} x$；　　(2) $(\operatorname{ch} x)'=\operatorname{sh} x$；

(3) $(\operatorname{th} x)'=\dfrac{1}{\operatorname{ch}^2 x}$；　　(4) $(\operatorname{arsh} x)'=\dfrac{1}{\sqrt{1+x^2}}$；

(5) $(\operatorname{arch} x)'=\frac{1}{\sqrt{x^2-1}}$；　　(6) $(\operatorname{arth} x)'=\frac{1}{1-x^2}$.

8. $y=\arctan e^x-\ln\sqrt{\frac{e^x}{e^{2x}+1}}$，求$\left.\frac{dy}{dx}\right|_{x=1}$.

9. 已知 $g(x)$可导且 $h(x)=e^{1+g(x)}$，又 $h'(1)=1$，$g'(1)=2$，求 $g(1)$.

---

10. 设 $f(x)$以 3 为周期且 $f'(2)=-1$，求$\lim\limits_{h\to 0}\frac{h}{f(5-2h)-f(5)}$.

11. 设 $f(x)+2f\left(\frac{1}{x}\right)=\frac{3}{x}$，求 $f'(x)$.

12. 设 $f(x)=\lim\limits_{t\to\infty}x\left(1+\frac{1}{t}\right)^{2tx}$，求 $f'(x)$.

13. 设 $f(x)$可导，求下列函数的导数$\frac{dy}{dx}$.

(1) $f(x^2+3x)$；　　(2) $\sin f(x^2)$.

14. 设函数 $f(x)$可导，且对任何 x，y 恒有

$$f(x+y)=e^y f(x)+e^x f(y) \text{ 及 } f'(0)=2,$$

证明 $f'(x)$与 $f(x)$之间满足：$f'(x)-f(x)=2e^x$.

15. 设函数 $f(x)$和 $g(x)$均在 x_0 的某邻域内有定义，$f(x_0)=0$ 且 $f(x)$在 x_0 可导，而 $g(x)$在 x_0 连续．讨论 $f(x)g(x)$在 x_0 的可导性．

第3节　高阶导数

一、意义与定义

由于导函数仍是函数，故继续求导既有可能，也有必要．例如质点位移的瞬时速度 $v(t)=s'(t)$是位移对时间的变化率，而加速度则是速度对时间的变化率．这就是说：$v'(t)=[s'(t)]'=a(t)$. 为此，引入

定义　设 $f'(x)$在点 x 可导，即

$$\lim_{\Delta x\to 0}\frac{\Delta f'}{\Delta x}=\lim_{\Delta x\to 0}\frac{f'(x+\Delta x)-f'(x)}{\Delta x}$$

存在，则称 $f(x)$在点 x 二阶可导，且称上述极限为 $f(x)$在点 x 的二阶导数，记为 $f''(x)$，y''或$\frac{d^2y}{dx^2}$，$\frac{d}{dx}\left(\frac{dy}{dx}\right)$等．

说明　①若上述定义中的 x 为定点，则其二阶导数是"数"．

② 若 x 为动点，则二阶导数仍是函数．故可继续定义三阶或更高阶的导数：

$$f'''(x)=\lim_{\Delta x\to 0}\frac{f''(x+\Delta x)-f''(x)}{\Delta x},$$

$$\cdots\cdots$$

$$f^{(n)}(x)=\lim_{\Delta x\to 0}\frac{f^{(n-1)}(x+\Delta x)-f^{(n-1)}(x)}{\Delta x},$$

其中对于 $n\geqslant 4$，依次记为

$$y^{(4)},\ \cdots,\ y^{(n)}\ 或\ \frac{\mathrm{d}^4 y}{\mathrm{d}x^4},\ \cdots,\ \frac{\mathrm{d}^n y}{\mathrm{d}x^n}.$$

二阶及二阶以上的各阶导数统称为**高阶导数**，而一阶导数即通常的导数．有时为讨论方便，还约定 $f^{(0)}(x)=f(x)$.

二、高阶导数的求法

由上面定义可知，求高阶导数的方法即“逐阶求导法”：对所求的导函数连续求导，直到所要求的阶数即可．其中，随时进行化简和整理是非常必要的.

例 1　求 $y=\mathrm{e}^x$ 和 $y=a^x$ 的 n 阶导数．

解　对函数 $y=\mathrm{e}^x$，有

$$y'=\mathrm{e}^x,\ y''=\mathrm{e}^x,\ y'''=\mathrm{e}^x,\ y^{(4)}=\mathrm{e}^x,\ \cdots,$$

归纳可得　$y^{(n)}=\mathrm{e}^x$，即 $(\mathrm{e}^x)^{(n)}=\mathrm{e}^x$.

推广到一般的指数函数 $y=a^x$，有

$$y'=a^x\ln a,\ y''=a^x(\ln a)^2,\ y'''=a^x(\ln a)^3,\ y^{(4)}=a^x(\ln a)^4,\ \cdots,$$

归纳得到　$y^{(n)}=a^x(\ln a)^n$，即 $(a^x)^{(n)}=a^x(\ln a)^n$.

例 2　求 $y=\sin x$ 和 $y=\cos x$ 的 n 阶导数．

解　对函数 $y=\sin x$，有

$$y'=\cos x=\sin\left(x+\frac{\pi}{2}\right),$$

$$y''=\cos\left(x+\frac{\pi}{2}\right)=\sin\left(x+\frac{\pi}{2}+\frac{\pi}{2}\right)=\sin\left(x+2\cdot\frac{\pi}{2}\right),$$

$$y'''=\cos\left(x+2\cdot\frac{\pi}{2}\right)=\sin\left(x+3\cdot\frac{\pi}{2}\right),$$

$$y^{(4)}=\cos\left(x+3\cdot\frac{\pi}{2}\right)=\sin\left(x+4\cdot\frac{\pi}{2}\right),\ \cdots,$$

$$y^{(n)}=\sin\left(x+n\cdot\frac{\pi}{2}\right),\ 即\ (\sin x)^{(n)}=\sin\left(x+n\cdot\frac{\pi}{2}\right).$$

用类似方法，可得

$$(\cos x)^{(n)}=\cos\left(x+n\cdot\frac{\pi}{2}\right).$$

例 3　求函数 $y=\ln(1+x)$ 的 n 阶导数.

解　因为 $y'=\frac{1}{1+x}$，$y''=-\frac{1}{(1+x)^2}$，$y'''=\frac{1\cdot 2}{(1+x)^3}$，$y^{(4)}=-\frac{1\cdot 2\cdot 3}{(1+x)^4}$，…，归纳可得 $y^{(n)}=\frac{(-1)^{n-1}(n-1)!}{(1+x)^n}$，即

$$[\ln(1+x)]^{(n)}=\frac{(-1)^{n-1}(n-1)!}{(1+x)^n}.$$

例 4　求幂函数 $y=x^{\mu}$（μ 是常数）的 n 阶导数.

解　因为 $y'=\mu x^{\mu-1}$，$y''=\mu(\mu-1)x^{\mu-2}$，$y'''=\mu(\mu-1)(\mu-2)x^{\mu-3}$，…，归纳可得 $y^{(n)}=\mu(\mu-1)(\mu-2)\cdots(\mu-n+1)x^{\mu-n}$，即

$$(x^{\mu})^{(n)}=\mu(\mu-1)(\mu-2)\cdots(\mu-n+1)x^{\mu-n}.$$

特别当 $\mu=n$（自然数）时，有

$$(x^n)^{(n)}=n(n-1)(n-2)\cdots 3\cdot 2\cdot 1=n!,$$

且由此可知 $(x^n)^{(n+1)}=0$.

例 5　设 $y=\ln(1+x^2)$，求 $y''(0)$.

解　先求一阶导数

$$y'=[\ln(1+x^2)]'=\frac{1}{1+x^2}\cdot(1+x^2)'=\frac{2x}{1+x^2},$$

再求二阶导数

$$y''=\left(\frac{2x}{1+x^2}\right)'=\frac{(2x)'(1+x^2)-(2x)(1+x^2)'}{(1+x^2)^2}=\frac{2(1-x^2)}{(1+x^2)^2},$$

将 $x=0$ 代入 y''，即得 $y''|_{x=0}=2$.

例 6　$y=xe^{x^2}$，求 y''.

解　$y'=(xe^{x^2})'=e^{x^2}+x(e^{x^2})\cdot 2x=(2x^2+1)e^{x^2}$，

$$\begin{aligned}y''&=[(2x^2+1)e^{x^2}]'=(2x^2+1)'e^{x^2}+(2x^2+1)(e^{x^2})'\\&=(4x^3+6x)e^{x^2}.\end{aligned}$$

*三、高阶导数的运算法则

将有关导数的运算法则推广过来，有

1. 加法法则

如果函数 $f=f(x)$ 及 $g=g(x)$ 都在点 x 处 n 阶可导，那么 $f(x)\pm g(x)$ 在点 x 也具有 n 阶导数，且

$$(f+g)^{(n)}=f^{(n)}+g^{(n)}.$$

2. 乘法法则

计算乘积 $f(x)\cdot g(x)$ 的 n 阶导数往往比较复杂（如例 6），我们需要建立相应的公式．由

$$(f \cdot g)' = f' \cdot g + f \cdot g',$$

依次求导

$$(f \cdot g)'' = f'' \cdot g + 2f' \cdot g' + f \cdot g'',$$
$$(f \cdot g)''' = f''' \cdot g + 3f'' \cdot g' + 3f' \cdot g'' + g''', \cdots,$$

归纳可得

$$(f \cdot g)^{(n)} = f^{(n)} \cdot g + nf^{(n-1)} \cdot g' + \frac{n(n-1)}{2!}f^{(n-2)} \cdot g'' + \cdots + \frac{n(n-1)\cdots(n-k+1)}{k!}f^{(n-k)} \cdot g^{(k)} + \cdots + f \cdot g^{(n)},$$

或 $$(f \cdot g)^{(n)} = C_n^0 f^{(n)} \cdot g^{(0)} + C_n^1 f^{(n-1)} \cdot g^{(1)} + C_n^2 f^{(n-2)} \cdot g^{(2)} + \cdots + C_n^k f^{(n-k)} \cdot g^{(k)} + \cdots + C_n^n f^{(0)} \cdot g^{(n)} = \sum_{k=0}^{n} C_n^k f^{(n-k)} \cdot g^{(k)}.$$

这就是所谓的**莱布尼茨**(Leibniz：1646—1716，德国数学家)**公式**，其中如前所约定，零阶导数即函数本身．

例 7 对 $y=x^2\sin x$，求 $y^{(5)}(0)$.

解 设 $f(x)=\sin x$，$g(x)=x^2$，则有

$$f^{(k)}(x) = \sin\left(x + k \cdot \frac{\pi}{2}\right)(k = 1, 2, 3, 4, 5),$$

$$g'(x) = 2x, \; g''(x) = 2, \; g^{(k)}(x) = 0(k = 3, 4, 5),$$

代入莱布尼茨公式，得

$$\begin{aligned} y^{(5)} &= C_5^0(\sin x)^{(5)}x^2 + C_5^1(\sin x)^{(4)}(x^2)^{(1)} + C_5^2(\sin x)^{(3)}(x^2)^{(2)} \\ &= x^2\cos x + 5\sin x \cdot 2x + 20(-\cos x) \\ &= 10x\sin x + x^2\cos x - 20\cos x. \end{aligned}$$

再将 $x=0$ 代入上式，即得 $y^{(5)}(0)=-20$.

习题 3-3

1. 求下列函数的二阶导数．

(1) $y=(3x+5)^3$； (2) $y=\sin(x^3)$；

(3) $y=\dfrac{1}{x-1}$； (4) $y=\dfrac{x}{1-x}$；

(5) $y=\tan x$； (6) $y=e^x\sin x$.

(7) $y=xe^{x^2}$； (8) $y=\ln(x+\sqrt{1+x^2})$；

(9) $y=\ln(1+x^2)$； (10) $y=\dfrac{1}{x^2-2x-8}$.

2. 已知 $f(t)=t\sin\dfrac{\pi}{t}$，求 $f''(2)$.

3. 设 $f''(x)$ 存在，求下列函数的二阶导数 $\dfrac{d^2y}{dx^2}$.

(1) $y=f(x^3)$；　　(2) $y=\ln[f(e^x)]$.

4. 验证函数 $y=3e^{3x}+2e^{-3x}$ 满足方程 $y''-9y=0$.

5. 求下列函数所指定阶的导数.

(1) $y=e^x\sin x$，求 $y^{(4)}$；　　(2) $y=x^2\ln(1+x)$，求 $y^{(20)}$.

6. 求下列函数的 n 阶导数.

(1) $y=xe^x$；　　(2) $y=\cos^2 x$；　　(3) $y=\dfrac{x}{1+x}$.

---

7. 已知 $\dfrac{dx}{dy}=\dfrac{1}{y'}$，求证：

(1) $\dfrac{d^2x}{dy^2}=-\dfrac{y''}{(y')^3}$；　　(2) $\dfrac{d^3x}{dy^3}=\dfrac{3(y'')^2-y'y'''}{(y')^5}$.

8. 求下列函数所指定阶的导数.

(1) $y=\sin^4 x+\cos^4 x$，求 $y^{(n)}$；　　(2) $y=\dfrac{5}{x^2+3x-4}$，求 $y^{(n)}$.

9. 设 $f(x)=\begin{cases} x^3\sin\dfrac{1}{x}, & x\neq 0, \\ 0, & x=0, \end{cases}$ 证明 $f(x)$ 在 $x=0$ 处连续可导，且导函数在 $x=0$ 处连续，但 $f'(x)$ 在 $x=0$ 处不可导.

第4节　隐函数及参数方程求导法

一、隐函数的导数

函数的解析表示通常有两种方式，其一如 $y=x^2+\sin x$，$y=xe^x$ 等，因变量 y 已明显表示为 x 的函数，故称为显函数；其二是由特定的函数方程 $F(x, y)=0$，$x\in D$ 所表达. 如 $x+y^3-1=0$ 或 $y^3+7y=x^3$ 等，因变量与自变量的关系隐藏在所给方程之中(对定义域内的每个 x，通过该方程有唯一确定的 y 值与之对应)，这样的函数称为隐函数.

如果从上述方程中可以解出显函数，如由 $x+y^3-1=0$ 可以解出 $y=\sqrt[3]{1-x}$，则称该隐函数可显化. 但通常情况下，隐函数的显化往往非常困难、甚至是不可能的，如方程 $xe^y+\sin xy=1$ 所确定的隐函数就是如此. 在这样的情况下，如何求隐函数的导数呢?

实际上，在方程 $F(x, y)=0$，$x\in D$ 中，只要视 $F(x, y)$ 为 x 的复合函

数(其中 $y=y(x)$)，就可以直接求导．其方法和步骤是：

(1) 在 $F(x, y)=0$ 两边同时对 x 求导，将 y 视为中间变量，按照复合函数的求导法则，除对 y 求导外，还要乘以 $y'\left(或\frac{\mathrm{d}y}{\mathrm{d}x}\right)$.

(2) 对所得等式，解 $y'\left(或\frac{\mathrm{d}y}{\mathrm{d}x}\right)$的方程即可．

例 1 求由方程 $\mathrm{e}^{x+y}+\sin xy=0$ 所确定隐函数的导数$\frac{\mathrm{d}y}{\mathrm{d}x}$.

解 在方程两边对 x 求导，注意其中 $y=y(x)$，得

$$\begin{aligned}\frac{\mathrm{d}}{\mathrm{d}x}(\mathrm{e}^{x+y}+\sin xy) &= \mathrm{e}^{x+y}\left(1+\frac{\mathrm{d}y}{\mathrm{d}x}\right)+\cos xy\cdot\left(y+x\frac{\mathrm{d}y}{\mathrm{d}x}\right)\\ &= \mathrm{e}^{x+y}+y\cos xy+(\mathrm{e}^{x+y}+x\cos xy)\frac{\mathrm{d}y}{\mathrm{d}x}=0,\end{aligned}$$

即
$$\mathrm{e}^{x+y}+y\cos xy+(\mathrm{e}^{x+y}+x\cos xy)\frac{\mathrm{d}y}{\mathrm{d}x}=0,$$

从而解得
$$\frac{\mathrm{d}y}{\mathrm{d}x}=-\frac{\mathrm{e}^{x+y}+y\cos xy}{\mathrm{e}^{x+y}+x\cos xy}.$$

例 2 求方程 $y^3+7y=x^3$ 所确定的隐函数在 $x=2$ 处的导数．

解 在方程两边对 x 求导，有

$$3y^2\frac{\mathrm{d}y}{\mathrm{d}x}+7\frac{\mathrm{d}y}{\mathrm{d}x}=3x^2,$$

从而解得
$$\frac{\mathrm{d}y}{\mathrm{d}x}=\frac{3x^2}{3y^2+7}.$$

以 $x=2$ 代入 $y^3+7y=x^3$，得 $y=1$，所以

$$\left.\frac{\mathrm{d}y}{\mathrm{d}x}\right|_{x=2}=\frac{6}{5}.$$

例 3 求曲线$\sqrt{x}+\sqrt{y}=\sqrt{a}$ 在点$\left(\frac{1}{4}a, \frac{1}{4}a\right)$处的切线方程．

解 由导数的几何意义，所求切线的斜率为 $k=y'\big|_{x=\frac{1}{4}a}$.

在曲线方程的两边分别对 x 求导，有

$$\frac{1}{2\sqrt{x}}+\frac{1}{2\sqrt{y}}y'=0,$$

解得 $y'=-\frac{\sqrt{y}}{\sqrt{x}}$. 将 $x=\frac{1}{4}a$，$y=\frac{1}{4}a$ 代入即得 $y'\big|_{x=\frac{1}{4}a}=-1$.

于是，所求的切线方程为

$$y-\frac{1}{4}a=-1\left(x-\frac{1}{4}a\right)，即\ x+y-\frac{1}{2}a=0.$$

按照逐阶求导的原则与方法，可求隐函数的高阶导数(以二阶为例).

例 4　求方程 $x+y-\sin y=0$ 所确定隐函数的二阶导数$\frac{\mathrm{d}^2 y}{\mathrm{d}x^2}$.

解　在方程两边对 x 求导，得

$$1+\frac{\mathrm{d}y}{\mathrm{d}x}-\cos y\cdot\frac{\mathrm{d}y}{\mathrm{d}x}=0,$$

于是

$$\frac{\mathrm{d}y}{\mathrm{d}x}=\frac{1}{\cos y-1},$$

在上式两边再对 x 求导，并代入一阶导数的结果，化简得

$$\frac{\mathrm{d}^2 y}{\mathrm{d}x^2}=-\frac{-\sin y\cdot\frac{\mathrm{d}y}{\mathrm{d}x}}{(\cos y-1)^2}=\frac{\sin y}{(\cos y-1)^3}.$$

二、对数求导法

形如 $y=u(x)^{v(x)}(u(x)>0)$的函数称为幂指函数，如 $y=(\sin x)^x$ 等．如何求这类函数的导数呢?

假定 $u(x)$与 $v(x)$均可导，先在 $y=u(x)^{v(x)}(u(x)>0)$两边取对数，有

$$\ln y=v(x)\ln u(x).$$

再对上式用隐函数求导法，得

$$\frac{y'}{y}=v'(x)\ln u(x)+v(x)\frac{u'(x)}{u(x)}.$$

解方程即可求得(简记为)

$$y'=y\left(v'\ln u+\frac{v}{u}u'\right)=u^v\left(v'\ln u+\frac{v}{u}u'\right).$$

此即所谓的**对数求导法**．除幂指函数外，对于多个因式或多个根式的乘积的函数形式，对数求导法也非常方便实用．

例 5　求 $y=(\sin x)^x(\sin x>0)$的导数．

解　用对数求导法：将原式化为

$$\ln y=x\ln\sin x,$$

在方程两边对 x 求导，得

$$\frac{1}{y}y'=\ln\sin x+x\frac{\cos x}{\sin x}=\ln\sin x+x\cot x,$$

于是

$$y'=y(\ln\sin x+x\cot x)=(\sin x)^x(\ln\sin x+x\cot x).$$

注意　该题也可化为 $y=(\sin x)^x=\mathrm{e}^{x\ln\sin x}$，直接复合求导，也有

$$y'=(\mathrm{e}^{x\ln\sin x})'=\mathrm{e}^{x\ln\sin x}(x\ln\sin x)'=(\sin x)^x(\ln\sin x+x\cot x).$$

例 6 求 $y=\sqrt[3]{\dfrac{(x-1)(x-2)}{(x-3)(x-4)}}$ 的导数．

解 用对数求导法，有

$$\ln y=\frac{1}{3}[\ln(x-1)+\ln(x-2)-\ln(x-3)-\ln(x-4)],$$

两边对 x 求导，得

$$\frac{1}{y}y'=\frac{1}{3}\left(\frac{1}{x-1}+\frac{1}{x-2}-\frac{1}{x-3}-\frac{1}{x-4}\right),$$

解得

$$y'=\frac{y}{3}\left(\frac{1}{x-1}+\frac{1}{x-2}-\frac{1}{x-3}-\frac{1}{x-4}\right)$$

$$=\frac{1}{3}\sqrt[3]{\frac{(x-1)(x-2)}{(x-3)(x-4)}}\left(\frac{1}{x-1}+\frac{1}{x-2}-\frac{1}{x-3}-\frac{1}{x-4}\right).$$

三、参数方程求导法

在平面解析几何中，参数方程

$$x=\varphi(t),\ y=\psi(t),\ t\in(\alpha,\ \beta) \tag{1}$$

是常见的曲线表示方法．如

$$x=a\cos t,\ y=b\sin t,\ t\in[0,\ 2\pi]$$

表示椭圆曲线 $\dfrac{x^2}{a^2}+\dfrac{y^2}{b^2}=1$，其中依然可以确定 y 与 x 的函数关系．

现在的问题是：如何去求由参数方程(1)所确定函数的导数？

假定函数 $x=\varphi(t)$，$y=\psi(t)$ 都可导，$\varphi'(t)\neq0$ 且 $x=\varphi(t)$ 具有单调连续的反函数 $t=\varphi^{-1}(x)$，则参数方程(1)所确定的函数 $y=y(x)$ 可以看成复合函数 $y=\psi(\varphi^{-1}(x))$，故由复合函数求导法则和反函数的求导法则，得

$$\frac{\mathrm{d}y}{\mathrm{d}x}=\frac{\mathrm{d}y}{\mathrm{d}t}\cdot\frac{\mathrm{d}t}{\mathrm{d}x}=\frac{\mathrm{d}y}{\mathrm{d}t}\cdot\frac{1}{\dfrac{\mathrm{d}x}{\mathrm{d}t}}=\frac{\psi'(t)}{\varphi'(t)},$$

即

$$\frac{\mathrm{d}y}{\mathrm{d}x}=\frac{\psi'(t)}{\varphi'(t)}. \tag{2}$$

这就是参数方程(1)所确定的函数 $y=y(x)$ 的导数公式．

参数方程的高阶导数，也可由“逐阶求导”的方法得到——只要牢记其中 $t=\varphi^{-1}(x)$ 的复合意义即可．以二阶为例：

若 $x=\varphi(t)$，$y=\psi(t)$ 二阶可导，则由(2)式

$$\frac{\mathrm{d}^2y}{\mathrm{d}x^2}=\frac{\mathrm{d}}{\mathrm{d}x}\left(\frac{\mathrm{d}y}{\mathrm{d}x}\right)=\frac{\mathrm{d}}{\mathrm{d}t}\left(\frac{\psi'(t)}{\varphi'(t)}\right)\cdot\frac{\mathrm{d}t}{\mathrm{d}x}$$

$$=\frac{\psi''(t)\varphi'(t)-\psi'(t)\varphi''(t)}{[\varphi'(t)]^2}\cdot\frac{1}{\varphi'(t)},$$

即
$$\frac{\mathrm{d}^2y}{\mathrm{d}x^2}=\frac{\psi''(t)\varphi'(t)-\psi'(t)\varphi''(t)}{[\varphi'(t)]^3}. \tag{3}$$

例 7　求摆线$\begin{cases}x=a(t-\sin t),\\y=a(1-\cos t)\end{cases}$所确定的二阶导数 $y''(x)$（图 3 - 4）.

解　因为$\frac{\mathrm{d}y}{\mathrm{d}x}=\frac{[a(1-\cos t)]'}{[a(t-\sin t)]'}=\frac{a\sin t}{a(1-\cos t)}$

$$=\frac{\sin t}{1-\cos t}=\cot\frac{t}{2}\quad(t\neq 2n\pi,\ n\in\mathbf{Z}),$$

所以
$$\frac{\mathrm{d}^2y}{\mathrm{d}x^2}=\frac{\mathrm{d}}{\mathrm{d}t}\left(\cot\frac{t}{2}\right)\cdot\frac{1}{\frac{\mathrm{d}x}{\mathrm{d}t}}$$

$$=-\frac{1}{2\sin^2\frac{t}{2}}\cdot\frac{1}{a(1-\cos t)}$$

$$=-\frac{1}{a(1-\cos t)^2}\quad(t\neq 2n\pi,\ n\in\mathbf{Z}).$$

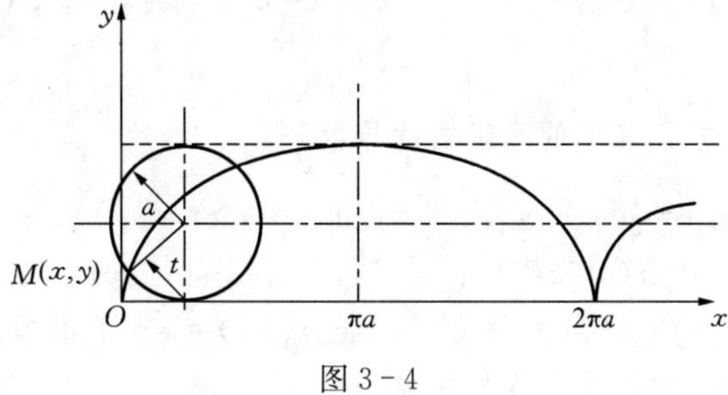

图 3 - 4

*四、相关变化率

设变量 x，y 之间存在某种关系，且 x，y 都是变量 t 的函数，即 $x=x(t)$，$y=y(t)$，那么变化率$\frac{\mathrm{d}x}{\mathrm{d}t}$和$\frac{\mathrm{d}y}{\mathrm{d}t}$之间也存在一定关系，这两个相互依赖的变化率称为相关变化率.

例 8　从一艘破裂的油轮中渗漏出来的原油在海面上逐渐扩散．假设其形状是体积不变而厚度均匀的圆柱体（油层），且其厚度 h 的减少率与 h^3 成正比，试证明其半径的增加率与 r^3 成反比.

证明　由题意，圆柱体油层的体积

$$V=\pi r^2 h \tag{4}$$

中，r 和 h 都是时间 t 的函数而 V 和 π 是常数，将(4)式两边对 t 求导，得

$$2rh\frac{\mathrm{d}r}{\mathrm{d}t}+r^2\frac{\mathrm{d}h}{\mathrm{d}t}=0, \tag{5}$$

将题设条件$\frac{\mathrm{d}h}{\mathrm{d}t}=-k_1h^3$($k_1$ 为常数)代入(5)式可得

$$\frac{\mathrm{d}r}{\mathrm{d}t}=-\frac{r}{2h}\cdot\frac{\mathrm{d}h}{\mathrm{d}t}=\frac{k_1rh^2}{2},$$

再将 $h=\frac{V}{\pi r^2}$代入上式，即得

$$\frac{\mathrm{d}r}{\mathrm{d}t}=\frac{k_1V^2}{2\pi^2}\cdot\frac{1}{r^3}=\frac{k_2}{r^3}\quad\left(\text{其中 } k_2=\frac{k_1V^2}{2\pi^2}\text{ 为常数}\right),$$

由此可知，半径的增加率与 r^3 成反比．

习题 3－4

思考题

1. 设 $y=y(x)$ 由方程 $y=1-xe^y$ 所确定，则$\left.\frac{\mathrm{d}y}{\mathrm{d}x}\right|_{x=0}=$________.

2. 设 $y=y(x)$ 由方程 $e^y+6xy+x^2-1=0$ 所确定，则 $y''(0)=$________.

练习题

1. 求由下列方程确定的隐函数的导数$\frac{\mathrm{d}y}{\mathrm{d}x}$.

(1) $xy+2\ln x=y^4$；　　(2) $y+x^2e^y=1$；

(3) $y-\varepsilon\sin y=x(0\leqslant\varepsilon<1)$；　　(4) $e^{x+y}+\sin(xy)=0$.

2. 设函数 $y=f(x)$ 由方程 $e^{2x+y}-\cos(xy)=e-1$ 所确定，求曲线 $y=f(x)$在点(0，1)处的切线方程和法线方程．

3. 求下列各隐函数的二阶导数$\frac{\mathrm{d}^2y}{\mathrm{d}x^2}$.

(1) $x^2-y^2=2$；　　(2) $y=\tan(x+y)$；

(3) $e^y+xy=1$；　　(4) $\arctan\frac{x}{y}=\ln\sqrt{x^2+y^2}$.

4. 用对数求导法求下列各函数的导数$\frac{\mathrm{d}y}{\mathrm{d}x}$.

(1) $y=(\sin x)^{\frac{1}{x}}$，$\sin x>0$；　　(2) $y=\sqrt[3]{\frac{x-4}{\sqrt[3]{x^2+1}}}$；

(3) $y=\frac{\sqrt[3]{x+1}(3-x)^2}{(x+2)^3}$；　　(4) $y=\sqrt{xe^x\sqrt{1+\sin x}}$.

5. 求下列参数方程所确定函数的导数$\frac{\mathrm{d}y}{\mathrm{d}x}$.

(1) $\begin{cases}x=\sqrt{1+t},\\ y=\sqrt{1-t};\end{cases}$ (2) $\begin{cases}x=\theta(1+\sin\theta),\\ y=\theta\cos\theta;\end{cases}$

(3) $\begin{cases}x=\arctan t,\\ 2y-ty^2+\mathrm{e}^t=5.\end{cases}$

6. 已知$\begin{cases}x=\cos t+\cos^2 t,\\ y=1+\sin t,\end{cases}$ 求$\left.\frac{\mathrm{d}y}{\mathrm{d}x}\right|_{t=\frac{\pi}{4}}$.

7. 已知$\begin{cases}x=f(t)-\pi,\\ y=f(\mathrm{e}^{3t}-1),\end{cases}$其中 f 可导，且 $f'(0)\neq 0$，求$\left.\frac{\mathrm{d}y}{\mathrm{d}x}\right|_{t=0}$.

8. 求下列曲线在所给参数值相应的点处的切线方程和法线方程.

(1) $\begin{cases}x=\frac{t-1}{t+1},\\ y=\frac{t^2}{t+1},\end{cases}$ 在 $t=1$ 处； (2) $\begin{cases}x=\mathrm{e}^t\sin 2t,\\ y=\mathrm{e}^t\cos t,\end{cases}$ 在 $t=0$ 处.

9. 求下列方程所确定的函数的二阶导数$\frac{\mathrm{d}^2y}{\mathrm{d}x^2}$.

(1) $\begin{cases}x=\frac{t^3}{3},\\ y=1+t;\end{cases}$

(2) $\begin{cases}x=a\left(\ln\tan\frac{t}{2}+\cos t\right),\\ y=a\sin t\end{cases}$ $(a>0,\ 0<t<\pi)$；

(3) $\begin{cases}x=f'(t),\\ y=tf'(t)-f(t),\end{cases}$ 设 $f''(t)$存在且不为零.

10. 求下列函数的导数$\frac{\mathrm{d}y}{\mathrm{d}x}$.

(1) $y=x^x\mathrm{e}^{-x}$； (2) $y=x+y^x$ $(y>0$，且 $y\neq 1)$；

(3) $y=\left(\frac{a}{b}\right)^x\left(\frac{b}{x}\right)^a\left(\frac{x}{a}\right)^b\left(a>0,\ b>0,\ \frac{a}{b}\neq 1\right)$.

11. 某船被一绳索牵引靠岸，绞盘位于岸边比船头高 4 m 处，绞盘卷绕绳索的速率为 2 m/s，问当船距岸边 8 m 时船的速率是多少？

12. 落在平静水面上的石头产生同心波，若最外一圈波纹半径的增长率是 6 m/s，问 2 s 末扰动水面积的增长率是多少？

13. 将水注入深为 10 m、上顶直径为 6 m 的正圆锥形容器内，其流量为

$8\ \mathrm{m}^3/\mathrm{s}$，问当水深为 4 m 时，液面面积增大的速率是多少？

第 5 节 函数的微分

一、微分定义

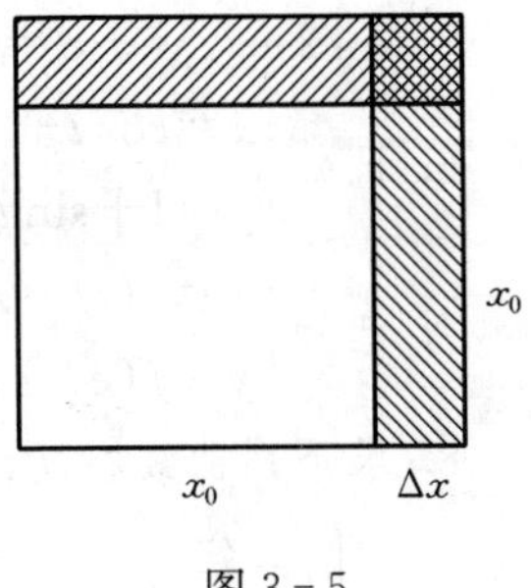

图 3 - 5

首先分析一个具体的例子．正方形金属薄片的边长为 x_0，则其面积为$A=x_0^2$(图 3 - 5)．受热胀冷缩的作用，当边长由 x_0 变化到 $x_0+\Delta x$ 时，其面积的改变量应为

$$\Delta A=(x_0+\Delta x)^2-x_0^2=2x_0\Delta x+(\Delta x)^2.$$

这里 ΔA 分为两部分：第一部分 $2x_0\Delta x$ 是 Δx 的线性函数，即图中带斜线的两个矩形面积之和；第二部分$(\Delta x)^2$ 是图中右上角小正方形的面积．

由于当 $\Delta x\to 0$ 时，$(\Delta x)^2$ 是比 Δx 高阶的无穷小，即$(\Delta x)^2=o(\Delta x)$．因此当$|\Delta x|$很小时，面积改变量 ΔA 可近似地表示为

$$\Delta A\approx 2x_0\Delta x,\ \Delta x\to 0.$$

这种现象具有一般性，为此引入

定义 1 设函数 $y=f(x)$在邻域 $U(x_0)$内有定义．任取 Δx，使 $x_0+\Delta x\in U(x_0)$，如果存在常数 A(与 Δx 无关)，使增量 $\Delta y=f(x_0+\Delta x)-f(x_0)$ 能够表示为

$$\Delta y=A\cdot\Delta x+o(\Delta x), \tag{1}$$

则称函数 $y=f(x)$在点 x_0 是**可微**的，并称 $A\Delta x$ 是函数 $y=f(x)$在点 x_0 处的**微分**，记为 $\mathrm{d}y|_{x=x_0}$，即 $\mathrm{d}y|_{x=x_0}=A\cdot\Delta x$.

说明 由定义知，微分既是 Δx 的线性函数，也是函数增量 Δy 的主要部分，故函数 $y=f(x)$在 x_0 的微分通常是指增量 Δy 的**线性主部**．

下面我们来讨论函数可微的条件．设函数 $y=f(x)$在 x_0 处可微，则由定义知(1)式成立．在(1)式两边同除以 Δx，得

$$\frac{\Delta y}{\Delta x}=A+\frac{o(\Delta x)}{\Delta x}.$$

令 $\Delta x\to 0$，由上式即得 $A=\lim\limits_{\Delta x\to 0}\frac{\Delta y}{\Delta x}=f'(x_0)$.

因此，若函数 $y=f(x)$在 x_0 处可微，则 $f(x)$在 x_0 处也一定可导，并且有 $A=f'(x_0)$.

反之，假定 $y=f(x)$ 在 x_0 处可导，即 $\lim\limits_{\Delta x\to 0}\dfrac{\Delta y}{\Delta x}=f'(x_0)$ 存在，则由极限与无穷小量的关系可得

$$\frac{\Delta y}{\Delta x}=f'(x_0)+\alpha\text{，其中 }\alpha\to 0\text{（当 }\Delta x\to 0\text{ 时），}$$

由此即得
$$\Delta y=f'(x_0)\cdot\Delta x+\alpha\Delta x,$$

注意到其中 $\alpha\Delta x=o(\Delta x)$，$\Delta x\to 0$，且其中 $f'(x_0)$ 是不依赖于 Δx 的常数，因此上式与定义中的(1)式相当．这表明 $y=f(x)$ 在 x_0 处可微，且 $A=f'(x_0)$．

由此，得到了函数 $y=f(x)$ 在 x_0 处可微的充分必要条件：

定理　函数 $f(x)$ 在 x_0 处可微的充分必要条件是函数 $f(x)$ 在 x_0 可导．且其微分为

$$dy=f'(x_0)\Delta x.$$

将上述微分的定义进行推广，有

定义 2　如果函数 $y=f(x)$ 在区间 (a, b) 内的任一点 x 都可微，那么称 $f(x)$ 在 (a, b) 上可微．此时的微分（函数）仍记为 dy，即

$$dy=f'(x)\Delta x. \tag{2}$$

说明　① 显然(2)式对任何可微函数都成立．特别取 $y=f(x)=x$，则有

$$dy=dx=f'(x)\Delta x=\Delta x\text{，即 }dx=\Delta x.$$

因此一般情况下，(2)式可改记为

$$dy=f'(x)dx. \tag{3}$$

这表明：函数的微分等于函数的导数与自变量微分的乘积．

特别是，函数在 x_0 的微分即为

$$dy\big|_{x=x_0}=f'(x_0)dx.$$

② 由(3)式可得：$f'(x)=\dfrac{dy}{dx}$．即函数 $y=f(x)$ 的导数 $f'(x)$ 等于函数与其自变量微分之商的形式（因此，导数也常称为微商）．这不仅在形式上将微分与导数联系在一起，而且具有重要的理论和应用价值．

例 1　求函数 $y=x^2$ 在点 $x_0=1$ 处，当 (1) $\Delta x=0.1$；(2) $\Delta x=0.01$ 时的增量和微分．

解　函数 $y=x^2$ 在点 x_0 处的增量和微分分别是

$$\Delta y=f(x_0+\Delta x)-f(x_0)\text{，}dy\big|_{x=x_0}=2x_0\Delta x,$$

所以 (1) $\Delta y=1.1^2-1^2=0.21$，$dy\big|_{x_0=1}=0.2$；

(2) $\Delta y=1.01^2-1^2=0.0201$，$dy\big|_{x_0=1}=0.02$．

例 2　已知 $y=\dfrac{1}{x}$，求 $dy\big|_{x=1}$，$dy\big|_{x=2}$．

解　由 $dy=\left(\frac{1}{x}\right)'dx=-\frac{1}{x^2}dx$，可得

$$dy\,|_{x=1}=-\frac{1}{1^2}dx=-dx，dy\,|_{x=2}=-\frac{1}{2^2}dx=-\frac{1}{4}dx.$$

二、微分的几何意义

图 3-6 是可微函数 $y=f(x)$ 表示的一条平面曲线，$M_0(x_0,\ y_0)$ 是该曲线上的一个点．对 x_0 取微小增量 Δx，得到曲线上另一点 $M(x_0+\Delta x,\ y_0+\Delta y)$，即

$M_0Q=\Delta x，MQ=\Delta y.$

过 M_0 作曲线的切线 M_0T，它对 x 轴的倾角为 α，斜率是 $f'(x_0)$，则 $QP=M_0Q\tan\alpha=f'(x)\Delta x=dy$.

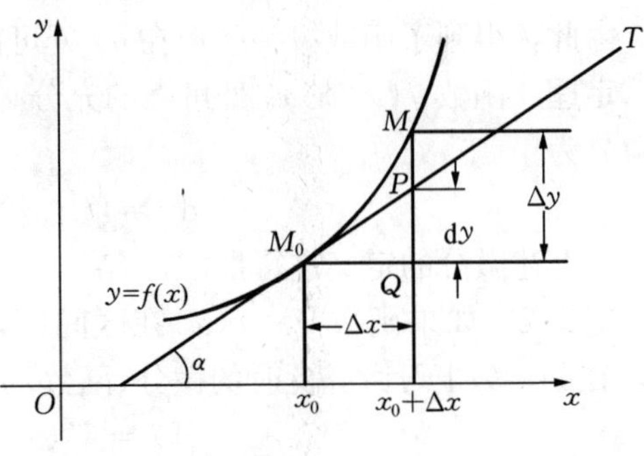

图 3-6

这表明：函数 $y=f(x)$ 在 x_0 的微分，就是函数在该点处沿切线产生的增量．

附注　由图还可看出，当 $|\Delta x|$ 很小时：

① 用 dy 近似代替 Δy 所产生的误差是 $MP=|\Delta y-dy|$，它比 $|\Delta x|$ 要小得多．

② 在点 M_0 的附近切线与曲线拟合得较好，即直线段 M_0P 作为曲线段 $\overset{\frown}{M_0M}$ 的代替时，能使误差较小且较为简单(以直代曲，即实现局部线性化)．

三、微分公式和运算法则

由函数的微分公式 $dy=f'(x)dx$，结合导数的基本公式和求导法则，可立即得到微分的基本公式及运算法则．

1. 微分基本公式

(1) $d(C)=0dx$；　　(2) $d(x^\mu)=\mu x^{\mu-1}dx$；

(3) $d(\sin x)=\cos x dx$；　　(4) $d(\cos x)=-\sin x dx$；

(5) $d(\tan x)=\sec^2 x dx$；　　(6) $d(\cot x)=-\csc^2 x dx$；

(7) $d(\sec x)=\sec x\tan x dx$；　　(8) $d(\csc x)=-\csc x\cot x dx$；

(9) $d(a^x)=a^x\ln a dx$；　　(10) $d(e^x)=e^x dx$；

(11) $d(\log_a x)=\dfrac{1}{x\ln a}dx$；　(12) $d(\ln x)=\dfrac{1}{x}dx$；

(13) $d(\arcsin x)=\dfrac{1}{\sqrt{1-x^2}}dx$；　(14) $d(\arccos x)=-\dfrac{1}{\sqrt{1-x^2}}dx$；

(15) $d(\arctan x)=\dfrac{1}{1+x^2}dx$；　(16) $d(\text{arccot}\, x)=-\dfrac{1}{1+x^2}dx$.

2. 微分运算法则

设函数 $f=f(x)$，$g=g(x)$都可微，则

(1) $d(f\pm g)=df\pm dg$；　(2) $d(Cf)=Cdf$（C是常数）；

(3) $d(fg)=gdf+fdg$；　(4) $d\left(\dfrac{f}{g}\right)=\dfrac{gdf-fdg}{g^2}(g\neq 0)$.

3. 复合函数的微分法则

设 $y=f(u)$，其中 $u=g(x)$，$f(u)$与 $g(x)$都可微，则由复合函数 $y=f[g(x)]$的导数公式

$$\frac{dy}{dx}=\frac{dy}{du}\cdot\frac{du}{dx}=f'(u)\cdot g'(x),$$

立得复合函数 $y=f[g(x)]$的微分为

$$dy=f'(u)g'(x)dx.$$

但由于 $g'(x)dx=du$，所以复合函数 $y=f[g(x)]$的微分仍可表示为

$$dy=f'(u)du.$$

这就是说，无论 u 是自变量还是中间变量，函数的微分形式 $dy=f'(u)du$ 保持不变．这一性质称为微分形式的不变性．

微分形式的不变性大大推广了上述微分公式和运算法则的适用性，也给出了求复合函数微分或导数的新方法：逐层微分法．

例 3　$y=\sqrt{x^2+3x}$，求 dy.

解　$dy=d(\sqrt{x^2+3x})=\dfrac{1}{2\sqrt{x^2+3x}}d(x^2+3x)=\dfrac{2x+3}{2\sqrt{x^2+3x}}dx.$

例 4　$y=e^{1-2x}\sin x$，求 y'.

解　由
$$\begin{aligned}dy&=d(e^{1-2x}\sin x)=\sin x d(e^{1-2x})+e^{1-2x}d\sin x\\&=\sin x\cdot e^{1-2x}\cdot d(1-2x)+e^{1-2x}\cos x dx\\&=e^{1-2x}(-2\sin x+\cos x)dx,\end{aligned}$$

立得
$$y'=e^{1-2x}(-2\sin x+\cos x).$$

例 5　求由方程 $x^3+y^3-xy=0$ 所确定的函数 $y=y(x)$的微分 dy.

解法一　先求出 y 的导数$\dfrac{dy}{dx}$，再求微分 dy. 在方程两边对 x 求导（注意 y

是 x 的函数)，有

$$3x^2+3y^2y'-y-xy'=0\text{，解得 }y'=\frac{3x^2-y}{x-3y^2},$$

因此
$$\mathrm{d}y=\frac{3x^2-y}{x-3y^2}\mathrm{d}x.$$

解法二 在方程两边求微分(利用微分运算法则)，有

$$\mathrm{d}(x^3+y^3-xy)=3x^2\mathrm{d}x+3y^2\mathrm{d}y-y\mathrm{d}x-x\mathrm{d}y=0,$$

解得
$$\mathrm{d}y=\frac{3x^2-y}{x-3y^2}\mathrm{d}x.$$

可见，此法更加直接而简便.

例 6 在下列括号里填入适当的函数，使等式成立.

(1) $\mathrm{d}(\quad)=\mathrm{e}^{2x}\mathrm{d}x$；

(2) $\mathrm{d}(\quad)=\sin2x\mathrm{d}x$.

解 (1) 因为 $\mathrm{d}(\mathrm{e}^{2x})=2\mathrm{e}^{2x}\mathrm{d}x$，因此

$$\mathrm{e}^{2x}\mathrm{d}x=\frac{1}{2}\mathrm{d}\mathrm{e}^{2x}=\mathrm{d}\left(\frac{\mathrm{e}^{2x}}{2}\right),$$

所以
$$\mathrm{d}\left(\frac{\mathrm{e}^{2x}}{2}\right)=\mathrm{e}^{2x}\mathrm{d}x.$$

但一般地，有 $\mathrm{d}\left(\frac{\mathrm{e}^{2x}}{2}+C\right)=\mathrm{e}^{2x}\mathrm{d}x$($C$ 为任意常数)，故括号内应填入的函数是：$\frac{\mathrm{e}^{2x}}{2}+C$.

(2) 因为 $\mathrm{d}(\cos2x)=-2\sin2x\mathrm{d}x$，因此

$$\sin2x\mathrm{d}x=-\frac{1}{2}\mathrm{d}(\cos2x)=\mathrm{d}\left(-\frac{1}{2}\cos2x\right),$$

所以
$$\mathrm{d}\left(-\frac{1}{2}\cos2x\right)=\sin2x\mathrm{d}x.$$

但由于 $\mathrm{d}\left(-\frac{1}{2}\cos2x+C\right)=\sin2x\mathrm{d}x$($C$ 为任意常数)，故应该填入括号的函数是：$-\frac{1}{2}\cos2x+C$.

*四、微分在近似计算中的应用

1. 函数的近似值

由前面的讨论结果，如果 $y=f(x)$ 在点 x_0 处的导数 $f'(x_0)\neq0$ 且 $|\Delta x|$ 很小时，函数的增量可写为 $\Delta y\approx f'(x_0)\Delta x$，即

$$\Delta y=f(x_0+\Delta x)-f(x_0)\approx f'(x_0)\Delta x, \tag{4}$$

亦即
$$f(x_0+\Delta x)\approx f(x_0)+f'(x_0)\Delta x. \tag{5}$$

令 $x=x_0+\Delta x$，即 $\Delta x=x-x_0$，则(5)式化为
$$f(x)\approx f(x_0)+f'(x_0)(x-x_0). \tag{6}$$

当所求函数增量的计算比较复杂且 $|\Delta x|$ 很小时，可以利用上面公式计算函数增量 Δy，或者函数值 $f(x_0+\Delta x)$的近似值．

例 7　在一只半径为 5 cm 的铁球表面镀上一层金，厚度为 0.005 cm，已知金的密度为 18.9 g/cm^3，试用微分法估计所需金的质量．

解　显然，所求质量是镀层体积与金的密度之积．而镀层体积正是球体体积 $V=\frac{4}{3}\pi R^3$ 在 R_0的增量 ΔV. 由于
$$V'\Big|_{R=R_0}=\left(\frac{4}{3}\pi R^3\right)'\Big|_{R=R_0}=4\pi R_0^2,$$
于是
$$\Delta V\approx 4\pi R_0^2\Delta R.$$

将 $R_0=5$，$\Delta R=0.005$ 代入上式，得
$$\Delta V\approx 4\times 3.14\times 5^2\times 0.005\approx 1.57(\text{cm}^3),$$
从而所需金的质量约为
$$1.57\times 18.9\approx 29.673(\text{g}).$$

例 8　利用微分计算 $\cos 61°$的近似值．

解　设 $f(x)=\cos x$，则 $f'(x)=-\sin x$；取 $x_0=60°=\frac{\pi}{3}$，$\Delta x=1°=\frac{\pi}{180}$，有
$$\begin{aligned}\cos 61°&\approx\cos\frac{\pi}{3}+\left(-\sin\frac{\pi}{3}\right)\times\frac{\pi}{180}\approx\frac{1}{2}-\frac{\sqrt{3}}{2}\times 0.017455\\&\approx 0.485.\end{aligned}$$

下面给出一些常用的微分近似公式．首先在(6)式取 $x_0=0$，得
$$f(x)\approx f(0)+f'(0)x. \tag{7}$$

应用(7)式可得(假定 $|x|$ 是较小的数值)：

(1) $\sqrt[n]{1+x}\approx 1+\frac{1}{n}x$；　(2) $\sin x\approx x$(x 为弧度)；

(3) $\tan x\approx x$(x 为弧度)；　(4) $e^x\approx 1+x$；

(5) $\ln(1+x)\approx x$.

这些公式非常简便而实用，其证明请读者作为练习．

2. 误差估计

在生产实践中，经常需要测量各种数据，但有些数据不易由测量直接得到，需要我们通过所测得的相关数据计算出来．

受测量仪器的精度、测量条件以及测量方法的影响，实际测得的数据往往

存在误差．而根据带有误差的数据计算得到的结果自然也会有误差，我们称它为间接测量误差．

设某个量的精确值为 A，实际测得的数据近似值为 a，那么 $|A-a|$ 叫作 a 的绝对误差，而绝对误差与 $|a|$ 的比值 $\frac{|A-a|}{|a|}$ 叫作 a 的相对误差．

实际工作中，由于测量的精确值往往无法得到，于是测量值的绝对误差和相对误差也就无法得到．但是根据测量仪器的精度等因素，可以将误差控制在一定范围之内．比如要求绝对误差不超过 δ_A，即 $|A-a|\leqslant\delta_A$.

这里 δ_A 叫作测量 A 的绝对误差限，而 $\frac{\delta_A}{|a|}$ 叫作测量 A 的相对误差限．

下面通过例子说明怎样利用微分来估计间接测量误差．

例 9　设测得圆钢截面的直径为 $D=50.03$ mm，测量 D 的绝对误差限为 $\delta_D=0.05$ mm，利用公式 $A=\frac{\pi}{4}D^2$ 计算圆钢的截面积时，估计该面积的误差．

解　将测量 D 时所产生的误差看作自变量 D 的增量 ΔD，则由公式 $A=\frac{\pi}{4}D^2$ 所产生的误差就是函数 A 的对应增量 ΔA. 当 $|\Delta D|$ 很小时，由微分近似公式，有

$$\Delta A\approx \mathrm{d}A=A'\cdot\Delta D=\frac{\pi}{2}D\cdot\Delta D.$$

由于 D 的绝对误差限 $\delta_D=0.05$ mm，所以

$$|\Delta D|\leqslant\delta_D=0.05,\ |\Delta A|\approx|\mathrm{d}A|=\frac{\pi}{2}D\cdot|\Delta D|\leqslant\frac{\pi}{2}D\cdot\delta_D,$$

由此得出 A 的绝对误差限约为

$$\delta_A=\frac{\pi}{2}D\cdot\delta_D=\frac{\pi}{2}\times50.03\times0.05\approx3.927(\mathrm{mm}^2);$$

A 的相对误差限约为

$$\frac{\delta_A}{A}=\frac{\frac{\pi}{2}D\cdot\delta_D}{\frac{\pi}{4}D^2}=2\frac{\delta_D}{D}=2\times\frac{0.05}{50.03}\approx0.20\%.$$

一般地，根据直接测量的 x 值由公式 $y=f(x)$ 计算 y 时，如果已知测量 x 的绝对误差限是 δ_x，即 $|\Delta x|\leqslant\delta_x$，则当 $y'\neq0$ 时，y 的绝对误差

$$|\Delta y|\approx|\mathrm{d}y|=|y'|\cdot|\Delta x|\leqslant|y'|\cdot\delta_x,$$

即 y 的绝对误差限约为 $\delta_y=|y'|\cdot\delta_x$.

而 y 的相对误差限约为 $\frac{\delta_y}{|y|}=\left|\frac{y'}{y}\right|\cdot\delta_x$.

习题 3-5

思考题

1. 设函数 $f(u)$ 可导，$y=f(x^2)$ 当自变量 x 在 $x=-1$ 处取得增量 $\Delta x=-0.1$ 时，相应函数增量 Δy 的线性主部为 0.1，则 $f'(1)=$(　　).

A. -1；　B. 0.1；　C. 1；　D. 0.5.

2. $y=x+\sin x$，$\mathrm{d}y$ 是 y 在 $x=0$ 的微分，则当 $\Delta x\to 0$ 时(　　).

A. $\mathrm{d}y$ 和 Δx 是同阶无穷小；　B. $\mathrm{d}y$ 是 Δx 的高阶无穷小；

C. $\mathrm{d}y$ 是 Δx 的低阶无穷小；　D. $\mathrm{d}y$ 是 Δx 的等价无穷小.

3. 设 $y=f(x)$在(a, b)上可微，则下列结论中不正确的是(　　).

A. $x_0\in(a, b)$，若 $f'(x_0)\neq 0$，则 $\Delta x\to 0$ 时，$\mathrm{d}y\big|_{x=x_0}$ 与 Δx 是同阶无穷小；

B. $\mathrm{d}f(x)$只与 $x\in(a, b)$有关；

C. $\Delta y=f(x+\Delta x)-f(x)$，则 $\mathrm{d}y\neq\Delta y$；

D. $\Delta x\to 0$ 时，$\mathrm{d}y-\Delta y$ 是 Δx 的高阶无穷小.

练习题

1. 已知 $y=x^2+3x$，计算在 $x=2$ 处，当 Δx 分别等于 1，0.1，0.01 时的 Δy 和 $\mathrm{d}y$.

2. 求下列函数的微分.

(1) $y=x^2+x-3$；　(2) $y=\mathrm{e}^{-x}\sin x$；

(3) $y=(2x+3)^{-4}$；　(4) $y=(\sin x+\cos x)^3$；

(5) $y=(\tan x+1)^3$；　(6) $y=x^{10}+\sqrt{\sin 2x}$；

(7) $y=\arcsin(1-x^2)$；　(8) $y=2^x+x^2\ln x$；

(9) $y=\arctan\dfrac{1+x}{1-x}$；　(10) $y=\ln(1+x^2)$.

3. 将适当的函数填入下列括号内，使得等式成立.

(1) d(　　)$=3\mathrm{d}x$；　(2) d(　　)$=x^2\mathrm{d}x$；

(3) d(　　)$=\cos 2t\mathrm{d}t$；　(4) d(　　)$=\dfrac{1}{x+2}\mathrm{d}x$；

(5) d(　　)$=2^x\mathrm{d}x$；　(6) d(　　)$=\mathrm{e}^{-3x}\mathrm{d}x$；

(7) d(　　)$=\dfrac{1}{\sqrt{4-x^2}}\mathrm{d}x$；　(8) d(　　)$=\dfrac{1}{\sqrt[3]{x^2}}\mathrm{d}x$.

4. 计算下列函数的近似值.

(1) $\sqrt{402}$；　(2) $\sqrt[3]{26.91}$；　(3) $\sin 29°30'$；　(4) $\arcsin 0.498$.

5. $y=(1+\sin x)^x$，则 $dy\mid_{x=\pi}=$________.

6. 已知 $\tan y=x+y$，则 $dy=$________.

7. 设 $y=f(\ln x)e^{f(x)}$，其中 f 可微，求 dy.

8. 当 $|x|$ 较小时，证明下列近似公式.

(1) $\sqrt[n]{1+x}\approx 1+\frac{x}{n}$；　　(2) $\ln(1+x)\approx x$；

(3) $\sin x\approx x$；　　(4) $\tan x\approx x$.

9. 单摆的周期(以秒计)由 $T=2\pi\sqrt{\frac{L}{g}}$ 确定，其中 $g=9.8\,m/s^2$，摆长 $L_0=0.2\,m$，要使测出的 T 的绝对误差不超过 0.05 s，对摆长 L 测量的绝对误差应是多少?

10. 设扇形的半径为 R，中心角为 α，中心角所对应的弦为 x(图 3-7)，

(1) 将 α 表示为 x 的函数；

(2) 当 x 有微小增量时，求 α 增量的线性主部.

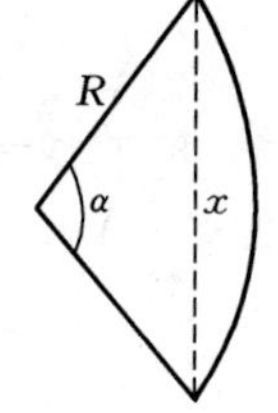

图 3-7

总练习三

1. 填空题

(1) 设函数 $f(x)$ 在 $x=1$ 处可导，且 $\lim\limits_{h\to 0}\frac{f(1)-f(1+2h)}{h}=-\frac{1}{2}$，则 $f'(1)=$________.

(2) 设曲线 $f(x)=x^n$ 在点(1，1)处的切线与 x 轴交于$(\xi_n, 0)$，则 $\lim\limits_{n\to\infty} f(\xi_n)=$________.

(3) 设 $f(x)=(x-1)(x-2)(x-3)(x-4)$，则 $f'(1)=$________.

(4) 设 $f(x)=\begin{cases} x^\lambda\cos\frac{1}{x}, & x\neq 0,\\ 0, & x=0\end{cases}$ 的导函数在 $x=0$ 处连续，则 λ 的取值范围是________.

(5) 设 $f(t)=\lim\limits_{x\to\infty} t\left(\frac{x+t}{x-t}\right)^x$，则 $f'(t)=$________.

(6) 若 $f(x)=\begin{cases} x^2\arctan\frac{1}{x}, & x\neq 0,\\ 0, & x=0,\end{cases}$ 则 $f'(0)=$________，$f'(x)=$________，

$\lim\limits_{x\to0^+}\dfrac{f'(x)}{x}=$________.

(7) 若 $y=\dfrac{1}{x^2-1}$，则 $y^{(5)}=$________.

(8) 设函数 $y=y(x)$ 由方程 $2^{xy}=x+y$ 所确定，则 $\mathrm{d}y|_{x=0}=$________.

2. 选择题

(1) 设函数 $f(x)$ 对任意 x 均满足等式 $f(1+x)=af(x)$，且 $f'(0)=b$，其中 a，b 为非零常数，则函数 $f(x)$(　　).

A. 在 $x=1$ 处不可导；

B. 在 $x=1$ 处可导，且 $f'(1)=a$；

C. 在 $x=1$ 处可导，且 $f'(1)=b$；

D. 在 $x=1$ 处可导，且 $f'(1)=ab$.

(2) 设函数 $f(x)$ 在 $x=0$ 处连续，下列命题错误的是(　　).

A. 若 $\lim\limits_{x\to0}\dfrac{f(x)}{x}$ 存在，则 $f(0)=0$；

B. 若 $\lim\limits_{x\to0}\dfrac{f(x)+f(-x)}{x}$ 存在，则 $f(0)=0$；

C. 若 $\lim\limits_{x\to0}\dfrac{f(x)}{x}$ 存在，则 $f'(0)$ 存在；

D. 若 $\lim\limits_{x\to0}\dfrac{f(x)+f(-x)}{x}$ 存在，则 $f'(0)$ 存在.

(3) 已知函数 $f(x)$ 具有任意阶导数，且 $f'(x)=[f(x)]^2$，则当 n 为大于 2 的正整数时，$f(x)$ 的 n 阶导数 $f^{(n)}(x)$ 是(　　).

A. $n![f(x)]^{n+1}$；　　B. $n[f(x)]^{n+1}$；

C. $[f(x)]^{2n}$；　　D. $n![f(x)]^{2n}$.

(4) 若函数 $f(x)$ 在点 x_0 处可导，而函数 $g(x)$ 在点 x_0 处不可导，则 $F(x)=f(x)+g(x)$，$G(x)=f(x)-g(x)$ 在 x_0 处(　　).

A. 都不可导；　　B. 都可导；

C. 恰有一个可导；　　D. 至少有一个可导.

(5) 设 $f(x)=x|x|$，则 $f'(0)=$(　　).

A. 0；　　B. 1；

C. -1；　　D. 不存在.

(6) 设周期函数 $f(x)$ 在 $(-\infty, +\infty)$ 内可导，周期为 4，又

$$\lim_{x\to0}\frac{2x}{f(1)-f(1-x)}=1,$$

则曲线 $y=f(x)$ 在点 $(5, f(5))$ 处法线的斜率为(　　).

A. $-\frac{1}{2}$；　　B. 0；　　C. -2；　　D. $\frac{1}{2}$.

(7) 设 $f(x)=\begin{cases}\dfrac{1-\cos x}{\sqrt{x}}, & x>0,\\ x^2 g(x), & x\leqslant 0,\end{cases}$ 而 $g(x)$ 是有界函数，则 $f(x)$ 在点 $x=0$ 处(　　).

A. 极限不存在；　　B. 极限存在，但不连续；

C. 连续，但不可导；　　D. 可导.

(8) 设函数 $f(x)=\begin{cases}e^x, & x<0,\\ ax^2+bx+c, & x\geqslant 0,\end{cases}$ 且 $f''(0)$ 存在，则(　　).

A. $a=\frac{1}{2}$，$b=1$，$c=-1$；　　B. $a=-\frac{1}{2}$，$b=c=1$；

C. $a=\frac{1}{2}$，$b=c=1$；　　D. $a=-\frac{1}{2}$，$b=-1$，$c=1$.

3. 植物的种植密度达到一定程度后其产量随密度的增加而减少，已知植物产量 y 与密度 ρ 的关系满足 $y(\rho)=C(1-e^{-\frac{D}{\rho}})$，其中 C，D 为常数，求植物产量 y 关于种植密度 ρ 的变化率.

4. 求下列函数的导数 $\frac{dy}{dx}$.

(1) $y=\arccos\frac{1-x}{\sqrt{2}}$；　　(2) $y=\sqrt{1+x}-\ln(1+\sqrt{1+x})$；

(3) $e^{xy}+y^2=\cos x$；　　(4) $x^y=y^x\ (x, y>0)$.

5. 求下列函数的二阶导数 $\frac{d^2y}{dx^2}$.

(1) $y=xe^{x^2}$；　　(2) $y=\cos(1-x^2)$.

6. 求下列函数的 n 阶导数.

(1) $y=\sin^2 x$；　　(2) $y=\frac{1}{x^2-2x-8}$.

7. 设 $y=y(x)$ 由 $e^{xy}-x+y^3=0$ 确定，求 $y''(0)$.

8. 求由下列参数方程所确定的函数的一阶导数 $\frac{dy}{dx}$ 和二阶导数 $\frac{d^2y}{dx^2}$.

(1) $\begin{cases}x=\ln\sqrt{1+t^2},\\ y=\arctan t;\end{cases}$　　(2) $\begin{cases}x=1+t^2,\\ y=\cos t.\end{cases}$

9. 由对数螺线 $\rho=e^{\theta}$ 的参数方程 $\begin{cases}x=e^{\theta}\cos\theta,\\ y=e^{\theta}\sin\theta,\end{cases}$ 求在点 $(\rho,\ \theta)=\left(e^{\frac{\pi}{2}},\ \frac{\pi}{2}\right)$ 的切线方程.

10. 曲线 $y=\frac{1}{\sqrt{x}}$ 的切线与 x 轴和 y 轴围成封闭图形，其中切点的横坐标是 a，试求所围图形的面积，并讨论当切点沿曲线趋于无穷时，该面积的变化趋势.

11. 利用微分公式求 $\sqrt[3]{1.03}$ 的近似值.

12. 设 $0\leqslant x<1$ 时，$f(x)=x(1-x^2)$ 且 $f(x+1)=af(x)$，试确定常数 a 的值，使 $f(x)$ 在 $x=0$ 可导，并求出 $f'(0)$.

13. 设 $f(x)$ 在 $(0,\ +\infty)$ 内有定义，且对于任何 $x,\ y\in(0,\ +\infty)$，有

$$f(xy)=f(x)+f(y),$$

又 $f'(1)$ 存在且等于 a，试讨论 $f(x)$ 在 $(0,\ +\infty)$ 内的可导性.

14. 设 $y=f(x)=\begin{cases}\ln(1+x), & x>0,\\ 0, & x=0,\\ \dfrac{\sin^2 x}{x}, & x<0,\end{cases}$ 求 $\dfrac{dy}{dx}$，并讨论导函数的连续性.

第四章 微分中值定理及导数应用

前一章介绍了导数与微分的概念及其计算方法．本章以导数为工具，介绍函数单调性、凹凸性和极值等各种性态的研究方法．而微分中值定理，则是利用导数研究函数性态，进而产生实际应用的桥梁和理论基础．

第1节 微分中值定理

中值定理是以下几个主要定理的统称．

一、罗尔定理

先从如下的几何事实说起．一条升降变化的连续曲线 $y=f(x)$，必然会在某些位置出现局部的峰、谷状态．特别当曲线在这些峰、谷点处有切线的话，该切线必定平行于 x 轴(图 4－1)．这个几何事实就是

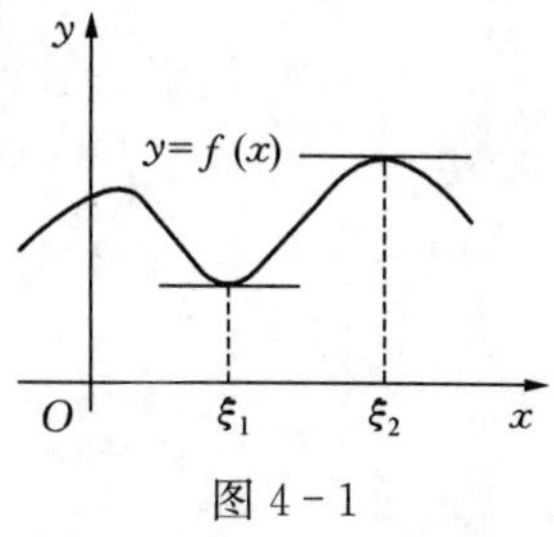

图 4－1

费马引理(Fermat：1601—1665，法国数学家)

设函数 $y=f(x)$在点 x_0 的某邻域$U(x_0)$内有定义，在 x_0 处可导，如果对任意的 $x\in U(x_0)$，有

$$f(x)\leqslant f(x_0)(\text{或 } f(x)\geqslant f(x_0)),$$

则 $f'(x_0)=0$.

证明 不妨设 $x\in U(x_0)$时，$f(x)\leqslant f(x_0)$(或 $f(x)\geqslant f(x_0)$，可以类似证明).

由单侧导数定义，对 $x\in U(x_0)$且 $x<x_0$，有

$$f'_-(x_0)=\lim_{x\to x_0^-}\frac{f(x)-f(x_0)}{x-x_0}\geqslant 0,$$

而对 $x\in U(x_0)$ 且 $x>x_0$，有

$$f'_+(x_0)=\lim_{x\to x_0^+}\frac{f(x)-f(x_0)}{x-x_0}\leqslant 0.$$

注意到 $f(x)$ 在 x_0 处可导，即 $f'_+(x_0)=f'_-(x_0)$，故 $f'(x_0)=0$.

说明　通常称导数为零的点为函数 $y=f(x)$ 的驻点(或稳定点).

现在的问题是：对变化态势(如极值等)未知的一般连续函数 $y=f(x)$，如何在区间 $[a,b]$ 上判断其驻点的存在性？结合闭区间上连续函数的性质，有

罗尔定理(Rolle：1652—1719，法国数学家)　如果函数 $y=f(x)$ 满足：

(1) 在闭区间 $[a,b]$ 上连续；

(2) 在开区间 (a,b) 内可导；

(3) $f(a)=f(b)$，

则至少存在一点 $\xi\in(a,b)$，使得 $f'(\xi)=0$.

证明　由 $f(x)$ 在闭区间 $[a,b]$ 上连续的性质，$f(x)$ 在 $[a,b]$ 上一定能取到最大值 M 和最小值 m，分两种情形讨论如下.

若 $m=M$，这时 $f(x)$ 在区间 $[a,b]$ 上必为常值函数：$f(x)\equiv m$，从而对任意 $x\in[a,b]$，均有 $f'(x)=0$，故所证成立.

若 $m<M$，由题设条件(3)知：最大值或最小值中至少一点在 (a,b) 内部取得. 不妨设 $\xi\in(a,b)$，使 $f(\xi)=M$，则由题设条件(2)及费马引理，已有 $f'(\xi)=0$.

说明　① 本定理的几何意义如图 4-2 所示：在连续曲线上两个同高度点的横坐标之间，至少存在一点，曲线在该点处有水平切线(或存在与两点之间连线相平行的切线).

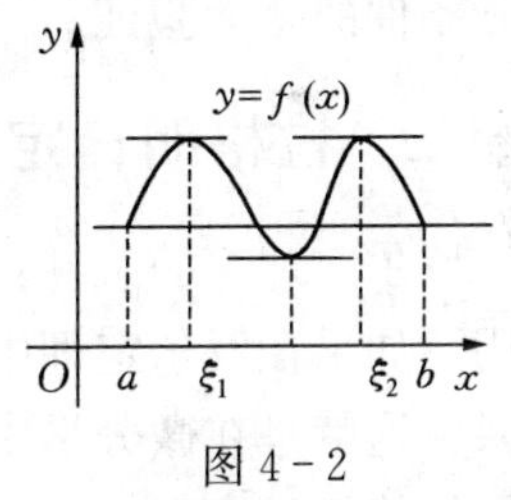

图 4-2

② 意义及作用：本定理给出了驻点存在的充分性条件. 结合零点定理，还可用于对方程根的讨论.

例 1　验证函数 $f(x)=x^2-2x-3$ 在 $(-1,3)$ 内有驻点存在.

解　不难验证：函数 $f(x)=x^2-2x-3$ 在 $[-1,3]$ 上连续，在 $(-1,3)$ 内可导，且 $f(-1)=0=f(3)$，即满足罗尔定理. 于是至少存在一点 $\xi\in(-1,3)$，使得

$$f'(\xi)=0，亦即\ f'(x)=2x-2=0.$$

由此得到：$\xi=1$ 即为所求驻点.

例 2　设 $f(x)=a_1\cos x+a_2\cos 2x+\cdots+a_n\cos nx$，其中 $a_1,a_2,\cdots,a_n$ 为任意常数，试证明：至少存在一点 $\xi\in(0,\pi)$，使得 $f(\xi)=0$.

分析 此题虽然是方程根的存在问题，但无法应用零点定理．所以尝试构造一个辅助函数 $F(x)$，使得 $F'(x)=f(x)$，将问题转化为验证函数 $F(x)$ 在区间 $[0, \pi]$ 上满足罗尔定理．

证明 令 $F(x)=a_1\sin x+\frac{a_2}{2}\sin 2x+\cdots+\frac{a_n}{n}\sin nx$，则对 $\forall x\in(-\infty, +\infty)$，有

$$F'(x)=f(x).$$

注意到初等函数 $F(x)$ 在 $[0, \pi]$ 上连续，在 $(0, \pi)$ 内可导，且 $F(0)=F(\pi)=0$，故由罗尔定理，至少存在一点 $\xi\in(0, \pi)$，使得 $F'(\xi)=0$，即 $f(\xi)=0$.

评注 ① 定理中的三个条件只是驻点存在的充分性条件，而不具必要性．

函数 $y=x^2$ 在区间 $[-1, 2]$ 内并不满足定理的第三个条件 $f(a)=f(b)$，但仍有驻点 $x=0$（图 4-3）.

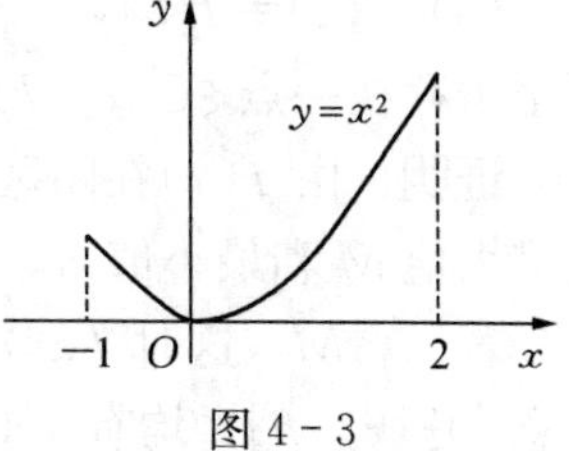

图 4-3

② 定理条件若被减弱或破坏，其结论未必成立.

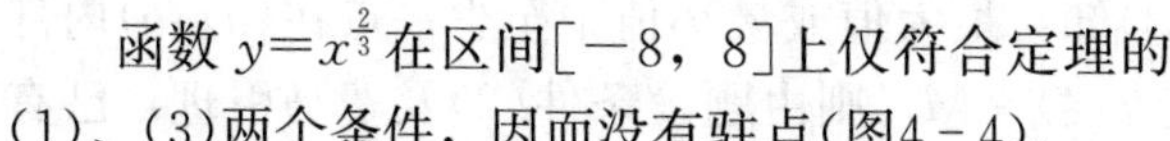

函数 $y=x^{\frac{2}{3}}$ 在区间 $[-8, 8]$ 上仅符合定理的 (1)、(3) 两个条件，因而没有驻点（图 4-4）.

因此，在使用罗尔定理讨论问题时，必须注意其条件的全面验证．

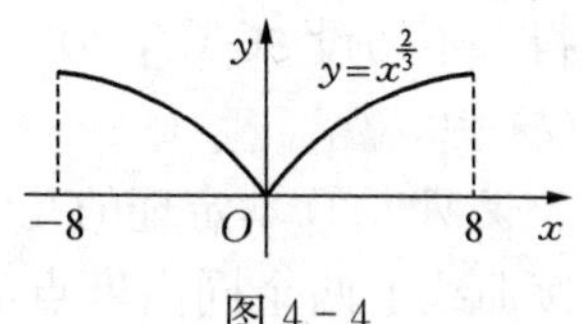

图 4-4

二、拉格朗日定理

罗尔定理中的条件：$f(a)=f(b)$ 相当特殊，它限制了罗尔定理的价值和应用．如果在罗尔定理中去掉 $f(a)=f(b)$ 而保留其余两个条件，会出现什么结果？这就是在微分学中十分重要的拉格朗日中值定理．

拉格朗日定理（Lagrange：1736—1813，法国数学家） 若函数 $f(x)$ 满足：

(1) 在闭区间 $[a, b]$ 上连续；

(2) 在开区间 (a, b) 内可导，

则至少存在一点 $\xi\in(a, b)$，使得

$$f(b)-f(a)=f'(\xi)(b-a). \tag{1}$$

分析 注意到本定理与罗尔定理的关系，我们设法转化为罗尔定理来证明．

首先，所证(1)等价于 $\frac{f(b)-f(a)}{b-a}=f'(\xi)$，故只需证明

$$\left[\frac{f(b)-f(a)}{b-a}-f'(x)\right]_{x=\xi}=0.$$

亦即要证明：

$$\left[\frac{f(b)-f(a)}{b-a}x-f(x)\right]'_{x=\xi}=0.$$

证明　作辅助函数 $F(x)=\dfrac{f(b)-f(a)}{b-a}x-f(x)$，$x\in[a, b]$.

由题设条件，$F(x)$在$[a, b]$上连续，在(a, b)内可导，且

$$F(a)=F(b)=\frac{af(b)-bf(a)}{b-a},$$

故由罗尔定理，至少存在一点 $\xi\in(a, b)$，使得 $F'(\xi)=0$，即

$$\left[\frac{f(b)-f(a)}{b-a}x-f(x)\right]'_{x=\xi}=0.$$

从而至少存在一点 $\xi\in(a, b)$，使得

$$\frac{f(b)-f(a)}{b-a}=f'(\xi)\text{或 }f(b)-f(a)=f'(\xi)(b-a).$$

注意　① 结果(1)对 $a>b$ 仍然成立．这是因为当 $a>b$ 时，结论(1)变为

$$f(a)-f(b)=f'(\xi)(a-b)，b<\xi<a,$$

于是仍有

$$f(b)-f(a)=f'(\xi)(b-a).$$

② 拉格朗日中值定理的几何意义(图 4-5)：曲线弧$\overset{\frown}{AB}$上至少有一点C，过该点处的切线平行于弦 AB.

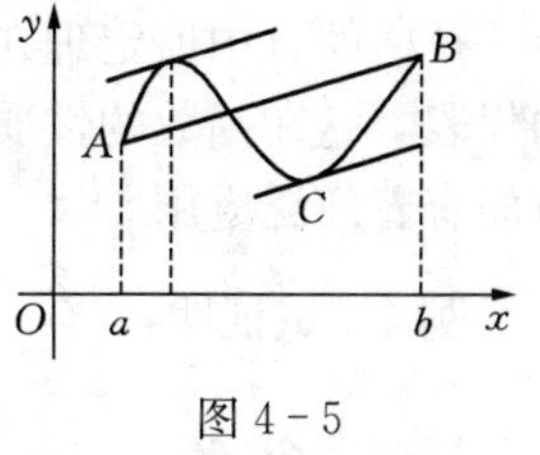

图 4-5

③ 结果(1)有许多变形．如：取 x，$x+\Delta x$ 均为区间$[a, b]$内部的点，则在区间$[x, x+\Delta x]$上，公式(1)就变为

$$f(x+\Delta x)-f(x)=f'(x+\theta\Delta x)\cdot\Delta x\qquad(0<\theta<1),\quad(2)$$

改写为增量形式

$$\Delta y=f'(x+\theta\Delta x)\cdot\Delta x\qquad(0<\theta<1),\qquad(3)$$

上述公式建立了函数增量与其导数之间的等量关系，故称之为**有限增量公式**．该公式在微分学中有重要价值．其常用形式还有

$$f(a+h)=f(a)+f'(a+\theta h)h\qquad(0<\theta<1),$$

$$f(x)=f(x_0)+f'(\xi)(x-x_0)，\xi\text{介于 }x\text{ 与 }x_0\text{ 之间},$$

等等．

作为拉格朗日中值定理的应用，下面介绍两个重要结论．

推论 2-1　若函数 $f(x)$在区间 I 内每一点处的导数均为零，则函数$f(x)$在 I 上为常数函数.

证明　设 x_1，x_2 是(a, b)内任意两点，且 $x_1<x_2$，在$[x_1, x_2]$上应用拉格朗日中值定理得

$$f(x_2)-f(x_1)=f'(\xi)(x_2-x_1)\qquad(x_1<\xi<x_2),$$

由题设 $f'(\xi)=0$，所以有 $f(x_1)=f(x_2)$.

注意到 x_1，x_2 在(a, b)内的任意性，故函数 $f(x)$在(a, b)上是常数函数.

用此结果还可证明：

推论 2-2　若在(a, b)上恒有 $f'(x)=g'(x)$，则在(a, b)上

$$f(x)=g(x)+C\qquad(C\text{ 为常数}).$$

例 3　试证 $\arcsin x+\arccos x=\dfrac{\pi}{2}(-1\leqslant x\leqslant 1)$.

证明　设 $f(x)=\arcsin x+\arccos x$，$x\in[-1, 1]$，由于任取 $x\in[-1, 1]$，有

$$f'(x)=\frac{1}{\sqrt{1-x^2}}+\left(-\frac{1}{\sqrt{1-x^2}}\right)=0,$$

故由推论 2-1，这里 $f(x)\equiv C$，$x\in[-1, 1]$，特别取 $x=1$，有

$$f(1)=\arcsin 1+\arccos 1=\frac{\pi}{2}+0=\frac{\pi}{2}=C,$$

从而得

$$\arcsin x+\arccos x=\frac{\pi}{2}.$$

拉格朗日中值定理在微分学中占有重要地位，常常将之作为**微分中值定理**的代表．它在函数的性质讨论(诸如不等式证明，函数增量的有限增量表示等)方面有着广泛应用.

例 4　试证明：当 $a<b$ 时，$\dfrac{b-a}{1+b^2}<\arctan b-\arctan a<\dfrac{b-a}{1+a^2}$.

证明　令 $f(x)=\arctan x$，则 $f'(x)=\dfrac{1}{1+x^2}$，且 $f(x)$在区间$[a, b]$上满足拉格朗日中值定理的条件，故

$$f(b)-f(a)=\arctan b-\arctan a=\frac{1}{1+\xi^2}(b-a)\qquad(a<\xi<b),$$

由于 $a<\xi<b$，所以有$\dfrac{1}{1+b^2}<\dfrac{1}{1+\xi^2}<\dfrac{1}{1+a^2}$，从而

$$\frac{b-a}{1+b^2}<\arctan b-\arctan a<\frac{b-a}{1+a^2}.$$

*三、柯西中值定理

柯西定理(Cauchy：1789—1857，法国数学家)　如果函数 $f(x)$及 $g(x)$

满足：

(1) 在闭区间$[a, b]$上连续；

(2) 在开区间(a, b)内可导；

(3) $g'(x)\neq 0$，$x\in(a, b)$，

则至少存在一点$\xi\in(a, b)$，使得

$$\frac{f(b)-f(a)}{g(b)-g(a)}=\frac{f'(\xi)}{g'(\xi)}.$$

证明　取辅助函数$F(x)=f(x)-\dfrac{f(b)-f(a)}{g(b)-g(a)}(g(x)-g(a))-f(a)$，验证可知$F(x)$在$[a, b]$上连续，在$(a, b)$内可导，且$F(a)=F(b)=0$，故由罗尔定理，至少存在一点$\xi\in(a, b)$，使

$$F'(\xi)=f'(\xi)-\frac{f(b)-f(a)}{g(b)-g(a)}g'(\xi)=0,$$

即

$$f'(\xi)=\frac{f(b)-f(a)}{g(b)-g(a)}g'(\xi),$$

注意到$g'(\xi)\neq 0$，从而有

$$\frac{f(b)-f(a)}{g(b)-g(a)}=\frac{f'(\xi)}{g'(\xi)}.$$

说明　特别取$g(x)=x$，上式化为拉格朗日中值定理．因此，柯西中值定理更具一般性．

例5　设函数$f(x)$在区间$[0, x]$上连续，在$(0, x)$内可导，且$f(0)=0$，试证明：至少存在一点$\xi\in(0, x)$，使得

$$f(x)=f'(\xi)(1+\xi)\ln(1+x).$$

分析　由于$f(0)=0$，$\ln(1+x)\big|_{x=0}=0$，故问题化为要证

$$\frac{f(x)}{\ln(1+x)}=\frac{f(x)-f(0)}{\ln(1+x)-0}=\frac{f'(\xi)}{\dfrac{1}{1+\xi}}$$

成立．

证明　取$g(x)=\ln(1+x)$．由题设条件可验证：$f(x)$，$g(x)$在区间$[0, x]$上满足柯西中值定理的条件，故在$(0, x)$内至少存在一点ξ，使得

$$\frac{f(x)-f(0)}{g(x)-g(0)}=\frac{f'(\xi)}{g'(\xi)}，即\frac{f(x)-f(0)}{\ln(1+x)-0}=\frac{f'(\xi)}{\dfrac{1}{1+\xi}},$$

所以

$$f(x)=f'(\xi)(1+\xi)\ln(1+x)，\xi\in(0, x).$$

习题 4-1

思考题

1. 试列举罗尔定理中分别去掉条件(1)或(3)时，定理不成立的反例.

2. 在证明柯西中值定理时，能否采用以下证明过程：

证明 因为函数 $f(x)$及 $g(x)$在区间$[a, b]$上满足拉格朗日中值定理，故

$$\frac{f(b)-f(a)}{g(b)-g(a)}=\frac{f'(\xi)(b-a)}{g'(\xi)(b-a)}=\frac{f'(\xi)}{g'(\xi)}.$$

3. 函数 $f(x)=x^{\frac{2}{3}}$ 在区间$[-1, 1]$上能否适用拉格朗日中值定理？为什么？

练习题

1. 验证下列各题，并确定相应的 ξ 值.

(1) 函数 $f(x)=\ln\sin x$ 在区间$\left[\frac{\pi}{4}, \frac{3\pi}{4}\right]$上满足罗尔定理；

(2) 函数 $f(x)=\arcsin x$ 在区间$[-1, 1]$上满足拉格朗日中值定理；

(3) 函数 $f(x)=x^3$ 和函数 $g(x)=x^2+2$ 在区间$[1, 2]$上满足柯西中值定理.

2. 设函数 $f(x)$及其一阶导数在区间$[a, b]$上连续，在(a, b)内可导，且 $f(x_1)=f(x_2)=f(x_3)(a<x_1<x_2<x_3<b)$，试证明：至少存在一点$\xi\in(x_1, x_3)$，使得 $f''(\xi)=0$.

3. 方程$(x-1)(x-3)+(x-1)(x+1)+(x+1)(x-3)=0$ 有几个实根？各在什么区间？

4. 利用中值定理证明下列不等式.

(1) 当 $b>a>0$ 时，$1-\frac{a}{b}<\ln\frac{b}{a}<\frac{b}{a}-1$；

(2) 当 $a>b>0$ 时，$3b^2(a-b)<a^3-b^3<3a^2(a-b)$；

(3) 当 $x>0$ 时，$\ln(1+x)<x$；

(4) 当 $x>1$ 时，$\mathrm{e}^x>\mathrm{e}x$.

5. 证明等式 $2\arctan x-\arccos\frac{2x}{1+x^2}=\frac{\pi}{2}(x\geqslant 1)$.

6. 设函数 $f(x)$在区间$[2, 3]$上可微，试证明：

$$f(3)-f(2)=\frac{5f'(\xi)}{2\xi}(2<\xi<3).$$

7. 设函数 $f(x)$在区间$[a, b]$上可导，证明：存在一点 $\xi\in(a, b)$，使得等式

$$\frac{bf(b)-af(a)}{b-a}=f(\xi)+\xi f'(\xi)$$

成立.

8. 证明方程 $x^5+x-1=0$ 只有一个正根.

9. 设函数 $f(x)$在区间$[a, b]$上连续，在(a, b)内可导，试证明：至少存在一点 $\xi\in(a, b)$，使得 $f(b)-f(a)=\xi f'(\xi)\ln\frac{b}{a}$.

---

10. 试证明：当 $b>a>\mathrm{e}$ 时，$a^b>b^a$.

11. 设函数 $f(x)$在区间$[a, b]$上连续，在(a, b)内可导，且 $f^2(b)-f^2(a)=b^2-a^2$，试证明：方程 $f(x)f'(x)=x$ 在区间(a, b)内至少存在一个实根.

12. 设函数 $f(x)$在区间$[0, 1]$上连续，在$(0, 1)$内可导，且 $f(1)=0$，求证：至少存在一点 $\xi\in(0, 1)$，使得 $f'(\xi)=-\frac{3f(\xi)}{\xi}$.

13. 设函数 $f(x)$在区间$[a, b]$上连续，在(a, b)内可导，且对$a>0$，$f'(x)\neq0$，证明：存在 ξ，$\eta\in(a, b)$使得 $f'(\xi)=\frac{a+b}{2\eta}f'(\eta)$.

第2节　洛必达法则

作为柯西中值定理的直接应用，本节建立用导数求极限的一类重要方法.

一、未定式

在有关极限的讨论中，我们经常会遇到形如“$\frac{0}{0}$”或“$\frac{\infty}{\infty}$”的分式函数的极限类型. 例如$\lim\limits_{x\to0}\frac{\sin x}{x}$，$\lim\limits_{x\to3}\frac{x^2-9}{x-3}$及$\lim\limits_{x\to0}\frac{x-\sin x}{x^3}$等. 这种形式的极限往往不易直接确定——这就是所谓的“未定式”.

下面以 $x\to x_0$ 的极限形式为例进行讨论，其他形式不难类比给出相同结论.

定义　如果当自变量 $x\to x_0$ 时，函数 $f(x)$与 $g(x)$都趋向于零(或无穷大)，而极限$\lim\limits_{x\to x_0}\frac{f(x)}{g(x)}$可能存在、也可能不存在，则通称为$\frac{0}{0}$$\left(或\frac{\infty}{\infty}\right)$型未定式.

对于比较简单的情形，如：$\lim\limits_{x\to3}\frac{x^2-9}{x-3}$，我们可以通过化简变形，在分子、

分母中约去公因式 $x-3$ 而求得极限，但是对于比较复杂的情形，如 $\lim\limits_{x\to 0}\frac{x-\sin x}{x^3}$，这种方法就行不通了．对此，法国数学家洛必达（L′Hospital：1661—1704）总结了一套方便有效的专门方法．

二、洛必达法则

1. $\frac{0}{0}$型未定式

法则Ⅰ 设函数 $f(x)$和 $g(x)$在 $\mathring{U}(x_0)$内有定义，且满足

(1) $\lim\limits_{x\to x_0}f(x)=\lim\limits_{x\to x_0}g(x)=0$；

(2) $f(x)$与 $g(x)$均在 $\mathring{U}(x_0)$内可导，且 $g'(x)\neq 0$；

(3) $\lim\limits_{x\to x_0}\frac{f'(x)}{g'(x)}=A$(确定的实数或无穷大)，

则
$$\lim_{x\to x_0}\frac{f(x)}{g(x)}=\lim_{x\to x_0}\frac{f'(x)}{g'(x)}=A.$$

证明 由于极限 $\lim\limits_{x\to x_0}\frac{f(x)}{g(x)}$是否存在与函数值 $f(x_0)$和 $g(x_0)$无关，故不妨假设 $f(x_0)=g(x_0)=0$. 在所给邻域内任取 $x\neq x_0$，由题设，$f(x)$与 $g(x)$在以 x 与 x_0 为端点的区间上满足柯西中值定理，故至少存在一点 ξ 介于 x 与 x_0 之间，使
$$\frac{f(x)}{g(x)}=\frac{f(x)-f(x_0)}{g(x)-g(x_0)}=\frac{f'(\xi)}{g'(\xi)},$$
注意到 $x\to x_0$ 时，有 $\xi\to x_0$，故
$$\lim_{x\to x_0}\frac{f(x)}{g(x)}=\lim_{x\to x_0}\frac{f'(x)}{g'(x)}=A.$$

评注 ① 洛必达法则是在给定条件下，用导数之比代替函数之比去求极限的重要方法，由于求导通常会使函数简化，所以此法往往非常有效．但必须注意，法则Ⅰ仅专用于“$\frac{0}{0}$”型未定式．例如

已知极限 $\lim\limits_{x\to 0}\frac{x-2}{x+2}=-1$，且非“$\frac{0}{0}$”型．但若强行使用法则Ⅰ，则会得到错误结果：$\lim\limits_{x\to 0}\frac{f'(x)}{g'(x)}=1$.

② 用洛必达法则求极限 $\lim\limits_{x\to x_0}\frac{f(x)}{g(x)}$时，如果 $\lim\limits_{x\to x_0}\frac{f'(x)}{g'(x)}$仍是未定式，且 $f'(x)$

和 $g'(x)$ 仍满足法则Ⅰ的条件，该法则可以继续使用，即

$$\lim_{x\to x_0}\frac{f'(x)}{g'(x)}=\lim_{x\to x_0}\frac{f''(x)}{g''(x)}.$$

依此类推，直到求出极限为止．

③ 为简化运算，在使用洛必达法则的过程中必须随时化简，并注意结合使用有关的极限公式、变量代换、等价无穷小替换等有效方法．

例 1　求 $\lim\limits_{x\to 0}\frac{x-\sin x}{x^3}$.

解　这显然是 $\frac{0}{0}$ 型的极限形式，由洛必达法则Ⅰ

$$\lim_{x\to 0}\frac{x-\sin x}{x^3}=\lim_{x\to 0}\frac{(x-\sin x)'}{(x^3)'}=\lim_{x\to 0}\frac{1-\cos x}{3x^2}\qquad\left(\frac{0}{0}\text{型}\right)$$

$$=\lim_{x\to 0}\frac{\sin x}{6x}=\frac{1}{6}.$$

其中又使用了一次洛必达法则，并利用了重要极限公式 $\lim\limits_{x\to 0}\frac{\sin x}{x}=1$.

例 2　求 $\lim\limits_{x\to 0}\frac{\tan x-x}{x-\sin x}$.

解　由洛必达法则Ⅰ

$$\lim_{x\to 0}\frac{\tan x-x}{x-\sin x}=\lim_{x\to 0}\frac{\sec^2 x-1}{1-\cos x}=\lim_{x\to 0}\frac{\tan^2 x}{1-\cos x},$$

这里虽然仍为 $\frac{0}{0}$ 型，且可继续使用法则Ⅰ，但其中求导比较复杂，故转由代换：

$$1-\cos x\sim\frac{x^2}{2},\ \tan x\sim x,\ x\to 0,$$

得

$$\lim_{x\to 0}\frac{\tan x-x}{x-\sin x}=\lim_{x\to 0}\frac{x^2}{\frac{x^2}{2}}=2.$$

例 3　求 $\lim\limits_{x\to 0}\frac{1-\cos x^2}{x^2\sin x^2}$.

解　此题虽为 $\frac{0}{0}$ 型未定式，但若直接利用洛必达法则，则需要重复计算多次．考虑无穷小替换：$x\to 0$ 时，$1-\cos x^2\sim\frac{(x^2)^2}{2}$，$\sin x^2\sim x^2$，立得

$$\lim_{x\to 0}\frac{1-\cos x^2}{x^2\sin x^2}=\lim_{x\to 0}\frac{\frac{x^4}{2}}{x^4}=\frac{1}{2}.$$

注意 将洛必达法则Ⅰ中的极限条件“$x\to x_0$”分别换为“$x\to x_0^{\pm}$”、“$x\to\infty$”或“$x\to\pm\infty$”，只需相应修改法则Ⅰ中各条件的叙述形式，即可得到类似结论(请读者自行写出). 如

例 4 求 $\lim\limits_{x\to+\infty}\dfrac{\dfrac{\pi}{2}-\arctan x}{\dfrac{1}{x}}$.

解 此为$\dfrac{0}{0}$型未定式，故由相应的洛必达法则，有

$$\lim_{x\to+\infty}\frac{\dfrac{\pi}{2}-\arctan x}{\dfrac{1}{x}}=\lim_{x\to+\infty}\frac{-\dfrac{1}{1+x^2}}{-\dfrac{1}{x^2}}=\lim_{x\to+\infty}\frac{x^2}{1+x^2}=1.$$

例 5 求 $\lim\limits_{x\to+\infty}\dfrac{\ln\left(1+\dfrac{1}{x}\right)}{\operatorname{arccot} x}$.

解 此极限仍为$\dfrac{0}{0}$型未定式，先作无穷小替换：$\ln\left(1+\dfrac{1}{x}\right)\sim\dfrac{1}{x}$，$x\to\infty$，再使用洛必达法则，有

$$\lim_{x\to+\infty}\frac{\ln\left(1+\dfrac{1}{x}\right)}{\operatorname{arccot} x}=\lim_{x\to+\infty}\frac{\dfrac{1}{x}}{\operatorname{arccot} x}=\lim_{x\to+\infty}\frac{-\dfrac{1}{x^2}}{-\dfrac{1}{1+x^2}}=1.$$

2. $\dfrac{\infty}{\infty}$型未定式

对$\dfrac{\infty}{\infty}$型未定式，也有与上面类似的结果.

法则Ⅱ 设函数 $f(x)$和 $g(x)$在 $\mathring{U}(x_0)$内有定义，且满足：

(1) $\lim\limits_{x\to x_0}f(x)=\lim\limits_{x\to x_0}g(x)=\infty$；

(2) f 与 g 均在 $\mathring{U}(x_0)$内可导，且 $g'(x)\neq 0$；

(3) $\lim\limits_{x\to x_0}\dfrac{f'(x)}{g'(x)}=A$(确定的实数或无穷大)，

则
$$\lim_{x\to x_0}\frac{f(x)}{g(x)}=\lim_{x\to x_0}\frac{f'(x)}{g'(x)}=A.$$

证明从略.

类似于$\dfrac{0}{0}$型未定式的推广，这里对 $x\to x_0^{\pm}$，或 $x\to\infty$、$x\to\pm\infty$等，只要对法则Ⅱ中各条件的叙述方式进行相应修改，结论依然成立.

例 6　求 $\lim\limits_{x\to+\infty}\dfrac{\ln x}{x^a}(a>0)$.

解　这是$\dfrac{\infty}{\infty}$型未定式，由洛必达法则Ⅱ(推广形式)：

$$\lim_{x\to+\infty}\frac{\ln x}{x^a}=\lim_{x\to+\infty}\frac{(\ln x)'}{(x^a)'}=\lim_{x\to+\infty}\frac{\frac{1}{x}}{ax^{a-1}}=\lim_{x\to+\infty}\frac{1}{ax^a}=0.$$

例 7　求 $\lim\limits_{x\to0^+}\dfrac{\ln x}{\cot x}$.

解　同上，有

$$\lim_{x\to0^+}\frac{\ln x}{\cot x}=\lim_{x\to0^+}\frac{\frac{1}{x}}{-\csc^2 x}=-\lim_{x\to0^+}\frac{\sin x}{x}\sin x=-1\times0=0.$$

评注　应该注意：无论是$\dfrac{0}{0}$型，还是$\dfrac{\infty}{\infty}$型未定式，使用洛必达法则并非总能奏效，因为作为定理，该法则只具充分性．事实上，极限 $\lim\limits_{\substack{x\to a\\(x\to\infty)}}\dfrac{f'(x)}{g'(x)}$不存在时，并不代表极限 $\lim\limits_{\substack{x\to a\\(x\to\infty)}}\dfrac{f(x)}{g(x)}$也不存在，只是需要改用其他方法来解决而已．

例 8　求$\lim\limits_{x\to0}\dfrac{x^2\cos\frac{1}{x}}{\sin x}$.

解　这虽是$\dfrac{0}{0}$型未定式，但洛必达法则失效，因为

$$\lim_{x\to0}\frac{2x\cos\frac{1}{x}+x^2\cdot\frac{1}{x^2}\cdot\sin\frac{1}{x}}{\cos x}$$

不存在．但是

$$\lim_{x\to0}\frac{x^2\cos\frac{1}{x}}{\sin x}=\lim_{x\to0}\left(\frac{x}{\sin x}\cdot x\cos\frac{1}{x}\right)=\lim_{x\to0}\frac{x}{\sin x}\cdot\lim_{x\to0}x\cos\frac{1}{x}=1\times0=0.$$

3. 其他类型未定式

借用以上两类法则，我们还可解决

$$0\cdot\infty;\ \infty-\infty;\ 0^0;\ 1^\infty;\ \infty^0$$

这 5 种常见形式的未定式问题．当然，这里的每一种未定式都必须转化为上述两类法则的形式才能直接应用．常用的转化方法有：通分、取对数、使用指数函数的性质等．

(1) $0\cdot\infty$型：通过化积为商，即可化为$\dfrac{0}{0}$型或$\dfrac{\infty}{\infty}$型的未定式．

例 9 求$\lim\limits_{x\to 0}x\cot 2x$.

解 由于$\tan 2x=\dfrac{1}{\cot 2x}$，故原未定式可化为

$$\lim_{x\to 0}x\cot 2x=\lim_{x\to 0}\frac{x}{\tan 2x}\qquad\left(\frac{0}{0}\text{型}\right)$$
$$=\lim_{x\to 0}\frac{1}{2\sec^2 2x}=\lim_{x\to 0}\frac{1}{2}\cos^2 2x=\frac{1}{2}.$$

例 10 求$\lim\limits_{x\to 0^+}x^a\ln x(a>0)$.

解 此为$0\cdot\infty$型，若将x^a改写为$\dfrac{1}{x^{-a}}$，则

$$\lim_{x\to 0^+}x^a\ln x=\lim_{x\to 0^+}\frac{\ln x}{x^{-a}}=\lim_{x\to 0^+}-\frac{\frac{1}{x}}{ax^{-a-1}}=0.\qquad\left(\frac{\infty}{\infty}\text{型}\right)$$

评注 若将此题化为$\dfrac{0}{0}$型来计算，将会非常烦琐而困难．由此可知，$0\cdot\infty$型未定式究竟化为$\dfrac{0}{0}$型还是$\dfrac{\infty}{\infty}$型来计算，需要通过尝试、比较而总结经验(比如这里宜将$\ln x$置于分子的位置上)，才能达到事半功倍的效果．

(2) $\infty-\infty$型：可利用通分将其化为$\dfrac{0}{0}$型或$\dfrac{\infty}{\infty}$型未定式．

例 11 求$\lim\limits_{x\to 0}\left(\dfrac{1}{x}-\dfrac{1}{e^x-1}\right)$.

解 因为$\lim\limits_{x\to 0}\left(\dfrac{1}{x}-\dfrac{1}{e^x-1}\right)=\lim\limits_{x\to 0}\dfrac{e^x-1-x}{x(e^x-1)}$，

此时原式已化为$\dfrac{0}{0}$型，再对分母使用无穷小等价替换$e^x-1\sim x$，$x\to 0$，则

$$\text{原式}=\lim_{x\to 0}\frac{e^x-1-x}{x^2}\left(\frac{0}{0}\text{型}\right)=\lim_{x\to 0}\frac{e^x-1}{2x}=\lim_{x\to 0}\frac{x}{2x}=\frac{1}{2},$$

这后面又一次使用了替换：$e^x-1\sim x$，$x\to 0$.

(3) 0^0；1^∞；∞^0型：先化成以e为底的指数函数的极限形式(指数部分已化为$0\cdot\infty$型的未定式)

$$0^0=e^{\ln 0^0}=e^{0\cdot\ln 0}=e^{0\cdot\infty},$$
$$1^\infty=e^{\ln 1^\infty}=e^{\infty\cdot\ln 1}=e^{\infty\cdot 0},$$
$$\infty^0=e^{\ln\infty^0}=e^{0\cdot\ln\infty}=e^{0\cdot\infty},$$

再利用连续性去求其极限即可．

例 12 求$\lim\limits_{x\to 0^+}x^{\sin x}$.

解 这是0^0型，将其化为

$$\lim_{x\to0^+}x^{\sin x}=\lim_{x\to0^+}\mathrm{e}^{\sin x\ln x}=\mathrm{e}^{\lim\limits_{x\to0^+}\sin x\ln x},$$

由于 $$\lim_{x\to0^+}\sin x\ln x=\lim_{x\to0^+}\frac{\ln x}{\csc x}=\lim_{x\to0^+}\frac{\frac{1}{x}}{-\cot x\csc x}=-\lim_{x\to0^+}\frac{\sin^2 x}{x\cos x}$$

$$=-\lim_{x\to0^+}\frac{\sin x}{x}\tan x=-1\times0=0,$$

所以 $$\lim_{x\to0^+}x^{\sin x}=\mathrm{e}^0=1.$$

例 13　求$\lim\limits_{x\to\mathrm{e}}(\ln x)^{\frac{1}{1-\ln x}}$.

解　这是1^∞型，将其化为

$$\lim_{x\to\mathrm{e}}(\ln x)^{\frac{1}{1-\ln x}}=\lim_{x\to\mathrm{e}}\mathrm{e}^{\frac{1}{1-\ln x}\ln\ln x}=\mathrm{e}^{\lim\limits_{x\to\mathrm{e}}\frac{\ln\ln x}{1-\ln x}},$$

其中 $$\lim_{x\to\mathrm{e}}\frac{\ln\ln x}{1-\ln x}=\lim_{x\to\mathrm{e}}\frac{\frac{1}{\ln x}\cdot\frac{1}{x}}{-\frac{1}{x}}=\lim_{x\to\mathrm{e}}-\frac{1}{\ln x}=-1,$$

所以 $$\lim_{x\to\mathrm{e}}(\ln x)^{\frac{1}{1-\ln x}}=\mathrm{e}^{-1}.$$

例 14　求$\lim\limits_{x\to0}(\cot x)^{\sin x}$.

解　这是∞^0型，化为

$$\lim_{x\to0}(\cot x)^{\sin x}=\lim_{x\to0}\mathrm{e}^{\sin x\ln\cot x}=\mathrm{e}^{\lim\limits_{x\to0}\sin x\ln\cot x},$$

而 $$\lim_{x\to0}\sin x\ln\cot x=\lim_{x\to0}\frac{\ln\cot x}{\csc x}=\lim_{x\to0}\frac{\frac{1}{\cot x}(-\csc^2 x)}{-\cot x\csc x}=\lim_{x\to0}\frac{\sin x}{\cos^2 x}=0,$$

所以 $$\lim_{x\to0}(\cot x)^{\sin x}=\mathrm{e}^0=1.$$

习题 4-2

思考题

1. 分别写出当$x\to\pm\infty$时，$\frac{0}{0}$型未定式的洛必达法则．

2. 对于0^0；1^∞；∞^0这三种未定式，除了化成以e为底的指数函数的极限，进而利用连续性化为求指数函数的极限外，还有什么求解方法？

练习题

1. 求下列函数的极限．

(1) $\lim\limits_{x\to0}\frac{a^x-b^x}{x}(a>b>1)$；　　(2) $\lim\limits_{x\to\frac{\pi}{4}}\frac{\tan x-1}{\sin 4x}$；

(3) $\lim\limits_{x\to0}\frac{(1-\cos x)^2\sin^2 x}{x^6}$；　　(4) $\lim\limits_{x\to0}\frac{\sin x-x\cos x}{(\mathrm{e}^x-1)(\sqrt[3]{1+x^2}-1)}$.

2. 求下列函数的极限.

(1) $\lim\limits_{x\to 0^+}\dfrac{\ln\sin 3x}{\ln x}$；　　(2) $\lim\limits_{x\to \frac{\pi}{2}}\dfrac{\tan 3x}{\tan 5x}$；

(3) $\lim\limits_{x\to 0^+}\dfrac{\ln x}{1+2\ln\sin x}$；　　(4) $\lim\limits_{x\to +\infty}\dfrac{x^k}{a^x}$($a>1$，$k>0$ 均为常数).

3. 求下列函数的极限.

(1) $\lim\limits_{x\to 1}(1-x)\tan\dfrac{\pi x}{2}$；　　(2) $\lim\limits_{x\to \infty}x(\mathrm{e}^{\frac{1}{x}}-1)$；

(3) $\lim\limits_{x\to 0}\left(\cot x-\dfrac{1}{x}\right)$；　　(4) $\lim\limits_{x\to 0}\left(\dfrac{1}{\ln(1+x)}-\dfrac{1}{\mathrm{e}^x-1}\right)$；

(5) $\lim\limits_{x\to 1}\left(\dfrac{x}{1-x}-\dfrac{1}{\ln x}\right)$；　　(6) $\lim\limits_{x\to 0}x^2\mathrm{e}^{\frac{1}{x^2}}$.

4. 求下列函数的极限.

(1) $\lim\limits_{x\to 1}x^{\frac{1}{1-x}}$；　　(2) $\lim\limits_{x\to 0^+}(\cot x)^{\frac{1}{\ln x}}$；

(3) $\lim\limits_{x\to 0^+}x^x$；　　(4) $\lim\limits_{x\to 0}(1+\sin x)^{\frac{1}{x}}$.

5. 求下列极限，并讨论洛必达法则能否应用.

(1) $\lim\limits_{x\to \infty}\dfrac{4x+\sin x}{3x-\sin x}$；　　(2) $\lim\limits_{x\to 0^+}\dfrac{\mathrm{e}^{-\frac{1}{x}}}{x}$；

(3) $\lim\limits_{x\to +\infty}\dfrac{\mathrm{e}^x+\cos x}{\mathrm{e}^x+\sin x}$.

6. 计算$\lim\limits_{x\to 0}\dfrac{f(\sin x)-1}{\ln f(x)}$，其中函数 $f(x)$有连续导函数，并且 $f(0)=f'(0)=1$.

7. 若函数 $f(x)$二阶可导，求

$$\lim_{h\to 0^+}\frac{f(a+h)-2f(a)+f(a-h)}{h^2}.$$

---

8. 已知$\lim\limits_{x\to 0}\left(\dfrac{\sin x}{x^3}+\dfrac{a}{x^2}+b\right)=0$，求 a，b 的值.

9. 讨论函数 $f(x)=\begin{cases}\left[\dfrac{(1+x)^{\frac{1}{x}}}{\mathrm{e}}\right]^{\frac{1}{x}}, & x>0,\\ \mathrm{e}^{\frac{1}{2}}, & x\leqslant 0\end{cases}$ 在点 $x=0$处的连续性.

10. 已知$\lim\limits_{x\to 0}\dfrac{2\arctan x-\ln\dfrac{1+x}{1-x}}{x^p}=c\neq 0$，求常数 p，c.

11. 设函数 $f(x)$ 在点 $x=0$ 的邻域内有连续的二阶导数，且

$\lim\limits_{x\to 0}\dfrac{\sin x+xf(x)}{x^3}=\dfrac{1}{2}$，试求 $f(0)$，$f'(0)$，$f''(0)$的值．

*第3节　泰勒公式

在实际计算问题的过程中，经常会遇到一些比较复杂的函数值计算．例如对 $f(x)=e^x$ 计算 $f(0.312)=e^{0.312}$时，若要求给出具体的(哪怕是近似的)十进制表示，不借助计算器或者查表都将是非常困难的．因而，无论是理论研究，还是具体计算，都希望能够采用一些比较简单实用的近似计算方法．

另外，前节拉格朗日中值定理曾给出了函数增量的导数表示．实际上，函数增量的更精确表示，还要用到高阶导数来刻画．此即

一、泰勒定理

泰勒定理(Taylor：1685—1731，英国数学家)　设函数 $f(x)$在 $U(x_0)$内有直到 $n+1$ 阶的导数，则对任意 $x\in U(x_0)$，

$$f(x)=f(x_0)+f'(x_0)(x-x_0)+\frac{1}{2!}f''(x_0)(x-x_0)^2+\cdots+\frac{1}{n!}f^{(n)}(x_0)(x-x_0)^n+R_n(x),\tag{1}$$

其中　$R_n(x)=\dfrac{f^{(n+1)}(\xi)}{(n+1)!}(x-x_0)^{n+1}$，$\xi$介于 x 与 x_0 之间．

证明　从略.

等式(1)称为函数 $f(x)$在 $x=x_0$(展开)的 n **阶泰勒公式**，其中

$$T_n(x)=f(x_0)+f'(x_0)(x-x_0)+\frac{1}{2!}f''(x_0)(x-x_0)^2+\cdots+\frac{1}{n!}f^{(n)}(x_0)(x-x_0)^n\tag{2}$$

称为函数 $f(x)$在该点的 n **阶泰勒多项式**，而 $R_n(x)$称为**拉格朗日型余项**．借用这样的记号，上述定理可简洁地表示为

$$f(x)=T_n(x)+R_n(x).\tag{3}$$

特别取 $n=0$，泰勒公式即化为拉格朗日中值定理：

$$f(x)=f(x_0)+f'(\xi)(x-x_0)，\xi\text{介于}x\text{与}x_0\text{之间}.$$

可见，泰勒定理确实是含有高阶导数的中值定理．

现在给出关于余项的讨论．

如果对于固定的 n 及任意的 $x\in U(x_0)$，存在 $M>0$，使得 $|f^{(n+1)}(x)|<M$，则用 $f(x)\approx T_n(x)$ 作近似计算时，按照拉格朗日型余项的形式，可得误差的估计公式

$$|R_n(x)|=\left|\frac{f^{(n+1)}(\xi)}{(n+1)!}\right||x-x_0|^{n+1}\leqslant\frac{M}{(n+1)!}|x-x_0|^{n+1}. \quad (4)$$

由此还可以得到

$$\lim_{x\to x_0}\left|\frac{R_n(x)}{(x-x_0)^n}\right|\leqslant\lim_{x\to x_0}\frac{M}{(n+1)!}|x-x_0|=0,$$

即当 $x\to x_0$ 时，误差 $R_n(x)$ 是 $(x-x_0)^n$ 的高阶无穷小：

$$R_n(x)=o[(x-x_0)^n],\ x\to x_0.$$

这种形式称为**皮亚诺型余项**．该余项的意义是，在不需要精确表达余项时，n 阶泰勒公式可写成如下简洁形式

$$f(x)=f(x_0)+f'(x_0)(x-x_0)+\frac{1}{2!}f''(x_0)(x-x_0)^2+\cdots+$$

$$\frac{1}{n!}f^{(n)}(x_0)(x-x_0)^n+o[(x-x_0)^n]. \quad (5)$$

二、麦克劳林公式

在泰勒公式(1)中特别取 $x_0=0$，并将 ξ(在 0 与 x 之间)改写为 $\xi=\theta x(0<\theta<1)$，则(1)式可表示为

$$f(x)=f(0)+f'(0)x+\frac{1}{2!}f''(0)x^2+\cdots+$$

$$\frac{1}{n!}f^{(n)}(0)x^n+\frac{f^{(n+1)}(\theta x)}{(n+1)!}x^{n+1}\quad(0<\theta<1). \quad (6)$$

这称为函数 $f(x)$ 的**麦克劳林**(Maclaurin：1698—1746，英国数学家)**公式**．

麦克劳林公式是常用的函数展开形式，特别是皮亚诺型余项的形式

$$f(x)=f(0)+f'(0)x+\frac{1}{2!}f''(0)x^2+\cdots+\frac{1}{n!}f^{(n)}(0)x^n+o(x^n). \quad (7)$$

对充分小的 x，由此可得函数 $f(x)$ 的近似计算公式

$$f(x)\approx f(0)+f'(0)x+\frac{1}{2!}f''(0)x^2+\cdots+\frac{1}{n!}f^{(n)}(0)x^n, \quad (8)$$

相应的误差估计为

$$|R_n(x)|\leqslant\frac{M}{(n+1)!}|x|^{n+1}. \quad (9)$$

例 1 求 $f(x)=\mathrm{e}^x$ 的 n 阶麦克劳林公式．

解 由于 $f^{(k)}(x)=\mathrm{e}^x$，且 $f^{(k)}(0)\equiv 1$，$k=1, 2, \cdots$，及 $f^{(n+1)}(\theta x)=\mathrm{e}^{\theta x}$，代入麦克劳林公式(6)即得

$$\mathrm{e}^x = 1+x+\frac{1}{2!}x^2+\cdots+\frac{1}{n!}x^n+R_n(x),$$

其中
$$R_n(x)=\frac{\mathrm{e}^{\theta x}}{(n+1)!}x^{n+1}(0<\theta<1).$$

如果取其中的前 n 次多项式近似代替函数，则有

$$\mathrm{e}^x \approx 1+x+\frac{1}{2!}x^2+\cdots+\frac{1}{n!}x^n,$$

此时产生的误差为

$$|R_n(x)|=\left|\frac{\mathrm{e}^{\theta x}}{(n+1)!}x^{n+1}\right|<\frac{\mathrm{e}^{|x|}}{(n+1)!}|x|^{n+1}(0<\theta<1).$$

特别取 $x=1$，即得无理数 e 的近似值 $\mathrm{e}\approx 1+1+\frac{1}{2!}+\cdots+\frac{1}{n!}$，取 $n=9$，即可算出相当精确的结果：$\mathrm{e}\approx 2.718281$.

例 2 求函数 $f(x)=\cos x$ 的 n 阶麦克劳林公式.

解 因为 $f(0)=1$，且 $f^{(n)}(x)=\cos\left(x+\frac{n\pi}{2}\right)$，所以

$$f'(0)=0,\ f''(0)=-1,\ f'''(0)=0,\ f^{(4)}(x)=1(\text{以此循环}),$$

可见对所有奇数，$f^{(2k+1)}(0)=0$，而对所有偶数，$f^{(2k)}(0)=(-1)^k$，$k\in\mathbf{N}$，于是

$$\cos x = 1-\frac{x^2}{2!}+\frac{x^4}{4!}-\frac{x^6}{6!}+\cdots+(-1)^m\frac{x^{2m}}{(2m)!}+R_{2m+1}(x),$$

其中
$$R_{2m+1}(x)=\frac{\cos[\theta x+(m+1)\pi]}{(2m+2)!}x^{2m+2}(0<\theta<1).$$

在上式中分别取 $m=1, 2, 3$，即得系列渐近的近似计算公式

$$\cos x\approx 1-\frac{x^2}{2!},\ \cos x\approx 1-\frac{x^2}{2!}+\frac{x^4}{4!},\ \cos x\approx 1-\frac{x^2}{2!}+\frac{x^4}{4!}-\frac{x^6}{6!},$$

这前三个结果的绝对误差限分别不超过$\frac{1}{4!}|x|^4$，$\frac{1}{6!}|x|^6$，$\frac{1}{8!}|x|^8$.

按照上面两例的方法，我们可以得到如下常用初等函数的麦克劳林公式：

$$\mathrm{e}^x = 1+x+\frac{1}{2!}x^2+\cdots+\frac{1}{n!}x^n+o(x^n).$$

$$\cos x = 1-\frac{x^2}{2!}+\frac{x^4}{4!}-\frac{x^6}{6!}+\cdots+(-1)^n\frac{x^{2n}}{(2n)!}+o(x^{2n+1}).$$

$$\sin x = x-\frac{x^3}{3!}+\frac{x^5}{5!}-\frac{x^7}{7!}+\cdots+(-1)^n\frac{x^{2n+1}}{(2n+1)!}+o(x^{2n+2}).$$

$$\ln(1+x)=x-\frac{x^2}{2}+\frac{x^3}{3}-\frac{x^4}{4}+\cdots+(-1)^n\frac{x^{n+1}}{n+1}+o(x^{n+1}).$$

$$\frac{1}{1-x}=1+x+x^2+\cdots+x^n+o(x^n).$$

$$(1+x)^m=1+mx+\frac{m(m-1)}{2!}x^2+\cdots+$$
$$\frac{m(m-1)\cdots(m-n+1)}{n!}x^n+o(x^n).$$

附注 依据上述公式，可以对函数作“间接展开”，这是更为重要的方法．

例 3 求函数 $y=x\cos x$ 带有拉格朗日型余项的麦克劳林展开式．

解 由于

$$\cos x=1-\frac{x^2}{2!}+\frac{x^4}{4!}-\frac{x^6}{6!}+\cdots+(-1)^m\frac{x^{2m}}{(2m)!}+\frac{\cos[\theta x+(m+1)\pi]}{(2m+2)!}x^{2m+2},$$

其中 $0<\theta<1$，故

$$y=x\cos x=x-\frac{x^3}{2!}+\frac{x^5}{4!}-\frac{x^7}{6!}+\cdots+(-1)^m\frac{x^{2m+1}}{(2m)!}+$$
$$\frac{\cos[\theta x+(m+1)\pi]}{(2m+2)!}x^{2m+3}.$$

例 4 求函数 $y=\dfrac{1}{2-x}$ 带有皮亚诺型余项的麦克劳林展开式．

解 由于 $y=\dfrac{1}{2-x}=\dfrac{1}{2}\cdot\dfrac{1}{1-\dfrac{x}{2}}$，利用 $\dfrac{1}{1-x}$ 的麦克劳林公式，可得

$$y=\frac{1}{2-x}=\frac{1}{2}\cdot\frac{1}{1-\dfrac{x}{2}}$$
$$=\frac{1}{2}\cdot\left[1+\frac{x}{2}+\left(\frac{x}{2}\right)^2+\cdots+\left(\frac{x}{2}\right)^n+o(x^n)\right],$$

即
$$y=\frac{1}{2-x}=\frac{1}{2}+\frac{x}{2^2}+\frac{x^2}{2^3}+\cdots+\frac{x^n}{2^{n+1}}+o(x^n).$$

这里相当于作了代换：$\dfrac{x}{2}=t$.

习题 4－3

思考题

1. 在第三章中，微分近似计算法所使用的近似公式是几阶泰勒公式？

2. 在本节例 4 中，能否采用如下过程求解？

解 因为 $y=\dfrac{1}{2-x}=\dfrac{1}{1-(x-1)}$，利用函数 $\dfrac{1}{1-x}$ 的麦克劳林公式，可得

$$y=\frac{1}{2-x}=\frac{1}{1-(x-1)}$$
$$=1+(x-1)+(x-1)^2+\cdots+(x-1)^n+o[(x-1)^n].$$

练习题

1. 求函数 $f(x)=\ln x$ 按$(x-1)$的幂展开的带有皮亚诺型余项的 n 阶泰勒公式.

2. 将函数 $f(x)=ax^3+bx^2+cx+d$ 按$(x-2)$的幂形式展为多项式.

3. 求函数 $f(x)=\tan x$ 的带有皮亚诺型余项的 3 阶麦克劳林公式.

4. 利用泰勒公式求 ln 1.05 的近似值，并使其绝对误差不超过 0.001.

5. 试证明：$\cos x<1-\frac{x^2}{2}+\frac{x^4}{4}$.

6. 求函数 $f(x)=x\mathrm{e}^{-x}$ 的带有皮亚诺型余项的 n 阶麦克劳林公式.

---

7. 求函数 $f(x)=\mathrm{e}^x\sin x$ 的带有皮亚诺型余项的 3 阶麦克劳林公式.

*8. 利用泰勒公式求下列极限.

(1) $\lim\limits_{x\to\infty}\left[x-x^2\ln\left(1+\frac{1}{x}\right)\right]$;

(2) $\lim\limits_{x\to 0}\frac{\cos x-\mathrm{e}^{-\frac{x^2}{2}}}{x^4}$;

(3) $\lim\limits_{x\to 0}\frac{1+\frac{1}{2}x^2-\sqrt{1+x^2}}{(\cos x-\mathrm{e}^{x^2})\sin x^2}$.

9. 求函数 $y=\frac{1}{3-x}$ 在点 $x=1$ 处的泰勒展开式.

第4节　函数的单调性与凹凸性

中学阶段，我们已经学习了函数单调性的概念及其定义判别法. 本节我们将利用导数来研究函数的单调性和凹凸性.

一、单调性

单调性是函数最重要的性态之一，而用定义判断单调无疑是麻烦的. 借助于导数的几何意义，我们考察曲线 $y=f(x)$在区间(a, b)上的变化情况.

设 $f(x)$在(a, b)上可导且单调增加(图 4－6)，显然在曲线 $y=f(x)$上的各点处，切线斜率$f'(x)>0$(个别点可以为 0). 反之亦然.

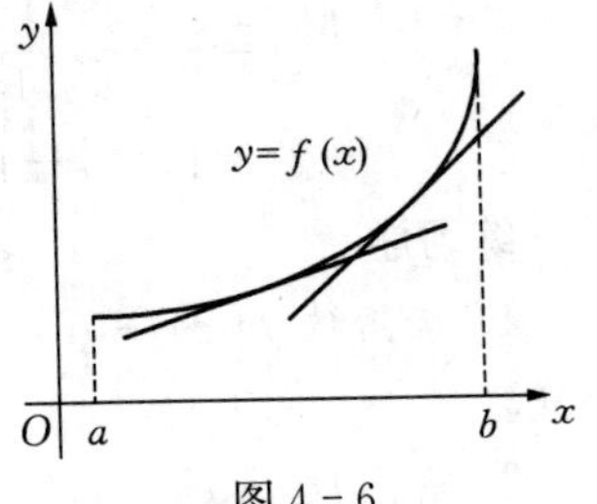

图 4-6

若 $f(x)$在(a, b)上可导且单调减少(图 4-7)，则在曲线 $y=f(x)$ 上的各点处，切线斜率 $f'(x)<0$(个别点可以为 0). 反之也成立.

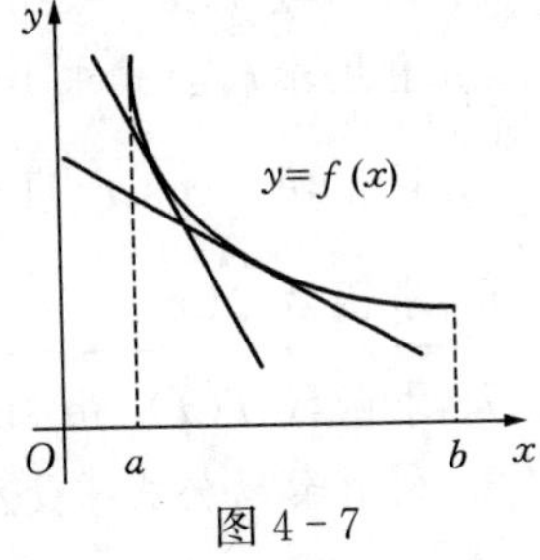

图 4-7

一般地，有

定理 1　设函数 $y=f(x)$在区间$[a, b]$上连续，在(a, b)上可导，则

(1) 若在(a, b)内 $f'(x)>0$，则函数 $y=f(x)$在(a, b)上单调增加；

(2) 若在(a, b)内 $f'(x)<0$，则函数 $y=f(x)$在(a, b)上单调减少.

证明　在区间(a, b)内任取两点 x_1，x_2 使 $x_1<x_2$. 由题设，$y=f(x)$在$[x_1, x_2]$上满足拉格朗日中值定理，故在(x_1, x_2)中至少存在一点 ξ，使

$$f(x_2)-f(x_1)=f'(\xi)(x_2-x_1).$$

(1) 若在(a, b)上 $f'(x)>0$，则有 $f'(\xi)>0$. 注意到 $x_1<x_2$ 及其选取的任意性，这表明 $f(x_2)>f(x_1)$在(a, b)上成立. 即函数 $y=f(x)$在(a, b)上单调增加.

(2) 同理可证，若在(a, b)内 $f'(x)<0$，则函数 $y=f(x)$在(a, b)上单调减少.

附注　① 从上面的证明过程可知：把定理中的开区间换成其他类型的区间(含无穷区间)，结论依然成立.

② 必须注意：定理不具必要性. 即整个区间上的单调函数，可能在某些点处的导数符号不大于 0，如 $f=x^3$ 在整个 $\mathbf{R}$ 上严格单调增加，但却有 $f'(0)=0$. 因此，对定理 1 作如下的改进是合理的：

***定理 2**　若在(a, b)内 $f'(x)\geqslant 0$(或 $f'(x)\leqslant 0$)，其中等号只在个别点处成立，则函数 $y=f(x)$在$[a, b]$上单调增加(或单调减少).

另外，若函数在某驻点两边的导数同号，则不改变函数的单调性.

例 1　讨论函数 $y=x^2-2x-1$ 单调性.

解　这里的定义域为$(-\infty, +\infty)$，由

$$y'=2x-2=2(x-1)$$

知，在点 $x=1$ 处，$y'=0$.

由于在$(-\infty, 1)$上 $y'<0$，故函数在$(-\infty, 1)$内单调递减；而在$(1, +\infty)$上 $y'>0$，故函数在$(1, +\infty)$内单调递增(图 4-8).

例 2　讨论函数 $y=\sqrt[3]{x^2}$ 的单调性．

解　函数的定义域为$(-\infty,\ +\infty)$，而 $y'=\dfrac{2}{3\sqrt[3]{x}}$.

显然 $x=0$ 时导数不存在．在$(-\infty,\ 0)$内，$y'<0$，故 $y=\sqrt[3]{x^2}$ 在$(-\infty,\ 0)$内单调减少；而在$(0,\ +\infty)$内，$y'>0$，故 $y=\sqrt[3]{x^2}$ 在$(0,\ +\infty)$内单调增加(图 4－9).

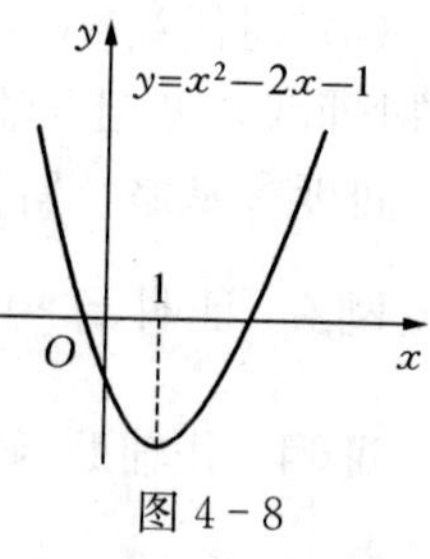

图 4－8

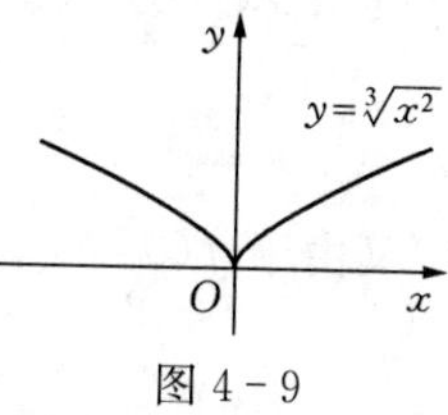

图 4－9

回顾上述例子，我们注意到：例 1 中的点 $x=1$ 是函数 $y=x^2-2x-1$ 单调增区间和单调减区间的分界点，在此点处 $y'=0$；而例 2 中，单调增区间和单调减区间的分界点是点 $x=0$，但在该点处函数不可导．由此可知，单调区间的分界点除驻点外，也可能是导数不存在的点．

结合费马引理，总结出判别一般函数单调性的方法与步骤如下：

① 确定函数 $f(x)$的定义域 D.

② 求函数的驻点和不可导的点(特殊场合还需要求出函数的间断点).

③ 以上述点将 D 分为若干小区间，并列表．

④ 在所分得的小区间上逐个检查 $f'(x)$的符号，判断 $f(x)$的单调性．

例 3　确定函数 $f(x)=x^3-3x^2-9x+14$ 的单调区间．

解　这里定义域为$(-\infty,\ +\infty)$，由

$$f'(x)=3x^2-6x-9=3(x-3)(x+1)=0,$$

解得 $x_1=3$，$x_2=-1$，列表讨论如下(表 4－1).

表 4－1

x	$(-\infty,\ -1)$	-1	$(-1,\ 3)$	3	$(3,\ +\infty)$
$f'(x)$	$+$	0	$-$	0	$+$
$f(x)$	↗	19	↘	-13	↗

这种列表的方法非常全面而直观，值得肯定．比如由表 4－1 显然可知：在例 3 中，函数的单调增区间为$(-\infty,\ -1)$和$(3,\ +\infty)$，而单调减区间为$(-1,\ 3)$.

根据上述单调性的结果，我们还可以推出证明不等式的方法：

定理 3　设函数 $y=f(x)$在区间$[a,\ b]$上连续，在$(a,\ b)$上可导，若

(1) $f(a)\geqslant 0$ (或 $f(b)\geqslant 0$)；

(2) 对任意 $x\in(a,\ b)$，$f'(x)>0$（或 $f'(x)<0$），则在区间$(a,\ b)$上，恒有 $f(x)>0$.

证明　从略，留作读者思考．

例 4　证明 $x>0$ 时，$1+\frac{1}{2}x>\sqrt{1+x}$.

证明　作辅助函数 $f(x)=1+\frac{1}{2}x-\sqrt{1+x}$，$x>0$.

任取 $x\in(0,\ +\infty)$，显然 $f(x)$在$[0,\ x]$上可导，且

$$f'(x)=\frac{1}{2}-\frac{1}{2\sqrt{1+x}}>0.$$

又由于 $f(0)=0$，故对 $x>0$，有 $1+\frac{1}{2}x-\sqrt{1+x}>0$，亦即

$$1+\frac{1}{2}x>\sqrt{1+x},\ x>0.$$

二、凹凸性与拐点

上述单调性的讨论并不能完全反映函数增减的变化规律，因为单调性本身具有显著的形式差异．虽然曲线段 AB 和曲线段 BC 都是单调增加的，但是却有着不同的弯曲状态：弧 BC 向上弯曲而上升，而弧 AB 则是向下弯曲而上升(图 4－10)．

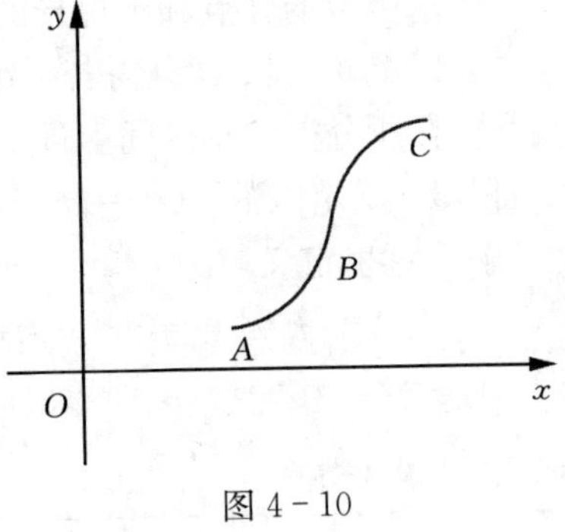

图 4－10

这就是要讨论的凹凸性问题．

我们由几何直观分析来引入函数凹凸性的定义．图 4－11 中，在曲线上任取两点 A，B，则连接这两点的弦总位于该两点间弧段的上方．而在图 4－12 中，上述情况则刚好相反．于是，有

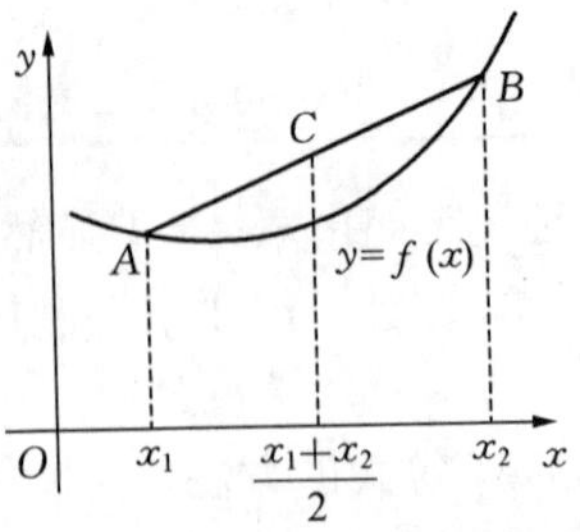

图 4－11

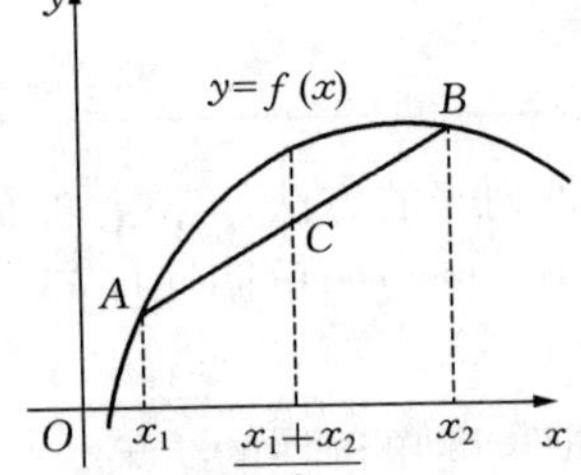

图 4－12

定义 1　设函数 $f(x)$在区间 I 上连续，对于任意的 x_1，$x_2\in I$，

(1) 若恒有 $f\left(\frac{x_1+x_2}{2}\right)<\frac{f(x_1)+f(x_2)}{2}$成立，则称函数 $f(x)$在区间 I 上是凹的；

(2) 若恒有 $f\left(\frac{x_1+x_2}{2}\right)>\frac{f(x_1)+f(x_2)}{2}$成立，则称函数 $f(x)$在区间 I 上是凸的．

上述 I 分别称为函数 $f(x)$的凹区间与凸区间．

凹、凸函数的图形分别称为凹、凸曲线．

对于凹曲线(图 4－13)，当 x 逐渐增加时，曲线上每一点的切线斜率也是逐渐增加的，即导函数 $f'(x)$单调增加；而对于凸曲线(图 4－14)，当 x 逐渐增加时，其上每一点的切线斜率却逐渐减少，即导函数 $f'(x)$单调减少．这说明曲线的凹凸性与其上的切线斜率有着一致的变化规律．结合单调性的讨论结果，有

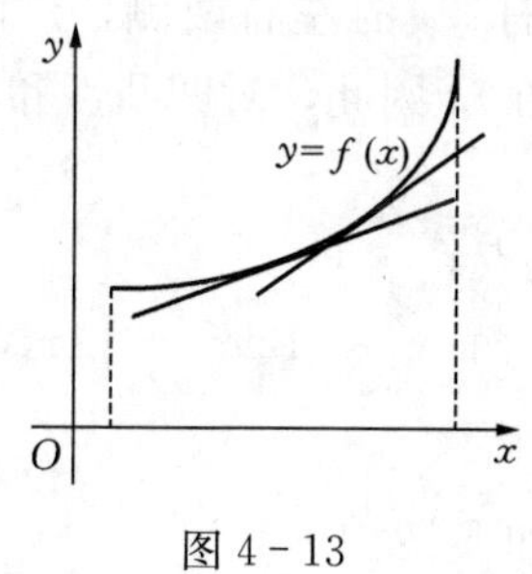

图 4－13

图 4－14

定理 4　设函数 $f(x)$在区间$[a, b]$上连续，在(a, b)内具有一阶和二阶导数，

(1) 若在(a, b)内 $f''(x)>0$，则 $f(x)$在(a, b)上是凹的；

(2) 若在(a, b)内 $f''(x)<0$，则 $f(x)$在(a, b)上是凸的．

证明　(从略，留为练习)．

这定理表明，凹凸性与单调性的判断有着完全一致的特点，也有着相同的步骤和方法．

例 5　判断曲线 $y=x^4$ 的凹凸性．

解　因为 $y'=4x^3$，$y''=12x^2$，而对 $x\neq 0$，$y''>0$，故曲线 $y=x^4$ 在其定义域$(-\infty, +\infty)$内是凹的(图 4－15)．

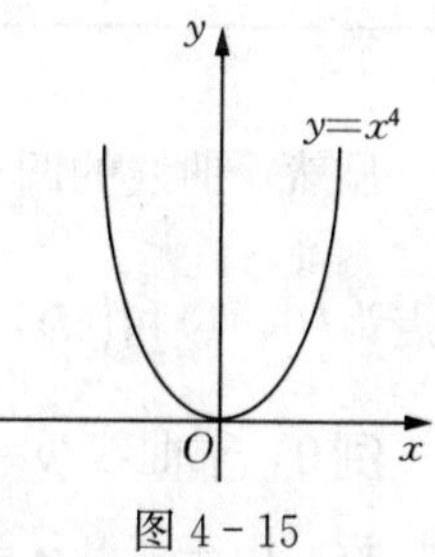

图 4－15

例 6　判断曲线 $y=\arctan x$ 的凹凸性．

解　函数的定义域为$(-\infty, +\infty)$，且

$$y' = \frac{1}{1+x^2},\ y'' = \frac{-2x}{(1+x^2)^2}.$$

由于 $x<0$ 时，$y''>0$，所以曲线在$(-\infty, 0)$内为凹的，而对 $x>0$，$y''<0$，所以曲线在$(0, +\infty)$内为凸的.

例 7 判断曲线 $y=x^3$ 的凹凸性.

解 由于 $y'=3x^2$，$y''=6x$，对 $x<0$ 有 $y''<0$，故曲线在$(-\infty, 0)$内为凸的；而对 $x>0$ 有 $y''>0$，所以曲线在$(0, +\infty)$内为凹的(图 4-16).

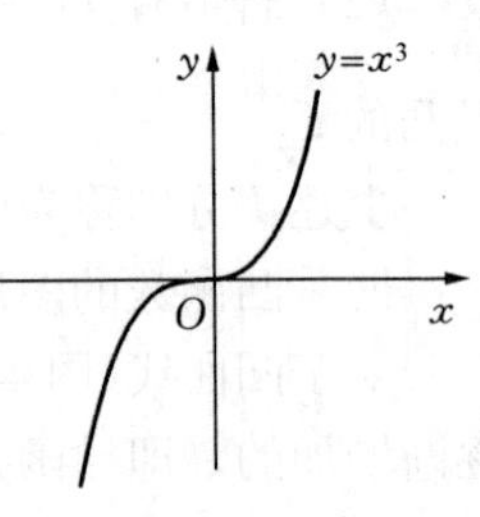

图 4-16

例 6 和例 7 中的曲线在点$(0, 0)$的左右两侧，其凹凸性都发生了变化.因此点$(0, 0)$就是曲线凹凸性的分界点.对此有

定义 2 如果曲线 $y=f(x)$在其上某点$(x_0, f(x_0))$的两侧出现凹凸性转折，则点$(x_0, f(x_0))$称为曲线的**拐点**.

该如何来确定函数 $y=f(x)$的拐点呢？考虑到曲线的凹凸性可由函数的二阶导数来刻画，因而在拐点$(x_0, f(x_0))$横坐标 x_0 的左右两侧，二阶导数 $f''(x)$必然变号(无论 $f''(x_0)=0$ 或 $f''(x_0)$不存在).因此，对凹凸性和拐点的讨论，完全可仿照单调性那样简洁地列表进行.

例 8 讨论函数 $y=3x^4-4x^3+1$ 的凹凸性及拐点.

解 函数的定义域为$(-\infty, +\infty)$，而 $y'=12x^3-12x^2$，$y''=36x^2-24x$.

令 $y''=0$，解得 $x_1=0$，$x_2=\frac{2}{3}$，列表讨论如下(表 4-2).

表 4-2

x	$(-\infty, 0)$	0	$\left(0, \frac{2}{3}\right)$	$\frac{2}{3}$	$\left(\frac{2}{3}, +\infty\right)$
$f''(x)$	+	0	−	0	+
$f(x)$	凹	1	凸	$\frac{11}{27}$	凹

显然，曲线的凹区间为$(-\infty, 0)$和$\left(\frac{2}{3}, +\infty\right)$，凸区间为$\left(0, \frac{2}{3}\right)$，而拐点为$(0, 1)$和$\left(\frac{2}{3}, \frac{11}{27}\right)$.

例 9 求曲线 $y=\sqrt[3]{x}$的拐点.

解 由于函数 $y=\sqrt[3]{x}$在$(-\infty, +\infty)$内连续，且有

$$y'=\frac{1}{3\sqrt[3]{x^2}},\ y''=\frac{2}{9x\sqrt[3]{x^2}},\ x\neq 0,$$

而对 $x=0$，y'，y''都不存在．

由于在$(-\infty,\ 0)$内，$y''>0$，曲线在$(-\infty,\ 0)$上是凹的；而在$(0,\ +\infty)$内 $y''<0$，曲线$(0,\ +\infty)$上是凸的．从而$(0,\ 0)$是所给曲线的一个拐点．

习题 4-4

思考题

1. 能否用曲线 $y=f(x)$上动点的切线讨论，来定义相应函数 $f(x)$在区间 I 上的凹凸性？

2. 试由单调性的结果证明本节定理 2.

练习题

1. 求下列函数的单调区间．

(1) $y=3x^4-2x^3-3$；　　(2) $y=(x-5)\sqrt[3]{x^2}$；

(3) $y=\sqrt{2x-x^2}$；　　(4) $y=(x-1)^2(x+1)^3$；

(5) $y=2x^2-\ln x$；　　(6) $y=x+|\sin 2x|$.

2. 证明下列不等式．

(1) 当 $x>0$ 时，$e^x>1+x$；

(2) 当 $x>1$ 时，$(x+1)\ln x>2(x-1)$；

(3) 当 $x>1$ 时，$2\sqrt{x}>3-\dfrac{1}{x}$；

(4) 当 $0<x<\dfrac{\pi}{2}$时，$\dfrac{2}{\pi}x<\sin x<x$；

(5) 当 $x>0$ 时，$\sin x+\cos x>1+x-x^2$；

(6) 当 $0<x<\dfrac{\pi}{2}$时，$\sin x+\tan x>2x$.

3. 证明方程 $xe^x=2$ 在区间$(0,\ 1)$内有且仅有一个实根．

4. 求下列函数图形的凹凸区间和拐点．

(1) $y=x^3-3x^2+2x+5$；

(2) $y=\ln(1+x^2)$；

(3) $y=x+\dfrac{1}{x}$；

(4) $y=\dfrac{\ln x}{x}$.

5. 利用函数的凹凸性概念证明不等式．

(1) $\frac{a^x+a^y}{2}\geqslant a^{\frac{x+y}{2}}(a>0,\ x\neq y)$；

(2) $\cos\frac{x+y}{2}<\frac{\cos x+\cos y}{2}\left(x,\ y\in\left(\frac{\pi}{2},\ \frac{3\pi}{2}\right)\right)$；

(3) $x\ln x+y\ln y>(x+y)\ln\frac{x+y}{2}$.

6. 设曲线 $y=ax^2+bx+c$ 在点 $x=-1$ 处有水平切线，且在曲线上点 $(1,\ 3)$ 处的切线平行于直线 $y=6x+1$，试确定常数 a，b 和 c.

7. 讨论方程 $a^x-bx=0(a>1)$ 的实根个数.

第5节 函数的极值与最值

极值问题在社会经济与生产经营中有着广泛意义，也是数学联系实际的重要内容之一.

一、函数的极值及其判定

我们首先来回顾有关极值的概念.

定义 设函数 $y=f(x)$ 在 $U(x_0)$ 内有定义，如果对任意 $x\in\mathring{U}(x_0)$，总有

$$f(x)<f(x_0)\ (\text{或 } f(x)>f(x_0)),$$

则称 $f(x_0)$ 为函数 $y=f(x)$ 有**极大值**(或**极小值**)，点 x_0 称为 $f(x)$ 的**极大值点**(或**极小值点**).

极大值和极小值统称为函数的**极值**，极大值点和极小值点统称为**极值点**.

例如，正弦函数 $y=\sin x$ 在点 $x=\frac{\pi}{2}$ 处取得极大值 1，在点 $x=-\frac{\pi}{2}$ 处取得极小值 -1.

由于函数极值的定义局限在点的某个邻域内，因此极值只能是局部性的概念. 也就是说，若 $f(x_0)$ 是函数 $f(x)$ 的一个极大值(或极小值)，那么这种极大(或极小)只能在 x_0 附近的一个局部范围内成立. 而如果说 $f(x_0)$ 是 $f(x)$ 的最大值(或最小值)，则一定是对该函数的整个定义域而言的.

图 4-17 是某函数 $y=f(x)$ 在区间 $[a,\ b]$ 上的图形. 其中有两个极大值 $f(x_2)$、$f(x_5)$ 及三个极小值 $f(x_1)$、$f(x_4)$ 和 $f(x_6)$，而对于整个 $(a,\ b)$ 区间而言，只有极小值 $f(x_4)$ 同时也是最小值，但没有最大值.

从图 4-17 还可看出，在函数的极值点处曲线有水平切线，即函数在极值点处的导数为零，但曲线上有水平切线的地方，函数却不一定取得极值，如在

点 $x=x_3$ 的左右，函数的单调性并没有改变．这正是前面费马引理所描述的现象：

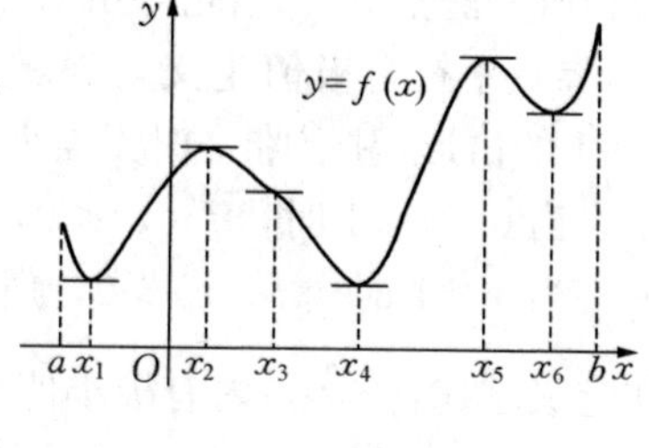

图 4-17

定理 1(极值的必要条件)　设函数 $y=f(x)$ 在点 x_0 处可导，且 $f(x)$ 在该点处取得极值，则必有 $f'(x_0)=0$.

由于本定理的逆不成立，故驻点只能作为可导函数“可能的”极值点．

此外，函数在其导数不存在的点也可能取得极值．例如，函数 $f(x)=|x|$ 在点 $x=0$ 处不可导，但却有极小值 0.

综上可知，函数的极值点就“隐藏”在驻点和导数不存在(但连续)的点之中，即驻点和导数不存在(但连续)点的全体就是极值点的“存在范围”．

接下来的问题是，当我们求出函数所有可能的极值点之后，该如何判断函数的极值？更明确地说，如果某点是极值点，其对应的函数值是极大值还是极小值？

下面给出判断极值的两个充分性条件．

定理 2(第一充分条件)　设函数 $f(x)$ 在 x_0 处连续，在 $\mathring{U}(x_0, \delta)$ 内可导．

(1) 若对 $x\in(x_0-\delta, x_0)$，$f'(x)>0$；而对 $x\in(x_0, x_0+\delta)$，$f'(x)<0$，则 $f(x)$ 在 x_0 处取得极大值 $f(x_0)$；

(2) 若对 $x\in(x_0-\delta, x_0)$，$f'(x)<0$；而对 $x\in(x_0, x_0+\delta)$，$f'(x)>0$，则 $f(x)$ 在 x_0 处取得极小值 $f(x_0)$；

(3) 若在 x_0 的左右两侧，$f'(x)$ 的符号不变，则 $f(x)$ 在 x_0 处没有极值.

证明　这正是前面单调性讨论的直接结果．

结合极值的必要条件和第一充分性条件，如果函数 $f(x)$ 在所讨论的区间上连续，则对函数极值讨论的步骤是：

① 确定 $f(x)$ 的定义域 D；

② 求 $f'(x)=0$ 的点、不可导点；

③ 以上述点为分界点，将 D 划分为若干小区间并列表；

④ 在表中的分界点两侧检查 $f'(x)$ 的符号，确定极值点的存在性及类型；

⑤ 求出各极值点的函数值，就得到函数 $f(x)$ 的全部极值．

例 1　求函数 $f(x)=x-\frac{4}{3}x^{\frac{3}{4}}$ 的极值．

解　函数的定义域为$[0, +\infty)$，由

$$f'(x)=1-x^{-\frac{1}{4}}=\frac{x^{\frac{1}{4}}-1}{x^{\frac{1}{4}}}=0,$$

解得唯一驻点 $x=1$. 此外虽有不可导的点 $x=0$，但 $x=0$ 不在定义域的内部(边界点不符合极值定义对邻域的要求)，因而不是极值点，所以我们只讨论 $x=1$ 的情形(驻点唯一时无需列表).

当 $0<x<1$ 时，$f'(x)<0$，所以函数在区间 $(0, 1)$ 内单调减少；

当 $x>1$ 时，$f'(x)>0$，所以函数在区间 $(1, +\infty)$ 内单调增加. 故函数在定义域 $(0, +\infty)$ 内有极小值 $f(1)=-\frac{1}{3}$.

例 2 求函数 $f(x)=\frac{3}{8}x^{\frac{8}{3}}-\frac{3}{2}x^{\frac{2}{3}}+\frac{1}{8}$ 的极值.

解 函数 $f(x)$ 的定义域为 $(-\infty, +\infty)$，由

$$f'(x)=x^{\frac{5}{3}}-x^{-\frac{1}{3}}=\sqrt[3]{x^5}-\frac{1}{\sqrt[3]{x}}=\frac{(x+1)(x-1)}{\sqrt[3]{x}}=0,$$

即 $\frac{(x+1)(x-1)}{\sqrt[3]{x}}=0$，解得驻点 $x_1=-1$，$x_2=1$；而导数不存在的点是 $x_3=0$.

用上述三点划分定义域，列表讨论如下(表 4-3).

表 4-3

x	$(-\infty, -1)$	-1	$(-1, 0)$	0	$(0, 1)$	1	$(1, +\infty)$
$f'(x)$	$-$	0	$+$	不存在	$-$	0	$+$
$f(x)$	↘	-1	↗	$\frac{1}{8}$	↘	-1	↗

从表中看出：$f(-1)=-1$，$f(1)=-1$ 是 $f(x)$ 的两个极小值，而 $f(0)=\frac{1}{8}$ 是 $f(x)$ 的极大值.

上述列表判极值的方法以第一充分性判别法为基础，具有直观而全面的优势. 但对于二阶导数不为零的驻点，或若仅仅需要判断极值是否存在或甄别其类型时，还有如下更为简便的方法.

定理 3(第二充分条件) 设函数 $f(x)$ 在 x_0 处具有二阶导数，且 $f'(x_0)=0$，$f''(x_0)\neq 0$，则

(1) 若 $f''(x_0)<0$，函数 $f(x)$ 在 x_0 处取得极大值；

(2) 若 $f''(x_0)>0$，函数 $f(x)$ 在 x_0 处取得极小值.

证明 (1) 由二阶导数的定义及题设 $f''(x_0)<0$，有

$$f''(x_0)=\lim_{x\to x_0}\frac{f'(x)-f'(x_0)}{x-x_0}<0,$$

于是由极限的局部保号性，在点 x_0 足够小的去心邻域内，恒有

$$\frac{f'(x)-f'(x_0)}{x-x_0}<0.$$

再将题设 $f'(x_0)=0$ 代入，即得$\dfrac{f'(x)}{x-x_0}<0.$

这表明：当 $x<x_0$，即 $x-x_0<0$ 时，$f'(x)>0$；当 $x>x_0$，即 $x-x_0>0$ 时，$f'(x)<0$. 从而根据定理 2 知，$f(x)$在 x_0 处取得极大值.

同理可证(2).

评注　① 本定理表明：如果函数 $f(x)$ 在驻点 x_0 处的二阶导数 $f''(x_0)\neq 0$，则该驻点必为极值点，而极大、极小性则由 $f''(x_0)$的正负符号来决定.

② 本定理不具必要性，特别对 $f''(x_0)=0$ 时定理失效. 例如：$f_1(x)=x^4$ 及 $f_2(x)=x^3$ 均以点 $x=0$ 为驻点，且在该点处的二阶导数均为 0. 但在$x=0$ 处，$f_1(x)=x^4$ 取极小值，而 $f_2(x)=x^3$ 无极值.

例 3　求函数 $f(x)=2x^3-6x^2-18x+7$ 的极值.

解　函数的定义域为$(-\infty,+\infty)$，且

$$f'(x)=6x^2-12x-18=6(x+1)(x-3),$$

$$f''(x)=12x-12=12(x-1).$$

令 $f'(x)=0$，解得驻点 $x_1=-1$，$x_2=3$，因为

$$f''(-1)=12(x-1)\big|_{x=-1}=-24<0,$$

$$f''(3)=12(x-1)\big|_{x=3}=24>0,$$

所以 $f(-1)=17$ 是 $f(x)$的极大值，$f(3)=-47$ 是 $f(x)$的极小值.

例 4　求函数 $f(x)=(x^2-1)^3+1$ 的极值.

解　这里 $f'(x)=6x(x^2-1)^2$，$f''(x)=6(x^2-1)(5x^2-1)$.

令 $f'(x)=0$，求得驻点 $x_1=0$，$x_2=-1$，$x_3=1$.

由于 $f''(0)=6>0$，故函数 $f(x)$在点 $x_1=0$ 处取得极小值 $f(0)=0$.

但 $f''(-1)=f''(1)=0$，改用第一充分性条件讨论如下：

对 $x\in\mathring{U}(-1)$，无论 $x<-1$ 还是 $x>-1$，都有 $f'(x)<0$，即 $f(x)$的符号没有改变，所以 $f(x)$在 $x_2=-1$ 处无极值.

同理，$f(x)$在 $x_3=1$ 处也无极值.

二、最大值与最小值问题

由于极值的局限性，实际应用中往往需要讨论函数的最大值和最小值问题. 如怎样才能使“容量最大”“用料最少”“花钱最少”“效益最高”等.

虽然函数的极值与最值是两个不同的概念，但如果最值是在区间内部某点处取得的话，那么该最值必是该区间内全体极值中最大(或最小)的一个．这就需要在定义区间上将函数的全体极值进行比较来确定．另外，函数的最值有可能在区间的端点处取得，这一点也与极值不同．

综上所述，求连续函数 $f(x)$在区间$[a, b]$上的最值步骤如下：

① 求出 $f(x)$在(a, b)内的所有驻点和不可导点．

② 求出 $f(x)$在$[a, b]$的两端点、驻点和不可导点处的全部函数值，通过比较大小来决定最大值或最小值．

说明　① 如果函数在其定义域内只有唯一的可能极值点，而且确实存在最值，则该点处的函数值就是该函数的最值(最大值或最小值)．

② 最值问题在生产实际中普遍存在．因而当应用问题中只有一个驻点时，此驻点必为最值点——这由问题的实际意义即可决定．

例 5　求函数 $f(x)=2x^3+3x^2-12x+14$ 在区间$[-1, 4]$上的最大值和最小值．

解　由于 $f'(x)=6x^2+6x-12=6(x-1)(x+2)$，故 $f(x)$在区间$(-1, 4)$内只有一个驻点：$x_1=1$($x=-2\notin(-1, 4)$，舍去)；而区间端点为$x_2=-1$，$x_3=4$.

分别计算上述各点的函数值：$f(-1)=27$，$f(1)=7$，$f(4)=142$，经比较即知，函数 $f(x)$在区间$[-1, 4]$上的最大值为 $f(4)=142$，最小值为$f(1)=7$.

例 6　某木工厂要用现有木板做一批容积为 V 的圆柱形有盖木桶，如何进行尺寸设计能使材料最省?

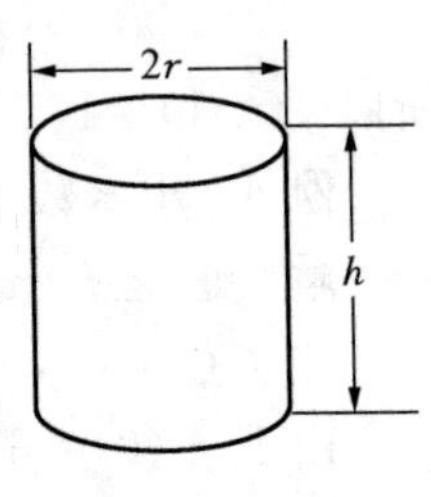

图 4-18

解　要使制作圆木桶所用的材料最省，就是在保证体积不变的状态下，使圆柱形木桶的表面积最小(图 4-18)．设圆桶的半径为 r，高为 h，则表面积为

$$S=2\pi r^2+2\pi rh=2\pi(r^2+rh),$$

由体积公式 $V=\pi r^2h$ 求得 $h=\dfrac{V}{\pi r^2}$，代入上式

$$S=2\pi\left(r^2+r\cdot\frac{V}{\pi r^2}\right)=2\pi\left(r^2+\frac{V}{\pi r}\right),\ r>0,$$

于是转化为求函数 S 的最小值问题．由

$$S'=2\pi\left(2r-\frac{V}{\pi}\cdot\frac{1}{r^2}\right)=0,$$

解得唯一驻点 $r=\sqrt[3]{\dfrac{V}{2\pi}}$．结合 $S''=4\pi+\dfrac{4V}{r^3}>0$ 及问题实际意义，函数 S 在点

$r\doteq\sqrt[3]{\dfrac{V}{2\pi}}$处取最小值．此时

$$h=\frac{V}{\pi r^2}=2\sqrt[3]{\frac{V}{2\pi}},$$

即当$r=\sqrt[3]{\dfrac{V}{2\pi}}$，$h=2r$时，所用材料最省．

例 7　某工厂生产某种产品，年产量为a件．分若干批生产，并将该产品均匀投入市场．如果每批生产准备费需要b元，而每件产品的年库存费用为c元，问每批生产多少件时才能使一年的总费用最小？

解　显然，每批生产量越大时库存费用越高；每批生产量较小则导致批量增加，而生产准备费也随之增多．

设批量为x，根据题意，总费用为

$$s(x)=\frac{a}{x}\cdot b+\frac{x}{2}\cdot c.$$

由$s'(x)=-\dfrac{ab}{x^2}+\dfrac{c}{2}=0$，解得唯一驻点$x=\sqrt{\dfrac{2ab}{c}}$，注意到$s''(x)=\dfrac{2ab}{x^3}>0$及问题的实际意义，$x=\sqrt{\dfrac{2ab}{c}}$即为所求的最小值点．因而最优的生产组织方式为：每批生产$\sqrt{\dfrac{2ab}{c}}$件产品，能使一年的总费用为最小．

习题 4－5

思考题

为什么说：如果函数在定义域内只有一个可能的极值点，且最值确实存在时，该极值点就是函数的最值(最大值或最小值)点？

练习题

1. 设函数$f(x)$在$x=0$有定义，且在$x=0$的邻域内可导．以下哪个条件满足时，$f(x)$在$x=0$取得极小值？(　　)

A. $\lim\limits_{x\to0}\dfrac{f'(x)}{x^2}=1$；　　B. $\lim\limits_{x\to0}\dfrac{f'(x)}{x}=1$；

C. $\lim\limits_{x\to0}\dfrac{f'(x)}{x^2}=-1$；　　D. $\lim\limits_{x\to0}\dfrac{f'(x)}{x}=-1$.

2. 求下列函数的极值．

(1) $f(x)=2x^3-3x^2$；　　(2) $f(x)=1-(x-2)^{-\frac{1}{3}}$；

(3) $f(x)=x-\ln(1+x)$；　　(4) $f(x)=x+\tan x$；

(5) $f(x)=\mathrm{e}^x\cos x$；　　(6) $f(x)=x+\dfrac{1}{x^2}$；

(7) $f(x)=x+\mathrm{e}^{-x}$；　　(8) $f(x)=\arctan x-\dfrac{1}{2}\ln(1+x^2)$.

3. 试问 a 为何值时，函数 $f(x)=a\sin x+\dfrac{1}{3}\sin 3x$ 在点 $x=\dfrac{\pi}{3}$ 处取得极值？是极大值还是极小值？并求此极值.

4. 试确定常数 a 和 b，使函数 $f(x)=a\ln x+bx^2+x$ 在点 $x=1$ 和 $x=2$ 处取得极值，并求此极值.

5. 求下列函数在指定区间上的最值.

(1) $f(x)=2x^3+3x^2-12x+14$，$[-1, 4]$；

(2) $f(x)=\sin x+\cos x$，$[0, 2\pi]$；

(3) $f(x)=x+\sqrt{1-x}$，$[-5, 1]$.

6. 求数列 $\{\sqrt[n]{n}\}$ 的最大项.

7. 某地区防空洞的截面设计为矩形加半圆(图4-19)，且截面面积为5 m^2. 问底宽 x 为多少时才能使截面的周长最小，从而使建造时所使用的材料最省？

8. 求点(0, 1)到曲线 $y=x^2-x$ 的最短距离.

9. 试在半径为 R 的圆内作等腰三角形，使其底边与该底上之高的和最大(图 4-20).

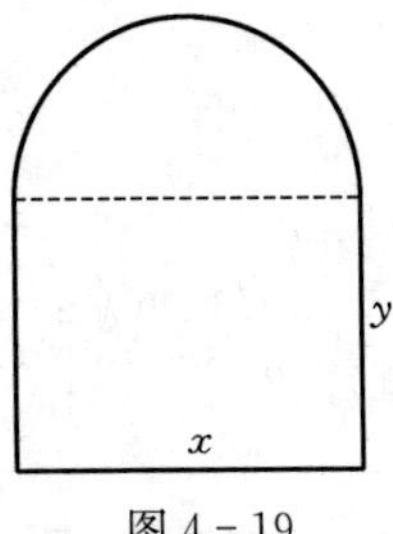

图 4-19

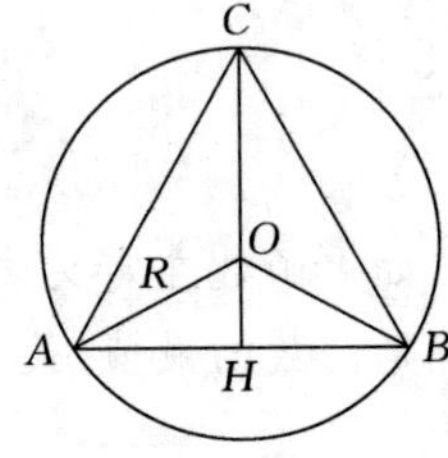

图 4-20

10. 某房地产公司有50套公寓要出租，当月租金定为1000元时，公寓会全部租出去；当月租金每增加50元时，就会多一套租不出去，且租出去的公寓每月需花费100元的维修费. 试问房租定为多少可获得最大收入？

---

11. 设函数 $f(x)$ 在点 $x=x_0$ 的邻域内具有三阶连续导数，如果 $f'(x_0)=0$，$f''(x_0)=0$，而 $f'''(x_0)\neq 0$，试问点 $x=x_0$ 是否为极值点？并加以证明.

12. 设 $0\leqslant x\leqslant 1$，$\alpha>0$，试证明不等式 $\dfrac{1}{2^{\alpha-1}}\leqslant x^\alpha+(1-x)^\alpha\leqslant 1$.

13. 设函数 $f(x)$ 由方程 $x^3+3x^2y-2y^3=2$ 所确定，求其极值.

第6节　函数简捷作图法

对于定义域和值域均为有限区间的函数，由前面对单调性与极值，凹凸性与拐点等内容的讨论，已经大致给出了相应函数曲线的变化性态，从而可把函数图形大致描绘出来．

但若函数的定义域或值域是无穷区间，我们将无法在有限的平面上画出函数的全部图像；而如果要知道曲线在无穷远处的形状，就必须借助曲线的渐近线.

一、渐近线

曲线的渐近线分为垂直渐近线、水平渐近线和斜渐近线三种形式．其中垂直渐近线和水平渐近线在前面有关极限的内容中已有介绍，这里仅介绍斜渐近线.

定义　在同一平面上，如果动点沿曲线 $y=f(x)$无穷移远时与某定直线 L: $y=kx+b$的距离趋向于零，则该直线 L 称为曲线 $y=f(x)$的一条**斜渐近线**.

现在给出斜渐近线的确定公式．

假设曲线 $y=f(x)$的斜渐近线表示为

$$y=kx+b. \tag{1}$$

由点到直线的距离公式 $d=\dfrac{|f(x)-(kx+b)|}{\sqrt{1+k^2}}$以及渐近线的定义，有

$$\lim_{x\to\infty}d=0\Leftrightarrow\lim_{x\to\infty}[f(x)-(kx+b)]=0, \tag{2}$$

再由极限运算性质，有$\lim\limits_{x\to\infty}\dfrac{f(x)-kx-b}{x}=0$，由此解得

$$k=\lim_{x\to\infty}\frac{f(x)}{x}. \tag{3}$$

再由(2)式又得

$$b=\lim_{r\to\infty}(f(x)-kx). \tag{4}$$

将(3)式及(4)式所得结果代入(1)式即可．

*二、函数图形的描绘

总结以上对函数性态的讨论程序和结果，可得函数作图的一般步骤：

(1) 确定函数 $f(x)$的定义域 D，并考虑函数的奇偶性或周期性．

(2) 求出 $f'(x_0)=0$，$f''(x_0)=0$ 的点、间断点及一阶、二阶不可导的点(对闭区间还要考虑端点).

(3) 以上述各点将 D 划分为若干小区间并列表，在表中根据 $f'(x)$ 和 $f''(x)$ 的符号确定函数的单调性、极值、凹凸性及拐点.

(4) 根据需要，求出函数的所有渐近线，以确定函数的变化趋势，并酌情添加一些特殊点，并计算各点的函数值.

(5) 根据表中信息进行描点作图.

例 描绘函数 $f(x)=\dfrac{(x-3)^2}{4(x-1)}$ 的图形.

解 这里函数的定义域为 $(-\infty,\ 1)\cup(1,\ +\infty)$，函数非奇非偶，且

$$f'(x)=\frac{(x+1)(x-3)}{4(x-1)^2},\ f''(x)=\frac{2}{(x-1)^3},$$

令 $f'(x)=0$，解得驻点 $x_1=-1$，$x_2=3$；又 $f''(x)=0$ 无解，而 $x_3=1$ 为间断点.

用上述三点划分定义域，并列表讨论如下(表 4-4).

表 4-4

x	$(-\infty,\ -1)$	-1	$(-1,\ 1)$	1	$(1,\ 3)$	3	$(3,\ +\infty)$
$f'(x)$	$+$	0	$-$	不存在	$-$	0	$+$
$f''(x)$	$-$		$-$	不存在	$+$		$+$
$f(x)$	↗凸	-2	↘凸	不存在	↘凹	0	↗凹

注意到 $\lim\limits_{x\to1}f(x)=\lim\limits_{x\to1}\dfrac{(x-3)^2}{4(x-1)}=\infty$，故直线 $x=1$ 为函数的垂直渐近线，又由

$$\lim_{x\to\infty}\frac{f(x)}{x}=\lim_{x\to\infty}\left[\frac{(x-3)^2}{4x(x-1)}\right]=\frac{1}{4}=k,$$

$$\lim_{x\to\infty}[f(x)-kx]=\lim_{x\to\infty}\left[\frac{(x-3)^2}{4(x-1)}-\frac{1}{4}x\right]$$

$$=\lim_{x\to\infty}\frac{-5x+9}{4(x-1)}=-\frac{5}{4}=b,$$

即直线 $y=\dfrac{1}{4}x-\dfrac{5}{4}$ 就是曲线的斜渐近线.

为增加作图的准确性，再补充特殊点：

$(3,\ 0)$，$\left(0,\ -\dfrac{9}{4}\right)$，$\left(4,\ \dfrac{1}{12}\right)$，$(-1,\ -2)$ 及 $\left(2,\ \dfrac{1}{4}\right)$.

根据上述内容，用平滑曲线描点作图即可(图4-21).

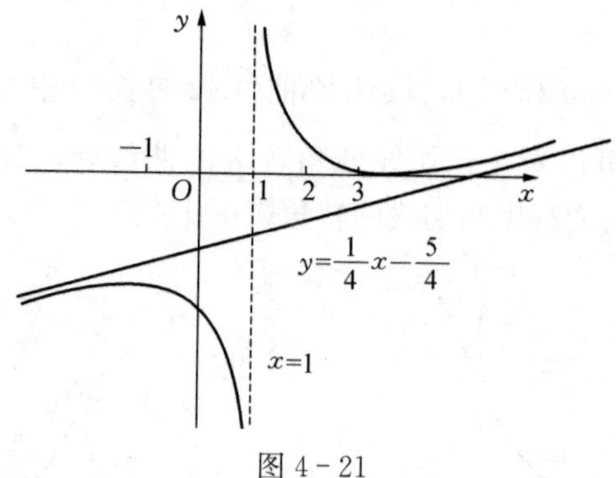

图 4-21

习题 4-6

描绘下列函数图形.

(1) $y=\frac{2}{1+3e^{-x}}$；(2) $y=\frac{1-x^3}{x^2}$；

(3) $y=\frac{(x+1)^3}{(x-1)^2}$；(4) $y=e^{-(x-1)^2}$；

(5) $y=\frac{4(x+1)}{x^2}-2$.

*第7节 曲 率

曲线的凹凸性仅描述了曲线的弯曲方向，而在工程设计和生产实践中，还常常需要研究曲线的弯曲程度. 例如建造盘山公路或设计火车弯道时，如果弯曲程度太大，当汽车、火车在高速行驶通过弯道时就容易发生事故.

如何刻画曲线的弯曲程度呢？这需要引入曲率的概念.

一、曲率

为了能够用一个量来表示曲线弧的弯曲程度，我们先分析曲线弧的弯曲程度与哪些因素有关.

设$\widehat{MM'}$为光滑的曲线弧，其长度为$|\widehat{MM'}|=\Delta s$；弧段$\widehat{MM'}$上切线的倾角随切点的移动而改变，以 $\Delta\alpha$(称为弧段$\widehat{MM'}$切线的转角)表示从点 M 到 M'

的切线倾角改变量(图 4-22(1)). 下面讨论曲线弧段的弯曲程度与 Δs、$\Delta\alpha$ 的关系.

由图 4-22 的(1)和(2)，设两段曲线弧的长度相等，即 $|\overset{\frown}{MM'}| = |\overset{\frown}{NN'}| = \Delta s$，则可以看出：切线转角较大的曲线弧，其弯曲程度也较大，这说明曲线弧段的弯曲程度与切线的转角成正比.

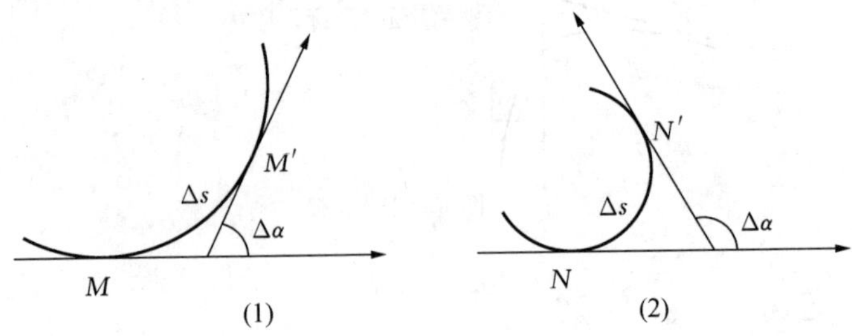

图 4-22

是否曲线的弯曲程度只与切线的转角有关呢？如果两段曲线弧的切线转角完全相等，这两段曲线弧的弯曲程度一定相同吗？

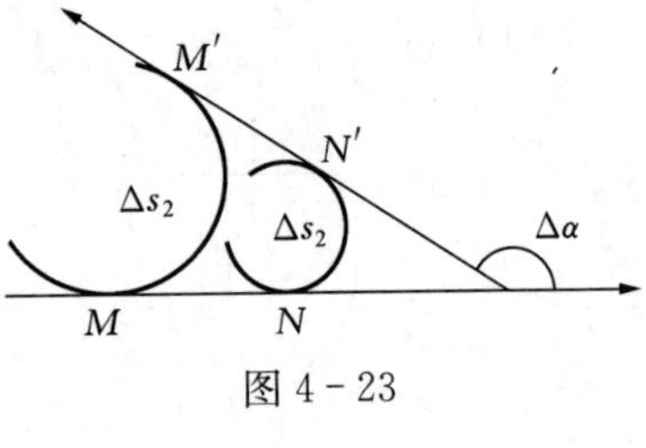

图 4-23

由图 4-23 可以看出，当两段曲线弧的切线转角相等(都等于 $\Delta\alpha$)时，弧长小的曲线弧段，其弯曲程度反而大，这说明曲线弧段的弯曲程度还与其弧段的长度成反比.

综上所述，引入描述曲线弧弯曲程度的概念：

定义 1 设光滑曲线弧段 $\overset{\frown}{MM'}$ 的弧长为 Δs，其切线的转角为 $\Delta\alpha$，比值 $\left|\dfrac{\Delta\alpha}{\Delta s}\right|$ 称为曲线弧段 $\overset{\frown}{MM'}$ 的**平均曲率**，记为 $\overline{K} = \left|\dfrac{\Delta\alpha}{\Delta s}\right|$.

由导数作为“变化率”的意义，当点 M' 沿着曲线趋于 M，即 $\Delta s \to 0$ 时，上述平均曲率的极限

$$\lim_{\Delta s\to 0}\overline{K} = \lim_{\Delta s\to 0}\left|\frac{\Delta\alpha}{\Delta s}\right|$$

如果存在，则称为曲线弧段在点 M 处的**曲率**，记为

$$K = \lim_{\Delta s\to 0}\left|\frac{\Delta\alpha}{\Delta s}\right| = \left|\frac{d\alpha}{ds}\right|. \tag{1}$$

例 1 求半径为 R 的圆上任一点处的曲率.

解 图 4-24 中，设点 M、M' 为圆上任意两点，则过这两点的切线所夹

的角 $\Delta\alpha$ 等于中心角$\angle MDM'$. 由于$\angle MDM'=\dfrac{\Delta s}{R}$，所以

$$\frac{\Delta\alpha}{\Delta s}=\frac{\frac{\Delta s}{R}}{\Delta s}=\frac{1}{R}\text{为常数，}$$

从而由曲率的定义知：$K=\left|\dfrac{\mathrm{d}\alpha}{\mathrm{d}s}\right|=\dfrac{1}{R}$.

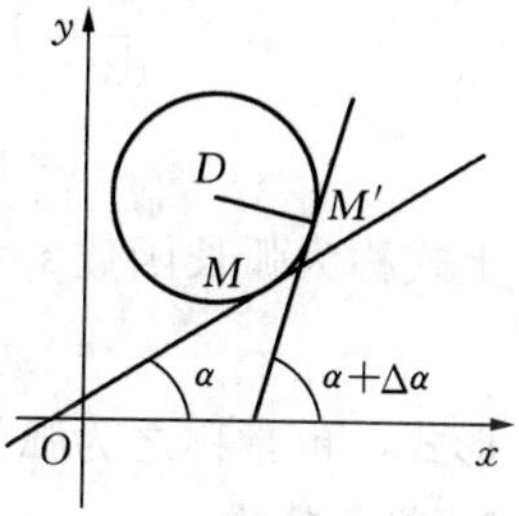

图 4-24

这表明，**圆周上任意一点的曲率都等于圆半径的倒数**. 因而半径越小的圆曲率就越大，曲线弯曲得也越厉害；反之，半径越大的圆就越平坦. 这与我们的视觉效果是完全相同的.

二、曲率计算——曲率公式

为方便计算，下面推导曲率的一般计算公式. 作为预备知识，我们先介绍弧微分的概念.

1. 弧长微分

设函数 $y=f(x)$在开区间(a, b)内具有连续导数，在曲线 $y=f(x)$上取定点 $M_0(x_0, y_0)$作为度量弧长的起点，并规定 x 增大的方向为曲线的正向. 在曲线上任取一点 $M(x, y)$，规定有向弧段$\overset{\frown}{M_0M}$的长度s(以下简称为弧 s)如下：当$\overset{\frown}{M_0M}$与曲线正向一致时，$s>0$；当$\overset{\frown}{M_0M}$与曲线正向相反时，$s<0$. 如此可知，弧长 s 是关于 x 单调增加的有向函数：$s=s(x)$.

下面讨论弧长函数 $s=s(x)$的导数与微分. 由图 4-25，对 x 取 $\Delta x>0$，则 $\Delta s=|\overset{\frown}{MM'}|>0$，所以

$$\begin{aligned}\frac{\Delta s}{\Delta x}&=\frac{|\overset{\frown}{MM'}|}{|MM'|}\cdot\frac{|MM'|}{\Delta x}\\&=\frac{|\overset{\frown}{MM'}|}{|MM'|}\cdot\frac{\sqrt{(\Delta x)^2+(\Delta y)^2}}{\Delta x}\\&=\frac{|\overset{\frown}{MM'}|}{|MM'|}\cdot\sqrt{1+\left(\frac{\Delta y}{\Delta x}\right)^2},\end{aligned}$$

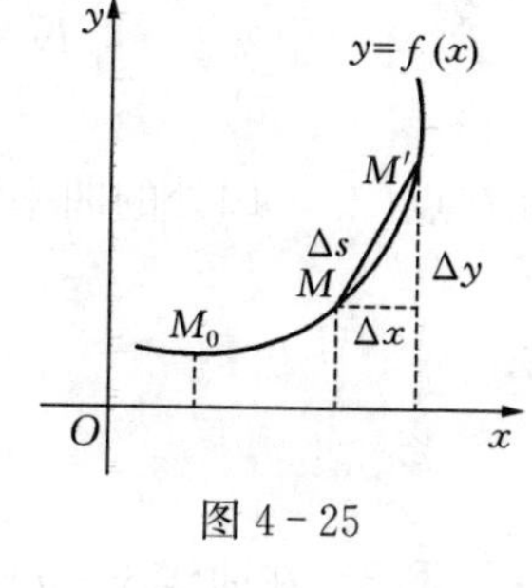

图 4-25

由函数 $y=f(x)$连续可导的条件，可以证明

$$\lim_{\Delta x\to 0}\frac{|\overset{\frown}{MM'}|}{|MM'|}=1,$$

故
$$\frac{\mathrm{d}s}{\mathrm{d}x}=\lim_{\Delta x\to 0}\frac{\Delta s}{\Delta x}=\sqrt{1+\left(\frac{\mathrm{d}y}{\mathrm{d}x}\right)^2}=\sqrt{1+y'^2},$$
或
$$\mathrm{d}s=\sqrt{1+y'^2}\,\mathrm{d}x. \tag{2}$$

上式称为弧长函数 $s=s(x)$ 关于 x 的**弧长微分**公式，它有如下变形
$$\mathrm{d}s=\sqrt{(\mathrm{d}x)^2+(\mathrm{d}y)^2}. \tag{3}$$
由此形式，也常称之为**弧长勾股定理**.

2. 曲率公式

下面根据曲率的定义，我们来推导曲率的一般计算公式.

设曲线 $y=f(x)$ 具有二阶导数. 由导数的几何意义知：曲线在任一点处的切线斜率即函数在该点的导数，即
$$y'=\tan\alpha \text{ 或 } \alpha=\arctan y',$$
其中 α 是曲线在点 $(x,\ y)$ 处切线的倾角，它也是 x 的函数(与 x 的位置有关)，求其微分 $\mathrm{d}\alpha=\frac{y''}{1+y'^2}\mathrm{d}x$，连同弧微分计算公式(2)代入曲率的定义(1)即得
$$K=\left|\frac{\mathrm{d}\alpha}{\mathrm{d}s}\right|=\frac{|y''|}{(1+y'^2)^{\frac{3}{2}}}. \tag{4}$$

这就是常用的**曲率计算公式**.

例 2　求 $y=\sin x$ 在点 $\left(\frac{\pi}{2},\ 1\right)$ 处的曲率.

解　由于 $y'=\cos x$，$y''=-\sin x$，且在点 $\left(\frac{\pi}{2},\ 1\right)$ 附近有 $\sin x>0$，所以
$$K=\frac{|y''|}{(1+y'^2)^{\frac{3}{2}}}=\frac{\sin x}{(1+\cos^2 x)^{\frac{3}{2}}}.$$

而在点 $\left(\frac{\pi}{2},\ 1\right)$ 处的曲率为
$$K=\frac{\sin\frac{\pi}{2}}{\left(1+\cos^2\frac{\pi}{2}\right)^{\frac{3}{2}}}=1.$$

例 3　在曲线 $y=ax^2+bx+c$ 上，何处的曲率最大?

解　由 $y'=2ax+b$，$y''=2a$，则 $K=\frac{|2a|}{[1+(2ax+b)^2]^{\frac{3}{2}}}$.

注意到 a，$b\in\mathbf{R}$，故当 $2ax+b=0$，即 $x=-\frac{b}{2a}$ 时曲率最大.

这表明：在抛物线的顶点处曲率最大(最弯曲)，此时，$K=|2a|$.

附注　若曲线由参数方程$\begin{cases}x=\varphi(t),\\y=\psi(t)\end{cases}$的形式给出，则可以根据上一章介绍的参数方程求导法，求出 y'，y''后代入(4)式，即得

$$K=\frac{|\varphi'(t)\psi''(t)-\varphi''(t)\psi'(t)|}{[\varphi'^2(t)+\psi'^2(t)]^{\frac{3}{2}}}.$$

三、曲率圆与曲率半径

前面已经看到，半径小的圆显得更弯曲，所以曲线的弯曲程度常用有关的曲率圆来描述．

图 4-26 中，在曲线 C：$y=f(x)$上，直线 DM 是过点 M 的法线．

定义 2　设曲线 $y=f(x)$在点 $M(x，y)$处的曲率为 $K(\neq 0)$，在点 M 处的法线上朝向曲线凹的一侧取点 D，使 DM 的长度为 $\rho=\frac{1}{K}$. 则以为 D 为圆心、以 ρ 为半径的圆称为曲线 C 在 M 的**曲率圆**．其中 ρ 称为**曲率半径**，D 称为**曲率中心**．

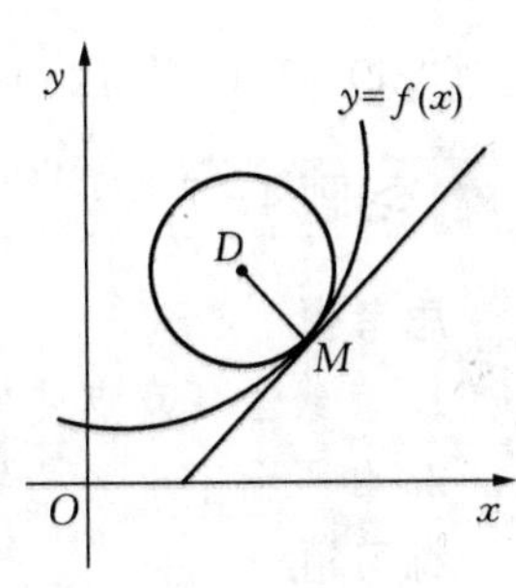

图 4-26

评注　曲率圆的意义是：

① 由定义，曲率圆与曲线 C 在 M 处有着相同的曲率、切线及弯曲方向. 故在点 M 附近，用曲率圆代替曲线 C 进行相关研究不仅完全可行，而且更加方便!

② 定义中 $\rho=\frac{1}{K}$即 $K=\frac{1}{\rho}$表明：K 越大则 ρ 越小，而曲线在点 M 处越显弯曲；反之 K 越小则 ρ 越大，则曲线就显得较为平坦．

例 4　求曲线 $y=\ln(\sec x)$在 $M(x，y)$处的曲率和曲率半径．

解　由于 $y'=\frac{1}{\sec x}\cdot\sec x\tan x=\tan x$，$y''=\sec^2 x$，故曲线在任一点的曲率为

$$K=\frac{|y''|}{(1+y'^2)^{\frac{3}{2}}}=\frac{\sec^2 x}{(1+\tan^2 x)^{\frac{3}{2}}}=\frac{\sec^2 x}{\sec^3 x}=\cos x,$$

相应的曲率半径为 $\rho=\frac{1}{K}=\sec x$.

例 5　一架飞机沿抛物线 $y=\frac{x^2}{4000}$(单位：m)俯冲，在原点处速度为 $v=200\ \mathrm{m/s}$，驾驶员体重 60 kg，求俯冲到原点时，驾驶员对座椅的压力．

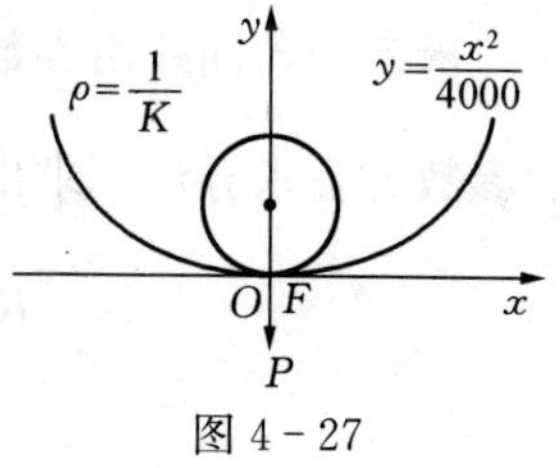

图 4 - 27

解　图 4 - 27 中，设驾驶员对座椅的压力为 Q，则 $Q=F+P$，其中 P 为驾驶员的体重，F 为驾驶员在原点 O 处做圆周运动的离心力：$F=\frac{mv^2}{\rho}$.

由于 $y'\Big|_{x=0}=\frac{x}{2000}\Big|_{x=0}=0$，$y''\Big|_{x=0}=\frac{1}{2000}$，故曲线在原点处的曲率及曲率半径分别为

$$K=\frac{1}{2000},\quad \rho=2000(\mathrm{m}),$$

所以驾驶员在原点处的离心力为 $F=\frac{60\times 200^2}{2000}=1200(\mathrm{N})$，而驾驶员对座椅的压力为 $Q=F+P=1200+60\times 9.8=1788(\mathrm{N})$.

习题 4 - 7

思考题

1. 直线上任意点处的曲率为多少？

2. 如果曲率半径已知，该曲率圆的方程如何确定？

练习题

1. 求抛物线 $y=4-x^2$ 在顶点处的曲率和曲率半径.

2. 求曲线 $x=a\cos^3 t$，$y=a\sin^3 t$ 在 $t=t_0$ 处的曲率.

3. 求曲线 $\frac{x^2}{4}+y^2=1$ 的弧微分，以及在点 $M(0, 1)$ 处的曲率.

4. 确定系数 a，b，c 的值，使抛物线 $y=ax^2+bx+c$ 在点 $(0, 1)$ 处与曲线 $y=\mathrm{e}^x$ 相切，且有相等的曲率.

5. 在抛物线 $y^2=8x$ 上，哪一点的曲率等于 0.128？

6. 抛物线 $y=-2x^2+4x+1$ 上哪一点处的曲率最大？并求出最大的曲率.

7. 对数曲线 $y=\ln x$ 上哪点处的曲率半径最小？求出该点处的曲率.

8. 汽车连同所载货物共重 5 t，在抛物线形的拱桥上以 21.6 km/h 的速度行驶，桥的跨度为 10 m，拱的矢高为 0.25 m，求汽车越过桥顶时对桥的压力.

*9. 求曲线 $y=x^2-6x+10$ 在点 $(3, 1)$ 处的曲率圆方程.

总练习四

1. 填空题

(1) 设函数 $f(x)$ 在 $(-\infty, +\infty)$ 内可导，且 $f'(x)=\mathrm{e}^{\sin x}-\frac{1}{3}\cos^2(2x)$，则

$y=f(x)$是区间$(-\infty, +\infty)$上的单调________函数．

(2) 当 $x=$________时，函数 $y=x2^x$ 取得极小值．

(3) 曲线 $f(x)=e^x(x^2-x)$上有________个拐点．

(4) $\lim\limits_{x\to 0}\left(\dfrac{1}{\sin^2 x}-\dfrac{\cos^2 x}{x^2}\right)=$________．

(5) 曲线 $y=\dfrac{3(x-2)^2}{x-1}$的斜渐近线为________．

(6) 若曲线 $y=ax^3+bx^2+1$ 的拐点为$(1, 3)$，则 a，b 的值为________．

(7) 曲线 $y=\dfrac{x^2}{2x+1}$的垂直渐近线为________．

(8) 若$\lim\limits_{x\to a}\dfrac{f(x)-f(a)}{(x-a)^2}=1$，则 $f(x)$在 $x=a$ 处取极________值．

2. 选择题

(1) 设函数 $f(x)$和 $g(x)$在点 $x=a$ 的某邻域内有意义，且 $g(x)\neq 0$，当 $\lim\limits_{x\to a}f(x)=\lim\limits_{x\to a}g(x)=0$ 时，$\lim\limits_{x\to a}\dfrac{f(x)}{g(x)}$存在是$\lim\limits_{x\to a}\dfrac{f'(x)}{g'(x)}$存在的(　　)．

A. 充分条件；　　B. 充要条件；

C. 必要条件；　　D. 既非充分又非必要条件．

(2) 设导函数 $f'(x)$在点 $x=\dfrac{\pi}{2}$连续，又$\lim\limits_{x\to\frac{\pi}{2}}\dfrac{f'(x)}{\cos x}=-1$，则(　　)．

A. $x=\dfrac{\pi}{2}$是 $f(x)$的极小值点；

B. $x=\dfrac{\pi}{2}$是 $f(x)$的极大值点；

C. $\left(\dfrac{\pi}{2}, f\left(\dfrac{\pi}{2}\right)\right)$是 $f(x)$的拐点；

D. $x=\dfrac{\pi}{2}$不是 $f(x)$的极值点，且$\left(\dfrac{\pi}{2}, f\left(\dfrac{\pi}{2}\right)\right)$也非拐点．

(3) 设函数 $f(x)$在$(-\infty, +\infty)$内连续，其导函数的图形如图 4-28 所示，则 $f(x)$有(　　)．

A. 一个极小值点和两个极大值点；

B. 两个极小值点和两个极大值点；

C. 两个极小值点和一个极大值点；

D. 三个极小值点和一个极大值点．

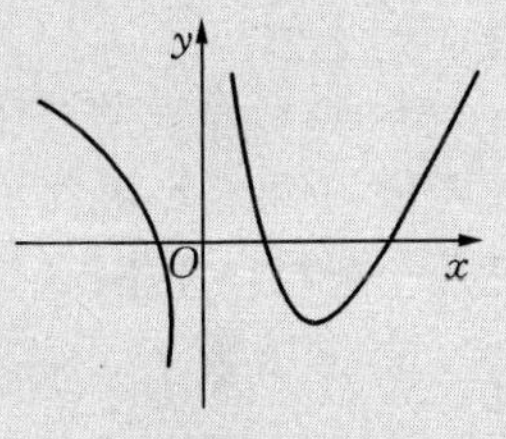

图 4-28

(4) 设 $f'(x)=[\varphi(x)]^2$，其中 $\varphi(x)$在$(-\infty, +\infty)$上恒为正，其导数 $\varphi'(x)$单调减少且 $\varphi'(x_0)=0$，则(　　)．

A. $y=f(x)$所表示的曲线在$(x_0, f(x_0))$处有拐点；

B. $x=x_0$ 是 $y=f(x)$的极大值点；

C. 曲线 $y=f(x)$在$(-\infty, +\infty)$内是凹的；

D. $f(x_0)$是 $y=f(x)$在$(-\infty, +\infty)$内的最小值．

(5) 设 $f'(x_0)=f''(x_0)=0$，$f'''(x_0)>0$，则下列选项中正确的是(　　)．

A. $f'(x_0)$是 $f'(x)$的极大值；

B. $f(x_0)$是 $f(x)$的极大值；

C. $f(x_0)$是 $f(x)$的极小值；

D. $(x_0, f(x_0))$是曲线 $y=f(x)$的拐点．

(6) 函数 $f(x)=1-x^2$ 在$[-1, 1]$上满足罗尔中值定理的 $\xi=$ (　　)．

A. 0；　　B. 1；　　C. -1；　　D. 2.

(7) 函数 $f(x)=x-\frac{3}{2}x^{\frac{1}{3}}$ 不满足拉格朗日中值定理条件的区间是(　　)．

A. $[-1, 0]$；　　B. $\left[0, \frac{27}{8}\right]$；

C. $[-1, 1]$；　　D. $[0, 1]$.

(8) 设函数 $f(x)$在$[0, a]$上二阶可微，且 $xf'(x)-f(x)<0$，则$\frac{f(x)}{x}$在$(0, a)$上(　　)．

A. 单调减少；　　B. 单调增加；

C. 有增有减；　　D. 不增不减．

3. 计算下列极限．

(1) $\lim\limits_{x\to 0}\frac{(1+x)^{\frac{1}{x}}-\mathrm{e}}{x}$；　　(2) $\lim\limits_{x\to +\infty} x^2\left(1-x\sin\frac{1}{x}\right)$；

(3) $\lim\limits_{x\to 0}\frac{3x-\sin 3x}{(1-\cos x)\ln(1+2x)}$；　　(4) $\lim\limits_{x\to 0}(\sin^2 x)^{\frac{1}{\ln|x|}}$；

(5) $\lim\limits_{x\to 0}\frac{\mathrm{e}^x\sin x-x(1+x)}{x^3}$.

4. 证明方程 $2^x-x^2=1$ 有且仅有 3 个实根．

5. 不用求出函数 $f(x)=(x-1)(x-2)(x-3)$的导数，说明方程 $f'(x)=0$ 有几个实根，并指出它们所在的区间．

6. 若函数 $f(x)$在区间$[a, b]$上可导，且 $ab>0$，证明：

$$\frac{bf(a)-af(b)}{b-a}=f(\xi)-\xi f'(\xi).$$

7. 证明下列不等式

(1) 当 $a>1$ 时，$\dfrac{a^{\frac{1}{n+1}}}{(n+1)^2}<\dfrac{a^{\frac{1}{n}}-a^{\frac{1}{n+1}}}{\ln a}<\dfrac{a^{\frac{1}{n}}}{n^2}$（正整数 $n\geqslant 1$）；

(2) 当 $\mathrm{e}<a<b<\mathrm{e}^2$ 时，$\ln^2 b-\ln^2 a>\dfrac{4}{\mathrm{e}^2}(b-a)$；

(3) 当 $x>0$ 时，$1+x\ln(x+\sqrt{1+x^2})>\sqrt{1+x^2}$；

(4) 当 $0<x<\dfrac{\pi}{4}$ 时，$x<\tan x<\dfrac{4}{\pi}x$.

8. 设 $f(x)$ 和 $f'(x)$ 均在区间 $[a, b]$ 上连续而 $f''(x)$ 在 (a, b) 内存在，$f(a)=f(b)=0$ 且在区间 (a, b) 内存在点 c，使 $f(c)>0$. 求证：在区间 (a, b) 内至少存在一点 ξ，使得 $f''(\xi)<0$.

9. 试确定曲线 $y=ax^3+bx^2+cx+d$ 中的系数 a，b，c 和 d，使得 $x=-2$ 为驻点，而点 $(1, -10)$ 是拐点，且曲线经过点 $(-2, 44)$.

10. 图 4-29 中，从半径为 R 的圆形铁片中剪去一个扇形，将剩余部分围成一个圆锥形漏斗，问剪去的扇形的圆心角多大时，才能使圆锥形漏斗的容积最大.

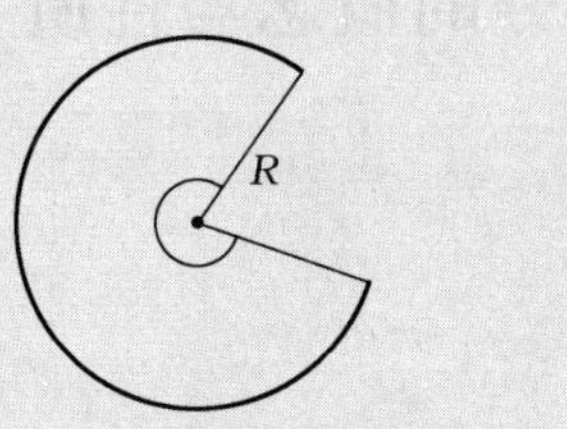

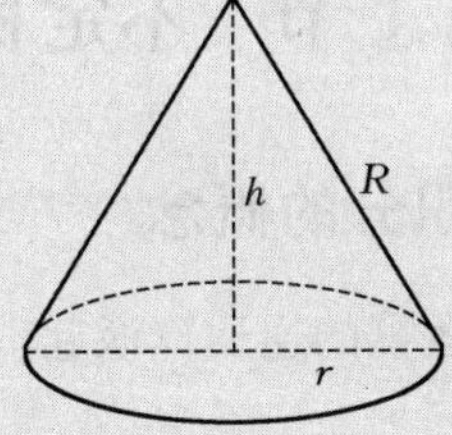

图 4-29

11. 由曲线 $y=x^2$ 及直线 $y=0$，$x=a(a>0)$ 围成一个曲边三角形，在曲边 $y=x^2(0\leqslant x\leqslant a)$ 上求一点 M，使曲线在点 M 处的切线与直线 $y=0$，$x=a$ 所围成的三角形面积最大.

12. 设在 $[0, 1]$ 上，$|f''(x)|\leqslant M$，且在 $(0, 1)$ 内 $f(x)$ 取得最大值，试证明：
$$|f'(0)|+|f'(1)|\leqslant M.$$

13. 设 $f(x)$ 在 $x=0$ 的邻域内具有二阶导数，且 $\lim\limits_{x\to 0}\left[1+x+\dfrac{f(x)}{x}\right]^{\frac{1}{x}}=\mathrm{e}^3$，

(1) 求 $f(0)$，$f'(0)$，$f''(0)$；

(2) 求 $\lim\limits_{x\to 0}\left[1+\dfrac{f(x)}{x}\right]^{\frac{1}{x}}$.

14. 已知某厂生产 x 件产品的成本为 $C=25000+200x+\dfrac{1}{40}x^2$（元），若产品以每件 500 元售出，要使利润最大，应生产多少件产品？

第五章　不定积分

本章讨论微分法的反问题，即对已知函数去求另一个函数，使已知函数等于所求函数的导函数．这种微分运算的逆运算，是积分学最基本的问题之一．

第1节　不定积分的概念与性质

一、不定积分的概念

我们从微分运算的逆运算谈起．

1. 原函数

函数的求导问题已在第三章中得到了解决．现在的问题是，如何由导函数去反推原来的函数？比如速度函数 $v=v(t)$ 是位移函数 $s=s(t)$ 的导数：$v(t)=s'(t)$，那么，在 $v(t)$ 已知的情况下，如何求得 $s(t)$？为此，我们引入原函数的概念．

定义1　设 $f(x)$ 与 $F(x)$ 都是区间 I 上的已知函数．若在区间 I 上的每一点 x 处，都有

$$F'(x)=f(x) \text{ 或 } \mathrm{d}F(x)=f(x)\mathrm{d}x,$$

则称 $F(x)$ 是 $f(x)$ 在区间 I 上的一个**原函数**．

例如，在区间 $(-\infty, +\infty)$ 上，总有 $(\sin x)'=\cos x$，故 $\sin x$ 是 $\cos x$ 在 $(-\infty, +\infty)$ 上的原函数．

又如 $x>0$ 时，总有 $(\ln x)'=\dfrac{1}{x}$，故 $\ln x$ 是 $\dfrac{1}{x}$ 在区间 $(0, +\infty)$ 上的原函数．

关于原函数，自然会提出两个问题：第一，具备什么条件的函数一定有原函数？第二，如果已知函数的原函数存在，这样的原函数唯一吗？

关于第一个问题，暂时先给出如下结论：

定理 1(原函数存在定理)　若函数 $f(x)$在区间 I 上连续，则在区间 I 上必存在函数 $F(x)$，使得

$$F'(x)=f(x),\ x\in I.$$

简单地讲，即**连续函数必有原函数**．该证明将在下一章中给出．

至于第二个问题，有

定理 2　若 $F(x)$是 $f(x)$在区间 I 上的一个原函数，则 $F(x)+C$(C 为任意常数)表示 $f(x)$的所有原函数．

证明　首先，对任意 $x\in I$，由题设

$$(F(x)+C)'=F'(x)=f(x),$$

故 $F(x)+C$ 为 $f(x)$的原函数．

其次，设 $\Phi(x)$是 $f(x)$在区间 I 的任一原函数，即

$$\Phi'(x)=f(x),\ x\in I,$$

于是

$$[\Phi(x)-F(x)]'=\Phi'(x)-F'(x)=f(x)-f(x)=0.$$

根据拉格朗日中值定理的推论，应有

$$\Phi(x)-F(x)=C(\text{常数}),$$

从而

$$\Phi(x)=F(x)+C.$$

综上表明：$\Phi(x)$与 $F(x)$只差一个常数，而由 $\Phi(x)$的任意性，$F(x)+C$ 的确代表了 $f(x)$的所有原函数．

2. 不定积分

上面定理不仅说明了原函数存在的多值性，而且给出了原函数整体的结构表示．对此引进下述定义

定义 2　若 $F(x)$是函数 $f(x)$在区间 I 上的一个原函数，则 $f(x)$在区间 I 上的全体原函数 $F(x)+C$ 称为 $f(x)$在区间 I 上的不定积分，记为

$$\int f(x)\mathrm{d}x=F(x)+C. \tag{1}$$

这里符号“$\int$”称为积分号，x 称为积分变量，$f(x)$称为被积函数，$f(x)\mathrm{d}x$称为被积表达式，而 C 称为积分常数．

此定义说明，求区间 I 上已知函数 $f(x)$的不定积分时，只要找到(或求出)它的某一个原函数 $F(x)$，那么就有 $\int f(x)\mathrm{d}x=F(x)+C$.

例 1　求 $\int x^5\mathrm{d}x$.

解　因为 $\left(\frac{1}{6}x^6\right)'=x^5$，即$\frac{1}{6}x^6$ 是 x^5 的一个原函数，故

$$\int x^5 \mathrm{d}x = \frac{1}{6}x^6 + C.$$

例 2 求 $\int \frac{1}{1+x^2}\mathrm{d}x$.

解 因为 $(\arctan x)' = \frac{1}{1+x^2}$，即 $\arctan x$ 是 $\frac{1}{1+x^2}$ 的一个原函数，故

$$\int \frac{1}{1+x^2}\mathrm{d}x = \arctan x + C.$$

例 3 求 $\int \frac{1}{x}\mathrm{d}x$.

解 当 $x>0$ 时，$(\ln x)' = \frac{1}{x}$，所以在 $(0, +\infty)$ 上，$\ln x$ 是 $\frac{1}{x}$ 的一个原函数，故 $\int \frac{1}{x}\mathrm{d}x = \ln x + C$.

而对 $x<0$，$[\ln(-x)]' = \frac{1}{-x}\cdot(-1) = \frac{1}{x}$，所以在 $(-\infty, 0)$ 上，$\ln(-x)$ 是 $\frac{1}{x}$ 的一个原函数，所以 $\int \frac{1}{x}\mathrm{d}x = \ln(-x) + C$.

综上，对 $x\neq 0$，有 $\int \frac{1}{x}\mathrm{d}x = \ln|x| + C$.

3. 不定积分的几何意义

函数 $f(x)$ 的原函数 $Y=F(x)$ 的图形，称为 $f(x)$ 的一条积分曲线，因而不定积分 $\int f(x)\mathrm{d}x = F(x) + C$ 在几何上就表示 $f(x)$ 的积分曲线族(图 5-1)，它们可看成由积分曲线 $Y=F(x)$ 沿纵轴平移而得到.

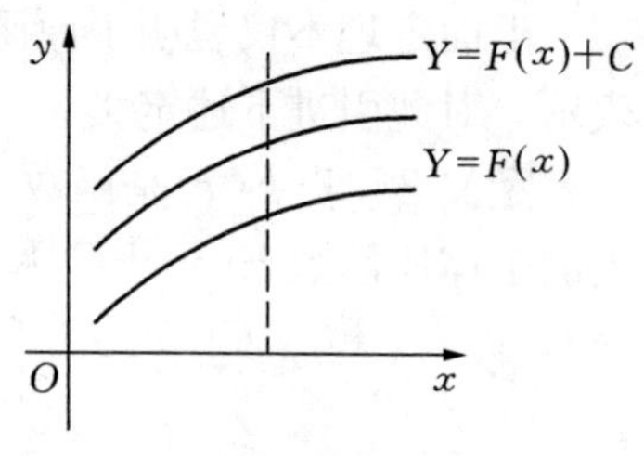

图 5-1

例 4 设曲线通过 $(1, 2)$，且其上任一点处的切线斜率等于这点横坐标的两倍，求此曲线方程.

解 不妨设所求曲线方程为 $y=f(x)$，根据题意知：$\frac{\mathrm{d}y}{\mathrm{d}x}=2x$，即所求函数 $y=f(x)$ 是 $2x$ 的一个原函数. 由

$$\int 2x\mathrm{d}x = x^2 + C，得\ f(x) = x^2 + C.$$

又因为曲线通过点 $(1, 2)$，代入上式得 $2=1+C$，从而所求曲线方程为

$$y = x^2 + 1.$$

二、不定积分的性质与方法

1. 不定积分与微分的逆运算关系

由以上定义，不难得到

性质 1　不定积分与微分(求导)满足如下逆运算关系：

(1) $\left[\int f(x)\mathrm{d}x\right]' = [F(x)+C]' = f(x)$ $\left(或\ \mathrm{d}\int f(x)\mathrm{d}x = \mathrm{d}[F(x)+C] = f(x)\mathrm{d}x\right)$.

(2) $\int F'(x)\mathrm{d}x = \int f(x)\mathrm{d}x = F(x)+C$ $\left(或\int \mathrm{d}F(x) = \int f(x)\mathrm{d}x = F(x)+C\right)$.

上述性质可简单地叙述为："先积后微，形式不变；先微后积，差任意常数".

2. 基本积分公式

以上述关系为出发点，结合第三章中的基本求导公式，可得如下基本积分公式：

(1) $\int k\mathrm{d}x = kx + C$（$k$ 是常数，特别有$\int 0\mathrm{d}x = C$）.

(2) $\int x^{\mu}\mathrm{d}x = \dfrac{1}{\mu+1}x^{\mu+1} + C$（$\mu \neq -1$）.

(3) $\int \cos x\mathrm{d}x = \sin x + C$.

(4) $\int \sin x\mathrm{d}x = -\cos x + C$.

(5) $\int \dfrac{1}{\cos^2 x}\mathrm{d}x = \int \sec^2 x\mathrm{d}x = \tan x + C$.

(6) $\int \dfrac{1}{\sin^2 x}\mathrm{d}x = \int \csc^2 x\mathrm{d}x = -\cot x + C$.

(7) $\int \tan x\sec x\mathrm{d}x = \sec x + C$.

(8) $\int \cot x\csc x\mathrm{d}x = -\csc x + C$.

(9) $\int a^x\mathrm{d}x = \dfrac{1}{\ln a}a^x + C$.

(10) $\int \mathrm{e}^x\mathrm{d}x = \mathrm{e}^x + C$.

(11) $\int \dfrac{1}{x}\mathrm{d}x = \ln|x| + C$.

(12) $\int \frac{1}{\sqrt{1-x^2}}\mathrm{d}x = \arcsin x + C = -\arccos x + C.$

(13) $\int \frac{1}{1+x^2}\mathrm{d}x = \arctan x + C = -\operatorname{arccot} x + C.$

这些基本公式是以后求不定积分运算的基础，必须熟记，但在应用时，经常需要对被积函数作适当的变形处理．

例 5　求 $\int \frac{\mathrm{d}x}{x^3\sqrt{x}}$.

解　应用积分公式(2)，得

$$\int \frac{\mathrm{d}x}{x^3\sqrt{x}} = \int x^{-\frac{7}{2}}\mathrm{d}x = \frac{1}{-\frac{7}{2}+1}x^{-\frac{7}{2}+1} + C = -\frac{2}{5}x^{-\frac{5}{2}} + C.$$

例 6　求 $\int \frac{2}{1+\cos 2x}\mathrm{d}x$.

解　$\int \frac{2}{1+\cos 2x}\mathrm{d}x = \int \frac{2}{1+2\cos^2 x-1}\mathrm{d}x = \int \frac{1}{\cos^2 x}\mathrm{d}x = \tan x + C.$

3. 线性运算法则

仍由上述基本关系，可以证明

性质 2　两函数代数和的不定积分等于这两个函数不定积分的代数和，即

$$\int [f(x) \pm g(x)]\mathrm{d}x = \int f(x)\mathrm{d}x \pm \int g(x)\mathrm{d}x. \tag{2}$$

证明　这里只需证(2)式右端是 $f(x) \pm g(x)$ 的不定积分即可．而由导数运算法则，已有

$$\left[\int f(x)\mathrm{d}x \pm \int g(x)\mathrm{d}x\right]' = \left[\int f(x)\mathrm{d}x\right]' \pm \left[\int g(x)\mathrm{d}x\right]' = f(x) \pm g(x).$$

性质 3　被积函数中的非零常数因子 k 可以提到积分号之外，即

$$\int kf(x)\mathrm{d}x = k\int f(x)\mathrm{d}x. \tag{3}$$

证明　由性质 1，已有

$$\left(k\int f(x)\mathrm{d}x\right)' = kf(x).$$

将性质 2 和性质 3 综合推广，可得

$$\int \left[\sum_{i=1}^{n} k_i f_i(x)\right]\mathrm{d}x = \sum_{i=1}^{n} k_i \int f_i(x)\mathrm{d}x.$$

说明　① 以上法则给出了“化繁为简”求积分的基本依据和手段．以此结合基本积分公式，就是求不定积分最基本的方法——直接积分法．

例 7　求$\int(e^x-3\cos x)dx$.

解　$\int(e^x-3\cos x)dx=\int e^x dx-3\int\cos x dx=e^x-3\sin x+C$.

例 8　求$\int\frac{1+2x^2}{x^2(1+x^2)}dx$.

解　$$\int\frac{1+2x^2}{x^2(1+x^2)}dx=\int\frac{1+x^2+x^2}{x^2(1+x^2)}dx=\int\frac{1}{x^2}dx+\int\frac{1}{1+x^2}dx$$

$$=-\frac{1}{x}+\arctan x+C.$$

② 按照定义，上面和式中的每个积分都应带有一个任意常数．但由于任意常数之和仍为任意常数，故只需在最后的积分结果中写出一个任意常数.

例 9　求$\int\tan^2 x dx$.

解　$\int\tan^2 x dx=\int(\sec^2 x-1)dx=\tan x-x+C$.

习题 5－1

思考题

1. 不定积分与原函数有何关系？请举例说明．

2. 下列各式中哪些是正确的？哪些是错误的，为什么？

(1) $\frac{d}{dx}\left[\int f(x)dx\right]=f(x)$；　　(2) $\int f'(x)dx=f(x)$；

(3) $d\left[\int f(x)dx\right]=f(x)$；　　(4) $\int df(x)=f(x)$．

3. 在$\int\cos x dx=\sin x+C$中，试问C可以省略吗？为什么？

练习题

1. 一曲线通过点$(e^2, 3)$，且在任意点处的切线斜率等于该点横坐标的倒数，求该曲线的方程．

2. 一物体由静止开始做直线运动，经过t s后的速度为$3t^2$ m/s，问在4 s后物体的位移是多少？

3. 求下列不定积分．

(1) $\int\frac{dx}{x^2}$；　　(2) $\int x^2\sqrt{x}dx$；

(3) $\int\sqrt[m]{x^n}dx$；　　(4) $\int(x^2+1)^2 dx$；

(5) $\int \frac{x^2}{1+x^2}\mathrm{d}x$ ；

(6) $\int 3^x \mathrm{e}^x \mathrm{d}x$ ；

(7) $\int \left(\frac{3}{1+x^2}-\frac{2}{\sqrt{1-x^2}}\right)\mathrm{d}x$ ；

(8) $\int \mathrm{e}^x\left(1-\frac{\mathrm{e}^{-x}}{\sqrt{x}}\right)\mathrm{d}x$ ；

(9) $\int \frac{2\cdot 3^x-5\cdot 2^x}{3^x}\mathrm{d}x$ ；

(10) $\int \sec x(\sec x-\tan x)\mathrm{d}x$；

(11) $\int \cos^2\frac{x}{2}\mathrm{d}x$ ；

(12) $\int \frac{\cos 2x}{\cos x-\sin x}\mathrm{d}x$；

(13) $\int \frac{\cos 2x}{\cos^2 x\sin^2 x}\mathrm{d}x$ ；

(14) $\int \left(1-\frac{1}{x^2}\right)\sqrt{x\sqrt{x}}\,\mathrm{d}x$.

4. 证明函数

$$\arcsin(2x-1),\ \arccos(1-2x),\ 2\arcsin\sqrt{x}\text{ 及 }2\arctan\sqrt{\frac{x}{1-x}}$$

都是$\frac{1}{\sqrt{x(1-x)}}$的原函数 .

第 2 节　换元积分法

直接积分是积分方法的根本基础，但由此能求的不定积分却十分有限 . 本节开始介绍更加有效、也更为常用的积分方法 .

一、第一换元积分法

我们知道，复合函数是最广泛的函数形式 . 根据上节不定积分与微分的关系讨论，现在建立复合函数的积分方法——换元积分法 .

按照选取中间变量的不同方式，换元积分法通常将分成两类，下面先介绍第一换元法 .

定理 1　设 $F(u)$为 $f(u)$的原函数，而 $u=\varphi(x)$可导，则有

$$\int f[\varphi(x)]\varphi'(x)\mathrm{d}x=\left[\int f(u)\mathrm{d}u\right]_{u=\varphi(x)}=F[\varphi(x)]+C. \qquad (1)$$

证明　由题设

$$F'(u)=f(u)(\text{或 } \mathrm{d}F(u)=f(u)\mathrm{d}u),$$

而 $u=\varphi(x)$可微，根据复合函数微分法，有

$$\mathrm{d}F[\varphi(x)]=f[\varphi(x)]\mathrm{d}[\varphi(x)]=f[\varphi(x)]\varphi'(x)\mathrm{d}x.$$

这表明 $F[\varphi(x)]$是 $f[\varphi(x)]\varphi'(x)$的一个原函数，所以

$$\int f[\varphi(x)]\varphi'(x)\mathrm{d}x = F[\varphi(x)] + C.$$

说明　① 当积分 $\int g(x)\mathrm{d}x$ 中的被积函数 $g(x)$ 不易寻求原函数时，可对 $g(x)$ 分离出一个因子作为 $\varphi'(x)$，即将 $g(x)$ 表示成 $f[\varphi(x)]\varphi'(x)$ 的形式，再应用公式(1)去求不定积分．这里需要注意，最后一步的还原过程是必须进行的.

例 1　求 $\int 2\cos 2x\mathrm{d}x$.

解　在被积函数中，$\cos 2x$ 可作为复合函数：$\cos 2x=\cos u$，$u=2x$，其常数因子 $2=(2x)'=u'$，因此令 $u=2x$，即有

$$\int 2\cos 2x\mathrm{d}x = \int \cos 2x \cdot (2x)'\mathrm{d}x = \int \cos 2x\mathrm{d}(2x) = \int \cos u\mathrm{d}u = \sin u + C.$$

再以 $u=2x$ 代入，得

$$\int 2\cos 2x\mathrm{d}x = \sin 2x + C.$$

例 2　求 $\int 2x\mathrm{e}^{x^2}\mathrm{d}x$.

解　由于被积函数的一个因子 $\mathrm{e}^{x^2}=\mathrm{e}^u$，$u=x^2$，而余下因子 $2x$ 恰好是中间变量 $u=x^2$ 的导数，于是

$$\int 2x\mathrm{e}^{x^2}\mathrm{d}x = \int \mathrm{e}^{x^2}(x^2)'\mathrm{d}x = \int \mathrm{e}^{x^2}\mathrm{d}(x^2) = \int \mathrm{e}^u\mathrm{d}u = \mathrm{e}^u + C = \mathrm{e}^{x^2} + C.$$

例 3　求 $\int \frac{1}{3+2x}\mathrm{d}x$.

解　由于被积函数可写成如下形式

$$\frac{1}{3+2x} = \frac{1}{3+2x} \cdot \frac{1}{2} \cdot (3+2x)',$$

作代换 $u=3+2x$，便有

$$\begin{aligned}\int \frac{1}{3+2x}\mathrm{d}x &= \int \frac{1}{3+2x} \cdot \frac{1}{2} \cdot (3+2x)'\mathrm{d}x = \frac{1}{2}\int \frac{1}{3+2x}\mathrm{d}(3+2x) \\ &= \frac{1}{2}\int \frac{1}{u}\mathrm{d}u = \frac{1}{2}\ln|u| + C = \frac{1}{2}\ln|3+2x| + C.\end{aligned}$$

② 分析上面的解题过程，我们发现：所作代换 $u=\varphi(x)$ 的手续完全可以省略．如例 1 可直接简化为

$$\int 2\cos 2x\mathrm{d}x = \int \cos 2x\mathrm{d}(2x) = \sin 2x + C;$$

而例 2 也可以简化为

$$\int 2x\mathrm{e}^{x^2}\mathrm{d}x = \int \mathrm{e}^{x^2}\mathrm{d}(x^2) = \mathrm{e}^{x^2} + C,$$

这就是所谓的**"凑微分"**法(第一换元积分法的简化形式)：计算过程中既无换元过程，其结果自不必还原．因此，只要牢记积分公式的形式特征，就可以非常简便地进行积分运算．

例 4　求 $\int x\sin(x^2+2)\mathrm{d}x$．

解　将被积函数写成

$$x\sin(x^2+2) = \sin(x^2+2)\cdot\frac{1}{2}(x^2)' = \sin(x^2+2)\cdot\frac{1}{2}(x^2+2)',$$

则

$$\int x\sin(x^2+2)\mathrm{d}x = \frac{1}{2}\int\sin(x^2+2)\mathrm{d}(x^2+2) = -\frac{1}{2}\cos(x^2+2)+C.$$

例 5　求 $\int\frac{1}{a^2+x^2}\mathrm{d}x(a\neq 0)$.

解　$$\int\frac{1}{a^2+x^2}\mathrm{d}x = \frac{1}{a}\int\frac{1}{1+\left(\frac{x}{a}\right)^2}\mathrm{d}\left(\frac{x}{a}\right) = \frac{1}{a}\arctan\frac{x}{a}+C.$$

例 6　求 $\int\frac{1}{\sqrt{a^2-x^2}}\mathrm{d}x(a>0)$．

解　$$\int\frac{1}{\sqrt{a^2-x^2}}\mathrm{d}x = \int\frac{1}{a}\frac{1}{\sqrt{1-\left(\frac{x}{a}\right)^2}}\mathrm{d}x = \int\frac{1}{\sqrt{1-\left(\frac{x}{a}\right)^2}}\mathrm{d}\left(\frac{x}{a}\right) = \arcsin\frac{x}{a}+C.$$

例 7　求 $\int\tan x\mathrm{d}x$.

解　$$\int\tan x\mathrm{d}x = \int\frac{1}{\cos x}\cdot\sin x\mathrm{d}x = -\int\frac{1}{\cos x}\mathrm{d}(\cos x) = -\ln|\cos x|+C.$$

类似可得

$$\int\cot x\mathrm{d}x = \ln|\sin x|+C.$$

例 8　求 $\int\frac{\mathrm{e}^{\sqrt{x}}}{\sqrt{x}}\mathrm{d}x$.

解　$$\int\frac{\mathrm{e}^{\sqrt{x}}}{\sqrt{x}}\mathrm{d}x = \int\mathrm{e}^{\sqrt{x}}\cdot\frac{1}{\sqrt{x}}\mathrm{d}x = 2\int\mathrm{e}^{\sqrt{x}}\mathrm{d}(\sqrt{x}) = 2\mathrm{e}^{\sqrt{x}}+C.$$

例 9　求$\int \frac{\mathrm{d}x}{x(1+2\ln x)}$.

解　$$\int \frac{\mathrm{d}x}{x(1+2\ln x)} = \int \frac{1}{1+2\ln x}\mathrm{d}(\ln x) = \frac{1}{2}\int \frac{1}{1+2\ln x}\mathrm{d}(1+2\ln x)$$
$$= \frac{1}{2}\ln|1+2\ln x| + C.$$

上例说明，凑微分过程可以酌情分几次进行，尤其在方法尚未熟练的时候.

例 10　求$\int \csc x\mathrm{d}x$.

解　$$\int \csc x\mathrm{d}x = \int \frac{1}{\sin x}\mathrm{d}x = \int \frac{1}{2\sin\frac{x}{2}\cos\frac{x}{2}}\mathrm{d}x = \int \frac{1}{\tan\frac{x}{2}\cos^2\frac{x}{2}}\mathrm{d}\left(\frac{x}{2}\right)$$
$$= \int \frac{1}{\tan\frac{x}{2}}\mathrm{d}\left(\tan\frac{x}{2}\right) = \ln\left|\tan\frac{x}{2}\right| + C.$$

又因为
$$\tan\frac{x}{2} = \frac{\sin\frac{x}{2}}{\cos\frac{x}{2}} = \frac{2\sin^2\frac{x}{2}}{\sin x} = \frac{1-\cos x}{\sin x} = \csc x - \cot x,$$

所以上述积分又可写成
$$\int \csc x\mathrm{d}x = \ln|\csc x - \cot x| + C.$$

完全类似，可求得
$$\int \sec x\mathrm{d}x = \ln|\sec x + \tan x| + C.$$

例 11　求$\int \frac{1}{x^2-a^2}\mathrm{d}x\ (a \neq 0)$.

解　由于
$$\frac{1}{x^2-a^2} = \frac{1}{2a}\left(\frac{1}{x-a} - \frac{1}{x+a}\right),$$

所以
$$\int \frac{1}{x^2-a^2}\mathrm{d}x = \frac{1}{2a}\int\left(\frac{1}{x-a} - \frac{1}{x+a}\right)\mathrm{d}x$$
$$= \frac{1}{2a}\int \frac{1}{x-a}\mathrm{d}(x-a) - \frac{1}{2a}\int \frac{1}{x+a}\mathrm{d}(x+a)$$
$$= \frac{1}{2a}\ln|x-a| - \frac{1}{2a}\ln|x+a| + C$$
$$= \frac{1}{2a}\ln\left|\frac{x-a}{x+a}\right| + C.$$

例 12　求$\int \frac{1}{x^2}\sec^2 \frac{1}{x}\mathrm{d}x$.

解　$\int \frac{1}{x^2}\sec^2 \frac{1}{x}\mathrm{d}x = -\int \sec^2 \frac{1}{x}\mathrm{d}\left(\frac{1}{x}\right) = -\tan\frac{1}{x} + C$.

例 13　求$\int \sin x\cos x\mathrm{d}x$.

解法一　$\int \sin x\cos x\mathrm{d}x = \frac{1}{2}\int \sin 2x\mathrm{d}x = \frac{1}{4}\int \sin 2x\mathrm{d}(2x) = -\frac{1}{4}\cos 2x + C$.

解法二　$\int \sin x\cos x\mathrm{d}x = \int \sin x\mathrm{d}(\sin x) = \frac{1}{2}\sin^2 x + C$.

解法三　$\int \sin x\cos x\mathrm{d}x = -\int \cos x\mathrm{d}(\cos x) = -\frac{1}{2}\cos^2 x + C$.

本例说明：在求不定积分时，由于选用代换形式不同，最后的结果也会不尽相同．但无论如何，它们之间只能相差一个常数．

例 14　求$\int \sin^2 x\cos^3 x\mathrm{d}x$.

解　
$$\begin{aligned}\int \sin^2 x\cos^3 x\mathrm{d}x &= \int \sin^2 x\cos^2 x\mathrm{d}(\sin x) = \int \sin^2 x(1-\sin^2 x)\,\mathrm{d}(\sin x)\\ &= \int (\sin^2 x - \sin^4 x)\mathrm{d}(\sin x)\\ &= \frac{1}{3}\sin^3 x - \frac{1}{5}\sin^5 x + C.\end{aligned}$$

例 15　求$\int \cos^2 x\mathrm{d}x$.

解　$\int \cos^2 x\mathrm{d}x = \int \frac{1+\cos 2x}{2}\mathrm{d}x = \frac{1}{2}x + \frac{1}{4}\sin 2x + C$.

一般地，当被积函数是三角函数的乘积时，应拆开奇次项的函数去凑微分（拆奇不拆偶）；而被积函数含三角函数的偶次幂时，可通过半角公式等变换方法，实行先降幂、再积分．

例 16　求$\int \frac{\mathrm{e}^x - \mathrm{e}^{-x}}{\mathrm{e}^x + \mathrm{e}^{-x}}\mathrm{d}x$.

解　注意到：若取$\varphi(x) = \mathrm{e}^x + \mathrm{e}^{-x}$，则$\varphi'(x) = \mathrm{e}^x - \mathrm{e}^{-x}$，于是
$$\int \frac{\mathrm{e}^x - \mathrm{e}^{-x}}{\mathrm{e}^x + \mathrm{e}^{-x}}\mathrm{d}x = \int \frac{1}{\mathrm{e}^x + \mathrm{e}^{-x}}\mathrm{d}(\mathrm{e}^x + \mathrm{e}^{-x}) = \ln(\mathrm{e}^x + \mathrm{e}^{-x}) + C.$$

例 17　求$\int \frac{1}{1+\cos x}\mathrm{d}x$.

解　$\int \frac{1}{1+\cos x}\mathrm{d}x = \int \frac{1-\cos x}{(1+\cos x)(1-\cos x)}\mathrm{d}x = \int \frac{1-\cos x}{\sin^2 x}\mathrm{d}x$

$$=\int\frac{1}{\sin^2 x}\mathrm{d}x-\int\frac{1}{\sin^2 x}\mathrm{d}(\sin x)$$

$$=-\cot x+\frac{1}{\sin x}+C.$$

上面所举例子，使我们从多个侧面认识到用公式(1)求不定积分时的灵活运用．一般而言，进行不定积分往往需要一定技巧，而且“凑微分”也无一般模式可循，只有熟记公式、多加练习，才能逐步掌握方法．下面是一些常用的“凑微分”公式，可供参考：

(1) $x\mathrm{d}x=\frac{1}{2}\mathrm{d}(x^2)$；　　(2) $\frac{1}{x}\mathrm{d}x=\mathrm{d}(\ln|x|)$；

(3) $\frac{1}{x^2}\mathrm{d}x=-\mathrm{d}\left(\frac{1}{x}\right)$；　　(4) $\frac{1}{\sqrt{x}}\mathrm{d}x=2\mathrm{d}(\sqrt{x})$；

(5) $\mathrm{e}^x\mathrm{d}x=\mathrm{d}(\mathrm{e}^x)$；　　(6) $-\sin x\mathrm{d}x=\mathrm{d}(\cos x)$；

(7) $\cos x\mathrm{d}x=\mathrm{d}(\sin x)$；　　(8) $\frac{1}{\sqrt{1-x^2}}\mathrm{d}x=\mathrm{d}(\arcsin x)$.

二、第二换元积分法

第一换元积分法通过变量代换 $u=\varphi(x)$，将积分

$$\int f[\varphi(x)]\varphi'(x)\mathrm{d}x$$

化繁为简

$$\int f(u)\mathrm{d}u,$$

从而实现积分过程的．而第二换元积分法则相反：即要通过变量代换 $x=\varphi(t)$将积分 $\int f(x)\mathrm{d}x$ 化为$\int f[\varphi(t)]\varphi'(t)\mathrm{d}t$ 求积分，再以 $x=\varphi(t)$的反函数 $t=\varphi^{-1}(x)$代回结果之中，这样，换元公式就表示为

$$\int f(x)\mathrm{d}x=\left[\int f[\varphi(t)]\varphi'(t)\mathrm{d}t\right]_{t=\varphi^{-1}(x)}.$$

为保证上面式子成立，除需要被积函数存在原函数之外，还要求所作变换存在反函数 $t=\varphi^{-1}(x)$，即

定理 2　设 $x=\varphi(t)$是单调的可导函数，且 $\varphi^{-1}(x)\neq 0$，而 $f[\varphi(t)]\varphi'(t)$具有原函数 $\Phi(t)$，则有

$$\int f(x)\mathrm{d}x=\left[\int f[\varphi(t)]\varphi'(t)\mathrm{d}t\right]_{t=\varphi^{-1}(x)}=\Phi[\varphi^{-1}(x)]+C, \quad (2)$$

其中 $t=\varphi^{-1}(x)$为 $x=\varphi(t)$的反函数．

证明　设 $f[\varphi(t)]\varphi'(t)$的原函数为 $\Phi(t)$，则在(2)式两边对 x 求导：

$$\{\Phi[\varphi^{-1}(x)]\}' = \Phi'(t) \cdot \frac{\mathrm{d}t}{\mathrm{d}x} = f[\varphi(t)]\varphi'(t) \cdot \frac{1}{\varphi'(t)} = f[\varphi(t)] = f(x).$$

这表明 $\Phi[\varphi^{-1}(x)]$为 $f(x)$的一个原函数，故

$$\int f(x)\mathrm{d}x = \Phi[\varphi^{-1}(x)] + C.$$

说明 使用公式(2)的关键是：寻求恰当的变换 $x=\varphi(t)$，以实现积分的化难为易．这与凑微分不同，且在积分结果中，必须还原变量 $t=\varphi^{-1}(x)$.

例 18 求 $\int \sqrt{a^2-x^2}\,\mathrm{d}x(a>0)$.

解 该积分的困难在于根式 $\sqrt{a^2-x^2}$，我们利用三角公式 $\sin^2 t+\cos^2 t=1$ 来消去根式，令 $x=a\sin t\left(-\frac{\pi}{2}<t<\frac{\pi}{2}\right)$，则有 $t=\arcsin\frac{x}{a}$，而且

$$\sqrt{a^2-x^2} = \sqrt{a^2-a^2\sin^2 t} = a\cos t,\ \mathrm{d}x = a\cos t\mathrm{d}t,$$

故所求积分为

$$\begin{aligned}\int \sqrt{a^2-x^2}\,\mathrm{d}x &= \int a\cos t \cdot a\cos t\mathrm{d}t = a^2\int \cos^2 t\mathrm{d}t \\ &= \frac{a^2}{2}\int(1+\cos 2t)\mathrm{d}t = \frac{a^2}{2}\left(t+\frac{1}{2}\sin 2t\right)+C \\ &= \frac{1}{2}a^2 t + \frac{a^2}{2}\sin t\cos t + C.\end{aligned}$$

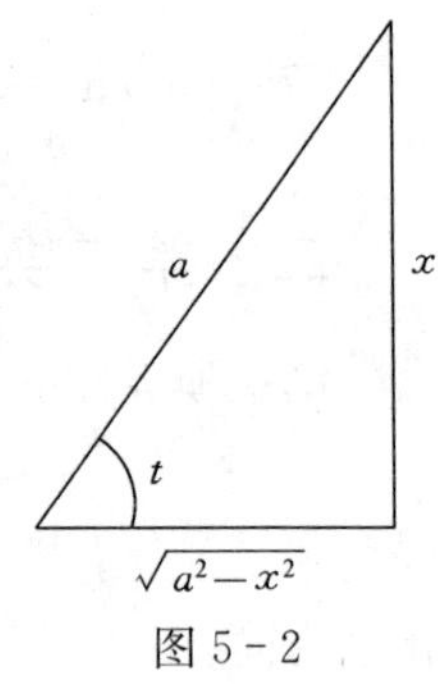

图 5 - 2

为还原变量 x，可作三角形(图 5 - 2)，显然有

$$\sin t = \frac{x}{a},\ \cos t = \frac{\sqrt{a^2-x^2}}{a},$$

代入上面结果，即得所求积分

$$\begin{aligned}\int \sqrt{a^2-x^2}\,\mathrm{d}x &= \frac{a^2}{2}\arcsin\frac{x}{a} + \frac{a^2}{2} \cdot \frac{x}{a} \cdot \frac{\sqrt{a^2-x^2}}{a} + C \\ &= \frac{a^2}{2}\arcsin\frac{x}{a} + \frac{1}{2}x\sqrt{a^2-x^2} + C.\end{aligned}$$

例 19 求 $\int \frac{1}{\sqrt{a^2+x^2}}\mathrm{d}x(a>0)$.

解 利用三角公式 $1+\tan^2 t=\sec^2 t$ 来消去根式，设 $x=a\tan t\left(-\frac{\pi}{2}<t<\frac{\pi}{2}\right)$，则 $t=\arctan\frac{x}{a}$，而 $\sqrt{a^2+x^2}=\sqrt{a^2+a^2\tan^2 t}=a\sec t$，$\mathrm{d}x=a\sec^2 t\mathrm{d}t$，于是原积分

$$\int\frac{1}{\sqrt{a^2+x^2}}\mathrm{d}x=\int\frac{1}{a\sec t}\cdot a\sec^2 t\mathrm{d}t=\int\sec t\mathrm{d}t$$

$$=\ln|\sec t+\tan t|+C\text{(利用了例 10 中的结果)}.$$

由图 5-3，$\sec t=\dfrac{\sqrt{a^2+x^2}}{a}$，$\tan t=\dfrac{x}{a}$，故原积分

$$\int\frac{1}{\sqrt{a^2+x^2}}\mathrm{d}x=\ln\left(\frac{\sqrt{a^2+x^2}}{a}+\frac{x}{a}\right)+C_1$$

$$=\ln(x+\sqrt{a^2+x^2})+C,$$

其中 $C=C_1-\ln a$.

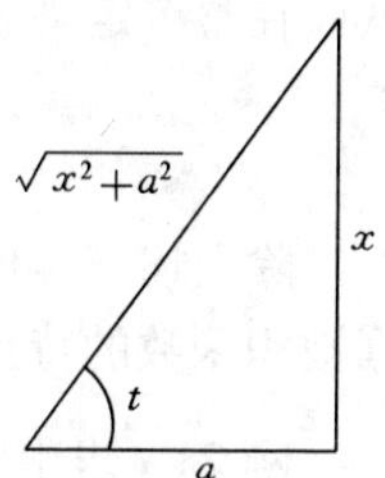

图 5-3

上述例子所作的代换统称为三角代换，其意义是消去根号使积分易求．经常使用的三角代换类型有：

被积函数含 $\sqrt{a^2-x^2}$，作代换 $x=a\sin t$，$t\in\left(-\dfrac{\pi}{2},\ \dfrac{\pi}{2}\right)$.

被积函数含 $\sqrt{a^2+x^2}$，作代换 $x=a\tan t$，$t\in\left(-\dfrac{\pi}{2},\ \dfrac{\pi}{2}\right)$.

被积函数含 $\sqrt{x^2-a^2}$，作代换 $x=a\sec t$，$t\in\left(0,\ \dfrac{\pi}{2}\right)$.

例 20　求 $\displaystyle\int\frac{1}{\sqrt{x^2-a^2}}\mathrm{d}x(a>0)$.

解　被积函数的定义域为$(-\infty,\ -a)\cup(a,\ +\infty)$，我们先在$(a,\ +\infty)$内求积分，令 $x=a\sec t\left(0<t<\dfrac{\pi}{2}\right)$，则 $t=\arccos\dfrac{a}{x}$，而

$$\sqrt{x^2-a^2}=\sqrt{a^2\sec^2 t-a^2}=a\tan t,$$

$$\mathrm{d}x=a\sec t\tan t\mathrm{d}t,$$

于是原积分

$$\int\frac{1}{\sqrt{x^2-a^2}}\mathrm{d}x=\int\frac{1}{a\tan t}\cdot a\sec t\cdot\tan t\mathrm{d}t=\int\sec t\mathrm{d}t$$

$$=\ln(\sec t+\tan t)+C_1.$$

图 5-4 中，$\tan t=\dfrac{\sqrt{x^2-a^2}}{a}$，从而

$$\int\frac{1}{\sqrt{x^2-a^2}}\mathrm{d}x=\ln\left(\frac{x}{a}+\frac{\sqrt{x^2-a^2}}{a}\right)+C_1$$

$$=\ln(x+\sqrt{x^2-a^2})+C,$$

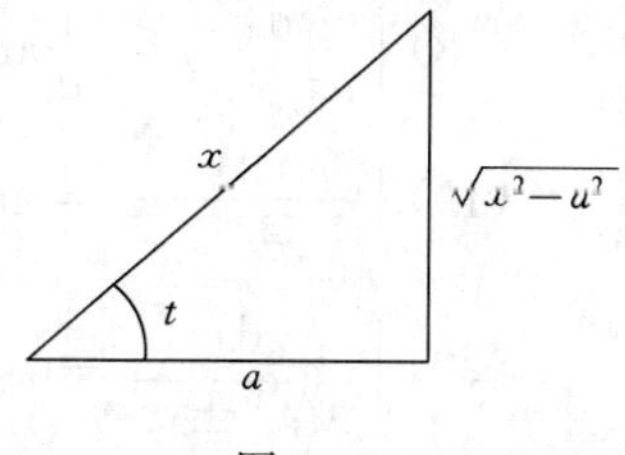

图 5-4

其中 $C=C_1-\ln a$.

在$(-\infty,\ -a)$内，设$x=-u$，则类似可得

$$\int \frac{1}{\sqrt{x^2-a^2}}\mathrm{d}x=\ln|x+\sqrt{x^2-a^2}|+C,$$

从而在整个定义域$(-\infty,\ -a)\cup(a,\ +\infty)$上，有

$$\int \frac{1}{\sqrt{x^2-a^2}}\mathrm{d}x=\ln|x+\sqrt{x^2-a^2}|+C.$$

除上述三角代换之外，第二换元积分法还有一些其他的代换形式，这要根据被积函数的特点而确定．如

例 21　求$\int \frac{1}{x(x^7+2)}\mathrm{d}x$.

解　设$x=\frac{1}{t}$，则$\mathrm{d}x=-\frac{1}{t^2}\mathrm{d}t$，于是

$$\int \frac{1}{x(x^7+2)}\mathrm{d}x=\int \frac{t}{\left(\frac{1}{t}\right)^7+2}\left(-\frac{1}{t^2}\right)\mathrm{d}t=-\int \frac{t^6}{1+2t^7}\mathrm{d}t$$

$$=-\frac{1}{14}\ln|1+2t^7|+C=-\frac{1}{14}\ln|2+x^7|+\frac{1}{2}\ln|x|+C.$$

评注　上例中的$x=\frac{1}{t}$称为倒代换，当被积函数中分母的次数较高时，该方法往往非常有效．

本节中几个例子的结果，以后也经常被当作公式使用，补充如下：

(14) $\int \tan x\mathrm{d}x=-\ln|\cos x|+C$;

(15) $\int \cot x\mathrm{d}x=\ln|\sin x|+C$;

(16) $\int \sec x\mathrm{d}x=\ln|\sec x+\tan x|+C$;

(17) $\int \csc x\mathrm{d}x=\ln|\csc x-\cot x|+C$;

(18) $\int \frac{\mathrm{d}x}{a^2+x^2}=\frac{1}{a}\arctan\frac{x}{a}+C$;

(19) $\int \frac{\mathrm{d}x}{\sqrt{a^2-x^2}}=\arcsin\frac{x}{a}+C$;

(20) $\int \frac{\mathrm{d}x}{\sqrt{x^2\pm a^2}}=\ln\left|x+\sqrt{x^2\pm a^2}\right|+C$;

(21) $\int \frac{\mathrm{d}x}{x^2-a^2}=\frac{1}{2a}\ln\left|\frac{x-a}{x+a}\right|+C$;

(22) $\int \frac{\mathrm{d}x}{a^2-x^2}=\frac{1}{2a}\ln\left|\frac{a+x}{a-x}\right|+C.$

例如，求 $\int \frac{\mathrm{d}x}{x^2+2x+3}$，利用公式(18)即得

$$\int \frac{\mathrm{d}x}{x^2+2x+3}=\int \frac{1}{(x+1)^2+(\sqrt{2})^2}\mathrm{d}(x+1)=\frac{1}{\sqrt{2}}\arctan\frac{x+1}{\sqrt{2}}+C.$$

习题 5-2

思考题

1. 第一换元法与第二换元法有何异同？哪一种换元法的代换过程及还原过程可以省略？

2. 同一个不定积分的结果形式是否必须相同？为什么？

练习题

1. 在下列各等式的右端加上适当的系数，使等式成立．

(1) $\mathrm{d}x=\mathrm{d}(7x-3)$；

(2) $x\mathrm{d}x=\mathrm{d}(5x^2)$；

(3) $x\mathrm{d}x=\mathrm{d}(1-x^2)$；

(4) $x^3\mathrm{d}x=\mathrm{d}(3x^4-2)$；

(5) $\mathrm{e}^{2x}\mathrm{d}x=\mathrm{d}(\mathrm{e}^{2x})$；

(6) $\mathrm{e}^{-\frac{x}{2}}\mathrm{d}x=\mathrm{d}(1+\mathrm{e}^{-\frac{x}{2}})$；

(7) $\frac{1}{\sqrt{x}}\mathrm{d}x=\mathrm{d}(\sqrt{x})$；

(8) $\sin\frac{3}{2}x\mathrm{d}x=\mathrm{d}\left(\cos\frac{3}{2}x\right)$；

(9) $\frac{1}{x}\mathrm{d}x=\mathrm{d}(5\ln|x|)$；

(10) $\tan x\mathrm{d}(\tan x)=\mathrm{d}(\tan^2 x)$；

(11) $\frac{1}{1+9x^2}\mathrm{d}x=\mathrm{d}(\arctan 3x)$；

(12) $\frac{1}{\sqrt{1-x^2}}\mathrm{d}x=\mathrm{d}(1-\arcsin x)$；

(13) $\frac{x}{\sqrt{1-x^2}}\mathrm{d}x=\mathrm{d}(\sqrt{1-x^2})$.

2. 求下列不定积分(其中 a，b，ω，φ 均为常数)．

(1) $\int \mathrm{e}^{5x}\mathrm{d}x$；

(2) $\int (3-2x)^{100}\mathrm{d}x$；

(3) $\int \frac{\mathrm{d}x}{1-2x}$；

(4) $\int \frac{\mathrm{d}x}{\sqrt[3]{2-3x}}$；

(5) $\int (\sin ax-\mathrm{e}^{\frac{x}{b}})\mathrm{d}x$；

(6) $\int \frac{\sin\sqrt{t}}{\sqrt{t}}\mathrm{d}t$；

(7) $\int \frac{\mathrm{d}x}{\sin x\cos x}$；

(8) $\int \frac{\mathrm{d}x}{\mathrm{e}^x+\mathrm{e}^{-x}}$；

(9) $\int x\cos x^2\mathrm{d}x$；

(10) $\int \frac{x}{\sqrt{2-3x^2}}\mathrm{d}x$；

(11) $\int \cos^2(\omega t+\varphi)\sin(\omega t+\varphi)\mathrm{d}t$；

(12) $\int \frac{2x-1}{\sqrt{1-x^2}}\mathrm{d}x$；

(13) $\int \frac{\sin x+\cos x}{\sqrt[3]{\sin x-\cos x}}\mathrm{d}x$；

(14) $\int \frac{1+\ln x}{(x\ln x)^2}\mathrm{d}x$；

(15) $\int \tan^3 x\sec x\mathrm{d}x$；

(16) $\int \frac{\mathrm{d}x}{x\ln x\ln\ln x}$；

(17) $\int \frac{\arctan\sqrt{x}}{\sqrt{x}(1+x)}\mathrm{d}x$；

(18) $\int \frac{10^{2\arccos x}}{\sqrt{1-x^2}}\mathrm{d}x$；

(19) $\int \tan\sqrt{1+x^2}\cdot\frac{x}{\sqrt{1+x^2}}\mathrm{d}x$；

(20) $\int \frac{\sin x\cos x}{1+\sin^4 x}\mathrm{d}x$.

3. 求下列不定积分．

(1) $\int \frac{x^2}{\sqrt{a^2-x^2}}\mathrm{d}x(a>0)$；

(2) $\int \frac{\sqrt{x^2-9}}{x}\mathrm{d}x$；

(3) $\int \frac{\mathrm{d}x}{x^2\sqrt{x^2+1}}$；

(4) $\int \frac{\mathrm{d}x}{1+\sqrt{1-x^2}}$；

(5) $\int 2\mathrm{e}^x\sqrt{1-\mathrm{e}^{2x}}\mathrm{d}x$；

(6) $\int \frac{1}{x\sqrt{\frac{x^2}{9}-1}}\mathrm{d}x$；

(7) $\int \frac{1}{\sqrt{1+2x^2}}\mathrm{d}x$.

第3节　分部积分法

换元积分法虽然重要，但对于指数函数、对数函数、幂函数、三角函数与反三角函数及其乘积形式的积分：$\int x\mathrm{e}^x\mathrm{d}x,\int x\cos x\mathrm{d}x,\int \ln x\mathrm{d}x,\int \arcsin x\mathrm{d}x$，却往往无法奏效．本节介绍此类积分的专用方法——分部积分法．

设函数 $u=u(x)$ 及 $v=v(x)$ 具有连续导数，由两个函数乘积的导数公式

$$(uv)'=u'v+uv',$$

移项得 $uv'=(uv)'-u'v$，在两边同时求不定积分，有

$$\int uv'\mathrm{d}x=uv-\int u'v\mathrm{d}x \quad 或 \quad \int u\mathrm{d}v=uv-\int v\mathrm{d}u. \tag{1}$$

这就是分部积分公式．其关键的思路是：在被积函数中正确分离出 u 和 v，将原积分转化为两部分：函数 uv 及剩余积分 $\int v\mathrm{d}u$（之和）．当然，这里的

剩余积分必须较原积分易求，才能实现化难为易的目的．

下面通过例子来说明公式(1)的运用方法和特点．

例 1　求$\int x\mathrm{e}^x\mathrm{d}x$．

解　令$u=x$，$\mathrm{d}v=\mathrm{e}^x\mathrm{d}x=\mathrm{d}(\mathrm{e}^x)$，则

$$\int x\mathrm{e}^x\mathrm{d}x=\int x\mathrm{d}(\mathrm{e}^x)=x\mathrm{e}^x-\int\mathrm{e}^x\mathrm{d}x=x\mathrm{e}^x-\mathrm{e}^x+C=(x-1)\mathrm{e}^x+C.$$

说明　本例中选取u及$\mathrm{d}v$的方法具有代表性：$\mathrm{d}v$的选择使得v易求，而剩余积分$\int\mathrm{e}^x\mathrm{d}x$也较容易，从而原积分易于积出．反之，如果选取

$$u=\mathrm{e}^x,\ \mathrm{d}v=x\mathrm{d}x=\mathrm{d}\left(\frac{1}{2}x^2\right),$$

则应用公式(1)，得

$$\int x\mathrm{e}^x\mathrm{d}x=\int\mathrm{e}^x\mathrm{d}\left(\frac{1}{2}x^2\right)=\frac{1}{2}x^2\mathrm{e}^x-\frac{1}{2}\int x^2\mathrm{d}(\mathrm{e}^x)=\frac{1}{2}x^2\mathrm{e}^x-\frac{1}{2}\int x^2\mathrm{e}^x\mathrm{d}x.$$

这右端的积分$\int x^2\mathrm{e}^x\mathrm{d}x$显然比原积分$\int x\mathrm{e}^x\mathrm{d}x$更复杂！因此，这样选取$u$及$\mathrm{d}v$是不正确的．

例 2　求$\int x\cos x\mathrm{d}x$.

解　取$u=x$，$\mathrm{d}v=\cos x\mathrm{d}x=\mathrm{d}(\sin x)$，则$v=\sin x$，原积分

$$\int x\cos x\mathrm{d}x=\int x\mathrm{d}(\sin x)=x\sin x-\int\sin x\mathrm{d}x=x\sin x+\cos x+C.$$

思考　如果取$u=\cos x$，$\mathrm{d}v=x\mathrm{d}x=\mathrm{d}\left(\frac{1}{2}x^2\right)$，此题是否易于积分？

例 3　求$\int x^2\mathrm{e}^x\mathrm{d}x$.

解　选取$u=x^2$，$\mathrm{d}v=\mathrm{e}^x\mathrm{d}x=\mathrm{d}(\mathrm{e}^x)$，则$v=\mathrm{e}^x$，原积分

$$\int x^2\mathrm{e}^x\mathrm{d}x=\int x^2\mathrm{d}(\mathrm{e}^x)=x^2\mathrm{e}^x-\int\mathrm{e}^x\mathrm{d}(x^2)=x^2\mathrm{e}^x-2\int x\mathrm{e}^x\mathrm{d}x.$$

这里积分$\int x\mathrm{e}^x\mathrm{d}x$显然要比积分$\int x^2\mathrm{e}^x\mathrm{d}x$易求，因为被积函数中$x$的幂指数已降低一次．对$\int x\mathrm{e}^x\mathrm{d}x$再使用分部积分公式，即得

$$\begin{aligned}\int x^2\mathrm{e}^x\mathrm{d}x&=x^2\mathrm{e}^x-2\int x\mathrm{d}(\mathrm{e}^x)=x^2\mathrm{e}^x-2\left(x\mathrm{e}^x-\int\mathrm{e}^x\mathrm{d}x\right)\\&=x^2\mathrm{e}^x-2x\mathrm{e}^x+2\mathrm{e}^x+C=(x^2-2x+2)\mathrm{e}^x+C.\end{aligned}$$

评注　上面三个例子中，被积函数分别是幂函数与三角(正、余弦)函数或指数函数的乘积，即形如$\int x^n \sin bx\mathrm{d}x, \int x^n \cos bx\mathrm{d}x, \int x^n \mathrm{e}^{ax}\mathrm{d}x$的积分．对于这些情形，一般应选取$u=x^n$，从而连续应用分部积分，逐次降幂可求得结果．

例4　求$\int x\ln x\mathrm{d}x$．

解　取$u=\ln x$，$\mathrm{d}v=x\mathrm{d}x=\mathrm{d}\left(\frac{1}{2}x^2\right)$，则$v=\frac{1}{2}x^2$，原积分

$$\begin{aligned}\int x\ln x\mathrm{d}x &= \int \ln x\mathrm{d}\left(\frac{1}{2}x^2\right) = \frac{1}{2}x^2\ln x - \int \frac{1}{2}x^2\mathrm{d}(\ln x) \\ &= \frac{1}{2}x^2\ln x - \frac{1}{2}\int x\mathrm{d}x = \frac{1}{2}x^2\ln x - \frac{1}{4}x^2 + C.\end{aligned}$$

例5　求$\int x\arctan x\mathrm{d}x$．

解　取$u=\arctan x$，$\mathrm{d}v=x\mathrm{d}x=\mathrm{d}\left(\frac{1}{2}x^2\right)$，则

$$\begin{aligned}\int x\arctan x\mathrm{d}x &= \frac{1}{2}\int \arctan x\mathrm{d}(x^2) \\ &= \frac{1}{2}x^2\arctan x - \frac{1}{2}\int x^2\mathrm{d}(\arctan x) \\ &= \frac{1}{2}x^2\arctan x - \frac{1}{2}\int \frac{x^2}{1+x^2}\mathrm{d}x \\ &= \frac{1}{2}x^2\arctan x - \frac{1}{2}\int\left(1-\frac{1}{1+x^2}\right)\mathrm{d}x \\ &= \frac{1}{2}x^2\arctan x - \frac{1}{2}(x-\arctan x) + C \\ &= \frac{1}{2}(x^2+1)\arctan x - \frac{1}{2}x + C.\end{aligned}$$

评注　上述两个例子说明：如果被积函数是幂函数与对数函数或反三角函数的乘积，即在形如$\int x^n \ln x\mathrm{d}x, \int x^n \arcsin x\mathrm{d}x, \int x^n \arctan x\mathrm{d}x$的积分中，取$u=\ln x$，$\arcsin x$，$\arctan x$为宜．

对某些特殊形式的函数积分，用分部积分法时可能出现“循环”现象，这时可通过“解方程”的手段求出积分．

例6　求$\int \mathrm{e}^x \sin x\mathrm{d}x$.

解　取$u=\sin x$，$\mathrm{d}v=\mathrm{e}^x\mathrm{d}x=\mathrm{d}(\mathrm{e}^x)$，则

$$\int e^x \sin x dx = \int \sin x d(e^x) = e^x \sin x - \int e^x \cos x dx.$$

上式的最后一个积分与原积分属于同一类型，同样取 $u=\cos x$，$dv=e^x dx=d(e^x)$再用一次分部积分法，得

$$\begin{aligned}\int e^x \sin x dx &= e^x \sin x - \int \cos x d(e^x)\\ &= e^x \sin x - \left(e^x \cos x + \int e^x \sin x dx\right)\\ &= e^x(\sin x - \cos x) - \int e^x \sin x dx.\end{aligned}$$

将 $\int e^x \sin x dx$ 视为未知函数，移项合并即得

$$\int e^x \sin x dx = \frac{1}{2} e^x(\sin x - \cos x) + C.$$

注意　这最后结果中的任意常数 C 必须加上，其理由来自不定积分的定义.

例 7　求 $\int \sin(\ln x) dx$.

解　取 $u=\sin(\ln x)$，则

$$\begin{aligned}\int \sin(\ln x) dx &= x\sin(\ln x) - \int x d[\sin(\ln x)]\\ &= x\sin(\ln x) - \int x\cos(\ln x) \cdot \frac{1}{x} dx\\ &= x\sin(\ln x) - \int \cos(\ln x) dx\\ &= x\sin(\ln x) - x\cos(\ln x) + \int x d[\cos(\ln x)]\\ &= x[\sin(\ln x) - \cos(\ln x)] - \int \sin(\ln x) dx,\end{aligned}$$

移项化简，得

$$\int \sin(\ln x) dx = \frac{1}{2} x[\sin(\ln x) - \cos(\ln x)] + C.$$

对于更为复杂形式的积分，往往需要与换元积分等其他方法结合使用，此即**综合积分法**，这当然是更为有效的积分手段.

例 8　求 $\int e^{\sqrt{x}} dx$.

解　令 $\sqrt{x}=t$，$x=t^2$，原积分化为

$$\int e^{\sqrt{x}} dx = \int e^t \cdot 2t dt = 2\int te^t dt.$$

再利用分部积分公式(注意例 1 的结果)，并还原变量 $t=\sqrt{x}$，得

$$\int e^{\sqrt{x}} dx = 2\int te^t dt = 2(t-1)e^t + C = 2(\sqrt{x}-1)e^{\sqrt{x}} + C.$$

例 9 已知 $f(x)$的一个原函数是$\frac{\cos x}{x}$，求$\int xf'(x)dx$.

解 由题设条件可知 $f(x)=\left(\frac{\cos x}{x}\right)'$，于是

$$\begin{aligned}\int xf'(x)dx &= \int x d[f(x)] = xf(x) - \int f(x)dx \\ &= x\left(\frac{\cos x}{x}\right)' - \frac{\cos x}{x} + C \\ &= -\sin x - \frac{2\cos x}{x} + C.\end{aligned}$$

附注 此题求解时，如果先由题设求出 $f'(x)$，然后再求$\int xf'(x)dx$，则会很复杂.

习题 5-3

思考题

1. 分部积分法的关键是什么?

2. 用分部积分法求下列不定积分，应选取什么作为公式中的 u?

(1) $\int x^4 e^x dx$；　　(2) $\int x^3 \cos x dx$；

(3) $\int \arctan 2x dx$；　　(4) $\int (x^2-x)\ln x dx$.

练习题

1. 求下列积分.

(1) $\int x\sin x dx$；　　(2) $\int xe^{-x} dx$；

(3) $\int x^2 \ln x dx$；　　(4) $\int \frac{\ln x}{\sqrt{x}} dx$；

(5) $\int x\cos\frac{x}{2} dx$；　　(6) $\int \frac{1}{x^2}\arctan x dx$；

(7) $\int x(2-x)^4 dx$；　　(8) $\int x\sin x\cos x dx$；

(9) $\int \frac{x^2}{1+x^2}\arctan x\mathrm{d}x$；　　(10) $\int \mathrm{e}^{\sqrt[3]{x}}\mathrm{d}x$；

(11) $\int \mathrm{e}^{-2x}\sin\frac{x}{2}\mathrm{d}x$；　　(12) $\int \cos(\ln x)\mathrm{d}x$；

(13) $\int \frac{\ln\cos x}{\cos^2 x}\mathrm{d}x$；　　(14) $\int \sec^3 x\mathrm{d}x$；

(15) $\int \frac{x\mathrm{e}^x}{(1+x)^2}\mathrm{d}x$；　　(16) $\int \mathrm{e}^x\sin^2 x\mathrm{d}x$.

2. 设$\frac{\tan x}{x}$是$f(x)$的一个原函数，求$\int xf'(x)\mathrm{d}x$.

*3. 求$I_n=\int \frac{\mathrm{d}x}{(x^2+a^2)^n}$，其中$n$为正整数.

第4节　有理函数和有理化积分法

本节以换元、分部积分法为手段，来解决几类特殊形式的积分问题.

一、有理函数的积分法

有理函数是指两个多项式的商

$$R(x)=\frac{P(x)}{Q(x)}=\frac{a_0x^n+a_1x^{n-1}+\cdots+a_{n-1}x+a_n}{b_0x^m+b_1x^{m-1}+\cdots+b_{m-1}x+b_m},\tag{1}$$

其中m，n是自然数，a_i，$b_j(i=0,1,\cdots,n;\ j=0,1,\cdots,m)$是实数，且$a_0\neq 0$，$b_0\neq 0$.

当$n<m$时，称$R(x)$为真分式，当$n\geqslant m$时，称$R(x)$为假分式，其中总假定$P(x)$与$Q(x)$无公因式.

由于假分式总可化为多项式与真分式之和，例如

$$\frac{x^3+1}{x^2+x+1}=x-1+\frac{2}{x^2+x+1},\quad \frac{x^2-5x+4}{x^2+3x+1}=1+\frac{-8x+3}{x^2+3x+1}\text{等}.$$

因此，只需考虑求真分式的积分问题.

下面假定$R(x)=\frac{P(x)}{Q(x)}$为真分式，其不定积分可分为下列三步来进行.

第一步：将$Q(x)$在实数范围内分解成一次或二次质因式的乘积形式：$(x-a)^k$或$(x^2+px+q)^l$，这里$p^2-4q<0$，k，l为正整数.

第二步：按照$Q(x)$的分解结果，将真分式$\frac{P(x)}{Q(x)}$分成若干个部分分式之

和，具体方法是：

若 $Q(x)$ 有因式 $(x-a)^k$，则和式中对应地含有以下 k 个部分分式之和

$$\frac{A_1}{x-a}+\frac{A_2}{(x-a)^2}+\cdots+\frac{A_k}{(x-a)^k}.$$

若 $Q(x)$ 有因式 $(x^2+px+q)^l$，则和式中对应地含有以下 l 个部分分式之和

$$\frac{M_1x+N_1}{x^2+px+q}+\frac{M_2x+N_2}{(x^2+px+q)^2}+\cdots+\frac{M_lx+N_l}{(x^2+px+q)^l}.$$

上面两式中的所有常数 $A_i(1\leqslant i\leqslant k)$，$M_j$，$N_j(1\leqslant j\leqslant l)$ 都为待定常数，可通过待定系数法求得．

第三步：求出各个部分分式的原函数，进而求得积分 $\int R(x)\mathrm{d}x$.

例 1　求 $\int\frac{x+3}{x^2-5x+6}\mathrm{d}x$.

解　由于 $x^2-5x+6=(x-2)(x-3)$，故设

$$\frac{x+3}{x^2-5x+6}=\frac{A}{x-2}+\frac{B}{x-3}.$$

由待定系数法，应有 $x+3=A(x-3)+B(x-2)$，进而可求出 A，B.

方法一(比较系数法)　比较上式两边的同类项，得

$$\begin{cases}A+B=1,\\-3A-2B=3,\end{cases}\text{解得}\begin{cases}A=-5,\\B=6.\end{cases}$$

方法二(赋值法)　在恒等式 $x+3=A(x-3)+B(x-2)$ 中，代入特殊的 x 值去求待定常数，如令 $x=2$，得 $A=-5$；令 $x=3$，得 $B=6$.

总之，已得到 $\frac{x+3}{x^2-5x+6}=\frac{-5}{x-2}+\frac{6}{x-3}$，从而可求得积分

$$\int\frac{x+3}{x^2-5x+6}\mathrm{d}x=\int\left(\frac{-5}{x-2}+\frac{6}{x-3}\right)\mathrm{d}x=-5\ln|x-2|+6\ln|x-3|+C.$$

例 2　求 $\int\frac{x^2+1}{(x^2-1)(x+1)}\mathrm{d}x$.

解　由于 $Q(x)=(x^2-1)(x+1)=(x-1)(x+1)^2$，设

$$\frac{x^2+1}{(x^2-1)(x+1)}=\frac{A}{x-1}+\frac{B}{x+1}+\frac{C}{(x+1)^2},$$

则
$$x^2+1=A(x+1)^2+B(x-1)(x+1)+C(x-1).$$

令 $x=1$，得 $A=\frac{1}{2}$；令 $x=-1$，得 $C=-1$；再令 $x=0$，得 $B=A-C-$

$1=\frac{1}{2}$，因此$\frac{x^2+1}{(x^2-1)(x+1)}=\frac{\frac{1}{2}}{x-1}+\frac{\frac{1}{2}}{x+1}+\frac{-1}{(x+1)^2}$，从而

$$\int\frac{x^2+1}{(x^2-1)(x+1)}\mathrm{d}x=\frac{1}{2}\int\frac{1}{x-1}\mathrm{d}x+\frac{1}{2}\int\frac{1}{x+1}\mathrm{d}x-\int\frac{1}{(x+1)^2}\mathrm{d}x$$

$$=\frac{1}{2}\ln|x^2-1|+\frac{1}{x+1}+C.$$

例 3　求$\int\frac{x}{(x+2)(1+x^2)}\mathrm{d}x$.

解　这里$Q(x)=(x+2)(1+x^2)$，设

$$\frac{x}{(x+2)(1+x^2)}=\frac{A}{x+2}+\frac{B_1x+B_2}{1+x^2},$$

则由待定系数法求得$A=-\frac{2}{5}$，$B_1=\frac{2}{5}$，$B_2=\frac{1}{5}$，从而

$$\int\frac{x}{(x+2)(1+x^2)}\mathrm{d}x=\int\frac{-\frac{2}{5}}{x+2}\mathrm{d}x+\int\frac{\frac{2}{5}x+\frac{1}{5}}{1+x^2}\mathrm{d}x$$

$$=-\frac{2}{5}\ln|x+2|+\frac{1}{5}\int\frac{2x+1}{1+x^2}\mathrm{d}x$$

$$=-\frac{2}{5}\ln|x+2|+\frac{1}{5}\left(\int\frac{2x}{1+x^2}\mathrm{d}x+\int\frac{1}{1+x^2}\mathrm{d}x\right)$$

$$=-\frac{2}{5}\ln|x+2|+\frac{1}{5}[\ln(1+x^2)+\arctan x]+C.$$

评注　上面介绍的是求有理函数积分的一般方法和步骤，其特点有二：

① 彻底性：有理函数必可积，且其结果仅包含“有理函数、对数函数或反正切函数”.

② 程序化：有理函数的上述积分法表现为一种“程序化”的模式(三步法).

有理函数积分方法的不足也是明显的：计算常常比较麻烦！所以在具体积分时，应根据被积函数的特点，灵活地使用其他各种方法求出积分.

例 4　求$\int\frac{x^2+1}{(x-1)^3}\mathrm{d}x$.

解　令$t=x-1$，将分母化简为t^3，则积分

$$\int\frac{x^2+1}{(x-1)^3}\mathrm{d}x=\int\frac{(t+1)^2+1}{t^3}\mathrm{d}t=\int\left(\frac{1}{t}+\frac{2}{t^2}+\frac{2}{t^3}\right)\mathrm{d}t$$

$$= \ln|t| - \frac{2}{t} - \frac{1}{t^2} + C = \ln|x-1| - \frac{2}{x-1} - \frac{1}{(x-1)^2} + C.$$

显然，这要比使用有理函数积分法方便得多！

二、有理化积分法

鉴于上述有理函数积分“程序化和彻底性”的优点，对某些不易求积分的函数类型，可转化为有理函数来求之，本节仅介绍两类常见情形．

1. 简单无理函数的积分

如果被积函数中含有一些简单根式，如 $\sqrt[n]{ax+b}$ ，$\sqrt[n]{\dfrac{ax+b}{cx+d}}$ 等，可通过适当的变量代换转化为有理函数的积分形式．

例 5　求 $\displaystyle\int \frac{\mathrm{d}x}{\sqrt{1+x}+1}$．

解　设 $\sqrt{1+x}=t$，即 $x=t^2-1$，$\mathrm{d}x=2t\mathrm{d}t$，于是原积分

$$\int \frac{\mathrm{d}x}{\sqrt{1+x}+1} = \int \frac{2t}{t+1}\mathrm{d}t = 2\int \frac{t+1-1}{t+1}\mathrm{d}t = 2[t - \ln(t+1)] + C$$

$$= 2[\sqrt{1+x} - \ln(\sqrt{1+x}+1)] + C.$$

例 6　求 $\displaystyle\int \frac{1}{\sqrt{x}+\sqrt[3]{x}}\mathrm{d}x$．

解　为了同时去掉 $\sqrt{x}$ 及 $\sqrt[3]{x}$ 两个根式，令 $x=t^6$，则原积分

$$\int \frac{1}{\sqrt{x}+\sqrt[3]{x}}\mathrm{d}x = \int \frac{1}{t^3+t^2} \cdot 6t^5 \mathrm{d}t$$

$$= 6\int \left(t^2 - t + 1 - \frac{1}{1+t}\right)\mathrm{d}t$$

$$= 2t^3 - 3t^2 + 6t - 6\ln|1+t| + C$$

$$= 2\sqrt{x} - 3\sqrt[3]{x} + 6\sqrt[6]{x} - 6\ln(1+\sqrt[6]{x}) + C.$$

例 7　求 $\displaystyle\int \frac{1}{x}\sqrt{\frac{1+x}{x}}\mathrm{d}x$.

解　令 $\sqrt{\dfrac{1+x}{x}}=t$，则 $x=\dfrac{1}{t^2-1}$，$\mathrm{d}x=-\dfrac{2t}{(t^2-1)^2}\mathrm{d}t$，原积分

$$\int \frac{1}{x}\sqrt{\frac{1+x}{x}}\mathrm{d}x = \int (t^2-1) \cdot t \cdot \frac{-2t}{(t^2-1)^2}\mathrm{d}t$$

$$= -2\int \frac{t^2}{t^2-1}\mathrm{d}t = -2\int \left(1 + \frac{1}{t^2-1}\right)\mathrm{d}t$$

$$=-2t-\ln\left|\frac{t-1}{t+1}\right|+C$$

$$=-2\sqrt{\frac{1+x}{x}}-\ln\left|2x-2x\sqrt{\frac{x+1}{x}}+1\right|+C.$$

2. 指数函数无理式的积分

对于指数函数的无理式，也可仿照上面的方式处理．如

例 8 求 $\int\frac{1}{\sqrt{1+e^x}}dx$.

解 令 $\sqrt{1+e^x}=t$，则 $x=\ln(t^2-1)$，$dx=\frac{2t}{t^2-1}dt$，于是

$$\int\frac{1}{\sqrt{1+e^x}}dx=\int\frac{2}{t^2-1}dt=\int\left(\frac{1}{t-1}-\frac{1}{t+1}\right)dt$$

$$=\ln\left|\frac{t-1}{t+1}\right|+C=\ln\left|\frac{\sqrt{1+e^x}-1}{\sqrt{1+e^x}+1}\right|+C$$

$$=2\ln(\sqrt{1+e^x}-1)-x+C.$$

3. 三角函数有理式的积分

前面的分部积分法已解决过诸如"$\sin\alpha x$，$\cos\beta x$""$\sin^n x\cdot\cos^m x$"之类的积分问题，现在讨论更一般的形式．

三角函数四则运算后所得初等函数，称为三角函数有理式．

由于一般的三角函数总可由 $\sin x$，$\cos x$ 来表示，故三角函数的有理式也常记为 $\int R(\sin x,\cos x)dx$．下面讨论其积分问题．

在中学"三角函数"中已知：令 $\tan\frac{x}{2}=t$ 可使任何三角函数化为变量 t 的有理函数——故称之为"万能代换"，如

$$\sin x=2\sin\frac{x}{2}\cos\frac{x}{2}=2\tan\frac{x}{2}\cos^2\frac{x}{2}=\frac{2t}{1+t^2},$$

$$\cos x=2\cos^2\frac{x}{2}-1=\frac{2}{1+t^2}-1=\frac{1-t^2}{1+t^2}.$$

而 $x=2\arctan t$，故 $dx=\frac{2}{1+t^2}dt$，从而

$$\int R(\sin x,\cos x)dx=\int R\left(\frac{2t}{1+t^2},\frac{1-t^2}{1+t^2}\right)\cdot\frac{2}{1+t^2}dt\triangleq\int R^*(t)dt.$$

例 9 求 $\int\frac{1+\sin x}{\sin x(1+\cos x)}dx$．

解 由万能代换公式 $u=\tan\frac{x}{2}(-\pi<x<\pi)$，有

$$\int \frac{1+\sin x}{\sin x(1+\cos x)}\mathrm{d}x=\int \frac{1+\frac{2u}{1+u^2}}{\frac{2u}{1+u^2}\left(1+\frac{1-u^2}{1+u^2}\right)}\cdot\frac{2}{1+u^2}\mathrm{d}u$$

$$=\frac{1}{2}\int\left(u+2+\frac{1}{u}\right)\mathrm{d}u=\frac{1}{4}u^2+u+\frac{1}{2}\ln|u|+C$$

$$=\frac{1}{4}\tan^2\frac{x}{2}+\tan\frac{x}{2}+\frac{1}{2}\ln\left|\tan\frac{x}{2}\right|+C.$$

说明 应该指出，万能代换 $u=\tan\frac{x}{2}$ 对所有三角函数有理式的积分都是适用的，但由于其计算较为复杂，故一般不作首选考虑．如

例 10 $\int\frac{\mathrm{d}x}{\sin x+\cos x}$.

解 $\int\frac{\mathrm{d}x}{\sin x+\cos x}=\frac{\sqrt{2}}{2}\int\frac{\mathrm{d}x}{\frac{\sqrt{2}}{2}\sin x+\frac{\sqrt{2}}{2}\cos x}=\frac{\sqrt{2}}{2}\int\frac{\mathrm{d}x}{\cos\left(x-\frac{\pi}{4}\right)}$

$$=\frac{\sqrt{2}}{2}\int\sec\left(x-\frac{\pi}{4}\right)\mathrm{d}\left(x-\frac{\pi}{4}\right)$$

$$=\frac{\sqrt{2}}{2}\ln\left|\sec\left(x-\frac{\pi}{4}\right)+\tan\left(x-\frac{\pi}{4}\right)\right|+C.$$

此外，如下的特殊代换形式也是常用的：

对于 $\begin{cases}R(\sin x,\ -\cos x)=-R(\sin x,\ \cos x),\\ R(-\sin x,\ \cos x)=-R(\sin x,\ \cos x),\\ R(-\sin x,\ -\cos x)=R(\sin x,\ \cos x),\end{cases}$ 可分别令 $\begin{cases}\sin x=t,\\ \cos x=t,\\ \tan x=t,\end{cases}$ 即可达到有理化的目的．当然，这里的变换也可能采用凑微分的形式进行．

例 11 求 $\int\frac{1}{\sin x\cos^2 x}\mathrm{d}x$.

解法一 先变形，再换元(令 $\cos x=t$)：

$$\int\frac{1}{\sin x\cos^2 x}\mathrm{d}x=\int\frac{\sin x}{\sin^2 x\cos^2 x}\mathrm{d}x=-\int\frac{\mathrm{d}t}{(1-t^2)t^2}$$

$$=\frac{1}{2}\int\left(\frac{1}{t-1}-\frac{1}{t+1}\right)\mathrm{d}t-\int\frac{1}{t^2}\,\mathrm{d}t$$

$$=\frac{1}{2}\ln\left|\frac{t-1}{t+1}\right|+\frac{1}{t}+C$$

$$=\frac{1}{2}\ln\left|\frac{\cos x-1}{\cos x+1}\right|+\sec x+C.$$

解法二 $\int\frac{1}{\sin x\cos^2 x}\mathrm{d}x=\int\frac{1}{\sin x}\cdot\frac{\mathrm{d}x}{\cos^2 x}=\int\csc x\mathrm{d}\tan x$

$$= \csc x \tan x + \int \csc x \mathrm{d}x$$

$$= \sec x + \ln|\csc x - \cot x| + C.$$

这里的积分结果虽然形式不同，但化简可知：它们之间仅差一个常数．其他有关类型的例题可参见与本书配套的《高等数学学习指导与习题解析》的有关章节．

从本章第一节开始，我们已介绍了多种积分方法，其中换元法和分部积分法是两种最重要的基本方法．各种积分方法和解题技巧的应用，本质上都是简化被积表达式，使之最终符合基本积分公式的形状而达到求出积分的目的．由于积分法具有较大的灵活性，且同一个积分往往有多种积分技巧和方法，其运算的难易程度又与方法的选择有关．因此应多做练习，不断总结经验和教训，才能达到熟练的程度．

最后，我们还要指出：虽然初等函数在其定义区间内的原函数一定存在，但其原函数并不一定仍然是初等函数．如 $\int \mathrm{e}^{-x^2}\mathrm{d}x$，$\int \frac{\sin x}{x}\mathrm{d}x$，$\int \frac{1}{\ln x}\mathrm{d}x$，$\int \frac{1}{\sqrt{1+x^4}}\mathrm{d}x$ 等．这时无法直接写出它们的积分表达式，故称它们在初等函数范围内不可积．

习题 5－4

思考题

什么是有理函数？有理函数的积分方法中最重要的一步是什么？

练习题

求下列积分．

(1) $\int \frac{2x+3}{x^2+3x-10}\mathrm{d}x$；　　(2) $\int \frac{\mathrm{d}x}{x(x^2+1)}$；

(3) $\int \frac{x^2+1}{(x+1)^2(x-1)}\mathrm{d}x$；　　(4) $\int \frac{x^5+x^4-8}{x^3-x}\mathrm{d}x$；

(5) $\int \frac{3}{x^3+1}\mathrm{d}x$；　　(6) $\int \frac{\mathrm{d}x}{3+\cos x}$；

(7) $\int \frac{\mathrm{d}x}{1+\sin x+\cos x}$；　　(8) $\int \frac{\mathrm{d}x}{x\sqrt{2x+1}}$；

(9) $\int \frac{\mathrm{d}x}{\sqrt{x}+\sqrt[4]{x}}$；　　(10) $\int \frac{\sqrt{x+1}-1}{\sqrt{x+1}+1}\mathrm{d}x$；

(11) $\int \frac{x\mathrm{e}^x}{\sqrt{\mathrm{e}^x-1}}\mathrm{d}x$；　　(12) $\int \frac{1}{2\sin^2 x+7\cos^2 x}\mathrm{d}x$.

*第5节 积分表的使用

为了简化积分的计算并提高实用性，人们把一些常用的积分公式汇集成表，这种表叫作积分表．求积分时，可(经过化简)直接在表中查用所需结果．

本书末附有一个常用的积分表，分类给出了不同形式的积分结果，以供读者查阅．下面是利用积分表求积分的几个例子．

例1 求$\int\frac{\mathrm{d}x}{x(2x+3)^2}$．

解 因被积函数中含有$ax+b$，在分类积分表一中的公式9

$$\int\frac{\mathrm{d}x}{x(ax+b)^2}=\frac{1}{b(ax+b)}-\frac{1}{b^2}\ln\left|\frac{ax+b}{x}\right|+C$$

中，取$a=2$，$b=3$，则得原积分

$$\int\frac{\mathrm{d}x}{x(2x+3)^2}=\frac{1}{3(2x+3)}-\frac{1}{9}\ln\left|\frac{2x+3}{x}\right|+C.$$

例2 求$\int\frac{\mathrm{d}x}{x\sqrt{4x^2+9}}$．

解 这种形式的积分不能在表中直接查到，但令$2x=u$，则

$$\sqrt{4x^2+9}=\sqrt{u^2+3^2}\text{，从而 }x=\frac{u}{2}\text{，}\mathrm{d}x=\frac{1}{2}\mathrm{d}u\text{，}$$

于是原积分化为

$$\int\frac{\mathrm{d}x}{x\sqrt{4x^2+9}}=\int\frac{\frac{1}{2}\mathrm{d}u}{\frac{1}{2}u\sqrt{u^2+3^2}}=\int\frac{\mathrm{d}u}{u\sqrt{u^2+3^2}}.$$

后者被积函数中含有$\sqrt{u^2+3^2}$，利用积分表六中的公式37：

$$\int\frac{\mathrm{d}x}{x\sqrt{x^2+a^2}}=\frac{1}{a}\ln\frac{\sqrt{x^2+a^2}-a}{|x|}+C.$$

并取$a=3$，改x为u，有

$$\int\frac{\mathrm{d}u}{u\sqrt{u^2+3^2}}=\frac{1}{3}\ln\frac{\sqrt{u^2+3^2}-3}{|u|}+C.$$

注意到对所作变换，有$u=2x$，于是原积分

$$\int\frac{\mathrm{d}x}{x\sqrt{4x^2+9}}=\int\frac{\mathrm{d}u}{u\sqrt{u^2+3^2}}=\frac{1}{3}\ln\frac{\sqrt{u^2+3^2}-3}{|u|}+C$$

$$= \frac{1}{3}\ln \frac{\sqrt{4x^2+9}-3}{2|x|}+C.$$

虽然查积分表可以节省计算积分的时间，但是必须指出：

1. 只有掌握了前面所学的基本积分方法，才能灵活地使用积分表

对于某些简单的积分，应用基本积分方法(或采用特殊技巧)反而比查表更快些．例如通过变换 $u=\sin x$，即可很快求得积分 $\int \sin^2 x\cos x\mathrm{d}x$ 的结果．因此在求积分的运算中，应将直接计算和查表使用相结合．

2. 积分表来自于基本积分方法

掌握基本积分方法和技巧，对初学者更加重要！

习题 5－5

查表求下列积分．

(1) $\int \frac{\mathrm{d}x}{\sqrt{5x^2-7}}$；　　(2) $\int \sqrt{3x^2+4}\,\mathrm{d}x$；

(3) $\int x^2\arcsin\frac{x}{3}\mathrm{d}x$；　　(4) $\int \mathrm{e}^{-2x}\sin^2 3x\mathrm{d}x$；

(5) $\int \frac{1}{x^2(1-x)}\mathrm{d}x$；　　(6) $\int \frac{1}{x^2\sqrt{5-x^2}}\mathrm{d}x$；

(7) $\int x^2\sqrt{x^2-2}\,\mathrm{d}x$；　　(8) $\int \frac{\mathrm{d}x}{8+7\cos x}$．

总练习五

1. 填空题

(1) $\int \sin^3 x\mathrm{d}x=$ __________．

(2) 设 $f(x)=\mathrm{e}^{-x}$，则 $\int \frac{f'(\ln x)}{x}\mathrm{d}x=$ __________．

(3) 已知 $\int f(x)\mathrm{d}x=F(x)+C$，则 $\int \frac{f(\ln x)}{x}\mathrm{d}x=$ __________．

(4) $\int xf(x^2)f'(x^2)\mathrm{d}x=$ __________．

(5) $\int f(x)\mathrm{d}x=\arcsin 2x+C$，则 $f(x)=$ __________．

(6) $\int \frac{1-\sin x}{x+\cos x}\mathrm{d}x=$ __________．

(7) 若 e^{-x} 是 $f(x)$ 的一个原函数，则 $\int xf(x)dx=$ ________.

(8) 若 $\int f(x)dx=\sqrt{x}+C$，则 $\int x^2f(1-x^3)dx=$ ________.

2. 选择题

(1) 设 $f(x)$ 的一个原函数是 e^{-2x}，则 $f(x)=$(　　).

A. e^{-2x}；　　B. $-2e^{-2x}$；

C. $-4e^{-2x}$；　　D. $4e^{-2x}$.

(2) $F(x)$ 与 $G(x)$ 是非零函数 $f(x)$ 的任意两个原函数，则下式正确的是(　　).

A. $F(x)=CG(x)$；　　B. $F(x)+G(x)=C$；

C. $F(x)=G(x)+C$；　　D. $F(x)\cdot G(x)=C$.

(3) C 是任意常数，且 $F'(x)=f(x)$，下列正确的等式是(　　).

A. $\int F'(x)dx=f(x)+C$；　　B. $\int f(x)dx=F(x)+C$；

C. $\int F'(x)dx=F'(x)+C$；　　D. $\int f'(x)dx=F(x)+C$.

(4) 若 $\int f(x)dx=2^x+x+1+C$，则 $f(x)$ 为(　　).

A. $\frac{2^x}{\ln 2}+\frac{1}{2}x^2+x$；　　B. 2^x+1；

C. $2^x\ln 2+1$；　　D. $2^{x+1}+1$.

(5) 已知 $\int f'(x^2)dx=x^4+C$，则 $f(x)$ 为(　　).

A. $\frac{8}{5}x^{\frac{5}{2}}+C$；　　B. x^2+C；

C. x^4+C；　　D. $\frac{8}{5}x^5+C$.

(6) 设 $f(x)$ 的一个原函数为 x^2，则 $\int xf(1-x^2)dx=$(　　).

A. $2(1-x^2)+C$；　　B. $-2(1-x^2)^2+C$；

C. $\frac{1}{2}(1-x^2)^2+C$；　　D. $-\frac{1}{2}(1-x^2)^2+C$.

(7) 若 $f(x)$ 的一个原函数为 $\frac{\ln x}{x}$，则 $\int xf'(x)dx=$(　　).

A. $\frac{\ln x}{x}+C$；　　B. $\frac{1+\ln x}{x^2}+C$；

C. $\frac{1}{x}+C$；　　　　D. $\frac{1-2\ln x}{x}+C$.

(8) $\int x f''(x)\mathrm{d}x=($　　$)$.

A. $xf'(x)-\int f(x)\mathrm{d}x$；　　　　B. $xf'(x)-f(x)+C$；

C. $xf'(x)-f'(x)+C$；　　　　D. $f(x)-xf'(x)+C$.

3. 求下列不定积分.

(1) $\int \frac{1}{\mathrm{e}^x-\mathrm{e}^{-x}}\mathrm{d}x$；　　　　(2) $\int \mathrm{e}^x\ln(1+\mathrm{e}^x)\mathrm{d}x$；

(3) $\int \frac{2x+1}{\sqrt{x^2+2x+2}}\mathrm{d}x$；　　　　(4) $\int \frac{\arctan\frac{1}{x}}{1+x^2}\mathrm{d}x$；

(5) $\int \frac{\mathrm{e}^{2x}}{\sqrt{\mathrm{e}^x+1}}\mathrm{d}x$；　　　　(6) $\int \frac{1+\sin x}{1+\cos x}\mathrm{d}x$.

4. 试用两种以上方法求解下列不定积分.

(1) $\int \frac{1}{x^3(1+x)}\mathrm{d}x$；　　　　(2) $\int \frac{\mathrm{d}x}{x\sqrt{x^2-1}}$，$x>1$.

*5. 证明下列递推公式.

(1) 设 $I_n=\int \sin^n x\mathrm{d}x(n\in\mathbf{Z}^+)$，试证明：

$$I_n=\frac{-1}{n}\cos x\cdot\sin^{n-1}x+\frac{n-1}{n}I_{n-2}.$$

(2) 设 $I_n=\int \ln^n x\mathrm{d}x(n\in\mathbf{Z}^+)$，试证明：$I_n=x\ln^n x-nI_{n-1}$，$n>1$.

第六章　定积分及其应用

本章将讨论积分学的另一重要内容——定积分．自然科学与生产实践中的许多问题，如平面图形的面积、曲线的弧长、变力所做的功等，都可归结为定积分的形式与问题．

定积分与不定积分既有着密切联系，又具有本质区别．我们将从两个实际问题引入定积分的概念，然后讨论定积分的性质和计算方法．最后介绍它的一些简单应用．

第1节　定积分的概念和性质

一、定积分实例引入

1. 曲边梯形的面积

设 $y=f(x)$ 是区间 $[a, b]$ 上的非负连续函数，由直线 $x=a$，$x=b$，x 轴及曲线 $y=f(x)$ 所围成的图形(图 6－1)称为**曲边梯形**．现在求其面积．

显然，这里曲边梯形的高是变化的，因此无法利用矩形或梯形的面积公式来计算．这就是目前的困难所在．

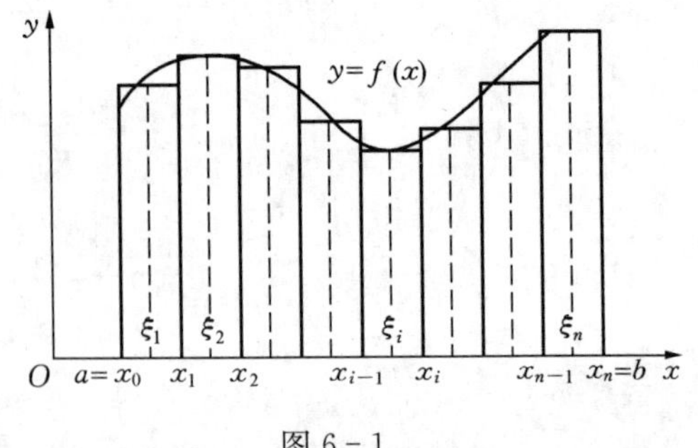

图 6－1

然而，曲边梯形的高 $f(x)$ 在区间 $[a, b]$ 上是连续变化的，在其中很小的一段长度上，其变化并不大．因此，如果把区间 $[a, b]$ 分为许多小区间(相应地把曲边梯形也分成若干个小曲边梯形)，并以每个小区间中某点的高度近似作为相应小曲边梯形的高，则同底同高的小矩形面积就可以近似代替相应小曲边梯形的面积．这样就把所有小曲边梯形的面积之和(即原来曲边梯形的面积)转化成了这种小矩形面积的和(作为近似值)．特别是，按照极限思想，将区间$[a, b]$无限细分，使其每个小子区间的长度都趋于零，则上述小矩形面积之和的极限就可定义为曲边梯形的面积．现用数学语言详述如下：

(1) 分划：在区间$[a, b]$中任意插入 $n-1$ 个分点

$$a=x_0<x_1<x_2<\cdots<x_{i-1}<x_i<\cdots<x_n=b,$$

把区间$[a, b]$分成 n 个小区间$[x_0, x_1]$，…，$[x_{i-1}, x_i]$，…，$[x_{n-1}, x_n]$，其长度依次记为

$$\Delta x_1=x_1-x_0,\ \cdots,\ \Delta x_i=x_i-x_{i-1},\ \cdots,\ \Delta x_n=x_n-x_{n-1}.$$

过上述每个分点作平行于 y 轴的直线段，把曲边梯形分成 n 个不重叠的小曲边梯形 A_i，记其面积为 $\Delta A_i(i=1, 2, \cdots, n)$，则曲边梯形的面积

$$A=\sum_{i=1}^{n}\Delta A_i.$$

(2) 转化：在每个小区间$[x_{i-1}, x_i]$上任取一点 ξ_i，用$[x_{i-1}, x_i]$为底、$f(\xi_i)$为高的小矩形面积 $f(\xi_i)\Delta x_i$ 近似代替 $\Delta A_i(i=1, 2, \cdots, n)$，有

$$A=\sum_{i=1}^{n}\Delta A_i\approx\sum_{i=1}^{n}f(\xi_i)\Delta x_i.$$

(3) 取极限：为保证所有小区间$[x_{i-1}, x_i](i=1, 2, \cdots, n)$的长度无限缩小，我们记$\lambda=\max\limits_{1\leqslant i\leqslant n}\{\Delta x_i\}$，则当 $\lambda\to 0$ 时(这时必有 $n\to\infty$)，上述和式的极限便是曲边梯形的面积

$$A=\lim_{\lambda\to 0}\sum_{i=1}^{n}f(\xi_i)\Delta x_i.$$

2. 变速直线运动的位移

设物体做变速直线运动，已知速度 $v=v(t)$在时间间隔$[T_1, T_2]$上是 t 的连续函数，且 $v(t)\geqslant 0$，试求该物体在$[T_1, T_2]$内的位移 s.

这里的问题是：速度是随时间变化的变量，所求位移不能按匀速直线运动公式“位移 = 速度×时间”来计算．但与上面面积问题相同的是，该物体的速度在$[T_1, T_2]$上是连续变化的，在很短的一小段时间内，可以把速度看作近似不变的常数．于是当我们把时间间隔$[T_1, T_2]$分成很小的若干部分时，就可以把每个小时间间隔内的变速运动近似看成匀速运动．从而全体小时间间隔上的匀速运动位移之和就是所求位移的近似值．特别是，当这些小时间间隔无限缩短而趋于 0 时，就可以求得所求位移．这方法的详细步骤是：

(1) 分划：在时间间隔$[T_1, T_2]$内任意插入$n-1$个分点

$$T_1 = t_0 < t_1 < \cdots < t_{i-1} < t_i < \cdots < t_n = T_2,$$

把$[T_1, T_2]$分成n个小段$[t_0, t_1]$，…，$[t_{i-1}, t_i]$，…，$[t_{n-1}, t_n]$，各段时间的长度依次为

$$\Delta t_1 = t_1 - t_0, \cdots, \Delta t_i = t_i - t_{i-1}, \cdots, \Delta t_n = t_n - t_{n-1},$$

在每个小时间段内，物体的位移记为$\Delta s_i (i=1, 2, \cdots, n)$，则

$$s = \sum_{i=1}^{n} \Delta s_i.$$

(2) 转化：在每个小时间段$[t_{i-1}, t_i](i=1, 2, \cdots, n)$内任取一点$\tau_i (t_{i-1} \leqslant \tau_i \leqslant t_i)$，用$v(\tau_i)$近似作为物体在$[t_{i-1}, t_i]$上的均匀速度，即有

$$\Delta s_i \approx v(\tau_i)\Delta t_i \quad (i = 1, 2, \cdots, n),$$

于是整个时间段$[T_1, T_2]$上的位移

$$s = \sum_{i=1}^{n} \Delta s_i \approx \sum_{i=1}^{n} v(\tau_i)\Delta t_i.$$

(3) 取极限：记$\lambda = \max\limits_{1 \leqslant i \leqslant n}\{\Delta t_i\}$，则当$\lambda \to 0$(此时$n \to \infty$)时，上式和式的极限即为所求位移

$$s = \lim_{\lambda \to 0} \sum_{i=1}^{n} v(\tau_i)\Delta t_i.$$

由此可知，无论几何面积，还是物理问题，都可以通过上述方法归结为如下抽象的数学模型及特定和式的极限形式：

函数$y=f(x)$在区间$[a, b]$上形成的量，可表示为$A = \lim\limits_{\lambda \to 0} \sum\limits_{i=1}^{n} f(\xi_i)\Delta x_i$，其中，和式$\sum\limits_{i=1}^{n} f(\xi_i)\Delta x_i$称为函数$y=f(x)$在$[a, b]$上的积分和．

由此引出了

二、定积分的定义

定义 1　设函数$y=f(x)$在$[a, b]$上有定义．在$[a, b]$中任意插入$n-1$个分点

$$a=x_0<x_1<\cdots<x_{i-1}<x_i<\cdots<x_{n-1}<x_n=b,$$

把区间$[a, b]$分为n个小区间$[x_{i-1}, x_i]$(记其长度为Δx_i) $(i=1, 2, \cdots, n)$，在每个小区间$[x_{i-1}, x_i]$上任取一点$\xi_i (i=1, 2, \cdots, n)$，并记$\lambda = \max\limits_{1 \leqslant i \leqslant n}\{\Delta x_i\}$．如果积分和的极限$\lim\limits_{\lambda \to 0} \sum\limits_{i=1}^{n} f(\xi_i)\Delta x_i$总存在，则称此极限为函数$f(x)$在区间$[a, b]$上的定积分，记为$\int_a^b f(x)\mathrm{d}x$，即

$$\int_a^b f(x)\mathrm{d}x = \lim_{\lambda \to 0}\sum_{i=1}^{n} f(\xi_i)\Delta x_i,$$

其中 $f(x)$ 称为被积函数，$f(x)\mathrm{d}x$ 称为被积表达式，x 称为积分变量，$[a, b]$ 称为积分区间(其中 a，b 分别称为积分下限和积分上限).

根据定义，前面所讨论的曲边梯形面积 A 以及变速直线运动的位移 s 可分别表示为定积分

$$A = \int_a^b f(x)\mathrm{d}x \text{ 及 } s = \int_{T_1}^{T_2} v(t)\mathrm{d}t.$$

定义 2　如果函数 $y=f(x)$ 在区间 $[a, b]$ 上的定积分存在，也称函数 $f(x)$ 在区间 $[a, b]$ 上可积；否则，称函数 $f(x)$ 在区间 $[a, b]$ 上不可积.

那么，函数 $f(x)$ 在 $[a, b]$ 上可积的条件是什么呢？我们仅原则性地给出如下结论.

定理 1(必要性条件)　如果 $f(x)$ 在 $[a, b]$ 上可积，则 $f(x)$ 在 $[a, b]$ 上有界.

定理 2(充分性条件 1)　如果 $f(x)$ 在 $[a, b]$ 上连续，则 $f(x)$ 在 $[a, b]$ 上可积.

定理 3(充分性条件 2)　如果 $f(x)$ 在 $[a, b]$ 上有界，且只有有限多个间断点，则 $f(x)$ 在 $[a, b]$ 上可积.

由此不难得到：**初等函数在其定义区间上可积.**

另外需要注意的是：定积分 $\int_a^b f(x)\mathrm{d}x$ 作为极限值，当然是一个常数，而且由定义，其值仅与积分区间 $[a, b]$ 以及被积函数 $f(x)$ 的形式有关，而与积分变量的符号无关. 亦即

$$\int_a^b f(x)\mathrm{d}x = \int_a^b f(t)\mathrm{d}t = \int_a^b f(u)\mathrm{d}u.$$

现在举例说明定积分的定义计算方法.

例 1　用定义计算定积分 $\int_0^1 x^2\mathrm{d}x$.

解　因为函数 $f(x)=x^2$ 在区间 $[0, 1]$ 上连续，故可积. 从而由极限存在的唯一性，定积分的值与区间 $[0, 1]$ 的分法及点 ξ_i 的取法无关.

为便于计算，不妨将区间 $[0, 1]$ 分成 n 等份，则每个小区间 $[x_{i-1}, x_i]$ 的长度均为 $\Delta x_i=\frac{1}{n}$. 再特别取 $\xi_i=x_i=\frac{i}{n}$，则积分和可简化为

$$\sum_{i=1}^{n} f(\xi_i)\Delta x_i = \sum_{i=1}^{n}\left(\frac{i}{n}\right)^2 \cdot \frac{1}{n} = \frac{1}{n^3}\sum_{i=1}^{n} i^2$$

$$= \frac{1}{n^3}(1^2 + 2^2 + \cdots + n^2)$$

$$= \frac{1}{n^3} \cdot \frac{n(n+1)(2n+1)}{6} = \frac{1}{6}\left(1 + \frac{1}{n}\right)\left(2 + \frac{1}{n}\right).$$

注意到 $\lambda = \max\limits_{1 \leqslant i \leqslant n}\{\Delta x_i\} = \frac{1}{n} \to 0$ 等价于 $n \to \infty$，故所求积分为

$$\int_0^1 x^2 \mathrm{d}x = \lim_{\lambda \to 0}\sum_{i=1}^{n} \xi_i^2 \cdot \Delta x_i = \lim_{n \to \infty} \frac{1}{6}\left(1 + \frac{1}{n}\right)\left(2 + \frac{1}{n}\right) = \frac{1}{3}.$$

这表明：曲线 $y = x^2$ 与直线 $x = 0$，$x = 1$ 及 x 轴所围成的曲边梯形的面积是$\frac{1}{3}$.

三、定积分的几何意义

现在讨论定积分的几何意义. 在前面曲边梯形面积的讨论中，我们规定在 $[a, b]$上 $f(x) \geqslant 0$，则定积分 $\int_a^b f(x)\mathrm{d}x$ 表示由曲线 $y = f(x)$，直线$x = a$，$x = b$ 与 x 轴所围成的面积(注意函数非负).

如果在$[a, b]$上改为 $f(x) < 0$，则相应的"曲边梯形"位于 x 轴下方. 由于此时的 $\Delta x_i > 0$，而 $f(\xi_i) < 0$，故积分和中的每一项：$f(\xi_i)\Delta x_i < 0 (i = 1, 2, \cdots, n)$，从而定积分 $\int_a^b f(x)\mathrm{d}x = \lim\limits_{\lambda \to 0}\sum\limits_{i=1}^{n} f(\xi_i)\Delta x_i < 0$. 这表明：积分 $\int_a^b f(x)\mathrm{d}x$ 表示由曲线 $y = f(x)$，直线 $x = a$，$x = b$ 与 x 轴围成的曲边梯形面积值的相反数(图 6 - 2).

一般地，如果 $f(x)$在$[a, b]$上有正有负，则定积分 $\int_a^b f(x)\mathrm{d}x$ 在几何上表示(图 6 - 3)曲线 $y = f(x)$与直线 $x = a$，$x = b$ 及 x 轴围成的几个曲边梯形面积值的代数和，即 $\int_a^b f(x)\mathrm{d}x = A_1 - A_2 + A_3$.

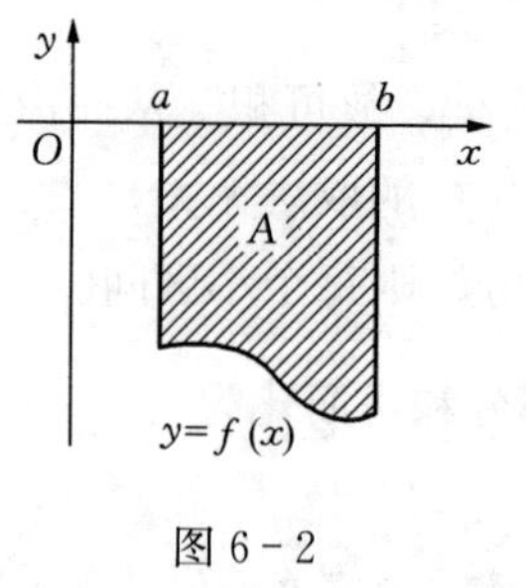

图 6 - 2

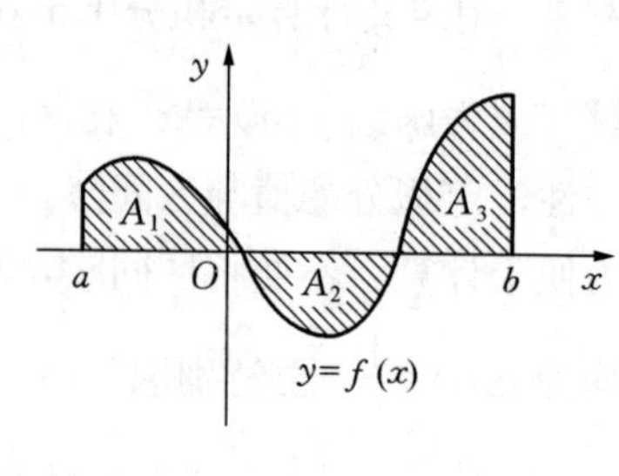

图 6 - 3

四、定积分的性质

在定积分的定义中，自然约定了 $a<b$. 但为了今后计算及应用方便，现做两点补充规定：

（1）当 $a=b$ 时，$\int_a^b f(x)\mathrm{d}x=0$.

（2）当 $a>b$ 时，$\int_a^b f(x)\mathrm{d}x=-\int_b^a f(x)\mathrm{d}x$.

在下面的讨论中，对积分上下限的数值大小均不加限制，并且总假定有关函数在所讨论的区间上是可积的.

性质 1　和函数的积分等于积分的和

$$\int_a^b[f(x)\pm g(x)]\mathrm{d}x=\int_a^b f(x)\mathrm{d}x\pm\int_a^b g(x)\mathrm{d}x.$$

证明　由定义

$$\begin{aligned}\int_a^b[f(x)\pm g(x)]\mathrm{d}x&=\lim_{\lambda\to 0}\sum_{i=1}^{n}[f(\xi_i)\pm g(\xi_i)]\Delta x_i\\&=\lim_{\lambda\to 0}\sum_{i=1}^{n}f(\xi_i)\Delta x_i\pm\lim_{\lambda\to 0}\sum_{i=1}^{n}g(\xi_i)\Delta x_i\\&=\int_a^b f(x)\mathrm{d}x\pm\int_a^b g(x)\mathrm{d}x.\end{aligned}$$

性质 2　被积函数的常数因子可以提到积分号之外

$$\int_a^b kf(x)\mathrm{d}x=k\int_a^b f(x)\mathrm{d}x\qquad(k\text{ 是常数}).$$

证明　由定义及极限性质，有

$$\int_a^b kf(x)\mathrm{d}x=\lim_{\lambda\to 0}\sum_{i=1}^{n}kf(\xi_i)\Delta x_i=k\lim_{\lambda\to 0}\sum_{i=1}^{n}f(\xi_i)\Delta x_i=k\int_a^b f(x)\mathrm{d}x.$$

性质 3（区间可加性）　设 $a<c<b$，则

$$\int_a^b f(x)\mathrm{d}x=\int_a^c f(x)\mathrm{d}x+\int_c^b f(x)\mathrm{d}x.$$

证明　因为函数 $f(x)$ 在区间 $[a, b]$ 上可积，所以不论把 $[a, b]$ 怎样分划，积分和的极限总是不变的，故在以 c 作分点的区间划分形式下，有

$$\sum_{[a,b]}f(\xi_i)\Delta x_i=\sum_{[a,c]}f(\xi_i)\Delta x_i+\sum_{[c,b]}f(\xi_i)\Delta x_i.$$

令 $\lambda\to 0$，在上式两端同时取极限，即得

$$\int_a^b f(x)\mathrm{d}x=\int_a^c f(x)\mathrm{d}x+\int_c^b f(x)\mathrm{d}x.$$

注意　按照定积分的补充规定，无论 a，b，c 的相对位置如何，上述性质

总成立．例如，当 $a<b<c$ 时，由于

$$\int_a^c f(x)\mathrm{d}x=\int_a^b f(x)\mathrm{d}x+\int_b^c f(x)\mathrm{d}x,$$

于是仍有

$$\int_a^b f(x)\mathrm{d}x=\int_a^c f(x)\mathrm{d}x-\int_b^c f(x)\mathrm{d}x=\int_a^c f(x)\mathrm{d}x+\int_c^b f(x)\mathrm{d}x.$$

性质 4　如果在区间 $[a, b]$ 上，$f(x)\equiv 1$，则

$$\int_a^b 1\cdot\mathrm{d}x=\int_a^b \mathrm{d}x=b-a.$$

证明　由定义，以及积分和 $\sum_{i=1}^{n} f(\xi_i)\Delta x_i=\sum_{i=1}^{n}\Delta x_i=b-a$ 而得证．

性质 5（保序性）　如果在区间 $[a, b]$ 上，$f(x)\geqslant 0$，则

$$\int_a^b f(x)\mathrm{d}x\geqslant 0\quad(a<b).$$

证明　因为 $f(x)\geqslant 0$，所以积分和中恒有 $f(\xi_i)\geqslant 0(i=1, 2, \cdots, n)$，又由于 $\Delta x_i>0(i=1, 2, \cdots, n)$，因此 $\sum_{i=1}^{n} f(\xi_i)\Delta x_i\geqslant 0$.

令 $\lambda=\max_{1\leqslant i\leqslant n}\{\Delta x_i\}\to 0$，由极限保号性即得

$$\int_a^b f(x)\mathrm{d}x=\lim_{\lambda\to 0}\sum_{i=1}^{n} f(\xi_i)\Delta x_i\geqslant 0.$$

推论 5－1　如果在区间 $[a, b]$ 上，$f(x)\leqslant g(x)$，则

$$\int_a^b f(x)\mathrm{d}x\leqslant\int_a^b g(x)\mathrm{d}x\quad(a<b).$$

证明　因为 $g(x)-f(x)\geqslant 0$，由性质 5 即得证．

推论 5－2　$\left|\int_a^b f(x)\mathrm{d}x\right|\leqslant\int_a^b |f(x)|\mathrm{d}x\ (a<b)$.

证明　注意到 $-|f(x)|\leqslant f(x)\leqslant|f(x)|$，则由推论 5－1 即得

$$-\int_a^b |f(x)|\mathrm{d}x\leqslant\int_a^b f(x)\mathrm{d}x\leqslant\int_a^b |f(x)|\mathrm{d}x,$$

从而有

$$\left|\int_a^b f(x)\mathrm{d}x\right|\leqslant\int_a^b |f(x)|\mathrm{d}x.$$

性质 6（定积分估值公式）　设 M 及 m 分别是函数 $f(x)$ 在区间 $[a, b]$ 上的最大值及最小值，则

$$m(b-a)\leqslant\int_a^b f(x)\mathrm{d}x\leqslant M(b-a).$$

证明　由于 $m\leqslant f(x)\leqslant M$，由推论 5－1 立得

$$\int_a^b m\mathrm{d}x\leqslant\int_a^b f(x)\mathrm{d}x\leqslant\int_a^b M\mathrm{d}x,$$

再由性质 2 及性质 4，即得所证不等式．

本性质表明，由被积函数 $f(x)$在积分区间上的取值大小，可以不用计算而直接估计积分值的大致范围．

例 2　估计积分 $\int_0^2 e^{x^2}\mathrm{d}x$ 的值．

解　由于被积函数 $f(x)=e^{x^2}$ 在$[0，2]$上单调增加，其最小值 $m=e^0=1$，最大值 $M=e^4$，于是

$$e^0(2-0)\leqslant\int_0^2 e^{x^2}\mathrm{d}x\leqslant e^4(2-0)，即 2\leqslant\int_0^2 e^{x^2}\mathrm{d}x\leqslant 2e^4.$$

性质 7（定积分中值定理）　如果函数 $f(x)$在闭区间$[a，b]$上连续，则在$[a，b]$上至少存在一点 ξ，使下式成立

$$\int_a^b f(x)\mathrm{d}x=f(\xi)(b-a).$$

这个公式也称为积分中值公式．

证明　因为函数 $f(x)$在闭区间$[a，b]$上连续，所以 $f(x)$必在$[a，b]$上取得最大值 M 和最小值 m，从而由性质 6 成立：

$$m(b-a)\leqslant\int_a^b f(x)\mathrm{d}x\leqslant M(b-a),$$

在两边同时除以$(b-a)$，得

$$m\leqslant\frac{1}{b-a}\int_a^b f(x)\mathrm{d}x\leqslant M.$$

这表明数值$\frac{1}{b-a}\int_a^b f(x)\mathrm{d}x$ 介于 $f(x)$ 的最小值 m 和最大值 M 之间，故由闭区间上连续函数的介值性定理：在闭区间$[a，b]$上至少存在一点 ξ，使

$$f(\xi)=\frac{1}{b-a}\int_a^b f(x)\mathrm{d}x,$$

故

$$\int_a^b f(x)\mathrm{d}x=f(\xi)(b-a)，\xi\in[a，b].$$

附注　积分中值公式的几何意义是：

在区间$[a，b]$上至少存在一点 ξ，使得以区间$[a，b]$为底边，以连续曲线 $y=f(x)$为曲边的曲边梯形面积等于底边相同而高为 $f(\xi)$的矩形面积（图 6－4）．

显然，不论 $a>b$ 或 $a<b$，积分中值公式总成立．

另外，积分中值公式 $f(\xi)=\frac{1}{b-a}\int_a^b f(x)\mathrm{d}x$ 事实上表明了函数$f(x)$在区间$[a，b]$上的平均值．即 $f(\xi)$可看作图中曲边梯形的平均高度（图6－4）．

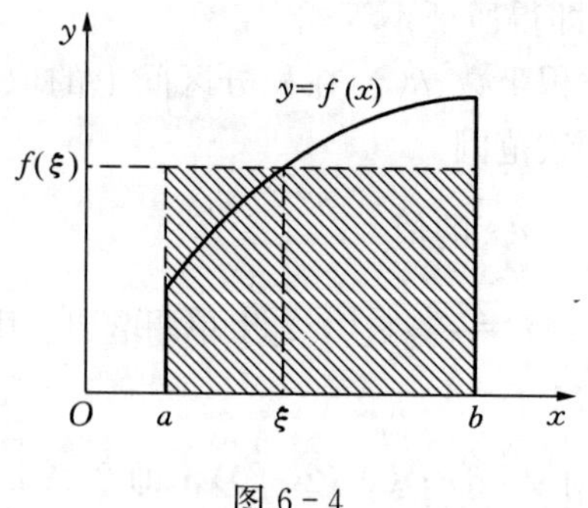

图 6-4

习题 6-1

思考题

1. 定积分定义中的“$\lambda\to0$”是否可以换成“$n\to\infty$”？为什么？

2. 曲边梯形由曲线 $x=\varphi(y)>0$ 与直线 $y=c$，$y=d$ 及 y 轴所围成，试用定积分定义导出其面积的定积分表示．

3. 定积分 $\int_a^b f(t)\mathrm{d}t$（a，b 为常数）与字母 a，b，t 都有关吗？为什么？

4. 性质 $\int_a^b f(x)\mathrm{d}x=\int_a^c f(x)\mathrm{d}x+\int_c^b f(x)\mathrm{d}x$ 中的 c 必须介于 a 与 b 之间吗？

练习题

1. 一曲边梯形由曲线 $y=x^2+1$，x 轴及直线 $x=-1$，$x=2$ 所围成，试用定积分表示其面积 A.

2. 利用定积分定义计算下列积分：

(1) $\int_a^b x\mathrm{d}x\ (a<b)$；　　(2) $\int_0^1 \mathrm{e}^x\mathrm{d}x$.

3. 利用定积分几何意义，说明下列等式：

(1) $\int_0^a \sqrt{a^2-x^2}\,\mathrm{d}x=\frac{1}{4}\pi a^2$；　　(2) $\int_1^2 2x\mathrm{d}x=3$；

(3) $\int_{-\frac{\pi}{2}}^{\frac{\pi}{2}}\cos x\mathrm{d}x=2\int_0^{\frac{\pi}{2}}\cos x\mathrm{d}x$；　　(4) $\int_{-\pi}^{\pi}\sin x\mathrm{d}x=0$.

4. 由定积分的定义，证明 $\int_a^b k\mathrm{d}x=k(b-a)$，$k$ 为常数．

5. 根据定积分性质，比较下列各对积分的大小．

(1) $\int_0^1 x^2\mathrm{d}x$ 与 $\int_0^1 x^3\mathrm{d}x$；　　(2) $\int_3^4 \ln x\mathrm{d}x$ 与 $\int_3^4 \ln^2 x\mathrm{d}x$；

(3) $\int_0^1 x\mathrm{d}x$ 与 $\int_0^1 \ln(1+x)\mathrm{d}x$；　　(4) $\int_0^1 \mathrm{e}^x\mathrm{d}x$ 与 $\int_0^1(1+x)\mathrm{d}x$.

6. 估计下列各积分的值.

(1) $\int_1^4 (x^2+1)\mathrm{d}x$；　　(2) $\int_{\frac{\pi}{4}}^{\frac{5\pi}{4}} (1+\sin^2 x)\mathrm{d}x$.

第2节　微积分基本公式

定积分计算是定积分理论及其应用的主要内容．但用定积分定义计算定积分比较麻烦．尤其当被积函数比较复杂的时候，其计算必然更加困难，甚至是不可能的．本节将在讨论不定积分与定积分关系的基础上，建立定积分的实用计算方法．

一、积分上限函数及其导数

设函数 $f(x)$在区间$[a, b]$上连续，x 是$[a, b]$上的任意一点．由可积性定理知，积分 $\int_a^x f(x)\mathrm{d}x$ 存在．为避免积分变量和积分限的混淆，我们将这个定积分改写为 $\int_a^x f(t)\mathrm{d}t$（注意：定积分与积分变量的符号无关）．

显然，对于$[a, b]$上的每一个 x 值，该积分都唯一确定，这就是说，该积分在$[a, b]$上定义了一个函数：

$$\Phi(x) = \int_a^x f(t)\mathrm{d}t \quad (a \leqslant x \leqslant b), \tag{1}$$

我们将它称为积分上限函数(或变上限积分)．它具有以下性质：

定理 1　设函数 $f(x)$在区间$[a, b]$上连续，则积分上限函数

$$\Phi(x) = \int_a^x f(t)\mathrm{d}t$$

在$[a, b]$上可导，且

$$\Phi'(x) = \frac{\mathrm{d}}{\mathrm{d}x}\int_a^x f(t)\mathrm{d}t = f(x) \quad (a \leqslant x \leqslant b). \tag{2}$$

证明　取上限 x 的任意增量 Δx，使 $x+\Delta x \in [a, b]$，则

$$\begin{aligned}\Delta\Phi &= \Phi(x+\Delta x) - \Phi(x) \\ &= \int_a^{x+\Delta x} f(t)\mathrm{d}t - \int_a^x f(t)\mathrm{d}t \\ &= \int_a^x f(t)\mathrm{d}t + \int_x^{x+\Delta x} f(t)\mathrm{d}t - \int_a^x f(t)\mathrm{d}t \\ &= \int_x^{x+\Delta x} f(t)\mathrm{d}t.\end{aligned}$$

应用积分中值定理，在 x 与 $x+\Delta x$ 之间存在一点 ξ(图 6-5)，使得

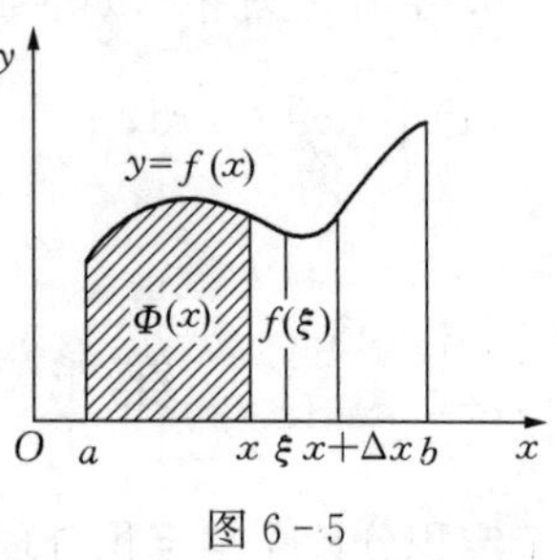

图 6-5

$$\Delta\Phi=\int_x^{x+\Delta x}f(t)\mathrm{d}t=f(\xi)\cdot\Delta x,$$

于是 $\dfrac{\Delta\Phi}{\Delta x}=f(\xi)\quad(x\leqslant\xi\leqslant x+\Delta x).$

注意到 $\Delta x\to 0$ 时，$x+\Delta x\to x$，从而 $\xi\to x$，再由 $f(x)$在区间$[a, b]$上的连续性，即得

$$\Phi'(x)=\lim_{\Delta x\to 0}\frac{\Delta\Phi}{\Delta x}=\lim_{\Delta x\to 0}f(\xi)=f(x).$$

说明 此定理具有重要意义：连续函数$f(x)$的变上限积分 $\Phi(x)$正是$f(x)$的一个原函数．

这不仅肯定了连续函数的原函数必存在(这正是不定积分中所遗留问题的答案)，而且揭示了定积分与不定积分(原函数)之间的关系：

$$\int f(x)\mathrm{d}x=\int_a^x f(t)\mathrm{d}t+C,\ x\in[a, b].$$

更为重要的是，由此可导出计算定积分的简便公式，即

二、牛顿—莱布尼茨公式

定理 2 如果 $f(x)$在$[a, b]$上连续，且 $F(x)$是 $f(x)$的一个原函数，则

$$\int_a^b f(x)\mathrm{d}x=F(b)-F(a). \tag{3}$$

证明 已知 $F(x)$是连续函数 $f(x)$在$[a, b]$内的一个原函数，而由定理 1，积分上限函数

$$\Phi(x)=\int_a^x f(t)\mathrm{d}t$$

也是 $f(x)$在$[a, b]$内的一个原函数，故有

$$F(x)-\Phi(x)=C\quad(a\leqslant x\leqslant b). \tag{4}$$

特别令 $x=a$，由(4)式得 $F(a)-\Phi(a)=C$. 而显然 $\Phi(a)=0$，所以 $F(a)=C$. 再令 $x=b$，由(4)式得 $F(b)-\Phi(b)=C$，所以

$$\Phi(b)=F(b)-C=F(b)-F(a),$$

亦即 $\displaystyle\int_a^b f(t)\mathrm{d}t=F(b)-F(a)$ 或 $\displaystyle\int_a^b f(x)\mathrm{d}x=F(b)-F(a).$

说明 ① 这就是定积分简便有效的计算方法：牛顿—莱布尼茨公式．为方便计，通常把 $F(b)-F(a)$记成$[F(x)]_a^b$ 或 $F(x)\Big|_a^b$，即

$$\int_a^b f(x)\mathrm{d}x = [F(x)]_a^b = F(x)\Big|_a^b = F(b) - F(a).$$

② 定理要求 $f(x)$ 在 $[a, b]$ 上连续，否则结论不真．如

$$\int_{-1}^{1} \frac{1}{x^2}\mathrm{d}x = -\frac{1}{x}\Big|_{-1}^{1} = -2.$$

显然是错误的．这是因为非负函数的定积分值也应该是非负的！

③ 由积分对区间的可加性，定理 2 可拓广为：若 $f(x)$ 在 $[a, b]$ 上分段连续，公式(3)仍成立．

例 1　计算定积分 $\int_0^1 x^2\mathrm{d}x$.

解　由于 $\frac{1}{3}x^3$ 是 x^2 在区间 $[0, 1]$ 上的一个原函数，于是根据牛顿—莱布尼茨公式，有

$$\int_0^1 x^2\mathrm{d}x = \left[\frac{1}{3}x^3\right]_0^1 = \frac{1}{3}\times 1^3 - \frac{1}{3}\times 0^3 = \frac{1}{3}.$$

这里所得结果与第一节中用定义计算的结果完全相同．

例 2　求 $\int_{-1}^{\sqrt{3}} \frac{1}{1+x^2}\mathrm{d}x$．

解　因为 $\arctan x$ 为 $\frac{1}{1+x^2}$ 的一个原函数，所以

$$\begin{aligned}\int_{-1}^{\sqrt{3}} \frac{1}{1+x^2}\mathrm{d}x &= [\arctan x]_{-1}^{\sqrt{3}} = \arctan\sqrt{3} - \arctan(-1)\\ &= \frac{\pi}{3} - \left(-\frac{\pi}{4}\right) = \frac{7}{12}\pi.\end{aligned}$$

例 3　求 $\int_{-2}^{-1} \frac{1}{x}\mathrm{d}x$．

解　因为 $\ln|x|$ 是 $\frac{1}{x}$ 的一个原函数，所以

$$\int_{-2}^{-1} \frac{1}{x}\mathrm{d}x = [\ln|x|]_{-2}^{-1} = \ln 1 - \ln 2 = -\ln 2.$$

例 4　求 $\int_0^2 f(x)\mathrm{d}x$，其中 $f(x) = \begin{cases} 2x, & 0 \leqslant x \leqslant 1, \\ 5, & 1 < x \leqslant 2. \end{cases}$

解　$$\begin{aligned}\int_0^2 f(x)\mathrm{d}x &= \int_0^1 f(x)\mathrm{d}x + \int_1^2 f(x)\mathrm{d}x = \int_0^1 2x\mathrm{d}x + \int_1^2 5\mathrm{d}x\\ &= [x^2]_0^1 + [5x]_1^2 = 1 + 5 = 6.\end{aligned}$$

④ 在求含有积分的极限时，定理 1 是常用的重要方法．如

例 5　求 $\lim\limits_{x\to 0}\frac{\int_{\cos x}^{1} \mathrm{e}^{-t^2}\mathrm{d}t}{x^2}$.

解　由于 $x\to0$ 时，$\cos x\to1$，故 $\int_{\cos x}^{1}\mathrm{e}^{-t^2}\mathrm{d}t\to0$，即所求极限是 $\frac{0}{0}$ 型未定式．将分子改写成变上限积分 $-\int_{1}^{\cos x}\mathrm{e}^{-t^2}\mathrm{d}t$，由洛必达法则(注意积分限为函数)：

$$\lim_{x\to0}\frac{\int_{\cos x}^{1}\mathrm{e}^{-t^2}\mathrm{d}t}{x^2}=\lim_{x\to0}\frac{\mathrm{e}^{-\cos^2x}\cdot\sin x}{2x}=\frac{1}{2}\lim_{x\to0}\mathrm{e}^{-\cos^2x}\cdot\lim_{x\to0}\frac{\sin x}{x}=\frac{1}{2\mathrm{e}}.$$

附注　此例中积分限是 x 的函数，因而该积分是 x 的复合函数．其解法涉及变限积分、复合函数求导、洛必达法则以及重要极限公式等内容．下面的例子是综合性的应用题．

例6　求函数

$$F(x)=\int_0^x t(t-4)\mathrm{d}t$$

在$[-1,\ 5]$上的最大值与最小值．

解　由 $F'(x)=x(x-4)=0$ 得驻点 $x=0$ 及 $x=4$．由于

$$F''(0)=-4<0,\ F''(4)=4>0,$$

而 $$F(0)=0,\ F(4)=\int_0^4 t(t-4)\mathrm{d}t=\left(\frac{1}{3}t^3-2t^2\right)\Big|_0^4=-\frac{32}{3}.$$

另外，在区间的端点处，有 $F(-1)=-\frac{7}{3}$，$F(5)=-\frac{25}{3}$，故比较可知：在给定范围内，所求函数的最大值、最小值分别为 0 和 $-\frac{32}{3}$.

习题 6 - 2

思考题

1. 积分 $\int_a^x f(t)\mathrm{d}t$ (a 为常数)是常数吗？为什么？

2. 判断下式是否正确？为什么？

$$\int f(x)\mathrm{d}x=\int_a^x f(t)\mathrm{d}t+C\ (a\leqslant x\leqslant b),$$

这里函数 $f(x)$在$[a,\ b]$上连续．

3. 牛顿—莱布尼茨公式的条件是什么？

练习题

1. 求函数 $\varphi(x)=\int_0^x t\sin t\mathrm{d}t$ 当 $x=0$，$x=\frac{\pi}{4}$时的导数．

2. 计算下列各导数．

(1) $\frac{\mathrm{d}}{\mathrm{d}x}\int_0^x \mathrm{e}^{t^2-t}\mathrm{d}t$；　　(2) $\frac{\mathrm{d}}{\mathrm{d}x}\int_0^{\sqrt{x}}\cos(t^2+1)\mathrm{d}t$；

(3) $\frac{d}{dx}\int_{x^2}^{5}\frac{\sin t}{t}dt$；　　　(4) $\frac{d}{dx}\int_{2x}^{x^2}\sqrt{1+t^2}\,dt$.

3. 求由方程 $\int_0^y e^t dt+\int_0^x \cos t dt=0$ 所确定的隐函数 y 对 x 的导数 $\frac{dy}{dx}$.

4. 计算下列各定积分.

(1) $\int_0^2(3x^2-2x+1)dx$；　　　(2) $\int_1^2\left(x^2+\frac{1}{x^2}\right)dx$；

(3) $\int_{\frac{1}{\sqrt{3}}}^{\sqrt{3}}\frac{1}{1+x^2}dx$；　　　(4) $\int_{-\frac{1}{2}}^{\frac{1}{2}}\frac{1}{\sqrt{1-x^2}}dx$；

(5) $\int_{-1}^{0}\frac{3x^4+3x^2+1}{x^2+1}dx$；　　　(6) $\int_0^{\frac{\pi}{4}}\tan^2 t dt$；

(7) $\int_0^{\frac{\pi}{2}}\frac{\cos 2\theta}{\cos\theta+\sin\theta}d\theta$；　　　(8) $\int_0^{2\pi}|\sin x|\,dx$；

(9) $\int_0^3\sqrt{(2-x)^2}\,dx$；

(10) 设 $f(x)=\begin{cases}x+1, & x\leqslant 1,\\ \frac{1}{2}x^2, & x>1,\end{cases}$ 求 $\int_0^2 f(x)dx$.

5. 汽车在 36 km/h 的速度行驶状态下以等加速度 $a=-5\ \text{m/s}^2$ 刹车，问从开始刹车到停车，汽车需要滑行多少距离?

6. 利用洛必达法则求下列极限.

(1) $\lim\limits_{x\to 0}\frac{\int_0^x\cos^2 t dt}{x}$；　　　(2) $\lim\limits_{x\to 0^+}\frac{\int_0^{x^2}t^{\frac{3}{2}}dt}{\int_0^x t(t-\sin t)dt}$.

7. 设 $f(x)$在$[a, b]$上连续，$f(x)>0$ 且 $F(x)=\int_a^x f(t)dt+\int_b^x\frac{1}{f(t)}dt$，证明：

(1) $F'(x)\geqslant 2$；

(2) 方程 $F(x)=0$ 在(a, b)内有且只有一个根.

8. 设 $f(x)=\begin{cases}x^2, & 0\leqslant x<1,\\ x, & 1\leqslant x\leqslant 2,\end{cases}$ 求 $\varphi(x)=\int_0^x f(t)dt$ 在$[0, 2]$上的表达式，并讨论 $\varphi(x)$在$(0, 2)$内的连续性.

第3节　定积分的换元积分与分部积分法

牛顿—莱布尼茨公式的应用，需要通过不定积分去求出原函数. 而求不定积分的主要方法是换元与分部积分法，本节要将这些方法推广到定积分中来，以提高计算效率．

一、换元积分法

注意到不定积分的凑微分公式

$$\int f[\varphi(x)]\varphi'(x)\mathrm{d}x = F[\varphi(x)] + C$$

中，由于积分变量没有改变，其积分限当然也不用改变．所以我们只讨论第二换元积分的问题．

定理　设函数 $f(x)$在区间$[a, b]$上连续，而函数 $x=\varphi(t)$满足条件：

(1) $x=\varphi(t)$在区间$[\alpha, \beta]$(或$[\beta, \alpha]$)上有连续导数；

(2) 当 t 在$[\alpha, \beta]$(或$[\beta, \alpha]$)上变化时，$x=\varphi(t)$的值在区间$[a, b]$上变化，且 $\varphi(\alpha)=a$，$\varphi(\beta)=b$，

则
$$\int_a^b f(x)\mathrm{d}x = \int_\alpha^\beta f[\varphi(t)]\varphi'(t)\mathrm{d}t. \tag{1}$$

公式(1)称为定积分的换元积分公式．

证明　由于(1)式两边的被积函数都连续，因此其定积分均存在，且被积函数的原函数也存在．

设 $F(x)$为 $f(x)$在区间$[a, b]$上的一个原函数，由牛顿—莱布尼茨公式

$$\int_a^b f(x)\mathrm{d}x = F(b) - F(a).$$

另一方面，$\Phi(t) = F[\varphi(t)]$ 可看作 $F(x)$ 与 $x = \varphi(t)$ 复合而成的函数，因此，由复合函数求导得

$$\Phi'(t) = \{F[\varphi(t)]\}' = \frac{\mathrm{d}F}{\mathrm{d}x}\cdot\frac{\mathrm{d}x}{\mathrm{d}t} = f(x)\cdot\varphi'(t) = f[\varphi(t)]\cdot\varphi'(t).$$

这表明 $\Phi(t)= F[\varphi(t)]$ 是 $f[\varphi(t)]\cdot\varphi'(t)$ 的一个原函数，因此

$$\begin{aligned}\int_\alpha^\beta f[\varphi(t)]\varphi'(t)\mathrm{d}t &= \Phi(\beta) - \Phi(\alpha) = F[\varphi(\beta)] - F[\varphi(\alpha)] \\ &= F(b) - F(a),\end{aligned}$$

所以
$$\int_a^b f(x)\mathrm{d}x = \int_\alpha^\beta f[\varphi(t)]\varphi'(t)\mathrm{d}t.$$

注意　① 在换元积分公式(1)中，我们已用 $x=\varphi(t)$把原变量 x 换成了新变量 t，所以相应的积分上、下限必须随之而改变(否则仍需还原变量!)；

② 变量 t 的积分限只需由所作变换 $x=\varphi(t)$的反函数结果：$\alpha=\varphi^{-1}(a)$和 $\beta=\varphi^{-1}(b)$来决定，而不必考虑 α，β 的大小．

例 1　求 $\int_0^{\frac{\pi}{2}} \cos^5 x\sin x\mathrm{d}x$.

解法一　设 $t=\cos x$，则 $\mathrm{d}t=-\sin x\mathrm{d}x$，且当 $x=0$ 时，$t=1$；当 $x=\frac{\pi}{2}$ 时，$t=0$，于是

$$\int_0^{\frac{\pi}{2}} \cos^5 x\sin x\mathrm{d}x=-\int_0^{\frac{\pi}{2}} \cos^5 x\mathrm{d}(\cos x)$$
$$=-\int_1^0 t^5\mathrm{d}t=\int_0^1 t^5\mathrm{d}t=\left[\frac{1}{6}t^6\right]_0^1=\frac{1}{6}.$$

解法二　用凑微分形式，则(无需改变积分限)

$$\int_0^{\frac{\pi}{2}} \cos^5 x\sin x\mathrm{d}x=-\int_0^{\frac{\pi}{2}} \cos^5 x\mathrm{d}(\cos x)$$
$$=-\left[\frac{1}{6}\cos^6 x\right]_0^{\frac{\pi}{2}}=-\left(0-\frac{1}{6}\right)=\frac{1}{6}.$$

例 2　求 $\int_0^{\pi} \sqrt{\sin^3 x-\sin^5 x}\mathrm{d}x$.

解　由于 $\sqrt{\sin^3 x-\sin^5 x}=\sqrt{\sin^3 x(1-\sin^2 x)}=\sin^{\frac{3}{2}} x\,|\cos x|$，而在 $\left[0,\frac{\pi}{2}\right]$上，$|\cos x|=\cos x$；在$\left[\frac{\pi}{2},\pi\right]$上，$|\cos x|=-\cos x$，所以

$$\int_0^{\pi} \sqrt{\sin^3 x-\sin^5 x}\mathrm{d}x=\int_0^{\frac{\pi}{2}} \sin^{\frac{3}{2}} x\cos x\mathrm{d}x+\int_{\frac{\pi}{2}}^{\pi} \sin^{\frac{3}{2}} x(-\cos x)\mathrm{d}x$$
$$=\int_0^{\frac{\pi}{2}} \sin^{\frac{3}{2}} x\mathrm{d}(\sin x)-\int_{\frac{\pi}{2}}^{\pi} \sin^{\frac{3}{2}} x\mathrm{d}(\sin x)$$
$$=\left[\frac{2}{5}\sin^{\frac{5}{2}} x\right]_0^{\frac{\pi}{2}}-\left[\frac{2}{5}\sin^{\frac{5}{2}} x\right]_{\frac{\pi}{2}}^{\pi}$$
$$=\frac{2}{5}-\left(-\frac{2}{5}\right)=\frac{4}{5}.$$

例 3　求 $\int_0^3 \frac{3x}{\sqrt{1+x}}\mathrm{d}x$.

解　设 $\sqrt{1+x}=t$，则 $x=t^2-1$，$\mathrm{d}x=2t\mathrm{d}t$，且当 $x=0$ 时，$t=1$；当 $x=3$ 时，$t=2$，于是

$$\int_0^3 \frac{3x}{\sqrt{1+x}}\mathrm{d}x=\int_1^2 \frac{3(t^2-1)}{t}\cdot 2t\mathrm{d}t=6\int_1^2 (t^2-1)\mathrm{d}t=[2t^3-6t]_1^2=8.$$

例 4　求 $\int_0^1 \frac{\mathrm{d}x}{(1+x^2)^{\frac{3}{2}}}$.

解　令 $x=\tan t$，则当 $x=0$ 时，$t=0$；当 $x=1$ 时，$t=\frac{\pi}{4}$，于是

$$\int_0^1 \frac{\mathrm{d}x}{(1+x^2)^{\frac{3}{2}}} = \int_0^{\frac{\pi}{4}} \frac{\sec^2 t}{\sec^3 t}\mathrm{d}t = \int_0^{\frac{\pi}{4}} \frac{1}{\sec t}\mathrm{d}t$$

$$= \int_0^{\frac{\pi}{4}} \cos t\mathrm{d}t = \sin t\Big|_0^{\frac{\pi}{4}} = \frac{\sqrt{2}}{2}.$$

例 5　若 $f(x)$在$[-a, a]$上连续，试证：

(1) 若 $f(x)$在$[-a, a]$上为偶函数，则 $\int_{-a}^{a} f(x)\mathrm{d}x = 2\int_0^a f(x)\mathrm{d}x$；

(2) 若 $f(x)$在$[-a, a]$上为奇函数，则 $\int_{-a}^{a} f(x)\mathrm{d}x = 0$.

证明　由于$\int_{-a}^{a} f(x)\mathrm{d}x = \int_{-a}^{0} f(x)\mathrm{d}x + \int_0^a f(x)\mathrm{d}x$，对积分$\int_{-a}^{0} f(x)\mathrm{d}x$ 作换元 $x=-t$，即得

$$\int_{-a}^{0} f(x)\mathrm{d}x = \int_a^0 f(-t)\mathrm{d}(-t) = \int_0^a f(-t)\mathrm{d}t = \int_0^a f(-x)\mathrm{d}x,$$

于是

$$\int_{-a}^{a} f(x)\mathrm{d}x = \int_0^a [f(-x) + f(x)]\mathrm{d}x.$$

(1) 若 $f(x)$为偶函数，即 $f(-x)=f(x)$，则 $f(-x)+f(x)=2f(x)$，从而

$$\int_{-a}^{a} f(x)\mathrm{d}x = 2\int_0^a f(x)\mathrm{d}x;$$

(2) 若 $f(x)$为奇函数，即 $f(-x)=-f(x)$，则 $f(-x)+f(x)=0$，从而

$$\int_{-a}^{a} f(x)\mathrm{d}x = 0.$$

此结论常用于对奇、偶函数(在对称区间上)定积分计算的简化.

例 6　试证：$\int_0^{\frac{\pi}{2}} \cos^n x\mathrm{d}x = \int_0^{\frac{\pi}{2}} \sin^n x\mathrm{d}x$.

证明　设 $x=\frac{\pi}{2}-t$，则 $\mathrm{d}x=-\mathrm{d}t$，于是

$$\int_0^{\frac{\pi}{2}} \cos^n x\mathrm{d}x = \int_{\frac{\pi}{2}}^{0} \cos^n\left(\frac{\pi}{2}-t\right)\mathrm{d}\left(\frac{\pi}{2}-t\right)$$

$$= -\int_{\frac{\pi}{2}}^{0} \sin^n t\mathrm{d}t = \int_0^{\frac{\pi}{2}} \sin^n t\mathrm{d}t = \int_0^{\frac{\pi}{2}} \sin^n x\mathrm{d}x.$$

二、定积分的分部积分法

设函数 $u=u(x)$，$v=v(x)$在区间$[a, b]$上具有连续导数．将牛顿—莱布尼茨公式与不定积分的分部积分公式相结合，就有

$$\int_a^b uv'\mathrm{d}x = uv\Big|_a^b - \int_a^b vu'\mathrm{d}x.$$

注意到这里的积分变量并未改变，所以只要在不定积分的公式和方法的基础上，及时代入积分限即可．

例 7　求$\int_0^1 \arctan x\mathrm{d}x$.

解　$$\int_0^1 \arctan x\mathrm{d}x = [x\arctan x]_0^1 - \int_0^1 \frac{x}{1+x^2}\mathrm{d}x$$
$$= \frac{\pi}{4} - \frac{1}{2}\ln(1+x^2)\Big|_0^1 = \frac{\pi}{4} - \frac{1}{2}\ln 2.$$

例 8　求$\int_{\frac{1}{e}}^{e} |\ln x| \mathrm{d}x$.

解　$$\int_{\frac{1}{e}}^{e} |\ln x| \mathrm{d}x = \int_{\frac{1}{e}}^{1} (-\ln x)\mathrm{d}x + \int_1^e \ln x\mathrm{d}x$$
$$= \left\{[-x\ln x]_{\frac{1}{e}}^{1} + \int_{\frac{1}{e}}^{1}\mathrm{d}x\right\} + \left\{[x\ln x]_1^e - \int_1^e \mathrm{d}x\right\}$$
$$= \frac{1}{e}\ln\frac{1}{e} + x\Big|_{\frac{1}{e}}^{1} + e\ln e - x\Big|_1^e$$
$$= -\frac{1}{e} + 1 - \frac{1}{e} + e - e + 1 = 2 - \frac{2}{e}.$$

通常情况下，需要将定积分的换元和分部积分方法结合使用．

例 9　求$\int_0^{\frac{\pi^2}{4}} \sin\sqrt{x}\,\mathrm{d}x$．

解　先用换元法：令$\sqrt{x}=t$，则$x=t^2$，$\mathrm{d}x=2t\mathrm{d}t$，于是
$$\int_0^{\frac{\pi^2}{4}} \sin\sqrt{x}\,\mathrm{d}x = \int_0^{\frac{\pi}{2}} \sin t\cdot(2t)\mathrm{d}t = 2\int_0^{\frac{\pi}{2}} t\sin t\mathrm{d}t.$$
再用分部积分法，得
$$\int_0^{\frac{\pi}{2}} t\sin t\mathrm{d}t = -\int_0^{\frac{\pi}{2}} t\mathrm{d}(\cos t) = -\left\{[t\cos t]_0^{\frac{\pi}{2}} - \int_0^{\frac{\pi}{2}} \cos t\mathrm{d}t\right\}$$
$$= 0 + [\sin t]_0^{\frac{\pi}{2}} = 1,$$
因此
$$\int_0^{\frac{\pi^2}{4}} \sin\sqrt{x}\,\mathrm{d}x = 2\,.$$

例 10　证明定积分公式
$$I_n = \int_0^{\frac{\pi}{2}} \sin^n x\mathrm{d}x\left(= \int_0^{\frac{\pi}{2}} \cos^n x\mathrm{d}x\right)$$
$$= \begin{cases} \dfrac{n-1}{n}\cdot\dfrac{n-3}{n-2}\cdot\cdots\cdot\dfrac{3}{4}\cdot\dfrac{1}{2}\cdot\dfrac{\pi}{2}，n\text{ 为正偶数；} \\ \dfrac{n-1}{n}\cdot\dfrac{n-3}{n-2}\cdot\cdots\cdot\dfrac{4}{5}\cdot\dfrac{2}{3}，n\text{ 为大于 1 的正奇数．} \end{cases}$$

证明　由于

$$I_n=-\int_0^{\frac{\pi}{2}}\sin^{n-1}x\mathrm{d}\cos x$$

$$=\left[-\cos x\sin^{n-1}x\right]_0^{\frac{\pi}{2}}+(n-1)\int_0^{\frac{\pi}{2}}\sin^{n-2}x\cos^2x\mathrm{d}x.$$

注意右端的第一项等于零，而第二项中的$\cos^2x=1-\sin^2x$，故积分可写成

$$I_n=(n-1)\int_0^{\frac{\pi}{2}}\sin^{n-2}x\mathrm{d}x-(n-1)\int_0^{\frac{\pi}{2}}\sin^nx\mathrm{d}x$$

$$=(n-1)I_{n-2}-(n-1)I_n,$$

由此得递推公式 $I_n=\dfrac{n-1}{n}I_{n-2}$.

将上面公式中的 n 换成 $n-2$，由上又得 $I_{n-2}=\dfrac{n-3}{n-2}I_{n-4}$.

依次进行下去，直到 I_n 的下标递减到 0 或 1 为止，即

$$I_{2m}=\frac{2m-1}{2m}\cdot\frac{2m-3}{2m-2}\cdot\frac{2m-5}{2m-4}\cdot\cdots\cdot\frac{5}{6}\cdot\frac{3}{4}\cdot\frac{1}{2}I_0(m=1,\ 2,\ \cdots),$$

$$I_{2m+1}=\frac{2m}{2m+1}\cdot\frac{2m-2}{2m-1}\cdot\frac{2m-4}{2m-3}\cdot\cdots\cdot\frac{6}{7}\cdot\frac{4}{5}\cdot\frac{2}{3}I_1(m=1,\ 2,\ \cdots).$$

特别地，注意到 $I_0=\int_0^{\frac{\pi}{2}}\mathrm{d}x=\dfrac{\pi}{2}$，$I_1=\int_0^{\frac{\pi}{2}}\sin x\mathrm{d}x=1$，因此

$$I_{2m}=\int_0^{\frac{\pi}{2}}\sin^{2m}x\mathrm{d}x=\frac{2m-1}{2m}\cdot\frac{2m-3}{2m-2}\cdot\cdots\cdot\frac{5}{6}\cdot\frac{3}{4}\cdot\frac{1}{2}\cdot\frac{\pi}{2}(m=1,\ 2,\ \cdots),$$

$$I_{2m+1}=\int_0^{\frac{\pi}{2}}\sin^{2m+1}x\mathrm{d}x=\frac{2m}{2m+1}\cdot\frac{2m-2}{2m-1}\cdot\cdots\cdot\frac{6}{7}\cdot\frac{4}{5}\cdot\frac{2}{3}(m=1,\ 2,\ \cdots).$$

最后，$\int_0^{\frac{\pi}{2}}\cos^n x\mathrm{d}x=\int_0^{\frac{\pi}{2}}\sin^n x\mathrm{d}x$ 的证明已在例 6 中给出，证毕．

习题 6－3

思考题

1. 不定积分的换元法和定积分的换元法有何区别？

2. 设 $f(x)$是以 T 为周期的连续函数，求证：

(1) $\int_a^{a+T}f(x)\mathrm{d}x=\int_0^Tf(x)\mathrm{d}x$，其中 a 为任意常数；

(2) $\int_0^{nT}f(x)\mathrm{d}x=n\int_0^Tf(x)\mathrm{d}x$，其中 n 为自然数；

(3) 说明上面两个等式的几何意义．

练习题

1. 计算下列定积分.

(1) $\int_{\frac{\pi}{3}}^{\pi}\sin\left(x+\frac{\pi}{3}\right)\mathrm{d}x$；　(2) $\int_{0}^{1}x(1-2x^2)^7\mathrm{d}x$；

(3) $\int_{\frac{\pi}{6}}^{\frac{\pi}{2}}\cos^2 u\mathrm{d}u$；　(4) $\int_{0}^{1}\frac{\mathrm{d}x}{1+\mathrm{e}^x}$；

(5) $\int_{0}^{1}t\mathrm{e}^{-\frac{t^2}{2}}\mathrm{d}t$；　(6) $\int_{1}^{4}\frac{1}{1+\sqrt{x}}\mathrm{d}x$；

(7) $\int_{0}^{a}x^2\sqrt{a^2-x^2}\mathrm{d}x$；　(8) $\int_{-1}^{1}\frac{x\mathrm{d}x}{\sqrt{5-4x}}$；

(9) $\int_{1}^{\sqrt{3}}\frac{\mathrm{d}x}{x^2\sqrt{1+x^2}}$；　(10) $\int_{1}^{\mathrm{e}^2}\frac{\mathrm{d}x}{x\sqrt{1+\ln x}}$；

(11) $\int_{-\frac{\pi}{2}}^{\frac{\pi}{2}}\sqrt{\cos x-\cos^3 x}\mathrm{d}x$；　(12) $\int_{-2}^{0}\frac{\mathrm{d}x}{x^2+2x+2}$.

2. 利用函数奇偶性计算下列积分.

(1) $\int_{-\pi}^{\pi}x(\sin^2 x+1)\mathrm{d}x$；　(2) $\int_{-3}^{3}\frac{x^3\sin^2 x}{x^4+2x^2+1}\mathrm{d}x$；

(3) $\int_{-\frac{\pi}{2}}^{\frac{\pi}{2}}4\cos^4\theta\mathrm{d}\theta$；　(4) $\int_{-\frac{1}{2}}^{\frac{1}{2}}\frac{(\arcsin x)^2}{\sqrt{1-x^2}}\mathrm{d}x$.

3. 设 $f(x)$在$[a, b]$上连续，且$\int_a^b f(x)\mathrm{d}x=1$，求$\int_a^b f(a+b-x)\mathrm{d}x$.

4. 设 $f(x)$在$[-b, b]$上连续，证明$\int_{-b}^{b}f(x)\mathrm{d}x=\int_{-b}^{b}f(-x)\mathrm{d}x$.

5. 证明：$\int_0^1 x^m(1-x)^n\mathrm{d}x=\int_0^1 x^n(1-x)^m\mathrm{d}x$.

6. 若 $f(x)$在$[0, 1]$上连续，证明：

(1) $\int_0^{\frac{\pi}{2}}f(\sin x)\mathrm{d}x=\int_0^{\frac{\pi}{2}}f(\cos x)\mathrm{d}x$；

(2) $\int_0^{\pi}xf(\sin x)\mathrm{d}x=\frac{\pi}{2}\int_0^{\pi}f(\sin x)\mathrm{d}x$.

7. 计算下列积分.

(1) $\int_0^1 x\mathrm{e}^{-x}\mathrm{d}x$；　(2) $\int_1^{\mathrm{e}}x\ln x\mathrm{d}x$；

(3) $\int_0^{\frac{\pi}{2}}x^2\cos x\mathrm{d}x$；　(4) $\int_0^1 x\arctan x\mathrm{d}x$；

(5) $\int_1^2 x\log_2 x\mathrm{d}x$；　(6) $\int_0^{\frac{\pi}{2}}\mathrm{e}^{2x}\cos x\mathrm{d}x$；

(7) $\int_1^e \sin(\ln x)\mathrm{d}x$；　　(8) $\int_0^1 (1-x^2)^{\frac{m}{2}}\mathrm{d}x$，$m \in \mathbf{N}$.

第 4 节　定积分应用

定积分的应用非常广泛，本节简单介绍定积分在几何、物理和经济方面的一些应用．为此，先介绍定积分应用的一种简便分析方法——元素法．

一、定积分的元素法

我们仍从定积分概念中求曲边梯形的面积谈起．

设 $f(x)$在区间$[a, b]$上连续且 $f(x)\geqslant 0$，则以曲线 $y=f(x)$为曲顶、底边为$[a, b]$的曲边梯形面积 A 的求解步骤是：

(1) 分划：用一组任意分点

$$a = x_0 < x_1 < \cdots < x_{i-1} < x_i < \cdots < x_{n-1} < x_n = b,$$

将区间$[a, b]$分割成 n 个小区间，相应地，曲边梯形被分成 n 个小窄曲边梯形 ΔA_i，于是

$$A = \sum_{i=1}^{n} \Delta A_i .$$

(2) 转化：对任意 $\xi_i \in [x_{i-1}, x_i]$，取 $\Delta A_i \approx f(\xi_i)\Delta x_i$ ，从而

$$A \approx \sum_{i=1}^{n} f(\xi_i)\Delta x_i.$$

(3) 取极限：令 $\lambda=\max\{\Delta x_1, \cdots, \Delta x_n\}$，则

$$A = \lim_{\lambda\to 0}\sum_{i=1}^{n} f(\xi_i)\Delta x_i = \int_a^b f(x)\mathrm{d}x.$$

不难发现，这三个步骤中最重要的是第二步：转化求近似，而其中的关键是所求量(如面积 A)在第 i 个小区间上的部分量(如 ΔA_i)的近似值．为方便应用，对此简化如下：

由于所考虑的是任意一个小区间，为简便起见，用 ΔA 表示任一小区间$[x, x+\Delta x]$上的小曲边梯形的面积．特别对 Δx 代之以微分：$\Delta x=\mathrm{d}x$(这正体现了定义中 $\lambda=\max\{\Delta x_1, \cdots, \Delta x_n\}\to 0$ 的要求)，则 ΔA 可用 $f(x)$为高、$\mathrm{d}x$ 为底的矩形面积$f(x)\mathrm{d}x$近似代替(图 6－6 的阴影部分)：

$$\Delta A \approx f(x)\mathrm{d}x.$$

将上式右端的 $f(x)\mathrm{d}x$ 称为面积元素，记为

$$\mathrm{d}A = f(x)\mathrm{d}x,$$

则有 $A=\sum \Delta A \approx \sum \mathrm{d}A$,

从而 $A=\lim\limits_{\lambda \to 0}\sum f(x)\mathrm{d}x=\int_a^b \mathrm{d}A=\int_a^b f(x)\mathrm{d}x$.

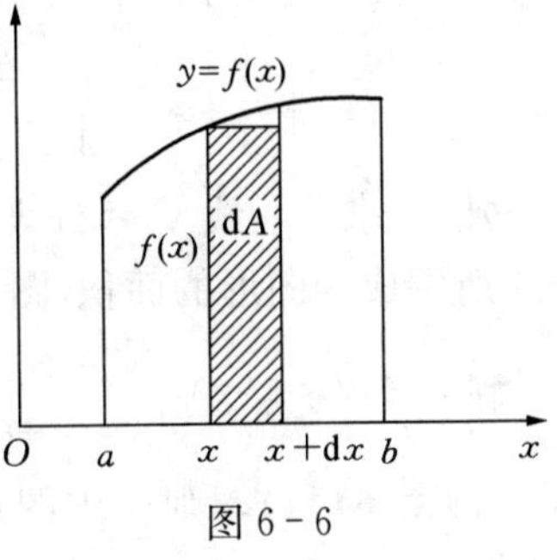

图 6-6

上述过程称为微元法(或元素法). 用它解决具体问题时，通常归结为以下三个步骤:

(1) 合理选择(例如选横坐标 x)积分变量(有时需要建立一个合适的坐标系)，并确定其变化区间$[a, b]$(即所求量 A 所依赖的区间).

(2) 在$[a, b]$中的任意小区间$[x, x+\mathrm{d}x]$上，求所求量 A 的微元 $\mathrm{d}A=f(x)\mathrm{d}x$.

(3) 以微元 $\mathrm{d}A=f(x)\mathrm{d}x$ 为被积表达式的定积分，即所求量

$$A=\int_a^b \mathrm{d}A=\int_a^b f(x)\mathrm{d}x.$$

应当注意的是：使用微元法必须以“函数连续”为前提.

二、平面图形的面积

由定积分的几何意义，曲线 $y=f(x)(f(x)\geqslant 0)$ 与直线 $x=a$, $x=b$ 及 x 轴所围成平面图形的面积表示为定积分

$$A=\int_a^b f(x)\mathrm{d}x,$$

其中被积表达式 $f(x)\mathrm{d}x$ 就是面积元素 $\mathrm{d}A=f(x)\mathrm{d}x$，它表示高为 $f(x)$，底为 $\mathrm{d}x$ 的一个微矩形的面积.

例 1 求抛物线 $y=x^2$ 与 $y^2=x$ 所围成的图形的面积.

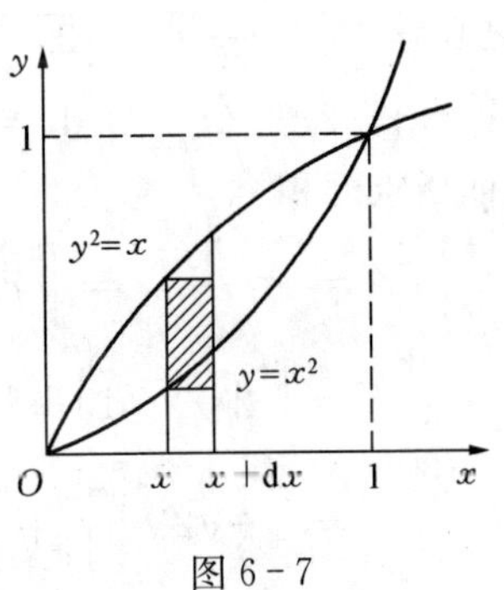

图 6-7

解 作出两条抛物线所围成图形(图 6-7). 解联立方程组

$$\begin{cases} y=x^2, \\ y^2=x, \end{cases}$$

得交点(0, 0)和(1, 1)，取横坐标 x 为积分变量，则相应的面积元素即以[0, 1]中的任一小区间$[x, x+\mathrm{d}x]$为底、以$\sqrt{x}-x^2$ 为高的窄矩形面积:

$$\mathrm{d}A=(\sqrt{x}-x^2)\mathrm{d}x,$$

于是 $A=\int_0^1 \mathrm{d}A=\int_0^1(\sqrt{x}-x^2)\mathrm{d}x$

$$=\left[\frac{2}{3}x^{\frac{3}{2}}-\frac{1}{3}x^3\right]_0^1=\frac{1}{3}.$$

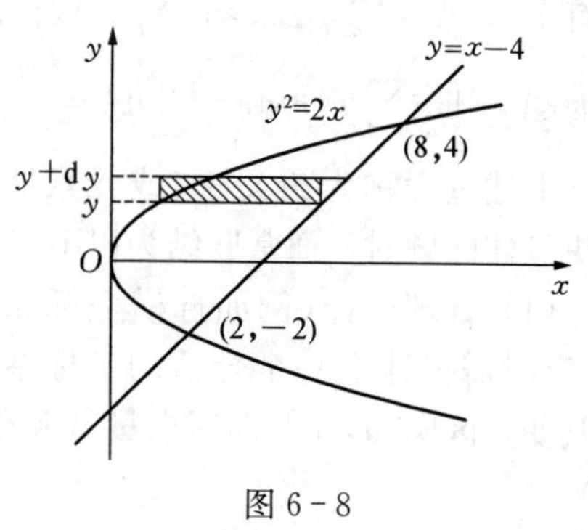

图 6－8

例 2 求抛物线 $y^2=2x$ 与直线 $y=x-4$ 所围成的图形的面积(图 6－8).

解 解方程组 $\begin{cases}y^2=2x,\\ y=x-4,\end{cases}$ 得交点 $(2,\ -2)$ 和 $(8,\ 4)$，则所求图形面积位于直线 $y=-2$ 及 $y=4$ 之间，或在直线 $x=0$ 和 $x=8$ 之间.

解法一 选取纵坐标 y 为积分变量，积分区间为 $[-2,\ 4]$，相应的面积元素为

$$\mathrm{d}A=\left[(y+4)-\frac{1}{2}y^2\right]\mathrm{d}y,$$

于是所求面积

$$A=\int_{-2}^4 \mathrm{d}A=\int_{-2}^4\left(y+4-\frac{1}{2}y^2\right)\mathrm{d}y=\left[\frac{1}{2}y^2+4y-\frac{1}{6}y^3\right]_{-2}^4=18.$$

解法二 选取横坐标 x 为积分变量，积分区间为 $[0,\ 8]$，注意到图形的下边界由两条不同的曲线所组成(图 6－9)，故应分为两个区间 $[0,\ 2]$ 和 $[2,\ 8]$ 来积分．而相应于 $[0,\ 2]$ 及 $[2,\ 8]$ 上的面积元素分别为

$$\mathrm{d}A_1=[\sqrt{2x}-(-\sqrt{2x})]\mathrm{d}x=2\sqrt{2x}\,\mathrm{d}x,$$

$$\mathrm{d}A_2=[\sqrt{2x}-(x-4)]\mathrm{d}x=(\sqrt{2x}-x+4)\mathrm{d}x,$$

从而所求面积

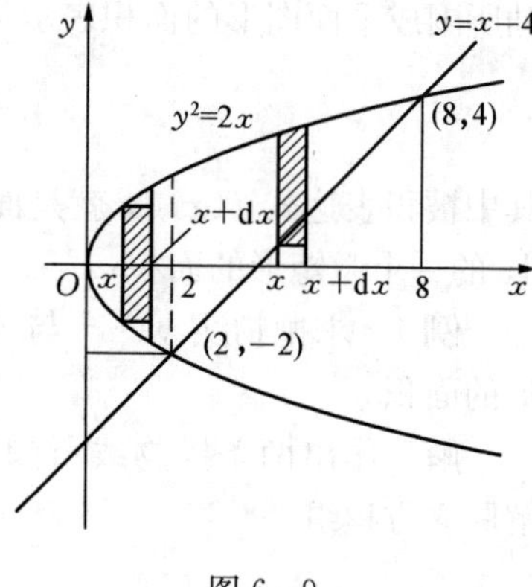

图 6－9

$$A=A_1+A_2=\int_0^2 \mathrm{d}A_1+\int_2^8 \mathrm{d}A_2$$

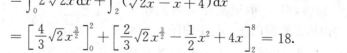

$$=\int_0^2 2\sqrt{2x}\,\mathrm{d}x+\int_2^8(\sqrt{2x}-x+4)\mathrm{d}x$$

$$=\left[\frac{4}{3}\sqrt{2}x^{\frac{3}{2}}\right]_0^2+\left[\frac{2}{3}\sqrt{2}x^{\frac{3}{2}}-\frac{1}{2}x^2+4x\right]_2^8=18.$$

此例表明，积分变量选得是否恰当，将直接影响到积分计算的难易程度．

例 3 求椭圆曲线 $\frac{x^2}{a^2}+\frac{y^2}{b^2}=1$ 所围成图形的面积(简称椭圆的面积).

解 由于椭圆关于中心对称(图 6-10)，故椭圆面积 $A=4A_1$，其中 A_1 为该椭圆在第一象限部分的面积，因此

$$A=4A_1=4\int_0^a y\mathrm{d}x,\ y=\frac{b}{a}\sqrt{a^2-x^2}.$$

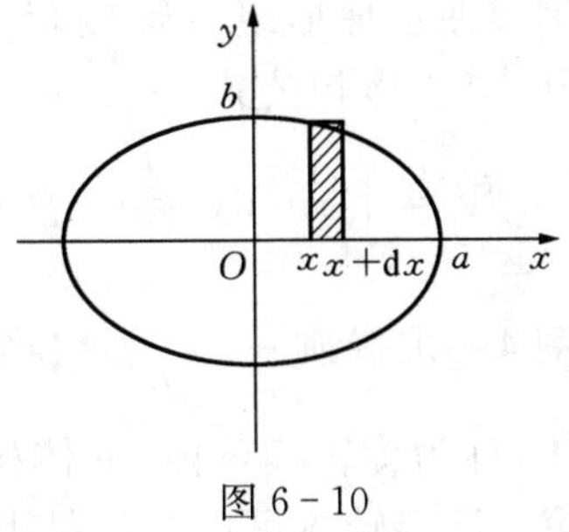

图 6-10

为简化计算，可用椭圆的参数方程 $x=a\cos t$，$y=b\sin t$ 作换元积分，则有 $\mathrm{d}x=-a\sin t\mathrm{d}t$，且当 $x=0$ 时，$t=\frac{\pi}{2}$；当 $x=a$ 时，$t=0$，所以

$$\begin{aligned}A&=4A_1=4\int_0^a y\mathrm{d}x=4\int_{\frac{\pi}{2}}^0 b\sin t(-a\sin t)\mathrm{d}t\\&=4ab\int_0^{\frac{\pi}{2}}\sin^2 t\mathrm{d}t=4ab\cdot\frac{1}{2}\cdot\frac{\pi}{2}=\pi ab.\end{aligned}$$

附注 特别当 $a=b$ 时，即得圆面积公式 $A=\pi a^2$.

三、立体体积

以下两种特殊立体的体积可以利用定积分来计算.

1. 旋转体的体积

定义 由一个平面图形绕该平面内一条定直线旋转一周而生成的立体，称为旋转体，该定直线称为旋转轴.

例如，直角三角形绕其某直角边旋转一周所生成的旋转体是圆锥体，矩形绕其一边旋转一周就得到圆柱体等.

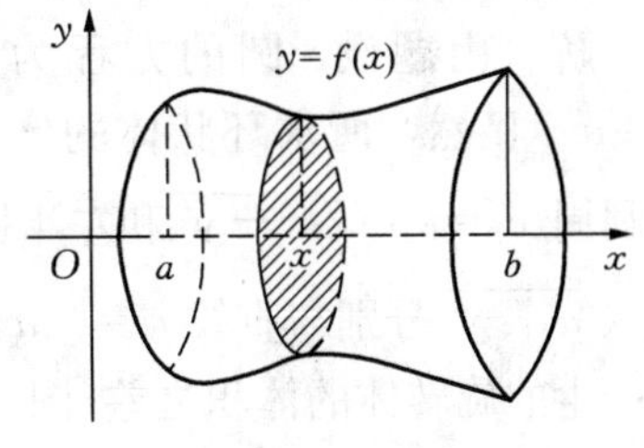

图 6-11

设某旋转体由曲线 $y=f(x)\geqslant 0$，直线 $x=a$，$x=b$ 及 x 轴所围成的曲边梯形绕 x 轴旋转一周所生成(图 6-11)，由微元法：

取 x 为积分变量，在积分区间 $[a,b]$ 内任取小区间 $[x,x+\mathrm{d}x]$，则相应的小曲边梯形绕 x 轴旋转而成的薄片体积近似于以 $|f(x)|$ 为底面半径、以 $\mathrm{d}x$ 为高的圆柱体体积，由此求得体积元素 $\mathrm{d}V=\pi[f(x)]^2\mathrm{d}x$，从而该旋转体的体积为

$$V=\int_a^b \mathrm{d}V=\int_a^b \pi[f(x)]^2\mathrm{d}x.$$

用类似方法可推得由曲线 $x=\varphi(y)\geqslant 0$，直线 $y=c$，$y=d(c<d)$ 及 y

轴所围成曲边梯形绕 y 轴旋转一周所生成的旋转体(图6－12)体积公式

$$V=\int_c^d \pi x^2\mathrm{d}y=\int_c^d \pi[\varphi(y)]^2\mathrm{d}y.$$

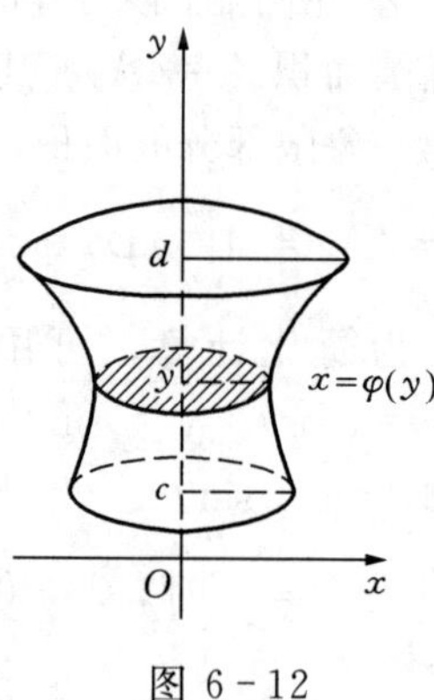

图 6－12

例 4　求椭圆 $\frac{x^2}{a^2}+\frac{y^2}{b^2}=1$ 绕 x 轴旋转生成的旋转体(称为旋转椭球体)的体积．

解　该旋转体可以看作是由上半椭圆

$$y=\frac{b}{a}\sqrt{a^2-x^2}$$

及 x 轴围成的图形绕 x 轴旋转一周所生成，于是所求体积

$$\begin{aligned}V&=\int_{-a}^{a}\pi\left(\frac{b}{a}\sqrt{a^2-x^2}\right)^2\mathrm{d}x=\frac{b^2}{a^2}\pi\int_{-a}^{a}(a^2-x^2)\mathrm{d}x\\&=\frac{2b^2}{a^2}\pi\int_0^a(a^2-x^2)\mathrm{d}x=2\pi\frac{b^2}{a^2}\left[a^2x-\frac{1}{3}x^3\right]_0^a=\frac{4}{3}\pi ab^2.\end{aligned}$$

特别地，当 $a=b$ 时，该旋转体即半径为 a 的球体，且其体积为 $\frac{4}{3}\pi a^3$.

例 5　求圆心在点 $(b,\ 0)$，半径为 $a(b>a)$ 的圆绕 y 轴旋转一周而成的环状体体积．

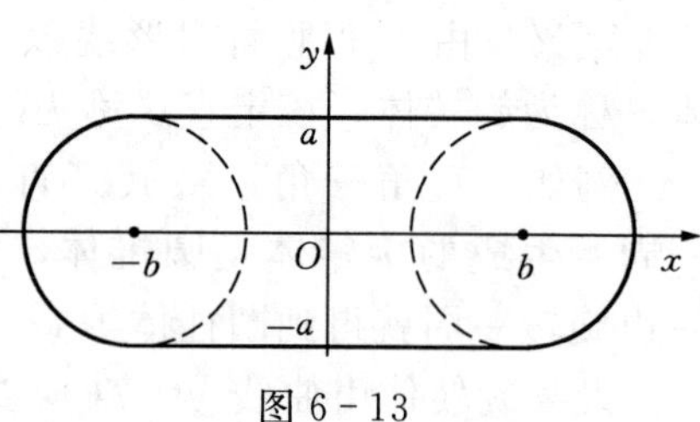

图 6－13

解　由题设，圆的方程为 $(x-b)^2+y^2=a^2$. 显然，所求环状体的体积等于右半圆周 $x_2=b+\sqrt{a^2-y^2}$ 和左半圆周 $x_1=b-\sqrt{a^2-y^2}$ 分别与直线 $y=-a$，$y=a$ 及 y 轴所围成的曲边梯形绕 y 轴旋转所产生的旋转体的体积之差(图 6－13)，因此所求体积

$$\begin{aligned}V&=\int_{-a}^{a}\pi x_2^2\mathrm{d}y-\int_{-a}^{a}\pi x_1^2\mathrm{d}y\\&=\pi\int_{-a}^{a}(x_2^2-x_1^2)\mathrm{d}y\\&=8\pi b\int_0^a\sqrt{a^2-y^2}\,\mathrm{d}y\\&=8\pi b\left[\frac{y}{2}\sqrt{a^2-y^2}+\frac{a^2}{2}\arcsin\frac{y}{a}\right]_0^a=2\pi^2a^2b.\end{aligned}$$

2. 已知平行截面面积函数的立体体积

设立体 V 介于两平面 $x=a$，$x=b$ 之间，且过任意点 $x\in[a,b]$而垂直于 x 轴的截面面积$A(x)$为 x 的已知连续函数(图6－14)，则该立体的体积计算如下.

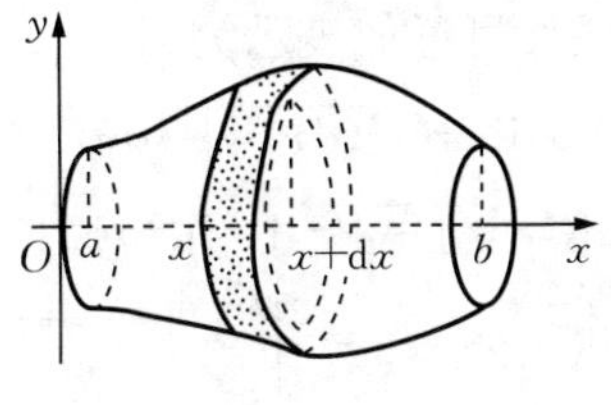

图 6－14

取 x 为积分变量，积分区间为$[a,b]$，对任意$[x,x+\mathrm{d}x]\subset[a,b]$，立体 V 位于其上的相应薄片体积近似于底面积为 $A(x)$，高为 $\mathrm{d}x$ 的扁柱体体积，即体积元素为 $\mathrm{d}V=A(x)\cdot\mathrm{d}x$，于是所求体积为

$$V=\int_a^b \mathrm{d}V=\int_a^b A(x)\mathrm{d}x.$$

例 6　某平面经过半径为 R 的圆柱体的底圆中心，与底面交角为 α(图 6－15)，试求这平面截圆柱体所得立体的体积.

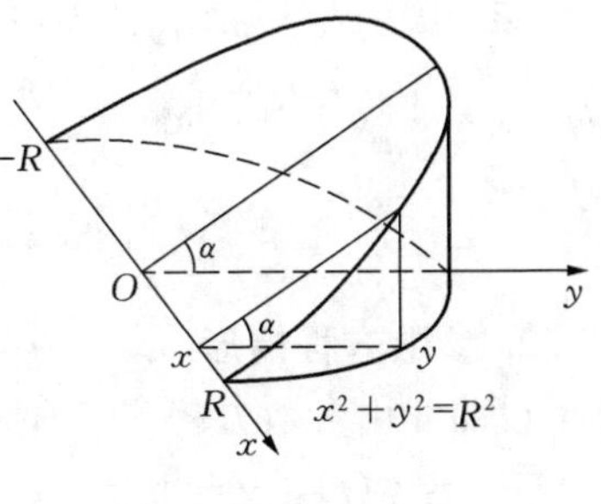

图 6－15

解　取该平面与圆柱体底面的交线为 x 轴，底面上过圆中心且垂直于 x 轴的直线为 y 轴，则底圆的方程为 $x^2+y^2=R^2$，所求立体过点 x 且垂直于 x 轴的截面是一个直角三角形，其两条直角边的边长分别为

$$y=\sqrt{R^2-x^2}\text{ 及 }y\tan\alpha=\sqrt{R^2-x^2}\tan\alpha,$$

因而截面的面积函数为 $A(x)=\dfrac{1}{2}(R^2-x^2)\tan\alpha$，从而所求体积为

$$\begin{aligned}V&=\int_{-R}^{R}\frac{1}{2}(R^2-x^2)\tan\alpha\,\mathrm{d}x\\&=\frac{1}{2}\tan\alpha\left[R^2x-\frac{1}{3}x^3\right]_{-R}^{R}\\&=\frac{2}{3}R^3\tan\alpha.\end{aligned}$$

四、平面曲线的弧长

1. 直角坐标情形

设曲线由直角坐标方程 $y=f(x)(a\leqslant x\leqslant b)$所给出，其中 $f(x)$在$[a,b]$上具有连续导数(此时也称曲线在$[a,b]$上光滑). 现在求该曲线的弧长.

取横坐标 x 为积分变量，$[a,b]$为积分区间，任取$[x,x+\mathrm{d}x]\subset[a,b]$，

图 6-16 中，相应区间$[x, x+\mathrm{d}x]$上的曲线弧长可近似表示为

$$\Delta s \approx \mathrm{d}s = \sqrt{(\mathrm{d}x)^2 + (\mathrm{d}y)^2} = \sqrt{1+y'^2}\,\mathrm{d}x,$$

取 $\mathrm{d}s=\sqrt{1+y'^2}\,\mathrm{d}x$ 作为弧长元素，则有曲线弧长公式 $s = \int_a^b \sqrt{1+y'^2}\,\mathrm{d}x$.

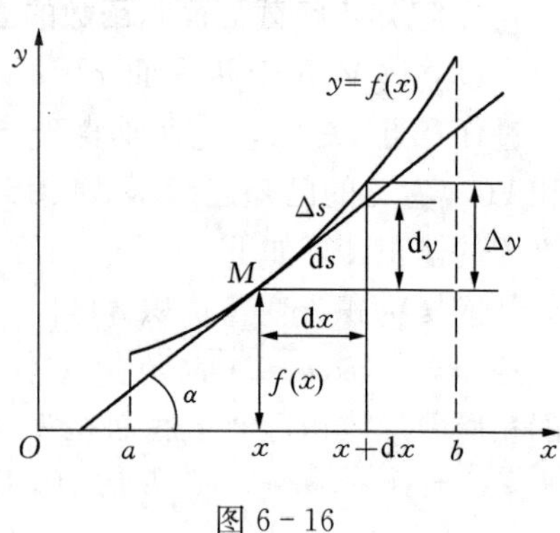

图 6-16

说明 这里的 $\mathrm{d}s=\sqrt{1+y'^2}\,\mathrm{d}x$ 正是第四章第七节中所述的弧微分 .

例 7 计算曲线 $y=\dfrac{2}{3}x^{\frac{3}{2}}$ 上相应于 x 从 0 到 1 的一段弧的长度(图 6-17).

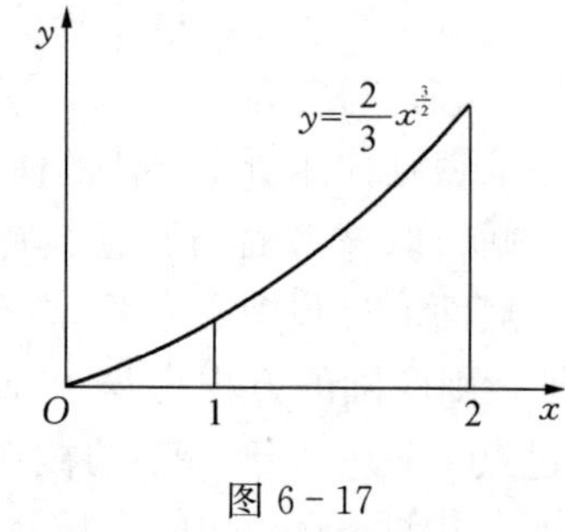

图 6-17

解 因为 $y'=x^{\frac{1}{2}}$，从而所求弧长

$$s = \int_0^1 \sqrt{1+y'^2}\,\mathrm{d}x = \int_0^1 \sqrt{1+x}\,\mathrm{d}x$$

$$= \left[\frac{2}{3}(1+x)^{\frac{3}{2}}\right]_0^1 = \frac{2}{3}(2\sqrt{2}-1).$$

2. 参数方程情形

设曲线由参数方程

$$x=\varphi(t),\ y=\psi(t)\ (\alpha \leqslant t \leqslant \beta)$$

所给出，其中$\varphi(t)$，$\psi(t)$在$[\alpha, \beta]$上有连续导数，现在计算该曲线的弧长 .

取参数 t 为积分变量，$t\in[\alpha, \beta]$，任取$[t, t+\mathrm{d}t]\subset[\alpha, \beta]$，则由弧长勾股定理，

$$\mathrm{d}s = \sqrt{(\mathrm{d}x)^2+(\mathrm{d}y)^2} = \sqrt{\varphi'^2(t)(\mathrm{d}t)^2+\psi'^2(t)(\mathrm{d}t)^2}$$

$$= \sqrt{\varphi'^2(t)+\psi'^2(t)}\,\mathrm{d}t,$$

于是所求弧长的公式为

$$s = \int_\alpha^\beta \mathrm{d}s = \int_\alpha^\beta \sqrt{\varphi'^2(t)+\psi'^2(t)}\,\mathrm{d}t.$$

例 8 计算摆线(图 6-18)

$$\begin{cases} x=a(\theta-\sin\theta), \\ y=a(1-\cos\theta) \end{cases}$$

的一拱$(0\leqslant\theta\leqslant 2\pi)$的长度 .

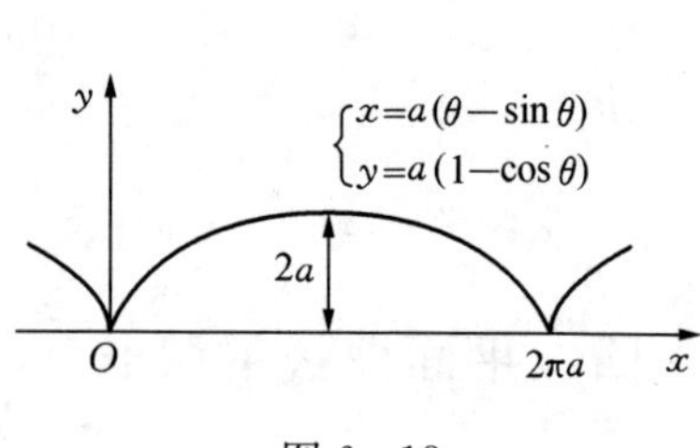

图 6-18

解 取参数 θ 为积分变量，则弧长元素

$$\mathrm{d}s = \sqrt{a^2(1-\cos\theta)^2+a^2(\sin\theta)^2}\,\mathrm{d}\theta$$

$$= a\sqrt{2(1-\cos\theta)}\,\mathrm{d}\,\theta = 2a\sin\frac{\theta}{2}\mathrm{d}\,\theta,$$

从而所求弧长

$$s = \int_0^{2\pi} 2a\sin\frac{\theta}{2}\mathrm{d}\,\theta = 2a\left[-2\cos\frac{\theta}{2}\right]_0^{2\pi} = 8a.$$

五、定积分在经济与物理学中的应用

1. 经济应用

在经济学中，总收益是指企业出售一定量产品所得的全部收入．它可以表示为产品数量(或需求量)q 的函数：$R=R(q)$，该函数对产品量的变化率(导数)$R'=R'(q)$称为**边际收益**．

生产一定量产品所需经济资源投入的总费用称为总成本，也表示为产品数量 q 的函数：$C=C_1+C_2(q)$，其中 C_1 是固定成本，$C_2(q)$表示(产品数量 q 的)可变成本，而该函数对产品量 q 的变化率(导数)$C'=C'(q)$称为**边际成本**．

例 9　已知某产品总收益 R 的边际收益 R'是需求量 q 的函数

$$R'(q) = 12 - 0.8q,$$

且 $q=0$ 时，$R=0$，求总收益函数 $R(q)$.

解　由题意

$$R(q) = \int_0^q R'(q)\mathrm{d}q = \int_0^q (12-0.8q)\mathrm{d}q$$
$$= 12q - 0.4q^2.$$

例 10　已知某工厂的产品日产量为 x 件时，边际成本为 x 的函数

$$C'(x) = 0.6x + 2(\text{元} / \text{件}),$$

而固定成本为 350 元，售价为每件 32 元时可以全部售出，求：

(1) 总成本函数 $C(x)$；

(2) 每日的最大利润及此时的日产量．

解　(1) 由于边际成本正是总成本函数的导数，故

$$C(x) = 350 + \int_0^x (0.6x+2)\mathrm{d}x = 0.3x^2 + 2x + 350.$$

(2) 设总收益为 $R(x)$，总利润为 $L(x)$，由题设已知 $R(x)=32x$，故

$$L(x) = R(x) - C(x) = 32x - (0.3x^2 + 2x + 350)$$
$$= -0.3x^2 + 30x - 350.$$

令 $L'(x)=-0.6x+30=0$，得驻点 $x=50$，又因为 $L''(50)=-0.6<0$，所以当$x=50$时，$L(x)$取到最大值 $L(50)=400$.

即日产量为 50 件时，每日有最大利润 400 元．

***2. 物理应用**

(1) 变力沿直线所做的功：由物理学知道，物体在恒力作用下做直线运动，且力的方向与物体运动方向一致，则当物体的位移为 s 时，力 F 对物体所做的功为

$$W = F \cdot s.$$

如果物体受变力作用沿直线运动，假设力 F 是位移 s 的连续函数，即 $F=F(s)$，现在考察在变力 $F(s)$ 作用下，物体沿力的方向从 $s=a$ 移动到 $s=b$ 时，该变力所做的功 W.

用定积分方法来计算．选取位移 s 作为积分变量，其变化区间为 $[a, b]$．任取 $[s, s+\mathrm{d}s]\subset[a, b]$，可得功的元素 $\mathrm{d}W=F(s)\cdot \mathrm{d}s$，于是所求功为

$$W = \int_a^b \mathrm{d}W = \int_a^b F(s)\cdot \mathrm{d}s.$$

例 11　图 6－19 中，将弹簧一端固定，另一端连着一个小球，放在平面上，点 O 为小球的平衡位置．把小球从点 O 拉到点 M(设 $OM=s$)时，克服弹性力需做多少功?

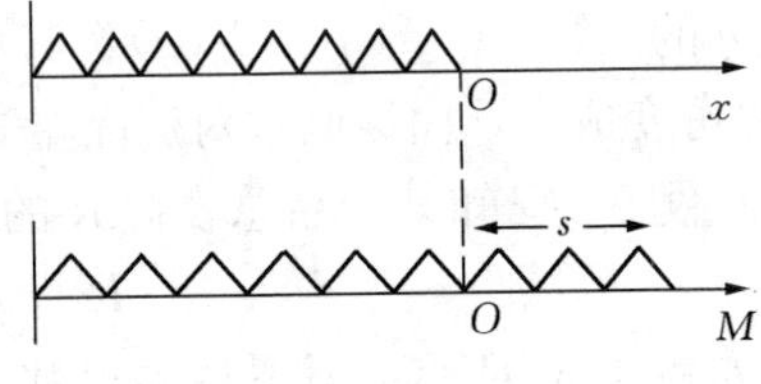

图 6－19

解　在弹性限度内，由于弹簧拉长(或压缩)所需的力 F 与弹簧伸长(或压缩)的长度成正比，即当弹簧拉长 x m 时，需要力 $F=kx$，其中 k 为比例系数．

取 x 为积分变量，积分区间为 $[0, s]$．任取 $[x, x+\mathrm{d}x]\subset[0, s]$，功的元素

$$\mathrm{d}W = F(x)\cdot \mathrm{d}x = kx\cdot \mathrm{d}x,$$

所求功为

$$W = \int_0^s \mathrm{d}W = \int_0^s kx\,\mathrm{d}x = \frac{1}{2}ks^2.$$

例 12　一圆柱形贮水桶高 5 m，底圆半径为 3 m．如果把桶内满盛的水全部抽出，需要做多少功?

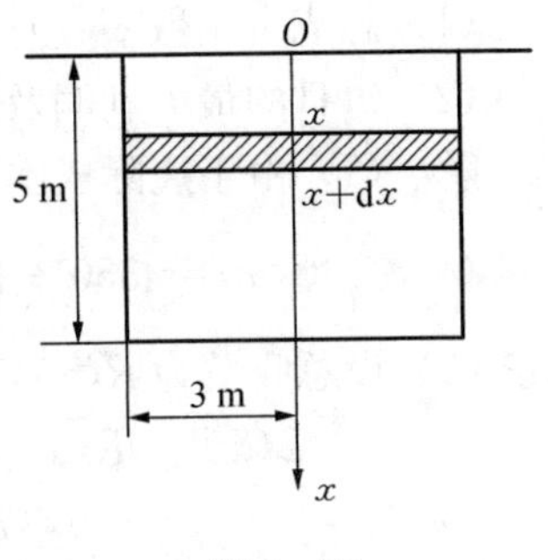

图 6－20

解　图 6－20 中，取深度 x(单位为 m)为积分变量，积分区间为 $[0, 5]$．任取 $[x, x+\mathrm{d}x]\subset[0, 5]$ 的一层薄水，其体积为 $\mathrm{d}V=9\pi\mathrm{d}x$ (m^3)．已知水的密度为 1000 $\mathrm{kg/m^3}$，重力加速度为 $g=9.8\ \mathrm{m/s^2}$，该薄层水所受重力为

$$\rho g\,\mathrm{d}V = 1000\times 9.8\times 9\pi\mathrm{d}x = 88.2\pi\mathrm{d}x(\mathrm{kN}),$$

因此，把该薄层水抽出桶外需做功的元素是 $\mathrm{d}W=88.2\pi x\mathrm{d}x(\mathrm{kJ})$，所求功

$$W=\int_0^5 88.2\pi x\mathrm{d}x=88.2\pi\left[\frac{x^2}{2}\right]_0^5=88.2\pi\cdot\frac{25}{2}\approx 3462(\mathrm{kJ}).$$

（2）液体静压力：将面积为 A 的平板水平放置在液体中，深度为 h，则平板的每一侧所受的液体静压力为

$$P=p\cdot A=\rho g h A,$$

其中 ρ 是液体的密度，$p=\rho g h$ 是液深 h 处的压强．

若将平板垂直放置在液体中，由于深度不同点处的压强不相等，故平板每一侧所受的压力不能用上述公式来计算．下面用定积分给出所受压力的计算．

例 13 某水坝中有一直立的等腰梯形闸门，其上、下底分别为 8 m 和 4 m，高为 4 m.

（1）当水面距离闸门顶部 3 m 时，求闸门所受到的压力．

（2）当水面降至闸门中间线时，求闸门所受的压力（设水的密度为 $\rho=1000\ \mathrm{kg/m^3}$）.

解（1）建立坐标系（图 6－21），则直线 AB 的方程为 $y=-\frac{x}{2}+\frac{11}{2}$.

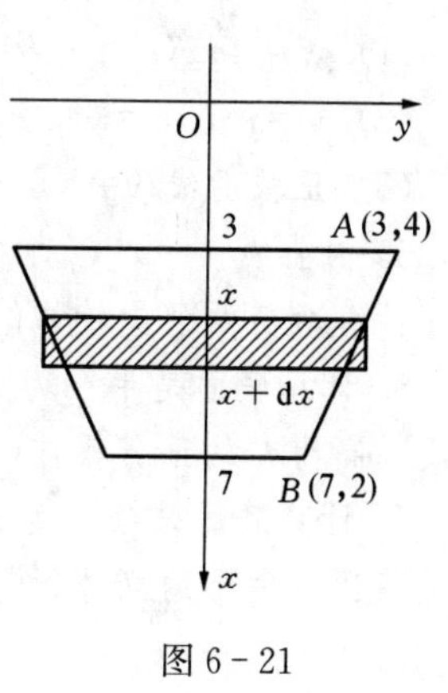

图 6－21

取 x 为积分变量，积分区间为 $[3,7]$，由于图形关于 x 轴对称，闸门右半部的压力元素

$$\mathrm{d}P=\rho g\cdot x\cdot\left(-\frac{x}{2}+\frac{11}{2}\right)\mathrm{d}x,$$

所以闸门所受的水压力为

$$\begin{aligned}P&=2\int_3^7\rho g\cdot x\cdot\left(-\frac{x}{2}+\frac{11}{2}\right)\mathrm{d}x\\&=2\times1000\times9.8\cdot\left[-\frac{1}{6}x^3+\frac{11}{4}x^2\right]_3^7\\&=19.6\times1000\times\frac{172}{3}\approx1123.73(\mathrm{kN}).\end{aligned}$$

（2）建立坐标系（图 6－22），则直线 CD 的方程为 $y=-\frac{x}{2}+3$. 因而闸门所受的水压力为

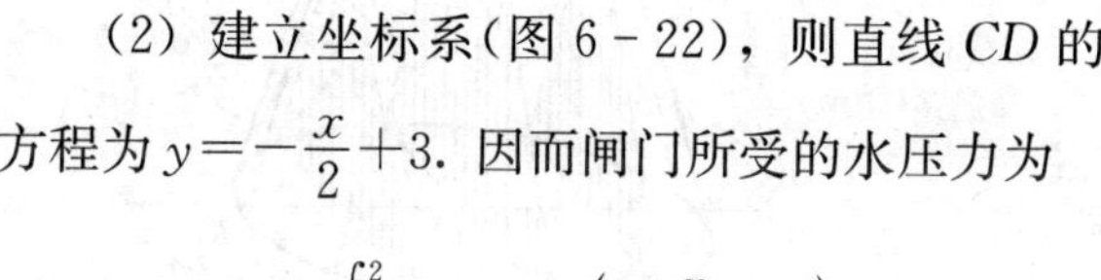

$$\begin{aligned}P&=2\int_0^2\rho g\cdot x\cdot\left(-\frac{x}{2}+3\right)\mathrm{d}x\\&=19.6\times1000\left[-\frac{1}{6}x^3+\frac{3}{2}x^2\right]_0^2\\&=19.6\times1000\times\frac{14}{3}\approx91.47(\mathrm{kN}).\end{aligned}$$

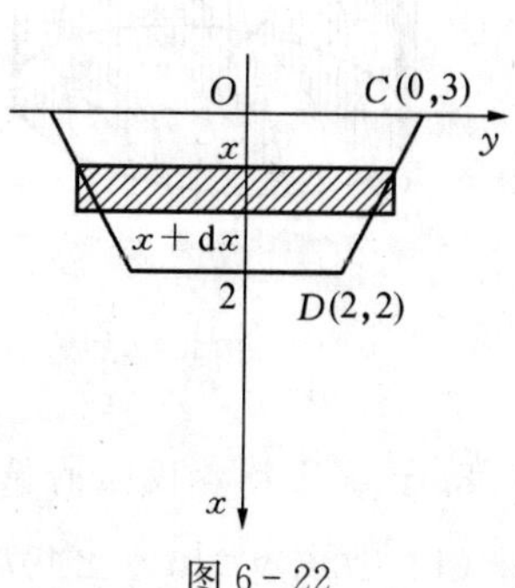

图 6－22

习题 6－4

1. 求由下列各曲线所围成的平面图形的面积．

(1) $y=\dfrac{1}{x}$ 与直线 $y=x$，$x=2$；

(2) $y=\ln x$，y 轴与直线 $y=\ln a$，$y=\ln b(b>a>0)$；

(3) $y=x^2$ 与直线 $y=x$，$y=2x$；

(4) $y=\sin x$，$y=\cos x$ 与直线 $x=0$，$x=\dfrac{\pi}{2}$.

2. 求抛物线 $y^2=2px(p>0)$及其在点$\left(\dfrac{p}{2}, p\right)$处的法线所围成的图形的面积．

3. 求由摆线 $x=a(\theta-\sin\theta)$，$y=a(1-\cos\theta)(a>0)$ 的一拱$(0\leqslant\theta\leqslant 2\pi)$与 x 轴所围成的图形的面积．

4. 求下列已知曲线所围成的图形，按指定的轴旋转所产生的旋转体的体积．

(1) $y^2=4ax(a>0)$及 $x=x_0(x_0>0)$绕 x 轴；

(2) $y=x^2$，$x=y^2$ 绕 y 轴；

(3) 正弦曲线 $y=\sin x$，$x\in[0, \pi]$与 $y=0$ 分别绕 x 轴和 y 轴．

5. 由曲线 $y=x^3$，直线 $x=2$，$y=0$ 所围成的图形分别绕 x 轴和 y 轴旋转，计算所得两个旋转体的体积．

6. 计算底面是半径为 R 的圆，顶部是平行于底面且长度等于该圆直径的线段、高为 h 的正劈锥体(图 6－23)的体积．

7. 计算底面是半径为 R 的圆，而垂直于底面上一条固定直径的所有截面都是等边三角形的立体(图 6－24)的体积．

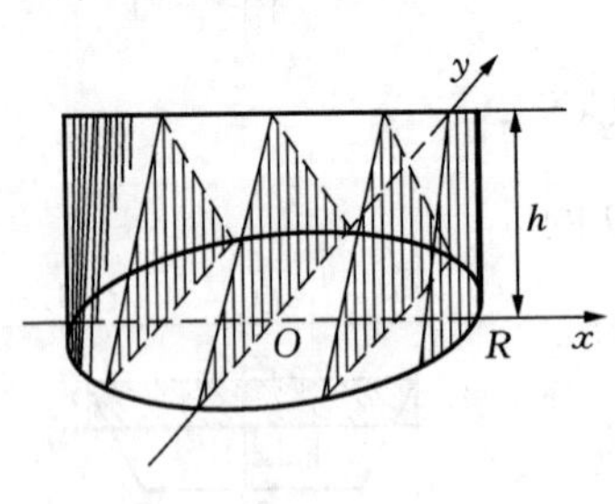

图 6－23

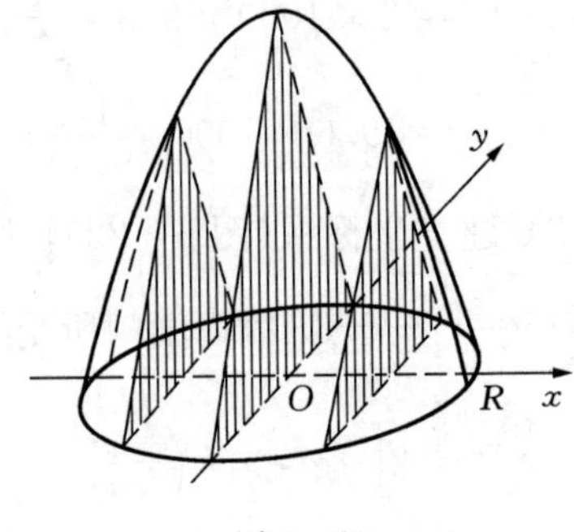

图 6－24

8. 计算下列各段弧的弧长．

(1) 曲线 $y=\ln x$ 上相应于$\sqrt{3}\leqslant x\leqslant\sqrt{8}$的一段弧；

(2) 曲线 $y=\frac{\sqrt{x}}{3}(3-x)$ 上相应于 $1\leqslant x\leqslant 3$ 的一段弧；

(3) 曲线 $x=e^t\sin t$，$y=e^t\cos t$ 由 $t=0$ 到 $t=\frac{\pi}{2}$ 的一段弧．

9. 证明：由平面图形 $0\leqslant a\leqslant x\leqslant b$，$0\leqslant y\leqslant f(x)$ 绕 y 轴旋转所成的旋转体的体积 $V=2\pi\int_a^b xf(x)\mathrm{d}x$．

10. 已知某产品生产 x 个单位时的边际收入为 $R'(x)=200-0.05x$，求：

(1) 生产这种产品 200 个单位时的总收入 R_1 和平均单位收入 P_1；

(2) 在生产了 300 个单位后，再生产 200 个单位时的总收入 R_2．

11. 已知某商品每周生产 x 件时，边际成本 $C'(x)=0.6x-10$(元/件)，求总成本 $C(x)$；若该商品的销售单价为 20 元，问总利润 $L(x)$是多少？又问每周生产多少件商品时总利润最大？

12. 已知某产品产量为 x(百台)时的边际收益为 $R'(x)=5-x$(万元/百台)，边际成本为 $C'(x)=1$(万元/百台)．

(1) 问产量为多少时，总利润为最大？

(2) 在利润最大的产量基础上又生产了 100 台，总利润减少了多少？

13. 一物体按规律 $x=ct^3$ 做直线运动，媒质的阻力与速度的平方成正比，计算物体由 $x=0$ 移至 $x=a$ 时，克服媒质阻力所做的功．

14. 倒圆锥形贮水池深 15 m，口径 20 m，盛满了水．今以唧筒将水吸尽，要做多少功？

15. 一矩形闸门垂直于水中，高 3 m，底长 2 m，水面超过门顶 2 m，求闸门上所受的水压力．

第 5 节　反常积分

定积分只限于研究有限区间上的有界函数，但在实践中常常会遇到积分区间无限、或被积函数在有限区间上有无穷间断点的有关积分问题．本节将应用极限的概念与方法，将定积分推广到上述两种场合．

一、无限区间上的反常积分

定义 1　设函数 $f(x)$ 在区间$[a，+\infty)$上有定义，且任取 $b>a$，$f(x)$在$[a，b]$上可积，称极限 $\lim\limits_{b\to+\infty}\int_a^b f(x)\mathrm{d}x$ 为函数 $f(x)$在$[a，+\infty)$上的反常积分，

记为$\int_a^{+\infty} f(x)\mathrm{d}x$，即

$$\int_a^{+\infty} f(x)\mathrm{d}x = \lim_{b\to+\infty}\int_a^b f(x)\mathrm{d}x.$$

如果上面的极限存在，则称反常积分$\int_a^{+\infty} f(x)\mathrm{d}x$收敛，否则，称**反常积分发散**.

类似可定义函数$f(x)$在$(-\infty, b]$上的反常积分为

$$\int_{-\infty}^b f(x)\mathrm{d}x = \lim_{a\to-\infty}\int_a^b f(x)\mathrm{d}x,$$

而对于函数$f(x)$在$(-\infty, +\infty)$上的反常积分，则定义为

$$\begin{aligned}\int_{-\infty}^{+\infty} f(x)\mathrm{d}x &= \int_{-\infty}^{c} f(x)\mathrm{d}x + \int_c^{+\infty} f(x)\mathrm{d}x\\ &= \lim_{a\to-\infty}\int_a^c f(x)\mathrm{d}x + \lim_{b\to+\infty}\int_c^b f(x)\mathrm{d}x,\end{aligned}$$

其中c为任一指定的实数，且a与b各自独立地趋于无穷大．它们收敛或发散的意义完全同前所述，但需注意：

当且仅当$\int_{-\infty}^{c} f(x)\mathrm{d}x$与$\int_c^{+\infty} f(x)\mathrm{d}x$都收敛时，反常积分$\int_{-\infty}^{+\infty} f(x)\mathrm{d}x$才收敛，否则发散．

上述三种反常积分统称为无限区间上的反常积分，简称**无穷限反常积分**．

例 1　求反常积分$\int_{-\infty}^{+\infty}\frac{1}{1+x^2}\mathrm{d}x$．

解　由定义

$$\begin{aligned}\int_{-\infty}^{+\infty}\frac{1}{1+x^2}\mathrm{d}x &= \int_{-\infty}^{0}\frac{1}{1+x^2}\mathrm{d}x + \int_0^{+\infty}\frac{1}{1+x^2}\mathrm{d}x\\ &= \lim_{a\to-\infty}\int_a^0\frac{1}{1+x^2}\mathrm{d}x + \lim_{b\to+\infty}\int_0^b\frac{1}{1+x^2}\mathrm{d}x\\ &= \lim_{a\to-\infty}[\arctan x]_a^0 + \lim_{b\to+\infty}[\arctan x]_0^b\\ &= -\lim_{a\to-\infty}\arctan a + \lim_{b\to+\infty}\arctan b\\ &= -\left(-\frac{\pi}{2}\right)+\frac{\pi}{2} = \pi.\end{aligned}$$

以上计算过程也可简写为

$$\int_{-\infty}^{+\infty}\frac{1}{1+x^2}\mathrm{d}x = [\arctan x]_{-\infty}^{+\infty} = \frac{\pi}{2}-\left(-\frac{\pi}{2}\right) = \pi.$$

上述反常积分例子的几何意义是：当 $a\to-\infty$，$b\to+\infty$时，虽然图 6-25 中阴影部分向左、右无限延伸（与 x 轴不相交），但其面积仍存在（即极限值 π）.

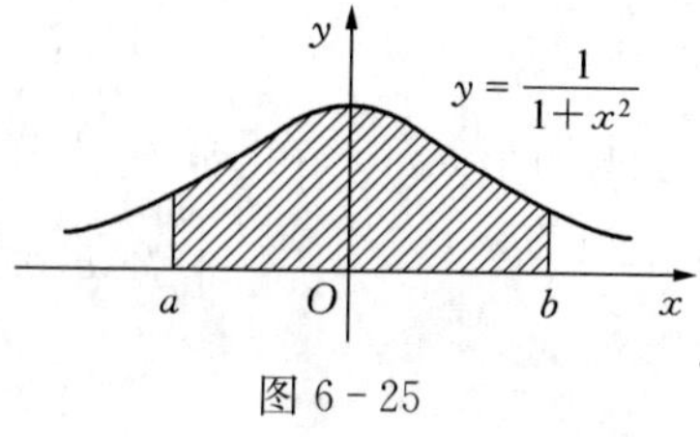

图 6-25

例 2　求反常积分 $\int_0^{+\infty} t\mathrm{e}^{-pt}\mathrm{d}t$（常数 $p>0$）.

解

$$\int_0^{+\infty} t\mathrm{e}^{-pt}\mathrm{d}t=\lim_{b\to+\infty}\int_0^b t\mathrm{e}^{-pt}\mathrm{d}t=\lim_{b\to+\infty}\left\{\left[-\frac{t}{p}\mathrm{e}^{-pt}\right]_0^b+\frac{1}{p}\int_0^b \mathrm{e}^{-pt}\mathrm{d}t\right\}$$

$$=\lim_{b\to+\infty}\left[-\frac{1}{p}(b\mathrm{e}^{-pb}-0)-\frac{1}{p^2}(\mathrm{e}^{-pb}-1)\right]=\frac{1}{p^2},$$

其中，$\lim\limits_{b\to+\infty} b\mathrm{e}^{-pb}=\lim\limits_{b\to+\infty}\frac{b}{\mathrm{e}^{pb}}=\lim\limits_{b\to+\infty}\frac{1}{p\mathrm{e}^{pb}}=0$.

例 3　证明反常积分 $\int_1^{+\infty}\frac{1}{x^p}\mathrm{d}x$ 当 $p>1$ 时收敛，当 $p\leqslant 1$ 时发散.

证明　当 $p=1$ 时，有

$$\int_1^{+\infty}\frac{1}{x^p}\mathrm{d}x=\int_1^{+\infty}\frac{\mathrm{d}x}{x}=[\ln x]_1^{+\infty}=+\infty,$$

而当 $p\neq 1$ 时，

$$\int_1^{+\infty}\frac{1}{x^p}\mathrm{d}x=\left[\frac{x^{1-p}}{1-p}\right]_1^{+\infty}=\begin{cases}+\infty, & p<1,\\ \dfrac{1}{p-1}, & p>1,\end{cases}$$

故当 $p>1$ 时，该反常积分收敛，其值为$\frac{1}{p-1}$；而当 $p\leqslant 1$ 时，该反常积分发散. 综上即得所证.

二、无界函数的反常积分

定义 2　设函数 $f(x)$在$[a, b)$上有定义，而 $\lim\limits_{x\to b^-}f(x)=\infty$. 任取$\varepsilon>0$，称极限 $\lim\limits_{\varepsilon\to 0^+}\int_a^{b-\varepsilon}f(x)\mathrm{d}x$ 为无界函数 $f(x)$在$[a, b)$上的反常积分，仍记为

$$\int_a^b f(x)\mathrm{d}x=\lim_{\varepsilon\to 0^+}\int_a^{b-\varepsilon}f(x)\mathrm{d}x.$$

如果上述极限存在，则称反常积分 $\int_a^b f(x)\mathrm{d}x$ 收敛，否则称它发散.

上述无穷大间断点 $x=b$，也常称为函数 $f(x)$的瑕点，而上述积分也称为**瑕积分**.

完全类似可定义以 $x=a$ 为瑕点，即 $\lim\limits_{x\to a^+}f(x)=\infty$时的反常积分为

$$\int_a^b f(x)\mathrm{d}x = \lim_{\varepsilon \to 0^+}\int_{a+\varepsilon}^b f(x)\mathrm{d}x,$$

而对于函数 $f(x)$ 在 $[a, b]$ 内某点 $x=c$ 为瑕点的反常积分，定义为

$$\int_a^b f(x)\mathrm{d}x = \int_a^c f(x)\mathrm{d}x + \int_c^b f(x)\mathrm{d}x$$

$$= \lim_{\varepsilon \to 0^+}\int_a^{c-\varepsilon} f(x)\mathrm{d}x + \lim_{\varepsilon \to 0^+}\int_{c+\varepsilon}^b f(x)\mathrm{d}x.$$

这里的 ε 各自独立地趋于 0．特别是(同前所述)，有

$\int_a^b f(x)\mathrm{d}x$ 收敛当且仅当 $\int_a^c f(x)\mathrm{d}x$ 与 $\int_c^b f(x)\mathrm{d}x$ 都收敛，否则发散．

例 4　求反常积分 $\int_0^1 \frac{x}{\sqrt{1-x^2}}\mathrm{d}x$.

解　因为 $x=1$ 是 $\frac{x}{\sqrt{1-x^2}}$ 的瑕点，于是

$$\int_0^1 \frac{x}{\sqrt{1-x^2}}\mathrm{d}x = \lim_{\varepsilon \to 0^+}\int_0^{1-\varepsilon} \frac{x}{\sqrt{1-x^2}}\mathrm{d}x = \lim_{\varepsilon \to 0^+}\left\{\left[-\sqrt{1-x^2}\right]_0^{1-\varepsilon}\right\}$$

$$= \lim_{\varepsilon \to 0^+}\left[-\sqrt{1-(1-\varepsilon)^2}+1\right] = 1.$$

例 5　讨论反常积分 $\int_{-1}^1 \frac{1}{x^4}\mathrm{d}x$ 的敛散性．

解　因为 $x=0$ 是 $\frac{1}{x^4}$ 的无穷间断点，于是

$$\int_{-1}^1 \frac{1}{x^4}\mathrm{d}x = \lim_{\varepsilon \to 0^+}\int_{-1}^{0-\varepsilon} \frac{1}{x^4}\mathrm{d}x + \lim_{\eta \to 0^+}\int_{0+\eta}^1 \frac{1}{x^4}\mathrm{d}x,$$

但因

$$\lim_{\varepsilon \to 0^+}\int_{-1}^{0-\varepsilon} \frac{1}{x^4}\mathrm{d}x = \lim_{\varepsilon \to 0^+}\left\{\left[-\frac{1}{3}x^{-3}\right]_{-1}^{-\varepsilon}\right\} = \lim_{\varepsilon \to 0^+}\left[-\frac{1}{3}(-\varepsilon)^{-3} - \frac{1}{3}\right] = +\infty,$$

即 $\int_{-1}^0 \frac{1}{x^4}\mathrm{d}x$ 发散，所以 $\int_{-1}^1 \frac{1}{x^4}\mathrm{d}x$ 发散．

注意　由于我们对有瑕点的反常积分仍使用了定积分的记号，因而今后计算积分 $\int_a^b f(x)\mathrm{d}x$ 时，必须考虑该积分有无瑕点，否则就会出现不应有的错误.

如：例 5 中如果忽略 $x=0$ 是瑕点，而按照定积分去计算，就会得到下面的错误结果：

$$\int_{-1}^1 \frac{1}{x^4}\mathrm{d}x = \left[-\frac{1}{3}x^{-3}\right]_{-1}^1 = -\frac{2}{3}.$$

例 6　讨论反常积分$\int_{-1}^{2}\frac{\mathrm{d}x}{x(x+5)}$的敛散性．

解　由于$\lim\limits_{x\to 0}\frac{1}{x(x+5)}=\infty$，即 $x=0$ 是瑕点，于是

$$\int_{-1}^{2}\frac{\mathrm{d}x}{x(x+5)}=\int_{-1}^{0}\frac{\mathrm{d}x}{x(x+5)}+\int_{0}^{2}\frac{\mathrm{d}x}{x(x+5)},$$

而
$$\int_{-1}^{0}\frac{\mathrm{d}x}{x(x+5)}=\int_{-1}^{0}\frac{1}{5}\left(\frac{1}{x}-\frac{1}{x+5}\right)\mathrm{d}x=\lim_{\varepsilon\to 0^+}\int_{-1}^{-\varepsilon}\frac{1}{5}\left(\frac{1}{x}-\frac{1}{x+5}\right)\mathrm{d}x$$
$$=\frac{1}{5}\lim_{\varepsilon\to 0^+}\left[\ln\left|\frac{x}{x+5}\right|\right]_{-1}^{-\varepsilon}=\frac{1}{5}\lim_{\varepsilon\to 0^+}\left(\ln\left|\frac{\varepsilon}{\varepsilon+5}\right|-\ln\frac{1}{4}\right)=-\infty,$$

故原积分发散．

习题 6－5

思考题

两种反常积分与普通积分(定积分)的区别和联系分别是什么？

练习题

1. 判别下列各反常积分的敛散性，如果收敛，计算反常积分的值．

(1) $\int_{1}^{+\infty}\frac{1}{x^2}\mathrm{d}x$；　　(2) $\int_{0}^{+\infty}x\mathrm{e}^{-x^2}\mathrm{d}x$；

(3) $\int_{-\infty}^{+\infty}\frac{1}{x^2+x+1}\mathrm{d}x$；　　(4) $\int_{1}^{+\infty}\sin x\mathrm{d}x$；

(5) $\int_{1}^{2}\frac{1}{x\ln x}\mathrm{d}x$；　　(6) $\int_{-1}^{1}\frac{1}{\sqrt{1-x^2}}\mathrm{d}x$；

(7) $\int_{0}^{2}\frac{1}{x^2-4x+3}\mathrm{d}x$；　　(8) $\int_{1}^{\mathrm{e}}\frac{\mathrm{d}x}{x\sqrt{1-(\ln x)^2}}$．

2. 当 k 为何值时，反常积分$\int_{2}^{+\infty}\frac{\mathrm{d}x}{x(\ln x)^k}$收敛？又当 k 为何值时，该反常积分发散？

总练习六

1. 填空题

(1) $\int_{-\frac{1}{2}}^{0}(2x+1)^{99}\mathrm{d}x=$__________．

(2) 当 $b>0$ 时，$\int_{1}^{b}\ln x\mathrm{d}x=1$，则 $b=$__________．

(3) 设 $f(x)$ 为连续函数，则 $\int_{-a}^{a}x^2[f(x)-f(-x)]\mathrm{d}x=$__________.

(4) 设 $F(x)=\int_0^x t\cos^2 t\mathrm{d}t$，则 $F'\left(\frac{\pi}{4}\right)=$__________.

(5) 设 $f(x)=\int_0^{x^2} t\sqrt[3]{1+t^2}\mathrm{d}t$，则 $f'(x)=$__________.

(6) 若反常积分 $\int_{-\infty}^{+\infty}\frac{k}{1+x^2}\mathrm{d}x=1$，则常数 $k=$__________.

(7) 若 $\int_a^b\frac{f(x)}{f(x)+g(x)}\mathrm{d}x=1$，则 $\int_a^b\frac{g(x)}{f(x)+g(x)}\mathrm{d}x=$__________.

(8) 设 $f(x)$ 为连续函数，则 $\int_{\frac{1}{n}}^{n}\left(1-\frac{1}{t^2}\right)f\left(t+\frac{1}{t}\right)\mathrm{d}t=$__________.

2. 选择题

(1) 设 $a=\int_0^1\sin x\mathrm{d}x$，$b=\int_0^1\tan x\mathrm{d}x$，$c=\int_0^1 x\mathrm{d}x$，则下列各式成立的是(　　).

A. $a<b<c$;　　B. $a<c<b$;

C. $b<a<c$;　　D. $c<a<b$.

(2) 函数 $f(x)$ 在 $[-2,1]$ 上连续，且平均值为 5，则 $\int_{-2}^{1}f(x)\mathrm{d}x=$(　　).

A. $\frac{1}{3}$;　　B. 5;

C. 10;　　D. 15.

(3) 若 $\int_0^k(2x+3x^2)\mathrm{d}x=0$，则 k 的值为(　　).

A. 0;　　B. 1;

C. -1;　　D. -1 或 0.

(4) 设 $f(x)$ 为可导函数，且 $f(0)=0$，$f'(0)=2$，则 $\lim\limits_{x\to 0}\frac{\int_0^x f(t)\mathrm{d}t}{x^2}$ 的值为(　　).

A. 0;　　B. 1;

C. 2;　　D. 不存在.

(5) 已知 $\int_0^x[2f(t)-1]\mathrm{d}t=f(x)-1$，则 $f'(0)=$(　　).

A. 2;　　B. $2\mathrm{e}-1$;

C. 1；　　　　D. -1.

(6) 设函数 $f(x)=\int_0^x(t-1)\mathrm{d}t$，则 $f(x)$ 有（　　）.

A. 极小值$\frac{1}{2}$；　　　　B. 极小值$-\frac{1}{2}$；

C. 极大值$\frac{1}{2}$；　　　　D. 极大值$-\frac{1}{2}$.

(7) 定积分$\int_{-\frac{\pi}{2}}^{\frac{\pi}{2}}\frac{\sin x}{1+x^2+x^4}\mathrm{d}x$的值为（　　）.

A. 1；　　　　B. 2；

C. 0；　　　　D. 不确定.

(8) 由曲线 $y=\cos x$ 和直线 $x=0$，$x=\pi$，$y=0$ 所围成的图形的面积为（　　）.

A. $\int_0^\pi\cos x\mathrm{d}x$；　　　　B. $\int_0^\pi(0-\cos x)\mathrm{d}x$；

C. $\int_0^\pi|\cos x|\mathrm{d}x$；　　　　D. $-\int_0^{\frac{\pi}{2}}\cos x\mathrm{d}x+\int_{\frac{\pi}{2}}^\pi\cos x\mathrm{d}x$.

3. 设 $f(x)=\max\{\sin x,\ \cos x\}$，求 $\int_0^\pi f(x)\mathrm{d}x$.

4. 计算下列定积分：

(1) $\int_{\frac{1}{3}}^3\frac{\arctan\sqrt{x}}{(1+x)\sqrt{x}}\mathrm{d}x$；　　　　(2) $\int_3^4 x(5-x)^4\mathrm{d}x$；

(3) $\int_0^2 x\sqrt{2x-x^2}\,\mathrm{d}x$；　　　　(4) $\int_0^{\pi^2}(\sin\sqrt{x})^2\mathrm{d}x$；

(5) $\int_0^{+\infty}\frac{\arctan x}{x^2}\mathrm{d}x$；　　　　(6) $\int_{-1}^1\sqrt{\frac{1-x}{1+x}}\mathrm{d}x$；

(7) $\int_3^4\frac{\mathrm{d}x}{\sqrt{6x-x^2-8}}$.

5. 设 $f(x)=\int_0^{\sin x}t^2\mathrm{d}t$，$g(x)=x^3+x^4$，证明：当 $x\to 0$ 时，$f(x)$ 与 $g(x)$ 是同阶无穷小.

6. 确定常数 k，使由曲线 $y=x^2$ 与直线 $x=k$，$x=k+2$，$y=0$ 所围图形的面积最小.

7. 试求由曲线 $y=\cos x(-\pi\leqslant x\leqslant\pi)$ 与直线 $y=-1$ 围成的平面图形

(1) 绕 y 轴旋转而成的旋转体体积；

(2) 绕直线 $y=-1$ 旋转而成的旋转体体积.

8. 求由抛物线 $y^2=2x$ 与该曲线在点 $\left(\frac{1}{2}，1\right)$ 处的法线所围图形的面积．

9. 设平面图形 D 由抛物线 $y=1-x^2$ 和 x 轴围成，试求：

(1) D 的面积；

(2) D 绕 x 轴旋转所得旋转体的体积；

(3) D 绕 y 轴旋转所得旋转体的体积；

(4) 抛物线 $y=1-x^2$ 在 x 轴上方的曲线段的弧长．

第七章　微分方程

研究客观世界最常用的方法之一，就是研究事物中变量之间的数量关系．但诸如反映物理、生物、社会等现象及其发展过程中的变量，却往往不能直接表现为函数形式，而只能用函数与其导数之间的某种等量关系来描述．这种包含了函数及其导数的等式称为微分方程，科学与技术中的许多现象都需要用微分方程来描述．微分方程既是用数学理论解决实际问题的重要方法，也是描述客观事物的主要数学形式之一．

本章介绍微分方程的基本概念，以及常见的微分方程类型及其解法．

第1节　微分方程基本概念

我们先通过一些简单的例子，说明对于实际问题如何建立微分方程模型，然后介绍有关微分方程的一些基本概念．

例1　已知一曲线通过点(1，2)，且在该曲线上任一点$M(x，y)$处的切线斜率为$3y^2$，求此曲线所满足的数学模型．

解　设所求曲线为$y=y(x)$，由题意

$$\frac{\mathrm{d}y}{\mathrm{d}x}=3y^2 \text{ 且 } y(1)=2.$$

例2　列车在平直的铁路上以36 m/s的速度行驶．设制动时列车获得加速度$-0.6\ \mathrm{m/s^2}$，求制动ts后，列车行驶路程$s=s(t)$所满足的数学模型．

解　由题意

$$\frac{\mathrm{d}^2s}{\mathrm{d}t^2}=-0.6 \text{ 且 } s(0)=0,\ v(0)=\left.\frac{\mathrm{d}s}{\mathrm{d}t}\right|_{t=0}=36.$$

以上两例建立的数学模型中，变量之间的等式具有共同特点：都含有未知

函数的导数；求解此类问题的重点，就是求解满足这种关系式的函数．为此，引入如下定义：

定义 1　凡含有未知函数及其导数(或微分)的等式称为微分方程，其中，如果未知函数是一元函数，称之为**常微分方程**；而未知函数是多元函数的，称为**偏微分方程**．

本章只讨论常微分方程，并简称为微分方程．

说明　在微分方程中，自变量及其未知函数可以不明显出现，但函数的导数或微分必须出现．

例 3　上例中的 $\frac{\mathrm{d}y}{\mathrm{d}x}=3y^2$，$\frac{\mathrm{d}^2 s}{\mathrm{d}t^2}=-0.6$，及 $y'''-4y=0$，$y^{(4)}-10y''+5y=\sin 2x$ 均为微分方程，其中 x 为自变量，y 为 x 的未知函数．

定义 2　微分方程中未知函数的最高阶导数的阶数，称为该方程的**阶**．

如例 3 中，依次称为一阶、二阶、三阶、四阶微分方程．一般地，n 阶常微分方程具有形式

$$F\left(x,\ y,\ \frac{\mathrm{d}y}{\mathrm{d}x},\ \frac{\mathrm{d}^2 y}{\mathrm{d}x^2},\ \cdots,\ \frac{\mathrm{d}^n y}{\mathrm{d}x^n}\right)=0, \tag{1}$$

这里 $F\left(x,\ y,\ \frac{\mathrm{d}y}{\mathrm{d}x},\ \frac{\mathrm{d}^2 y}{\mathrm{d}x^2},\ \cdots,\ \frac{\mathrm{d}^n y}{\mathrm{d}x^n}\right)$是关于 x，y，$\frac{\mathrm{d}y}{\mathrm{d}x}$，$\frac{\mathrm{d}^2 y}{\mathrm{d}x^2}$，$\cdots$，$\frac{\mathrm{d}^n y}{\mathrm{d}x^n}$的已知函数，$y$ 是关于自变量 x 的未知函数．而且方程(1)中必须含有$\frac{\mathrm{d}^n y}{\mathrm{d}x^n}$，其余 x，y，$\frac{\mathrm{d}y}{\mathrm{d}x}$，$\frac{\mathrm{d}^2 y}{\mathrm{d}x^2}$，$\cdots$，$\frac{\mathrm{d}^{n-1} y}{\mathrm{d}x^{n-1}}$可以不必出现．例如$\frac{\mathrm{d}^n y}{\mathrm{d}x^n}=1$ 即为 n 阶微分方程．

如果方程的左端是关于 y，$\frac{\mathrm{d}y}{\mathrm{d}x}$，$\frac{\mathrm{d}^2 y}{\mathrm{d}x^2}$，$\cdots$，$\frac{\mathrm{d}^n y}{\mathrm{d}x^n}$的一次有理整式，则称为 n 阶**线性微分方程**．否则就称为 n 阶**非线性微分方程**．

如$\left(\frac{\mathrm{d}y}{\mathrm{d}x}\right)^2+x\frac{\mathrm{d}y}{\mathrm{d}x}+y=\cos x$ 是一阶非线性方程，而 $y^{(4)}+y'''+y'+y=0$ 是 4 阶线性微分方程．一般地

$$\frac{\mathrm{d}^n y}{\mathrm{d}x^n}+a_1(x)\frac{\mathrm{d}^{n-1} y}{\mathrm{d}x^{n-1}}+\cdots+a_{n-1}(x)\frac{\mathrm{d}y}{\mathrm{d}x}+a_n(x)y=f(x)$$

表示 n 阶**线性微分方程**．

讨论微分方程的主要任务之一，就是求出其中的未知函数．对此引入

定义3　若某函数及其导数(或微分，含高阶)代入已知方程，能使之成为恒等式，则该函数称为微分方程的**解**.

例如：$y=x-\frac{x^2}{2}$满足方程 $x+y'=1$，故 $y=x-\frac{x^2}{2}$就是方程 $x+y'=1$ 的一个解．不仅如此，对任何常数 C 可以验证：$y=x-\frac{x^2}{2}+C$ 也为方程的解．

可见，微分方程的解如果存在，会出现多解现象．

定义4　如果微分方程的解中所含不可合并的任意常数的个数与方程的阶数相同，则称该解为方程的**通解**．

说明　定义中"不可合并"的具体含义将在后面第六节给出，这里举例如下.

验证可知：$y=\mathrm{e}^x(C_1\cos x+C_2\sin x)$是二阶方程 $y''-2y'+2y=0$ 的通解，其中的 C_1 和 C_2 是不可合并的．

由于上述通解中含有任意常数，反映的只是方程解的概况(亦即解的结构)，而非具体的解．但如果设定某种条件，能够由此确定通解中常数的具体值，则称这种确定了常数的解为该方程的一个**特解**，所设定的条件称为方程的**初始条件**，求微分方程满足初始条件的特解的问题，叫作求解**初值问题**.

例4　求过点(1，2)且斜率为 $2x$ 的曲线方程．

解　设所求曲线为 $y=y(x)$，由题意得：$y'=2x$ 且 $y(1)=2$，利用不定积分的方法，有

$$y=\int 2x\mathrm{d}x=x^2+C,$$

即 $y=x^2+C$ 就是方程 $y'=2x$ 的通解．

由于在点(1，2)处，$y(1)=2$——此为初始条件．由 $2=1^2+C$，解得 $C=1$，即得方程 $y'=2x$ 的一个特解：$y=x^2+1$. 这就是所求的曲线方程．

说明　由此例可知，微分方程特解的图像是该方程通过给定点(x_0，y_0)的一条积分曲线(如上例的 $y=x^2+1$)；而通解的图像则是此类曲线的全体(曲线族，如 $y=x^2+C$). 当然，通解图像也可看成由特解图像沿 y 轴方向上下平移的结果．

例5　验证：函数 $x=C_1\cos kt+C_2\sin kt$ 是微分方程$\frac{\mathrm{d}^2x}{\mathrm{d}t^2}+k^2x=0(k\neq 0)$的通解，并求满足初始条件$x|_{t=0}=A$，$\left.\frac{\mathrm{d}x}{\mathrm{d}t}\right|_{t=0}=0$ 的特解．

解　由题意

$$\frac{dx}{dt}=-kC_1\sin kt+kC_2\cos kt，\ \frac{d^2x}{dt^2}=-k^2C_1\cos kt-k^2C_2\sin kt，$$

将$\frac{d^2x}{dt^2}$和 x 的表达式代入所给微分方程，得

$$-k^2(C_1\cos kt+C_2\sin kt)+k^2(C_1\cos kt+C_2\sin kt)=0，$$

故 $x=C_1\cos kt+C_2\sin kt$ 是原方程的解．又由于其中所含不可合并的任意常数个数与方程的阶数都是 2，故 $x=C_1\cos kt+C_2\sin kt$ 是原方程的通解．

分别将 $x\big|_{t=0}=A$ 及 $\frac{dx}{dt}\Big|_{t=0}=0$ 代入所得通解，求得 $C_1=A$，$C_2=0$，故所求特解为 $x=A\cos kt$.

习题 7－1

思考题

$x^2+Cy^2=4$（C 为任意常数）是什么微分方程的解？是什么解？

练习题

1. 分别建立具有下列性质的曲线所满足的微分方程．

(1) 曲线上任一点的切线与该点对应向径的夹角为零；

(2) 曲线上任一点的切线斜率与切点的纵坐标成正比；

(3) 曲线上任一点的切线与两坐标轴所围三角形的面积都等于常数 a^2；

(4) 曲线上任一点的切线介于两坐标轴之间的线段等于定长 l.

2. 指出下面微分方程的阶数，并判断是否为线性微分方程．

(1) $\frac{dy}{dx}=4x^2+y^3$；　　(2) $\left(\frac{dy}{dx}\right)^2+12xy=0$；

(3) $x\frac{d^2y}{dx^2}-3y=0$；　　(4) $x\frac{d^2y}{dx^2}-\frac{dy}{dx}+3xy=\sin x$；

(5) $\frac{dy}{dx}+\cos y+2y=0$.

3. 试验证下面函数均为方程$\frac{d^2y}{dx^2}+y=0$ 的解．

(1) $y=\cos x$；　　(2) $y=\sin x$；

(3) $y=A\sin(x+B)$（A，B 是任意常数）；

(4) $y=C_1\cos x+C_2\sin x$（C_1，C_2 是任意常数）.

4. 验证 $y=Cx^3$ 是微分方程 $3y-xy'=0$ 的通解，并求满足 $y(1)=-\frac{1}{3}$ 的特解．

第2节　可分离变量的微分方程

就微分方程的形式而言，当然是阶数越低的方程越简单、求解也相对容易．本节以一阶微分方程的求解为基础，逐步介绍高阶微分方程的求解方法．

一阶微分方程的一般形式为

$$F(x,\ y,\ y')=0 \text{ 或 } y'=f(x,\ y).$$

在一元微积分学中，我们实际上已经接触了一类特殊的一阶微分方程：$y'=f(x)$，并掌握了利用不定积分去求其中未知函数 $y=\int f(x)\mathrm{d}x$ 的方法．

下面我们介绍一阶微分方程的求解方法．

如果一阶微分方程 $F(x,\ y,\ y')=0$ 可改写为一端只含 y 的函数和 $\mathrm{d}y$，另一端只含 x 的函数和 $\mathrm{d}x$ 的形式

$$g(y)\mathrm{d}y=f(x)\mathrm{d}x, \tag{1}$$

则该方程称为**可分离变量的微分方程**．

例如$\dfrac{\mathrm{d}y}{\mathrm{d}x}=2x^2y^4$ 可以改写为 $y^{-4}\mathrm{d}y=2x^2\mathrm{d}x$，这就使得变量 x，y 在等式两边实现了完全分离．这类方程的求解，可采用在等式两边同时积分的方法来完成．

假定方程(1)中的函数 $g(y)$和 $f(x)$均连续，而 $y=\varphi(x)$是方程(1)的一个解，将它代入方程(1)便得到

$$g[\varphi(x)]\mathrm{d}\varphi(x)=f(x)\mathrm{d}x，\text{即 } g[\varphi(x)]\varphi'(x)\mathrm{d}x=f(x)\mathrm{d}x,$$

在两端同时对 x 积分：

$$\int g[\varphi(x)]\varphi'(x)\mathrm{d}x=\int f(x)\mathrm{d}x,$$

即

$$\int g(y)\mathrm{d}y=\int f(x)\mathrm{d}x.$$

如果函数 $G(y)$和 $F(x)$依次是 $g(y)$和 $f(x)$的原函数，则由上即得

$$G(y)=F(x)+C. \tag{2}$$

这说明方程(2)决定的隐函数 $y=\varphi(x)$满足方程(1)，而且这里含有一个任意常数，故(2)是方程(1)的通解，也称为方程(1)的**隐式解**．

例1　求微分方程 $y'=x^2y$ 的通解．

解　将原方程写为 $\dfrac{\mathrm{d}y}{\mathrm{d}x}=x^2y$，分离变量：$\dfrac{\mathrm{d}y}{y}=x^2\mathrm{d}x$，并在两边积分，得

$$\ln|y|=\frac{x^3}{3}+C_1 \text{ 或 } y=\pm\mathrm{e}^{C_1}\mathrm{e}^{\frac{x^3}{3}}.$$

注意到其中的$\pm e^{C_1}$仍是任意常数，不妨记之为C，则所求方程的通解是

$$y = Ce^{\frac{x^3}{3}} \quad (\text{显式解}).$$

例 2 求微分方程$\dfrac{dy}{dx}=\dfrac{x(1+y^2)}{y(1+x^2)}$满足初始条件$y|_{x=0}=1$的特解．

解 分离变量：$\dfrac{ydy}{1+y^2}=\dfrac{xdx}{1+x^2}$，再两边积分，得

$$\frac{1}{2}\ln(1+y^2)=\frac{1}{2}\ln(1+x^2)+\frac{1}{2}\ln|C|$$

或
$$\ln(1+y^2)=\ln|C|(1+x^2),$$

化简即得通解

$$1+y^2=C(1+x^2).$$

代入初始条件$y|_{x=0}=1$，得$1+1=C(1+0^2)$，即$C=2$，故所求特解为

$$1+y^2=2(1+x^2) \text{ 或 } 2x^2-y^2+1=0 \quad (\text{隐式解}).$$

例 3 由实验得出：在给定时刻t，镭的衰变速率(质量减少的瞬时速度)与镭的现存量$M=M(t)$成正比．而已知$t=0$时，$M=M_0$，求镭的存量与时间t的函数关系．

解 依题意，得方程

$$\frac{dM(t)}{dt}=-kM(t),\ k>0, \tag{3}$$

其初始条件为$M|_{t=0}=M_0$.

对方程(3)分离变量：$\dfrac{dM}{M}=-kdt$，两边积分得通解

$$\ln M=-kt+\ln C \text{ 或 } M=Ce^{-kt}.$$

将初始条件$M|_{t=0}=M_0$代入上式，得$C=M_0$，即镭的衰变规律为

$$M=M_0e^{-kt}.$$

说明 在对方程实施变量分离所得到的形式

$$\frac{dy}{\varphi(y)}=f(x)dx$$

中，需要规定$\varphi(y)\neq 0$. 但这可能产生丢解现象：即满足$\varphi(y)=0$的特解$y=y_0$可能被丢掉．对此的处理办法是：检查此特解是否已包含在所求得的通解

$$\int\frac{dy}{\varphi(y)}=\int f(x)dx+C$$

之中，如果通解中未能包含此特解，就需要另行表示出来．

例 4　解方程$\dfrac{\mathrm{d}y}{\mathrm{d}x}=\dfrac{(x^2+1)(y^2-1)}{xy}$.

解　对 $y^2-1\neq 0$，分离变量并积分$\displaystyle\int\frac{y\mathrm{d}y}{(y^2-1)}=\int\frac{(x^2+1)}{x}\mathrm{d}x$，得通解

$\dfrac{1}{2}\ln|y^2-1|=\dfrac{x^2}{2}+\ln|x|+C_1$ 或 $y^2=1+Cx^2\mathrm{e}^{x^2}$，$C=\pm\mathrm{e}^{2C_1}\neq 0$.

经检验，此处 $y^2-1=0$ 即 $y=\pm 1$ 也是原方程的解，但已包含在上述通解的形式之中：令 $C=0$ 即是．故所求通解为

$$y^2=1+Cx^2\mathrm{e}^{x^2}，C\in\mathbf{R}.$$

习题 7－2

思考题

通解是否包括了微分方程的所有解？

练习题

1. 求下列微分方程的通解．

(1) $3x^2+5x-5y'=0$；　　(2) $y'=\dfrac{1-x^2}{xy}$；

(3) $(1+x^2)y'=\arctan x$；　　(4) $\dfrac{\mathrm{d}y}{\mathrm{d}x}+\dfrac{\mathrm{e}^{y^2+3x}}{y}=0$；

(5) $(1+x)y\mathrm{d}x+(1-y)x\mathrm{d}y=0$；　　(6) $2xy(1+x)y'=1+y^2$；

(7) $\dfrac{\mathrm{d}y}{\mathrm{d}x}=\mathrm{e}^{x-y}$；　　(8) $y'\cos x+y=-3$.

2. 求解下列微分方程的初值问题．

(1) $\dfrac{\mathrm{d}y}{\mathrm{d}x}=2xy$，$y|_{x=0}=1$；　　(2) $2y'+y=3$，$y|_{x=1}=2$；

(3) $y^2\mathrm{d}x+(x+1)\mathrm{d}y=0$，$y|_{x=0}=1$；　　(4) $\dfrac{\mathrm{d}x}{y}+\dfrac{\mathrm{d}y}{x}=0$，$y|_{x=3}=4$；

3. 给定一阶微分方程$\dfrac{\mathrm{d}y}{\mathrm{d}x}=2x$，求：

(1) 它的通解；　　(2) 通过点(1，4)的特解；

(3) 与直线 $y=2x+3$ 相切的解；　　(4) 满足条件 $\displaystyle\int_0^1 y\mathrm{d}x=2$ 的解；

(5) 绘出(2)、(3)、(4)中解的图像．

4. 设可微函数 $f(x)$ 满足 $f(x)=x+\displaystyle\int_0^x f(u)\,\mathrm{d}u$，求 $f(x)$.

5. 可微函数 $f(x)$ 满足 $f(x)=\int_0^x f(t)\,\mathrm{d}t$，证明：$f(x)\equiv 0$.

6. 已知曲线 $y=f(x)$（$f(x)\geqslant 0$）在 $[0,\ x]$ 上的曲边梯形面积与纵坐标 y 的 4 次方幂成正比，且 $f(0)=0$，$f(1)=1$，求此曲线的方程.

第 3 节　齐次微分方程

"分离变量，积分求解"是解一阶微分方程最基本的方法．但一般微分方程并非总能直接分离变量，这就需要通过适当的变量替换等方法进行处理，将之化为新形式下可分离变量的方程类型．

能够化为可分离变量的方程类型很多，本节主要讨论齐次方程．

定义　如果一阶微分方程 $\dfrac{\mathrm{d}y}{\mathrm{d}x}=f(x,\ y)$ 中，函数 $f(x,\ y)$ 可化为 $\varphi\left(\dfrac{y}{x}\right)$ 的形式：

$$\frac{\mathrm{d}y}{\mathrm{d}x}=\varphi\left(\frac{y}{x}\right), \tag{1}$$

则称该方程为**齐次方程**.

例如，$\left(x-y\cos\dfrac{y}{x}\right)\mathrm{d}x+x\cos\dfrac{y}{x}\mathrm{d}y=0$ 是齐次方程．事实上，它可化为

$$f(x,\ y)=\frac{y\cos\dfrac{y}{x}-x}{x\cos\dfrac{y}{x}}=\frac{y}{x}-\frac{1}{\cos\dfrac{y}{x}}.$$

此类微分方程的解法是：作适当的变量替换，化方程(1)为可分离变量的形式，求得其解后再还原变量．具体步骤如下：

令 $u=\dfrac{y}{x}$，则由 $y=ux$ 对 x 求导得

$$\frac{\mathrm{d}y}{\mathrm{d}x}=u+x\frac{\mathrm{d}u}{\mathrm{d}x},$$

将此代入方程(1)，

$$x\frac{\mathrm{d}u}{\mathrm{d}x}+u=\varphi(u)\text{ 或 }x\frac{\mathrm{d}u}{\mathrm{d}x}=\varphi(u)-u.$$

这已是可分离变量的微分方程．假定 $\varphi(u)-u\neq 0$ 且连续，则有 $\dfrac{\mathrm{d}u}{\varphi(u)-u}=\dfrac{\mathrm{d}x}{x}$，

从而
$$\int\frac{\mathrm{d}u}{\varphi(u)-u}=\int\frac{\mathrm{d}x}{x}.$$

积分求出通解后，还原 $u=\frac{y}{x}$ 即为原齐次方程(1)的通解．

例 1　求微分方程 $\frac{\mathrm{d}y}{\mathrm{d}x}=\frac{y}{x}+\tan\frac{y}{x}$ 的通解．

解　这是齐次方程．令 $u=\frac{y}{x}$，则 $y=ux$，$\frac{\mathrm{d}y}{\mathrm{d}x}=u+x\frac{\mathrm{d}u}{\mathrm{d}x}$，原方程化为
$$u+x\frac{\mathrm{d}u}{\mathrm{d}x}=u+\tan u，即\frac{\mathrm{d}u}{\mathrm{d}x}=\frac{\tan u}{x},$$
分离变量得 $\cot u\mathrm{d}u=\frac{\mathrm{d}x}{x}$，再两边积分，得
$$\ln|\sin u|=\ln|x|+C_1 \text{ 或 } \sin u=Cx(C_1=\ln C),$$
还原 $u=\frac{y}{x}$ 便得原方程的通解：$\sin\frac{y}{x}=Cx$.

例 2　求微分方程 $x\frac{\mathrm{d}y}{\mathrm{d}x}+y=2\sqrt{xy}$ 满足 $y|_{x=1}=0$ 的特解．

解　原方程可化为齐次方程：$\frac{\mathrm{d}y}{\mathrm{d}x}+\frac{y}{x}=2\sqrt{\frac{y}{x}}$.

令 $u=\frac{y}{x}$，则 $y=xu$，且 $\frac{\mathrm{d}y}{\mathrm{d}x}=u+x\frac{\mathrm{d}u}{\mathrm{d}x}$，原方程化为
$$u+x\frac{\mathrm{d}u}{\mathrm{d}x}+u=2\sqrt{u}，即\ x\frac{\mathrm{d}u}{\mathrm{d}x}=2(\sqrt{u}-u),$$
分离变量为 $\frac{\mathrm{d}u}{\sqrt{u}-u}=\frac{2}{x}\mathrm{d}x$，在两端积分即得
$$\ln|1-\sqrt{u}|=-\ln|x|+\ln|C|，即\ 1-\sqrt{u}=\frac{C}{x}.$$
还原 $u=\frac{y}{x}$ 即得所求通解为
$$x\left(1-\sqrt{\frac{y}{x}}\right)=C.$$
最后，以初始条件 $y|_{x=1}=0$ 代入上面的通解，得 $C=1$，故所求特解为
$$x\left(1-\sqrt{\frac{y}{x}}\right)=1.$$

评注　① 由上可知，求解齐次方程的固定程序是：换元化简、分离变量、

积分求解、还原变量，其中“适当换元化分离”是关键，而对于一般的方程形式，又以“整理变形化齐次”为前提．

② 上述解法程序虽然只针对形如“$\frac{dy}{dx}=\varphi\left(\frac{y}{x}\right)$”的齐次方程，但仍为我们提供一种思想，即当自变量和因变量无法分离时，可以尝试把其中出现的整体因子进行“捆绑”代换．如：

例 3 求解$\frac{dy}{dx}=\frac{1}{x+y}$.

解 这里的变量 x 和 y 无法分离，则令 $x+y=u$，代入原方程得

$$\frac{du}{dx}=\frac{1}{u}+1=\frac{u+1}{u},$$

分离变量为$\frac{u}{u+1}du=dx$，两边积分即得

$$u-\ln|u+1|=x+C_1.$$

还原 $u=x+y$，得 $y-\ln|x+y+1|=C_1$，由此得通解：

$$x+y+1=\pm e^{y+C_1}=Ce^y \text{或} x=Ce^y-y-1.$$

在上述过程中，分离变量时假定了 $u+1\neq 0$，但验证可知：$u+1=0$ 也是方程的解——这正是通解中 $C=0$ 的情形．故所求通解为

$$x=Ce^y-y-1,\ C\in \mathbf{R}.$$

习题 7-3

1. 求下列齐次方程的通解．

(1) $(y+x)dy+(x-y)dx=0$；　(2) $y^2dx+(x^2-xy)dy=0$；

(3) $x\frac{dy}{dx}=xe^{\frac{y}{x}}+y$；　(4) $\frac{dy}{dx}=\frac{y}{x+\sqrt{x^2+y^2}}$.

2. 求解下列齐次方程的初值问题．

(1) $y'=\frac{y}{x-y}$，$y|_{x=0}=-1$；　(2) $y'=\frac{x}{y}+\frac{y}{x}$，$y|_{x=1}=2$；

(3) $\left(x+y\cos\frac{y}{x}\right)dx-x\cos\frac{y}{x}dy=0$，$y|_{x=1}=0$.

---

3. 用恰当的变量代换求解下列方程．

(1) $y'=\frac{x+y+1}{x-y-3}$；　(2) $y'=(x+y)^2$；

(3) $xy'+y=y(\ln x+\ln y)$；　　　　(4) $2yy'-\frac{y^2}{x}=0$.

第4节　一阶线性微分方程

线性方程是一阶微分方程中的重要形式.

定义　如果一阶微分方程 $F(x, y, y')=0$ 能化为

$$\frac{\mathrm{d}y}{\mathrm{d}x}+P(x)y=Q(x), \tag{1}$$

其中的 y，$\frac{\mathrm{d}y}{\mathrm{d}x}$都是一次的，则称该方程为**一阶线性微分方程**.

如果其中的函数 $Q(x)$不恒等于 0，则称方程(1)为**一阶非齐次线性微分方程**，称 $Q(x)$为该方程的非齐次项；如果 $Q(x)\equiv 0$，则称方程为**一阶齐次线性微分方程**，即

$$\frac{\mathrm{d}y}{\mathrm{d}x}+P(x)y=0. \tag{2}$$

并称方程(2)为对应于方程(1)的齐次线性微分方程.

我们首先求解方程(2). 显然，此方程可分离变量

$$\frac{\mathrm{d}y}{y}=-P(x)\mathrm{d}x,$$

再两边积分，得

$$\ln|y|=-\int P(x)\mathrm{d}x+\ln|C| \text{ 或 } y=C\mathrm{e}^{-\int P(x)\mathrm{d}x} \tag{3}$$

就是齐次线性方程(2)的通解.

现在讨论非齐次线性方程(1)的求解方法.

由于方程(1)比方程(2)多了一个非齐次项 $Q(x)$(不恒等于 0)，所以齐次方程(2)的解(3)不满足(1).

现令 $C=u(x)$是未知函数，即假设

$$y=u(x)\mathrm{e}^{-\int P(x)\mathrm{d}x} \tag{4}$$

是非齐次方程(1)的解，则有

$$\frac{\mathrm{d}y}{\mathrm{d}x}=\frac{\mathrm{d}u}{\mathrm{d}x}\mathrm{e}^{-\int P(x)\mathrm{d}x}-uP(x)\mathrm{e}^{-\int P(x)\mathrm{d}x},$$

代入(1)得

$$\frac{\mathrm{d}u}{\mathrm{d}x}\mathrm{e}^{-\int P(x)\mathrm{d}x}-uP(x)\mathrm{e}^{-\int P(x)\mathrm{d}x}+P(x)u\mathrm{e}^{-\int P(x)\mathrm{d}x}=Q(x),$$

化简为

$$\frac{\mathrm{d}u}{\mathrm{d}x}\mathrm{e}^{-\int P(x)\mathrm{d}x}=Q(x)\text{（这正好是对应的非齐次项！）},$$

于是将上式化为$\frac{\mathrm{d}u}{\mathrm{d}x}=Q(x)\mathrm{e}^{\int P(x)\mathrm{d}x}$，并在两边积分可得

$$u(x)=\int Q(x)\mathrm{e}^{\int P(x)\mathrm{d}x}\mathrm{d}x+C. \tag{5}$$

以此代入(4)式，即得方程(1)的通解：

$$y=\mathrm{e}^{-\int P(x)\mathrm{d}x}\left(\int Q(x)\mathrm{e}^{\int P(x)\mathrm{d}x}\mathrm{d}x+C\right). \tag{6}$$

上述把齐次方程通解中的常数改设为待定函数："假设(4)式为解，反求该函数"，进而求得非齐次方程通解的方法称为**常数变易法**.

例 1　求方程 $y'+\frac{1}{x}y=\frac{\sin x}{x}$的通解.

解法一（公式法）　以 $P(x)=\frac{1}{x}$，$Q(x)=\frac{\sin x}{x}$，代入(6)式，即得方程的通解：

$$\begin{aligned}y&=\mathrm{e}^{-\int\frac{1}{x}\mathrm{d}x}\left(\int\frac{\sin x}{x}\cdot\mathrm{e}^{\int\frac{1}{x}\mathrm{d}x}\mathrm{d}x+C\right)=\mathrm{e}^{-\ln x}\left(\int\frac{\sin x}{x}\cdot\mathrm{e}^{\ln x}\mathrm{d}x+C\right)\\&=\frac{1}{x}\left(\int\sin x\mathrm{d}x+C\right)=\frac{1}{x}(-\cos x+C)\\&=\frac{C}{x}-\frac{\cos x}{x}.\end{aligned}$$

解法二（常数变易法）　先解对应的齐次方程 $y'+\frac{1}{x}y=0$.

分离变量：$\frac{\mathrm{d}y}{y}=-\frac{1}{x}\mathrm{d}x$，两边积分得齐次方程的通解 $y=\frac{C}{x}$.

设原方程所求解为 $y=\frac{u(x)}{x}$，将$\frac{\mathrm{d}y}{\mathrm{d}x}=\frac{u'(x)}{x}-\frac{u(x)}{x^2}$代入原方程，化简为

$$\frac{u'(x)}{x}=\frac{\sin x}{x}\text{或}u'(x)=\sin x,$$

解之，得
$$u(x)=-\cos x+C,$$
从而所求方程的通解为

$$y=\frac{-\cos x+C}{x}=\frac{C}{x}-\frac{\cos x}{x}.$$

例 2　求$\frac{\mathrm{d}y}{\mathrm{d}x}=\frac{y}{2x-y^2}$的通解.

解　这里并非 y 的一次函数，但若改写为

$$\frac{\mathrm{d}x}{\mathrm{d}y}=\frac{2x-y^2}{y}=2\,\frac{x}{y}-y, \tag{7}$$

即已化为关于 $x=\varphi(y)$ 及 $\frac{\mathrm{d}x}{\mathrm{d}y}$ 的一阶线性微分方程．

对应于方程(7)的齐次方程 $\frac{\mathrm{d}x}{\mathrm{d}y}=2\,\frac{x}{y}$，分离变量可求得通解 $x=Cy^2$；

令方程(7)的通解为 $x=u(y)y^2$，代回方程(7)，有

$$\frac{\mathrm{d}u}{\mathrm{d}y}=-\frac{1}{y}\text{，解得 } u=-\ln|y|+C_1,$$

从而所求通解为

$$x=y^2(C_1-\ln|y|).$$

下面介绍一类可化为一阶线性微分方程的方程——**伯努利**(Bernoulli)**方程**

$$\frac{\mathrm{d}y}{\mathrm{d}x}+P(x)y=Q(x)y^n(n\neq 0,\ 1). \tag{8}$$

显然，当 $n=0$，1 时，方程(8)为线性微分方程；当 $n\neq 0$，1 时，方程(8)为非线性微分方程．此时可以通过下列变量代换化为线性微分方程：

两端除以 y^n，得

$$y^{-n}\frac{\mathrm{d}y}{\mathrm{d}x}+P(x)y^{1-n}=Q(x),$$

令 $z=y^{1-n}$，则

$$\frac{\mathrm{d}z}{\mathrm{d}x}=(1-n)y^{-n}\frac{\mathrm{d}y}{\mathrm{d}x},$$

代入上式，得

$$\frac{\mathrm{d}z}{\mathrm{d}x}+(1-n)P(x)z=(1-n)Q(x),$$

于是根据(6)式先求出通解，再还原 $z=y^{1-n}$ 即得方程(8)的通解：

$$y^{1-n}=z=\mathrm{e}^{-\int(1-n)P(x)\mathrm{d}x}\left(\int Q(x)(1-n)\mathrm{e}^{\int(1-n)P(x)\mathrm{d}x}\mathrm{d}x+C\right).$$

例 3　求解方程 $\frac{\mathrm{d}y}{\mathrm{d}x}+\frac{y}{x}=a(\ln x)y^2$.

解　这是 $n=2$ 的伯努利方程，以 y^2 除方程两端，并以 $u=y^{-1}$ 作代换，可得线性方程及其通解

$$\frac{\mathrm{d}u}{\mathrm{d}x}-\frac{u}{x}=-a\ln x,\ u=x\left[C-\frac{a}{2}(\ln x)^2\right].$$

还原 $u=y^{-1}$ 即得所求通解 $yx\left[C-\frac{a}{2}(\ln x)^2\right]=1$.

例 4 求微分方程 $(y^4-3x^2)\mathrm{d}y+xy\mathrm{d}x=0$ 的通解.

解 将方程化为 $\frac{\mathrm{d}x}{\mathrm{d}y}-\frac{3}{y}x=-y^3x^{-1}$，这是 $n=-1$ 的伯努利方程.

令 $z=x^{1-n}=x^2$，化为一阶非齐次微分方程

$$\frac{\mathrm{d}z}{\mathrm{d}y}-2\cdot\frac{3}{y}z=-2y^3，其中 P(y)=-\frac{6}{y}，Q(y)=-2y^3.$$

由公式(6)解之，得通解

$$\begin{aligned}
z&=\mathrm{e}^{-\int P(y)\mathrm{d}y}\left(\int Q(y)\mathrm{e}^{\int P(y)\mathrm{d}y}\mathrm{d}y+C\right)=\mathrm{e}^{\int\frac{6}{y}\mathrm{d}y}\left(\int-2y^3\mathrm{e}^{\int-\frac{6}{y}\mathrm{d}y}\mathrm{d}y+C\right)\\
&=\mathrm{e}^{6\ln y}\left(\int-2y^3\mathrm{e}^{-6\ln y}\mathrm{d}y+C\right)=y^6\left(\int-2y^{-3}\mathrm{d}y+C\right)\\
&=y^6\left(-2\cdot\frac{1}{-2}y^{-2}+C\right)=y^4+Cy^6.
\end{aligned}$$

再还原 $z=x^2$ 即得所求通解 $x^2=y^4+Cy^6$.

习题 7-4

1. 求下列微分方程的通解.

(1) $y'-\frac{y}{x}-x^2=0$；　(2) $\frac{\mathrm{d}y}{\mathrm{d}x}+\frac{y}{x}=\frac{\sin x}{x}$；

(3) $y'+2xy=2x\mathrm{e}^{-x^2}$；　(4) $xy'+y=x^2+3x+2$；

(5) $(y^2-6x)\frac{\mathrm{d}y}{\mathrm{d}x}+2y=0$.

2. 求解下列微分方程的初值问题.

(1) $y'+y\cos x=\sin x\cos x$，$y|_{x=0}=1$；

(2) $\frac{\mathrm{d}y}{\mathrm{d}x}+y\cot x=5\mathrm{e}^{\cos x}$，$y|_{x=\frac{\pi}{2}}=-4$；

(3) $\frac{\mathrm{d}y}{\mathrm{d}x}+3y=8$，$y|_{x=0}=2$.

3. 求解下列伯努利方程.

(1) $y'+\frac{1}{x}y=2x^{-\frac{1}{2}}y^{\frac{1}{2}}$；　(2) $y'+y=y^2(\cos x-\sin x)$；

(3) $\frac{\mathrm{d}y}{\mathrm{d}x}=\frac{1}{xy+x^3y^3}$；　(4) $(y-xy^3)\mathrm{d}x+x\mathrm{d}y=0$，$y|_{x=1}=1$.

4. 设 $f(x)$ 可导且满足 $f(x)+2\int_0^x f(t)\mathrm{d}t=x^2$，求函数 $f(x)$.

5. 求可微函数 $y(x)$，使得 $y'+y=f(x)$，且 $y|_{x=1}=0$，其中

$$f(x)=\begin{cases}x, & 0<x\leqslant 1,\\ 1, & x>1.\end{cases}$$

第5节　可降阶的三种高阶微分方程

二阶及其以上的微分方程统称为高阶微分方程．本节开始讨论高阶微分方程的求解方法．一般而言，求解高阶微分方程的主要方法是“降阶”，但这往往很难做到．本节介绍三类可以降阶求解的高阶方程．

一、$y^{(n)}=f(x)$ 型

特点　右端仅含有自变量 x，不显含 y，y'，…，$y^{(n-1)}$.

由于此类方程中的变量已经分离，故通过连续积分总可求解：

$$y^{(n-1)}=\int f(x)\mathrm{d}x+C_1,$$

$$y^{(n-2)}=\int\left[\int f(x)\mathrm{d}x+C_1\right]\mathrm{d}x=\int\left[\int f(x)\right]\mathrm{d}x+C_1x+C_2,$$

……

如此连续积分 n 次，即可得到原方程含有 n 个常数的通解．

例1　求下列微分方程的解．

(1) $y''=\cos x$；　　(2) $y'''=\mathrm{e}^{2x}-\sin x$.

解　(1) 因为 $y'=\int\cos x\mathrm{d}x=\sin x+C_1$，所以

$$y=\int \sin x+C_1\mathrm{d}x=-\cos x+C_1x+C_2$$

即为所求．

(2) 由于 $y''=\int(\mathrm{e}^{2x}-\sin x)\mathrm{d}x=\frac{1}{2}\mathrm{e}^{2x}+\cos x+C_1$，所以

$$y'-\int\left(\frac{1}{2}\mathrm{e}^{2x}+\cos x+C_1\right)\mathrm{d}x=\frac{1}{4}\mathrm{e}^{2x}+\sin x+C_1x+C_2,$$

从而

$$\begin{aligned}y&=\int\left(\frac{1}{4}\mathrm{e}^{2x}+\sin x+C_1x+C_2\right)\mathrm{d}x\\&=\frac{1}{8}\mathrm{e}^{2x}-\cos x+\frac{1}{2}C_1x^2+C_2x+C_3\end{aligned}$$

即为所求.

例 2 求三阶微分方程 $y'''=\mathrm{e}^x+x^2$ 满足初始条件 $y|_{x=0}=1$，$y'|_{x=0}=0$，$y''|_{x=0}=3$ 的特解.

解 在原方程的两端积分：

$$\int y'''\mathrm{d}x=\int(\mathrm{e}^x+x^2)\mathrm{d}x\text{，得 } y''=\mathrm{e}^x+\frac{1}{3}x^3+C_1,$$

由初始条件 $y''|_{x=0}=3$，解得 $C_1=2$. 代入上面的二阶方程并积分：

$$\int y''\mathrm{d}x=\int(\mathrm{e}^x+\frac{1}{3}x^3+2)\mathrm{d}x\text{，得 } y'=\mathrm{e}^x+\frac{1}{12}x^4+2x+C_2,$$

由初始条件 $y'|_{x=0}=0$，解得 $C_2=-1$. 代入上面的一阶方程再次积分：

$$\int y'\mathrm{d}x=\int\left(\mathrm{e}^x+\frac{1}{12}x^4+2x-1\right)\mathrm{d}x\text{，得 } y=\mathrm{e}^x+\frac{1}{60}x^5+x^2-x+C_3,$$

再由 $y|_{x=0}=1$，解得 $C_3=0$，代入上面的解即得所求特解

$$y=\mathrm{e}^x+\frac{1}{60}x^5+x^2-x.$$

二、$y''=f(x, y')$ 型

这里的特点是：方程右端不显含未知函数 y. 如果作代换 $y'=p$，注意到

$$y''=p'=\frac{\mathrm{d}p}{\mathrm{d}x},$$

代入原方程，即得

$$p'=f(x, p)\text{ 或}\frac{\mathrm{d}p}{\mathrm{d}x}=f(x, p).$$

这已是以 $p=p(x)$ 为未知函数、以 x 为自变量的一阶微分方程. 设其通解为 $p=\varphi(x, C_1)$，则由 $y'=p$ 得到一阶微分方程

$$\frac{\mathrm{d}y}{\mathrm{d}x}=\varphi(x, C_1).$$

对此积分，即得原方程的通解 $y=\int\varphi(x, C_1)\mathrm{d}x+C_2$.

例 3 求微分方程 $x^2y''+xy'=1$，$x>0$ 的通解.

解 这里不显含 y，令 $y'=p$，则 $y''=p'=\dfrac{\mathrm{d}p}{\mathrm{d}x}$，原方程化为

$$x^2p'+xp=1\text{ 或 } p'+\frac{1}{x}p=\frac{1}{x^2}.$$

这是关于 p，p' 的一阶线性非齐次微分方程. 用常数变易法(或公式)求得通解

$$p=\frac{\ln x+C_1}{x}，即\frac{\mathrm{d}y}{\mathrm{d}x}=\frac{\ln x+C_1}{x}.$$

分离变量为 $\mathrm{d}y=\frac{\ln x+C_1}{x}\mathrm{d}x$，在此方程两边进行积分即得所求通解

$$y=\frac{1}{2}(\ln x)^2+C_1\ln x+C_2.$$

三、$y''=f(y, y')$ 型

这里的特点是：方程的右端不显含自变量 x. 作代换 $y'=p$，则 p 为 x 的复合函数，故有

$$y''=\frac{\mathrm{d}p}{\mathrm{d}x}=\frac{\mathrm{d}p}{\mathrm{d}y}\cdot\frac{\mathrm{d}y}{\mathrm{d}x}=p\frac{\mathrm{d}p}{\mathrm{d}y},$$

代入原方程，得 $p\frac{\mathrm{d}p}{\mathrm{d}y}=f(y, p)$.

这可看成以 $p=p(y)$ 为未知函数、以 y 为自变量的一阶微分方程．设其通解为 $\frac{\mathrm{d}y}{\mathrm{d}x}=p=\varphi(y, C_1)$，分离变量并积分，即得原方程的通解

$$\int\frac{\mathrm{d}y}{\varphi(y, C_1)}=x+C_2.$$

例 4　求微分方程 $yy''-(y')^2=0$ 的通解．

解　这里不显含 x，故令 $y'=p$，则 $y''=p\frac{\mathrm{d}p}{\mathrm{d}y}$，原方程化为

$$yp\frac{\mathrm{d}p}{\mathrm{d}y}-p^2=0 \text{ 或 } \left(y\frac{\mathrm{d}p}{\mathrm{d}y}-p\right)p=0.$$

若 $p\neq 0$，则 $y\frac{\mathrm{d}p}{\mathrm{d}y}-p=0$，这是可分离变量的微分方程，化为 $\frac{\mathrm{d}p}{p}=\frac{\mathrm{d}y}{y}$，并在两边积分，得

$$\ln|p|=\ln|y|+\ln|C_1| \text{ 或 } p=C_1y,$$

于是

$$\frac{\mathrm{d}y}{\mathrm{d}x}=y'=C_1y.$$

分离变量 $\frac{\mathrm{d}y}{y}=C_1\mathrm{d}x$，在两边进行积分即得所求通解

$$\ln|y|=C_1x+\ln|C_2| \text{ 或 } y=C_2\mathrm{e}^{C_1x}.$$

例 5　求微分方程 $y''-2\mathrm{e}^{2y}y'=0$ 满足初始条件 $y|_{x=0}=0$，$y'|_{x=0}=1$ 的特解．

解 这里不显含 x，令 $y'=p$，则 $y''=p\dfrac{dp}{dy}$，原方程化为

$$p\frac{dp}{dy}-2pe^{2y}=0.$$

若 $p\neq0$，则 $\dfrac{dp}{dy}-2e^{2y}=0$，这是可分离变量的微分方程，化为

$$dp=2e^{2y}dy，解得\frac{dy}{dx}=p=e^{2y}+C_1.$$

将 $y|_{x=0}=0$，$y'|_{x=0}=1$ 代入上式，解得 $C_1=0$，于是 $\dfrac{dy}{dx}=e^{2y}$，解之得

$$-\frac{1}{2}e^{-2y}=x+C_2.$$

再根据 $y|_{x=0}=0$，解得 $C_2=-\dfrac{1}{2}$，故所求特解为

$$x+\frac{1}{2}e^{-2y}-\frac{1}{2}=0.$$

习题 7－5

1. 求下列微分方程的通解．

(1) $y''=x+\sin x$；　　(2) $y''=e^{2x}-\dfrac{1}{x^2}$；

(3) $xy''+y'+x=0$；　　(4) $y''+y'\tan x=\sin 2x$；

(5) $y^3y''-1=0$；　　(6) $yy''+y'^2=y'$.

2. 求解下列微分方程的初值问题．

(1) $y''=\sin 2x$，$y|_{x=0}=1$，$y'|_{x=0}=1$；

(2) $y''=\dfrac{1}{x}y'+x$，$y|_{x=0}=1$，$y'|_{x=1}=2$；

(3) $y''=3\sqrt{y}$，$y|_{x=0}=1$，$y'|_{x=0}=2$；

(4) $xy''+xy'^2-y'=0$，$y(2)=0$，$y'(2)=\dfrac{1}{2}$.

3. 求 $y''=x$ 经过点 $M(0,1)$ 且在此点与直线 $y=\dfrac{1}{2}x+1$ 相切的积分曲线．

---

4. 设函数 $f(x)$ 在 $(0,+\infty)$ 上的二阶导数连续，且 $f(1)=2$，又 $f'(x)-\dfrac{f(x)}{x}-\displaystyle\int_1^x\frac{f(t)}{t^2}dt=0$，求 $f(x)$.

5. 试证：任意点处的曲率是非零常数 k 的曲线方程是

$$(x-C_1)^2+(y-C_2)^2=\frac{1}{k^2}.$$

第6节　二阶常系数齐次线性方程

一、二阶齐次线性微分方程

二阶齐次线性微分方程的一般形式是

$$y''+P(x)y'+Q(x)y=0, \tag{1}$$

其中，如果系数 $P(x)$、$Q(x)$不全为常数，则称方程(1)为二阶**变系数**齐次线性微分方程；如果系数 $P(x)$、$Q(x)$均为常数，则称方程(1)为二阶**常系数**齐次线性微分方程．

特别当 $P(x)$、$Q(x)$均为常数时，称为二阶**常系数齐次线性**微分方程，通常记为

$$y''+py'+qy=0 \quad (\text{其中 } p, q \text{ 是常数}), \tag{2}$$

这就是本节的研究对象．

二、二阶齐次线性微分方程解的结构

定理 1　如果函数 $y_1(x)$与 $y_2(x)$是方程(1)的两个解，则对任意常数 C_1、C_2，其线性组合

$$y=C_1y_1(x)+C_2y_2(x) \tag{3}$$

也是方程(1)的解．

证明　将(3)式代入方程(1)的左端，得

$$\begin{aligned}&[C_1y_1''(x)+C_2y_2''(x)]+P(x)[C_1y_1'(x)+C_2y_2'(x)]+\\&Q(x)[C_1y_1(x)+C_2y_2(x)]\\=\ &C_1[y_1''(x)+P(x)y_1'(x)+Q(x)y_1(x)]+\\&C_2[y_2''(x)+P(x)y_2'(x)+Q(x)y_2(x)]\\=\ &C_1\cdot 0+C_2\cdot 0=0,\end{aligned}$$

所以(3)式是方程(1)的解．

齐次线性方程的上述性质表明：其解符合**叠加原理**．但是必须注意，虽然上述解的线性组合仍是方程的解，但它却未必是方程的通解——因为通解中的

任意常数是不可合并的．

例如方程 $y''-y=0$，验证可知：函数 $y_1(x)=\mathrm{e}^x$，$y_2(x)=2\mathrm{e}^x$ 均为其解，故由定理 1，$y=C_1y_1(x)+C_2y_2(x)=(C_1+2C_2)\mathrm{e}^x$ 也是方程的解．

但是，若令 $C=C_1+2C_2$，则解 $y=(C_1+2C_2)\mathrm{e}^x$ 可简化写为 $y=C\mathrm{e}^x$，这里只含有一个任意常数，所以不是方程 $y''-y=0$ 的通解．

那么在什么情况下，(3)式能成为方程(1)的通解呢？为此，我们引入以下概念，并对前述“不可合并”的说法给予严谨定义．

定义 1　如果存在一组不全为零的常数 k_1，k_2，…，k_n，使得定义在区间 I 上的 n 个函数 y_1，y_2，…，y_n 的线性组合为零，即 $k_1y_1+k_2y_2+\cdots+k_ny_n\equiv 0$，则称函数 y_1，y_2，…，y_n 在区间 I 上**线性相关**，否则称其**线性无关**．

例如，函数组 1，$\cos^2x$，$\sin^2x$ 是线性相关的，因为 $1-\cos^2x-\sin^2x\equiv 0$；而函数组 e^x，e^{-x}，e^{2x} 线性无关，因为如果 $k_1\cdot\mathrm{e}^x+k_2\cdot\mathrm{e}^{-x}+k_3\cdot\mathrm{e}^{2x}\equiv 0$，则必须有 $k_1=k_2=k_3=0$.

说明　由定义，函数 y_1 与 y_2 线性相关等价于：$\dfrac{y_1}{y_2}=C$；而 y_1 与 y_2 线性无关等价于：$\dfrac{y_1}{y_2}\neq C$(其中 C 是常数)．这就是前面“不可合并”的常用表述．

定理 2　若 $y_1(x)$ 与 $y_2(x)$ 是方程(1)的两个线性无关的特解，则 $y=C_1y_1+C_2y_2$(其中 C_1，C_2 是任意常数)就是方程(1)的通解．

例如，$y_1=\mathrm{e}^x$ 和 $y_2=\mathrm{e}^{-x}$ 是方程 $y''-y=0$ 的两个解，且 $\dfrac{y_1}{y_2}=\mathrm{e}^{2x}\neq$ 常数，故 $y=C_1\mathrm{e}^x+C_2\mathrm{e}^{-x}$ 就是方程 $y''-y=0$ 的通解.

评注　定理 1 和定理 2 不仅揭示了方程(1)的解的结构，也给出了求解的思路与方法．常系数方程(2)作为变系数方程(1)的特例，上述结论也适用．

三、二阶常系数齐次线性微分方程的解法

下面我们考虑二阶常系数齐次线性微分方程(2)

$$y''+py'+qy=0\quad(\text{其中 } p,\ q \text{ 是常数})$$

的解法．根据定理 2，只要能找到方程的两个线性无关的特解 $y_1(x)$，$y_2(x)$，即可写出方程的通解 $y=C_1y_1(x)+C_2y_2(x)$.

根据方程通解的结构以及对特解无关性的要求，并注意到指数函数 $y=\mathrm{e}^{rx}$(r 为常数)求导数后只相差一个常数的特点，瑞士大数学家欧拉(Euler：1707—1783)经过试算提出了一个非常简单而实用的方法——特征方程及特征根的方法：

将 $y=e^{rx}$ 及其导数 $y'=re^{rx}$，$y''=r^2e^{rx}$ 代入方程(2)，化简后得

$$r^2e^{rx}+rpe^{rx}+qe^{rx}=e^{rx}(r^2+pr+q)=0.$$

由于 $e^{rx}\neq 0$，所以只有

$$r^2+pr+q=0. \tag{4}$$

这就是说，只要选取适当的 r 使方程(4)成立，那么 $y=e^{rx}$ 就是方程(2)的特解．

定义 2　代数方程(4)称为微分方程(2)的**特征方程**，其根称为微分方程(2)的**特征根**．

假定由特征方程(4)解出两个特征根 $r_{1,2}=\dfrac{-p\pm\sqrt{p^2-4q}}{2}$，则根据根的三种不同情况讨论如下：

(1) 当 $p^2-4q>0$ 时，特征方程(4)有两个相异实根

$$r_1=\frac{-p+\sqrt{p^2-4q}}{2},\quad r_2=\frac{-p-\sqrt{p^2-4q}}{2}.$$

对应地，方程(2)有两个特解：$y_1=e^{r_1x}$，$y_2=e^{r_2x}$.

显然，这里 $\dfrac{y_1}{y_2}=\dfrac{e^{r_1x}}{e^{r_2x}}=e^{(r_1-r_2)x}$ 不等于常数，即 y_1，y_2 线性无关，所以方程(2)的通解为

$$y=C_1y_1+C_2y_2=C_1e^{r_1x}+C_2e^{r_2x}.$$

(2) 当 $p^2-4q=0$ 时，特征方程(4)有两个相等的实根

$$r_1=r_2=-\frac{p}{2}.$$

对应地，方程(2)只有一个特解 $y_1=e^{r_1x}$. 这时，可用常数变易法去寻求另一个与 y_1 无关的特解．

设 y_2 为方程(2)的另一个解，且与 y_1 线性无关．令 $\dfrac{y_2}{y_1}=c(x)$，其中 $c(x)$ 是待定函数，即 $y_2=c(x)y_1=c(x)e^{r_1x}$，则

$$y_2'=[c'(x)+r_1c(x)]e^{r_1x},\quad y_2''=[c''(x)+2r_1c'(x)+r_1^2c(x)]e^{r_1x},$$

代入方程(2)，得

$$[c''(x)+2r_1c'(x)+r_1^2c(x)]e^{r_1x}+p[c'(x)+r_1c(x)]e^{r_1x}+qc(x)e^{r_1x}=0.$$

由于 $e^{r_1x}\neq 0$，故

$$[c''(x)+2r_1c'(x)+r_1^2c(x)]+p[c'(x)+r_1c(x)]+qc(x)=0,$$

即
$$c''(x)+(2r_1+p)c'(x)+(r_1^2+pr_1+q)c(x)=0.$$
注意到 $r_1=-\dfrac{p}{2}$ 是特征方程的重根，由根与系数的关系讨论可知
$$r_1^2+pr_1+q=0,\ 2r_1+p=0,$$
以此代入上式即得 $c''(x)=0$，对此积分两次可得 $c(x)=C_1'x+C_2'$.

但由上面的讨论，我们只需再有一个特解即可．于是在上式中取 $C_1'=1$，$C_2'=0$，即取 $c(x)=x$，可得方程(2)的另一特解 $y_2=c(x)\mathrm{e}^{r_1x}=x\mathrm{e}^{r_1x}$.

综上，即得方程(2)的通解
$$y=C_1y_1+C_2y_2=C_1\mathrm{e}^{r_1x}+C_2x\mathrm{e}^{r_1x}=(C_1+C_2x)\mathrm{e}^{r_1x}.$$

(3) 当 $p^2-4q<0$ 时，特征方程(4)有一对共轭复根
$$r_1=\frac{-p+\sqrt{p^2-4q}}{2}=\frac{-p+\mathrm{i}\sqrt{4q-p^2}}{2}=\alpha+\mathrm{i}\beta,$$
$$r_2=\frac{-p-\sqrt{p^2-4q}}{2}=\frac{-p-\mathrm{i}\sqrt{4q-p^2}}{2}=\alpha-\mathrm{i}\beta.$$
对应地，方程(2)有两个线性无关的复函数形式的特解
$$y_1=\mathrm{e}^{(\alpha+\mathrm{i}\beta)x},\ y_2=\mathrm{e}^{(\alpha-\mathrm{i}\beta)x}.$$

下面由此出发，来建立两个线性无关的实函数解．

利用欧拉公式：$\mathrm{e}^{\mathrm{i}x}=\cos x+\mathrm{i}\sin x$，有
$$y_1=\mathrm{e}^{(\alpha+\mathrm{i}\beta)x}=\mathrm{e}^{\alpha x}\mathrm{e}^{\mathrm{i}\beta x}=\mathrm{e}^{\alpha x}(\cos\beta x+\mathrm{i}\sin\beta x),$$
$$y_2=\mathrm{e}^{(\alpha-\mathrm{i}\beta)x}=\mathrm{e}^{\alpha x}\mathrm{e}^{\mathrm{i}(-\beta x)}=\mathrm{e}^{\alpha x}(\cos\beta x-\mathrm{i}\sin\beta x),$$
在定理 1 中取 $C_1=C_2=\dfrac{1}{2}$，$C_3=-C_4=\dfrac{1}{2\mathrm{i}}$，并令
$$\bar{y}_1=\frac{1}{2}(y_1+y_2)=\mathrm{e}^{\alpha x}\cos\beta x,\ \bar{y}_2=\frac{1}{2\mathrm{i}}(y_1-y_2)=\mathrm{e}^{\alpha x}\sin\beta x,$$
则已化为方程(2)的实函数形式的特解，而且它们线性无关：
$$\frac{\bar{y}_1}{\bar{y}_2}=\frac{\cos\beta x}{\sin\beta x}=\cot\beta x\neq C.$$
所以方程(2)的通解为 $y=\mathrm{e}^{\alpha x}(C_1\cos\beta x+C_2\sin\beta x)$.

例 1　求解微分方程 $y''+3y'+2y=0$.

解　特征方程 $r^2+3r+2=0$ 有两个不相等的实根
$$r_1=-1,\ r_2=-2,$$
所以原方程的通解是 $y=C_1\mathrm{e}^{-x}+C_2\mathrm{e}^{-2x}$.

例 2　求解微分方程 $y''+2y'+y=0$.

解　特征方程 $r^2+2r+1=0$ 有两个相等的实根

$$r_1=r_2=-1,$$

所以原方程的通解是 $y=(C_1+C_2x)e^{-x}$.

例 3　求解微分方程 $y''+2y'+3y=0$.

解　特征方程 $r^2+2r+3=0$ 有一对共轭复根

$$r_{1,2}=\frac{-2\pm\sqrt{4-12}}{2}=\frac{-2\pm\sqrt{-8}}{2}=-1\pm i\sqrt{2}\text{（其中 }\alpha=-1，\beta=\sqrt{2}\text{）},$$

所以原方程的通解是 $y=e^{-x}(C_1\cos\sqrt{2}x+C_2\sin\sqrt{2}x)$.

附注　① 二阶常系数齐次线性微分方程求通解的一般步骤是：

(a) 写出相应的特征方程；

(b) 求出特征根；

(c) 根据特征根的不同情况，可得相应的通解（表 7－1）：

表 7－1　二阶常系数通解表

特征方程 $r^2+pr+q=0$ 根的判别式	特征方程 $r^2+pr+q=0$ 的根	微分方程 $y''+py'+qy=0$ 的通解
$p^2-4q>0$	$r_{1,2}=\frac{-p\pm\sqrt{p^2-4q}}{2}$（相异实根）	$y=C_1e^{r_1x}+C_2e^{r_2x}$
$p^2-4q=0$	$r_{1,2}=-\frac{p}{2}$（重根）	$y=e^{r_1x}(C_1+C_2x)$
$p^2-4q<0$	$r_{1,2}=\alpha\pm\beta i=-\frac{p}{2}\pm i\frac{\sqrt{4q-p^2}}{2}$（一对共轭复根）	$y=e^{\alpha x}(C_1\cos\beta x+C_2\sin\beta x)$

② 上述二阶常系数齐次线性微分方程的定理及解法，可以推广到 n 阶常系数齐次线性微分方程：

$$y^{(n)}+p_1y^{(n-1)}+p_2y^{(n-2)}+\cdots+p_{n-1}y'+p_ny=0, \tag{5}$$

其中 p_1，p_2，…，p_n 是常数．此类方程的求解方法同样是由对应特征根的情况写出通解形式．例如：求方程 $y^{(4)}-2y'''+5y''=0$ 的通解．

这里的特征方程为 $r^4-2r^3+5r^2=0$，它的根是 $r_1=r_2=0$，$r_{3,4}=1\pm 2\mathrm{i}$，因此所给微分方程的通解为

$$y=C_1+C_2x+\mathrm{e}^x(C_3\cos 2x+C_4\sin 2x).$$

习题 7 - 6

1. 判断下列函数组在指定区间上是否线性相关.

(1) x^2，x，1，$x\in(-\infty,\ +\infty)$；

(2) $3x^3-x^2+4$，$2-x-x^2-x^3$，x^3-x-2，x^2+x-2，$x\in(-\infty,\ +\infty)$.

2. 验证 $y_1=\mathrm{e}^{x^2}$ 及 $y_2=x\mathrm{e}^{x^2}$ 都是 $y''-4xy'+(4x^2-2)y=0$ 的解，并写出该方程的通解.

3. 求下列微分方程的通解.

(1) $y''-5y'+6y=0$；　(2) $y''+y=0$；

(3) $3y''-2y'-8y=0$；　(4) $y''+y'-2y=0$；

(5) $y''+6y'+13y=0$；　(6) $4y''-20y'+25y=0$；

(7) $y'''+6y''+y'+6y=0$；　(8) $y^{(6)}+2y^{(5)}+y^{(4)}=0$.

4. 求解下列微分方程的初值问题.

(1) $y''-4y'+3y=0$，$y|_{x=0}=2$，$y'|_{x=0}=4$；

(2) $y''-2y'+y=0$，$y|_{x=0}=2$，$y'|_{x=0}=3$；

(3) $y''-3y'-4y=0$，$y|_{x=0}=0$，$y'|_{x=0}=-5$；

(4) $y''-4y'+13y=0$，$y|_{x=0}=0$，$y'|_{x=0}=3$；

(5) $y''+25y=0$，$y|_{x=0}=2$，$y'|_{x=0}=5$.

5. (1) 已知 $\mathrm{e}^{-\lambda x}$ 和 $\mathrm{e}^{\lambda x}$ 是某二阶常系数齐次线性微分方程的两个解，求该微分方程(其中 $\lambda=\sqrt{2}$)；

(2) 已知 $y=\mathrm{e}^x\sin 2x$ 是某二阶常系数齐次线性微分方程的解，求该微分方程，并写出其通解.

6. 具有单位质量的质点在数轴上运动，开始时质点在原点处且速度为 3 m/s. 在运动过程中，它受到一个牵引力的作用，这个力的大小与质点到原点的距离成正比(比例系数 $k_1=2$)，而方向与初速度方向相一致. 又介质的阻力与速度成正比(比例系数 $k_2=1$)，求此质点的运动规律.

---

7. 设函数 $y=y(x)$ 满足条件 $\begin{cases} y''+4y'+4y=0, \\ y(0)=2,\ y'(0)=-4, \end{cases}$ 求反常积分 $\int_0^{+\infty} y(x)\mathrm{d}x$.

第7节　二阶常系数非齐次线性方程

本节是上节内容的继续和深入．

一、二阶非齐次线性微分方程解的结构

上节给出了二阶常系数线性方程的“齐次”形式及其求解方法．现在讨论非齐次形式

$$y''+py'+qy=f(x),\ f(x)\neq 0 \tag{1}$$

的求解问题．我们仍借助齐次形式

$$y''+py'+qy=0 \tag{2}$$

为基础来进行．

定理　设 $y^*(x)$ 是方程(1)的一个特解，$Y(x)$ 是对应齐次方程(2)的通解，则

$$y=Y(x)+y^*(x) \tag{3}$$

是方程(1)的通解．

证明　将(3)式代入方程(1)，得

$$\begin{aligned}&(Y+y^*)''+p(Y+y^*)'+q(Y+y^*)\\&=[Y''+pY'+qY]+[Y^{*''}+py^{*'}+qy^*]\\&=0+f(x)=f(x).\end{aligned}$$

这表明(3)式是方程(1)的解．又因为 $Y+y^*$ 中已含有两个线性无关的任意常数，所以(3)式是方程(1)的通解．

例如，对于二阶非齐次线性微分方程 $y''-3y'+2y=\mathrm{e}^{5x}$，已知函数 $y^*=\frac{1}{12}\mathrm{e}^{5x}$ 是其一个特解，而如果 $Y=C_1\mathrm{e}^x+C_2\mathrm{e}^{2x}$ 是对应齐次方程 $y''-3y'+2y=0$ 的通解，则非齐次方程的通解为 $y=Y+y^*=C_1\mathrm{e}^x+C_2\mathrm{e}^{2x}+\frac{1}{12}\mathrm{e}^{5x}$.

二、二阶常系数非齐次线性微分方程的解法

从上面的定理可知，二阶非齐次线性微分方程的求解问题，已转化为求对应齐次方程的通解和非齐次方程的一个特解问题．这里前一个问题已在上节中完全解决，这里只需寻求非齐次方程 $y''+py'+qy=f(x)$ 的一个特解．

在此，我们只讨论 $f(x)$ 的两个常见类型．

1. $f(x)=P_m(x)e^{\lambda x}$ 型

即方程(1)表示为

$$y''+py'+qy=P_m(x)e^{\lambda x}, \tag{4}$$

其中 λ 是实数，而 $P_m(x)=a_0x^m+a_1x^{m-1}+\cdots+a_{m-1}x+a_m$ 是一个 m 次多项式.

注意到方程(4)的右端是 m 次多项式与指数函数的乘积，而考虑到多项式与指数函数的导数仍是同类函数的特点，方程(4)应有形如 $y^*=Q(x)e^{\lambda x}$ 的一个特解，其中 $Q(x)$ 是次数、系数均待定的一个多项式.

对于 $y^*=Q(x)e^{\lambda x}$，有

$y^{*\prime}=[Q'(x)+\lambda Q(x)]e^{\lambda x}$，$y^{*\prime\prime}=[Q''(x)+2\lambda Q'(x)+\lambda^2Q(x)]e^{\lambda x}$，

代入方程(4)，得

$$[Q''(x)+2\lambda Q'(x)+\lambda^2Q(x)]e^{\lambda x}+p[Q'(x)+\lambda Q(x)]e^{\lambda x}+qQ(x)e^{\lambda x}=P_m(x)e^{\lambda x}.$$

由于 $e^{\lambda x}\neq0$，将其消去后得

$$[Q''(x)+2\lambda Q'(x)+\lambda^2Q(x)]+p[Q'(x)+\lambda Q(x)]+qQ(x)=P_m(x),$$

整理为

$$Q''(x)+(2\lambda+p)Q'(x)+(\lambda^2+p\lambda+q)Q(x)=P_m(x). \tag{5}$$

对此分别讨论如下.

(1) 如果 λ 不是特征方程 $r^2+pr+q=0$ 的根(即 $\lambda^2+p\lambda+q\neq0$)，则由多项式求导必降次的运算特点，(5)式左端的 $Q(x)$ 必然是一个 m 次多项式，不妨假设

$$Q_m(x)=b_0x^m+b_1x^{m-1}+\cdots+b_{m-1}x+b_m,$$

通过与 $P_m(x)$ 比较系数可确定 $b_i(0\leqslant i\leqslant m)$ 的值，从而确定了方程(4)的一个特解

$$y^*=Q(x)e^{\lambda x}=Q_m(x)e^{\lambda x}.$$

(2) 如果 λ 是特征方程 $r^2+pr+q=0$ 的单根，即 $\lambda^2+p\lambda+q=0$，$2\lambda+p\neq0$；同上由(5)式表明：$Q'(x)$ 是 m 次的多项式，亦即 $Q(x)$ 是 $m+1$ 次的多项式，对此，令 $Q(x)=xQ_m(x)$，并同上比较系数去确定 $Q_m(x)$，可得方程(4)的一个特解

$$y^*=Q(x)e^{\lambda x}=xQ_m(x)e^{\lambda x}.$$

(3) 若 λ 是特征方程 $r^2+pr+q=0$ 的重根，则 $\lambda^2+p\lambda+q=0$，且 $2\lambda+p=0$，同上，由(5)式表明 $Q''(x)$ 是 m 次多项式，即 $Q(x)$ 是 $m+2$ 次多项式；在此，令 $Q(x)=x^2Q_m(x)$，并同上可得方程(4)的一个特解

$$y^*=Q(x)e^{\lambda x}=x^2Q_m(x)e^{\lambda x}.$$

综上，方程(4)的一个特解总可表示为：$y^*=x^kQ_m(x)e^{\lambda x}$，其中

$$k=\begin{cases}0, & \lambda \text{ 不是特征根}, \\ 1, & \lambda \text{ 是特征单根}, \\ 2, & \lambda \text{ 是特征重根}.\end{cases}$$

将 $y^{*}=x^{k}Q_{m}(x)\mathrm{e}^{\lambda x}$ 代入方程(4)，即可确定 m 次多项式 $Q_{m}(x)$ 的系数，从而求出方程(4)的特解．

例 1　求方程 $y''-2y'-3y=3x+1$ 的通解．

解　先求齐次方程 $y''-2y'-3y=0$ 的通解．由特征方程

$$r^{2}-2r-3=0,\ (r+1)(r-3)=0,$$

解得 $r_{1}=-1$，$r_{2}=3$，故其通解表示为

$$Y=C_{1}\mathrm{e}^{-x}+C_{2}\mathrm{e}^{3x}.$$

注意到原方程可写为 $y''-2y'-3y=(3x+1)\mathrm{e}^{0\cdot x}$，其中 $\lambda=0$，$m=1$，而 $\lambda=0$ 不是特征根，故可取 $k=0$，从而，设原方程的一个特解为

$$y^{*}=x^{0}Q_{1}(x)\mathrm{e}^{0x}=Q_{1}(x)=ax+b.$$

将 $y^{*}=ax+b$，$y^{*\prime}=a$，$y^{*\prime\prime}=0$ 代入原方程，得

$$0-2\cdot a-3(ax+b)\equiv 3x+1,\ \text{即}\ -3ax-2a-3b\equiv 3x+1,$$

比较两边的系数，得 $a=-1$，$b=\frac{1}{3}$，故原方程的一个特解为

$$y^{*}=-x+\frac{1}{3}.$$

综上，得到原方程的通解 $y=Y+y^{*}=C_{1}\mathrm{e}^{-x}+C_{2}\mathrm{e}^{3x}-x+\frac{1}{3}$.

例 2　求方程 $y''-2y'-3y=x\mathrm{e}^{-x}$ 在初始条件 $y|_{x=0}=1$，$y'|_{x=0}=\frac{15}{16}$ 的解．

解　首先，由特征方程 $r^{2}-2r-3=0$，解得特征根 $r_{1}=-1$，$r_{2}=3$，得相应齐次方程的通解 $Y=C_{1}\mathrm{e}^{-x}+C_{2}\mathrm{e}^{3x}$.

注意到原方程中 $\lambda=-1$，$m=1$，且 $\lambda=-1$ 正是特征根之一，故取 $k=1$，即原方程的一个特解为

$$y^{*}=x^{k}Q_{1}(x)\mathrm{e}^{\lambda x}=x(ax+b)\mathrm{e}^{-x}=(ax^{2}+bx)\mathrm{e}^{-x}.$$

将 y^{*}，$y^{*\prime}$，$y^{*\prime\prime}$ 代入原方程，得 $-8ax+2a-4b=x$，比较系数可解得其中的 $a=-\frac{1}{8}$，$b=-\frac{1}{16}$，于是得到原方程的一个特解

$$y^{*}=\left(-\frac{1}{8}x^{2}-\frac{1}{16}x\right)\mathrm{e}^{-x}=-\frac{1}{16}(2x^{2}+x)\mathrm{e}^{-x}.$$

从而原方程的通解为

$$y=Y+y^{*}=C_{1}\mathrm{e}^{-x}+C_{2}\mathrm{e}^{3x}-\frac{1}{16}(2x^{2}+x)\mathrm{e}^{-x}.$$

对其求导，得 $y'=-C_1\mathrm{e}^{-x}+3C_2\mathrm{e}^{3x}-\frac{1}{16}(-2x^2+3x+1)\mathrm{e}^{-x}$.

将初始条件$y|_{x=0}=1$，$y'|_{x=0}=\frac{15}{16}$代入上面两个式子，解得 $C_1+C_2=1$，以及$-C_1+3C_2-\frac{1}{16}=\frac{15}{16}$，联立解得 $C_1=C_2=\frac{1}{2}$.

于是，原方程满足初始条件的特解为

$$y=\frac{1}{2}\mathrm{e}^{-x}+\frac{1}{2}\mathrm{e}^{3x}-\frac{1}{16}(2x^2+x)\mathrm{e}^{-x}.$$

2. $f(x)=\mathrm{e}^{\lambda x}[P_l(x)\cos\omega x+P_n(x)\sin\omega x]$**型**

$$y''+py'+qy=\mathrm{e}^{\lambda x}[P_l(x)\cos\omega x+P_n(x)\sin\omega x], \tag{6}$$

其中 $P_l(x)$是一个 l 次多项式，$P_n(x)$是一个 n 次多项式.

可以证明(从略)，方程(6)的特解是

$$y^*=x^k\mathrm{e}^{\lambda x}[Q_m(x)\cos\omega x+R_m(x)\sin\omega x],\ m=\max\{l,\ n\},$$

其中，$Q_m(x)$，$R_m(x)$是 m 次实多项式，$k=\begin{cases}0, & \lambda\pm\mathrm{i}\omega \text{ 不是特征根},\\ 1, & \lambda\pm\mathrm{i}\omega \text{ 是特征单根}.\end{cases}$

从而仍按照通解公式(3)可得方程(6)的通解(略).

例3　写出方程 $y''-2y'+5y=(x^2+1)\mathrm{e}^x\cos 2x$ 的特解的形式(不必计算多项式的系数).

解　这是二阶常系数非齐次线性微分方程. 首先由对应齐次方程的特征方程

$$r^2-2r+5=0$$

解得特征根 $r_{1,2}=\frac{2\pm\sqrt{4-20}}{2}=1\pm 2\mathrm{i}$.

注意到在 $f(x)=(x^2+1)\mathrm{e}^x\cos 2x$ 中，$\lambda=1$，$\omega=2$，$P_l(x)=x^2+1$，$P_n(x)=0$，且$\lambda+\mathrm{i}\omega=1+2\mathrm{i}$ 是特征单根，故取 $k=1$，即得原方程的一个特解

$$y^*=x\mathrm{e}^x[(ax^2+bx+c)\cos 2x+(dx^2+\mathrm{e}x+f)\sin 2x].$$

注意　尽管本例中的函数 $f(x)$不包含 $\sin\omega x$，但特解中仍需要含有"$R_m(x)\sin\omega x$".

例4　求微分方程 $y''-y=x\cos x$ 的一个特解.

解　首先，其对应齐次方程的特征根为：$r^2-1=0$，$r_{1,2}=\pm 1$；

注意到 $f(x)=x\mathrm{e}^{0x}\cos x$ 中$\lambda=0$，$\omega=1$，$P_l(x)=x$，$P_n(x)=0$ 且$\lambda+\mathrm{i}\omega=\mathrm{i}$ 不是特征根，所以取 $k=0$，由此，原方程的一个特解可设为

$$y^*=(ax+b)\cos x+(cx+d)\sin x.$$

将 y^*，$y^{*\prime}$，$y^{*\prime\prime}$代入方程，整理可得

$$(-2ax-2b+2c)\cos x-(2cx+2a+2d)\sin x=x\cos x,$$

比较系数，由

$$\begin{cases}-2a=1,\\-2b+2c=0,\\-2c=0,\\-2a-2d=0,\end{cases}$$

解出 $a=-\dfrac{1}{2}$，$b=0$，$c=0$，$d=\dfrac{1}{2}$，即可得到原方程的一个特解

$$y^{*}=-\frac{1}{2}(x\cos x-\sin x).$$

类似可得微分方程 $y''-y=x\sin x$ 的一个特解为

$$y^{*}=-\frac{1}{2}(\cos x+x\sin x).$$

附注　① 二阶常系数非齐次微分方程求通解的一般步骤是：

(a) 写出齐次方程(2)的特征方程 $r^2+pr+q=0$，求出特征根 r_1，r_2，写出方程(2)的通解 Y；

(b) 根据 $f(x)$的类型，求出方程(1)对应的特解 y^{*}；

(c) 写出方程(1)的通解 $y=Y+y^{*}$.

② 设 y_k^{*} 是方程 $y''+py'+qy=f_k(x)(k=1,2)$的特解，则 $y=y_1^{*}+y_2^{*}$ 是方程 $y''+py'+qy=f_1(x)+f_2(x)$的特解．

习题 7-7

思考题

1. 设 y_k^{*} 是方程 $y''+py'+qy=f_k(x)(k=1,2)$的特解，那么 $y=y_1^{*}+y_2^{*}$ 是方程 $y''+py'+qy=f_1(x)+f_2(x)$的特解吗？

2. 如何求方程 $y''-y=e^x+x\sin x$ 的通解？

练习题

1. 写出下列非齐次方程一个特解的形式．

(1) $y''-5y'+6y=3e^{4x}$；　　(2) $y''+y=(x^2-1)e^x$；

(3) $y''-y'=1+x+x^2$；　　(4) $y''+4y=2\cos^2 2x$；

(5) $y''-2y'+5y=e^x\cos 2x$.

2. 求下列各微分方程的通解．

(1) $y''+6y'+5y=2e^{3x}$；　　(2) $y''+3y'=2x+2$；

(3) $y''-4y'-5y=-6x^2$；　　(4) $y''-6y'+9y=(x+1)\mathrm{e}^{3x}$；

(5) $y''+3y'+2y=3x\mathrm{e}^{-x}$；　　(6) $y''-2y'+5y=\mathrm{e}^x\sin 2x$；

(7) $y''+4y=x\cos x$.

3. 求解下列各微分方程的初值问题．

(1) $y''-4y'=5$，$y|_{x=0}=1$，$y'|_{x=0}=0$；

(2) $y''+3y'+2y=\sin x$，$y|_{x=0}=0$，$y'|_{x=0}=0$；

(3) $y''+4y=\dfrac{1}{2}(x+\cos 2x)$，$y|_{x=0}=0$，$y'|_{x=0}=0$.

4. 设线性无关的函数 $y_1(x)$，$y_2(x)$和 $y_3(x)$都是二阶非齐次线性方程

$$y''+py'+qy=f(x)$$

的解，证明 $y=C_1y_1+C_2y_2+(1-C_1-C_2)y_3$ 为该方程的通解．

(提示：易证非齐次方程的两解之差一定是其对应的齐次方程之解，所以 y_1-y_3 与 y_2-y_3 是方程对应的齐次方程的两个线性无关解)

5. 已知 $y_1=x\mathrm{e}^x+\mathrm{e}^{2x}$，$y_2=x\mathrm{e}^x+\mathrm{e}^{-x}$，$y_3=x\mathrm{e}^x+\mathrm{e}^{2x}-\mathrm{e}^{-x}$是某二阶非齐次线性微分方程的三个解：(1) 求此方程的通解；(2) 求此微分方程．

6. 设函数 $\varphi(x)$连续，且满足 $\varphi(x)=\mathrm{e}^x+\int_0^x t\varphi(t)\,\mathrm{d}t-x\int_0^x\varphi(t)\,\mathrm{d}t$，求 $\varphi(x)$(提示：注意其中隐含的初始条件).

总练习七

1. 填空题

(1) $y'''+2(y')^4+xy=0$ 是________阶微分方程；

(2) $L\dfrac{\mathrm{d}^2Q}{\mathrm{d}t^2}+R\dfrac{\mathrm{d}Q}{\mathrm{d}t}+\dfrac{Q}{c}=0$ 是________阶微分方程；

(3) $\dfrac{\mathrm{d}^2\rho}{\mathrm{d}\theta^2}+\left(\dfrac{\mathrm{d}\rho}{\mathrm{d}\theta}\right)^2+\rho=\sin\theta$ 是________阶________(线性或非线性)微分方程；

(4) 一个三阶微分方程的通解应含有________个任意常数．

2. 单项选择题

(1) 方程$\dfrac{\mathrm{d}y}{\mathrm{d}x}=y^2\cos x$ 的通解是(　　).

A. $y=-\sin x+C$；　　B. $y=-\cos x+C$；

C. $y=\dfrac{1}{\cos x+C}$；　　D. $y=-\dfrac{1}{\sin x+C}$及特解 $y=0$.

(2) 下列方程中是线性微分方程的是(　　).

A. $(y')^2+xy'=x$;　　B. $yy'-2y=x$;

C. $y''-\frac{2}{x}y'+\frac{2y}{x^2}=e^x$;　　D. $y''-y'+3xy=\cos y$.

(3) 方程 $xy'+(1+x)y=e^x$ 的通解是(　　).

A. $y=C\frac{e^{-x}}{x}$;　　B. $y=\frac{e^x}{x}\left(\frac{1}{2}e^{2x}+C\right)$;

C. $y=\frac{e^{-x}}{x}\left(\frac{1}{2}e^{2x}+C\right)$;　　D. $y=\frac{e^{-x}}{x}(2e^{2x}+C)$.

(4) 方程 $xy'=\sqrt{x^2+y^2}+y$ 是(　　).

A. 齐次方程;　　B. 一阶线性方程;

C. 伯努利方程;　　D. 可分离变量的方程.

(5) 若 y_1 和 y_2 是二阶齐次线性方程 $y''+P(x)y'+Q(x)y=0$ 的两个特解，则 $y=C_1y_1+C_2y_2$(其中 C_1，C_2 为任意常数)(　　).

A. 是该方程的通解;　　B. 是该方程的解;

C. 是该方程的特解;　　D. 不一定是该方程的解.

(6) 方程 $y''-4y'+3y=0$ 满足初始条件 $y|_{x=0}=6$，$y'|_{x=0}=10$ 的特解是(　　).

A. $y=3e^x+e^{3x}$;　　B. $y=2e^x+3e^{3x}$;

C. $y=4e^x+2e^{3x}$;　　D. $y=C_1e^x+C_2e^{3x}$.

(7) 方程 $y'''+y'=0$ 的通解是(　　).

A. $y=\sin x-\cos x+C_1$;　　B. $y=C_1\sin x-C_2\cos x+C_3$;

C. $y=\sin x+\cos x+C_1$;　　D. $y=\sin x-C_1$.

(8) 方程 $y''-y'=e^x+1$ 的一个特解具有形式(　　).

A. Ae^x+B;　　B. Axe^x+B;

C. Ae^x+Bx;　　D. Axe^x+Bx.

3. 求下列微分方程的通解.

(1) $ydy-xdx=0$;　　(2) $(y+1)^2\frac{dy}{dx}+x^3=0$;

(3) $\frac{dy}{dx}=\frac{xy}{1+x^2}$;　　(4) $xy'=y(1+\ln y-\ln x)$;

(5) $y'=-\frac{x}{y}\pm\sqrt{\left(\frac{x}{y}\right)^2+1}$;　　(6) $\frac{dy}{dx}=x+y+1$;

(7) $xy'+2y=3x^3y^{\frac{4}{3}}$;　　(8) $2yy'+2xy^2=xe^{-x^2}$;

(9) $x\mathrm{d}y-y\mathrm{d}x=y^2\mathrm{e}^y\mathrm{d}y$；　　(10) $y''=\cos x$；

(11) $y''=\dfrac{1+y'^2}{2y}$；　　(12) $yy''+y'^2=0$.

4. 求下列微分方程的初值问题.

(1) $2y'+y=3$，$y|_{x=0}=10$；

(2) $\dfrac{\mathrm{d}y}{\mathrm{d}x}=\dfrac{y}{2x-y^2}$，$y|_{x=1}=1$；

(3) $y'-y=2x\mathrm{e}^{2x}$，$y|_{x=0}=1$；

(4) $(x-\sin y)\mathrm{d}y+\tan y\mathrm{d}x=0$，$y|_{x=1}=\dfrac{\pi}{6}$.

5. 已知齐次线性方程的下列线性无关解组，求原微分方程.

(1) e^{-x}，$x\mathrm{e}^{-x}$；　　(2) 1，$\mathrm{e}^{-x}\sin 2x$，$\mathrm{e}^{-x}\cos 2x$.

6. 求下列二阶非齐次微分方程的解或特解.

(1) $y''+2y'-3y=4x$；

(2) $y''-3y'+2y=x\mathrm{e}^{2x}$；

(3) $y''+y=\sin x$；

(4) $y''-3y'+2y=5$，$y|_{x=0}=1$，$y'|_{x=0}=2$；

(5) $y''+2y'+y=\cos x$，$y|_{x=0}=0$，$y'|_{x=0}=\dfrac{3}{2}$；

(6) $y''-2y'+y=x\mathrm{e}^x-\mathrm{e}^x$，$y|_{x=1}=1$，$y'|_{x=1}=0$.

*7. 设 $y''+P(x)y'=f(x)$ 有一特解为 $\dfrac{1}{x}$，对应的齐次方程有一特解为 x^2，试求：(1) $P(x)$，$f(x)$ 的表达式；(2) 此方程的通解.

8. 求三阶非齐次微分方程 $y'''+y''-2y'=x(\mathrm{e}^x+4)$ 的通解.

9. 设可导函数 $\varphi(x)$ 满足 $\varphi(x)\cos x+2\int_0^x\varphi(t)\sin t\mathrm{d}t=x+1$，求 $\varphi(x)$.

10. 一粒子弹以速度 $v_0=200$ m/s 打进一块厚度为 10 cm 的木板，然后穿过木板以速度 $v_1=80$ m/s 离开木板. 设该木板对于子弹的阻力和运动速度平方成正比，问子弹穿过木板的运动持续了多长时间？(设子弹的质量 $m=1$).

11. 某集团最初有财产 2500 万元，财产本身产生利息(如同在银行存款可以获得利息一样)，且利息以年利率 4%增长，同时该集团必须以每年 100 万元的数额连续支付职工的工资，求该集团的财产 y 与时间 t 的函数关系.

附录Ⅰ　微积分简史

“高等数学”一般有两种含义：一是大学数学的泛称，二是专指微积分为主体内容的课程，亦称为微积分，本教材即为后者．

微积分学说的创立是人类科学史上最辉煌的里程碑之一．它是人类社会经历了 2500 多年漫长的知识积累和孕育之后，最终由英国科学家牛顿(Newton:1643—1727)和德国数学家莱布尼茨(Leibniz：1646—1716)各自独立完成的．著名数学家 R. 柯朗指出：“微积分乃是一种撼人心灵的智力奋斗的结晶”．

促使微积分理论的创立，主要是 17 世纪欧洲工业革命及其实践中产生的以下 4 类问题：

(1) 已知物体位移是时间的函数，求物体的瞬时速度和加速度(或其反问题).

(2) 光学或物体运行轨迹的研究中，有关曲线的切线求取．

(3) 出于战争的需要，研究如何使火炮达到最远射程(炮弹的射程依赖于炮筒与地面的倾斜角度——发射角，从数学的角度看，这就是函数的极值问题).

(4) 求曲线段的弧长、曲线围成的面积、曲面围成的体积和物体的重心等.

但微积分的萌芽可追溯到古希腊时期．欧多克斯(Eudoxus：约前 408—前 355)就提出并使用了穷竭法，这是极限理论的先导．特别是阿基米德(Archimedes：约前 287—前 212)在求抛物线弓形面积时，就成功地使用有限形式的穷竭法给出了抛物线弓形面积的严格推导．我国古代哲人庄子(约前 369—前 286)在其著作《天下篇》中，更是以“一尺之棰，日取其半，万世不竭”的名言，昭示了明显而深刻的极限思想．

古希腊文明是现代西方文明的渊源，在数学方面更是如此．公元前 146 年，罗马帝国灭亡了古希腊，西方的数学随之停滞不前．以至整个中世纪里，微积分的思想萌芽完全被遗忘．但这时阿拉伯、印度和中国的数学有了长足发展．公元 263 年，刘徽在其著作《九章算术注》中发表了其独创的“割圆术”，不仅由此算出了领先世界 200 多年的圆周率近似值：$\pi\approx3.1416$，还成功地运用了“内接正多边形无限逼近圆周”这标志性的极限方法！

欧洲数学发展的转机出现在 12～13 世纪，但直到 16 世纪，微积分才重新进入酝酿发展的阶段．开普勒(Kepler：1571—1630)发展了阿基米德求面积和体积的方法，并在天体研究中给出了积分公式(当然并非如下的现代符号)：$\int_0^\theta \sin\theta d\theta=1-\cos\theta$．1635 年，卡伐列利(Cavalieri：1598—1647)出版了引起强大反响的著作《不可分量的几何学》．在该书中，他把面积的不可分量比作织布的线条，而把体积的不可分量比作书中的纸张，并指出：这些线条和纸张的个数无限，且没有宽窄或厚薄——这已经接近了积分学的边沿．

17 世纪上半叶，微积分进入了紧锣密鼓的萌发准备阶段．先后为此做出重要贡献的有法国的帕斯卡(Pascal：1623—1662)、费马(Fermat：1601—1665)和英国的瓦里士(Wallis：1616—1703)、巴罗(Barrow：1630—1677)等人．其中帕斯卡曾经使用过无穷小的概念和方法，并注意到在很小的长度内，弧线和其上切线之间可以相互替换；费马则在函数极值的讨论中，孕育出了导数概念，为微分学开辟了道路．瓦里士是牛津大学的教授，他实际上完成了相当于定积分 $\int_0^\pi (1-t^2)^n dt(n\in\mathbf{Z})$ 的一个计算，并给出了圆周率 π 的无穷乘积表示，为积分学的创立提供了先例．巴罗是剑桥大学三一学院的教授和副校长，也是牛顿的老师，他的贡献主要是给出了求切线的“微分三角形”，以及由此带给牛顿有关分析数学及其方法的深刻启蒙．

正是有了前人广博的知识积累和科学奠基，当然也是顺应了 17 世纪工业革命对科学知识与方法的急迫需求，才使得微积分终于顺利产生．而这项艰巨而光荣的历史使命，落在了牛顿和莱布尼茨的身上．

牛顿是 17 世纪的科学巨人．他幼时家境贫寒，1661 年以减费生考入剑桥大学三一学院读书，1664 年取得硕士学位．1665 年，23 岁的牛顿为躲避伦敦流行的鼠疫回到了乡下．没有人能够想到，就在 1665—1666 这短短的两年中，牛顿竟然完成了他平生的三大发明：微积分、万有引力和光学分析理论．1665 年 5 月 20 日，牛顿在其手写的文稿中出现了“流数术”一词，这标志着微积分的诞生．他将连续变量称为“流动量”，而将流动量的导数称为“流动率”，在其后来出版的《流数术》一书中，进一步形成了完整的微积分学理论．他将该书陈述为研究“已知量的关系，要算出它们的流数，以及反过来”．这表明，牛顿已经认识到微分和积分是一对逆运算，并且给出了进行换算的公式——即现在的牛顿—莱布尼茨公式．

莱布尼茨青年时在莱比锡大学学习法律，后来投身外交界，得以在伦敦、巴黎结识了法国和英国的数学家，从此走上了业余研究数学的道路．1684 年，他在《博学文摘》上发表了关于微分学的第一篇数学论文(这也是历史上最早发表的微积分文献). 文中不仅明确定义了一阶、二阶微分的概念，广泛使用了其首创的微分符号 $\mathrm{d}x$，$\mathrm{d}y$，还给出了微分的运算法则以及微分应用等非常丰富的内容．1686 年，莱布尼茨又发表了关于积分学的第一篇论文，其中研究了积分问题以及微分与积分的互逆关系．

历史上，曾经就牛顿和莱布尼茨究竟谁是创立微积分的第一人有过激烈的争论．但事实是：牛顿对微积分的研究立足于力学问题，莱布尼茨则是从几何问题开始的．虽然莱布尼茨研究微积分的工作晚于牛顿十年，但文章发表却早于牛顿三年，特别是莱布尼茨所创立的导数、积分等一大批符号，比之牛顿的流数符号更为方便而精巧，至今还在广泛使用之中．所以将他们并列为创始人，最后得到了全世界的广泛承认．

微积分的建立，彻底改变了数学、以至于整个科学发展的模式与方向．首先，这意味着数学结束了“常量数学”，而进入了一个新的“变量数学”时期. 其具体意义有：

(1) 微积分的诞生结束了从古希腊以来几何学统治数学发展的历史．

(2) 微积分的建立改变了数学概念的来源．从古希腊开始，数学对象均来自直观和形象化的概念，然而微积分中的概念却更多地带有思维创造的特征而并非直接立足于直观经验．

(3) 微积分的建立以及微积分代数化的发展方向，不仅改变了以往以几何为主流的数学研究方向，更为重要的是：无穷小的出现及其运算破坏了古希腊几何逻辑演绎的严谨性和完美性，使人们不得不重新考虑数学的逻辑基础和数学方法的理论依据等问题．

微积分作为一种新的科学方法，立即在力学、天文等科学研究和实践生产中得到了广泛而成功的应用．不仅被称为“无所不在、无所不能”的科学利器，而且引起了欧洲社会政治的大动荡——这主要是由于微积分方法在天文预测中的成功运用打破了当时神学对人们思想统治的藩篱，所以遭到了来自社会、特别是神学界的严厉批评和责难．1734 年，英国著名的红衣主教贝克莱(Berkeley：1685—1753)出版了一本名为《分析学家》的书，针对当时微积分的基础——无穷小概念进行了无情攻击和刻薄的嘲笑．

这种来自数学界外部的攻击虽然带有意识形态的浓厚色彩，但由于微积分的理论刚刚初创，其基础还不够稳固；而且当时的数学家们也确实存在滥用微积分方法、从而导致错误大量发生的现象．因此立即在科学界掀起了轩然大波，并最终爆发了所谓的第二次数学危机(第一次数学危机是由于无理数的发现引起的). 可惜的是，无论牛顿还是莱布尼茨，都始终未能给出应对这场攻击的正确回应．虽然当时的一些优秀数学家，如英国的麦克劳林(Maclarin：

1698—1746)、泰勒(Taylor：1685—1731)和法国的达朗贝尔(Dalembert：1717—1783)等人相继在理论上提出了一些补救措施，但都不太成功．

但有趣的是，即使在这样恶劣的氛围下，微积分方法还在得到广泛应用并继续取得了大量的辉煌成就．欧拉(Euler：1707—1783)以微积分为工具解决了大量天文、物理和力学等方面的问题，并开创了微分方程、无穷级数、变分学等新领域，其1748年出版的《无穷小分析引论》是世界上第一本完整而系统的分析数学著作．拉格朗日(Lagrange：1736—1813)、拉普拉斯(Laplace：1749—1827)、勒让德(Legendre：1752—1833)和傅里叶(Fourier：1768—1830)等许多大数学家的共同努力，又把分析数学推向了一个崭新的高峰．于是出现了这样的现象：一方面分析数学的基础仍在受到质疑且不能自圆其说，另一方面却继续得到广泛使用并不断取得丰硕成果．难怪当时法国的启蒙哲学大师伏尔泰(Voltaire：1694—1778)曾把微积分称为"精确计算和度量一个其存在性是无从想象的东西的艺术"．

这种成功应用与错误迭出同时出现的奇怪现象一直延续到19世纪，使微积分学基础严密化的问题终于到了非解决不可的时候了．这项重任落在了当时著名的捷克数学家波尔查诺(Bolzano：1781—1848)、挪威青年数学家阿贝尔(Abel：1802—1829)和法国数学家柯西(Cauchy：1789—1857)等人的肩上．1821年，柯西在其新书《分析教程》中首次给出了极限的定义，并由此建立了微积分的体系——虽然仍不够严密，但终于把历史上纷乱的微积分概念理出了一个清晰的头绪；此后，德国数学家魏尔斯特拉斯(Weierstrass：1815—1897)将柯西的说法算术化，并最终完成了极限的"$\varepsilon-\delta$"定义这样的现代化改造工作．柯西、海涅(Heine：1821—1881)、康托尔(Cantor：1845—1918)和戴德金(Dedekind：1831—1916)等人乘胜前进，不仅逻辑地构造了实数系，使严格的实数理论成为极限理论的基础，并且导致了集合论的诞生，使微积分学说的奠基工作得以彻底完成．接下来，海涅于1870年提出了一致连续性的重要概念，法国数学家波雷尔(Borel：1871—1956)则将之上升为有限覆盖定理；德国数学家黎曼(Riemann：1826—1866)和达布(Darboux：1842—1917)分别给出了有界函数可积的定义和条件等这些现代教科书中的主要内容．正是经历了两百多年无数数学家的艰苦奋斗，最终使微积分成为基础严密精确、内容系统完整、应用无比广泛，至今生机勃勃的科学典范．

进入20世纪以来，以微积分为标志的分析数学还在不断大步前进．实变函数论、复变函数论使得分析数学继续朝着纵深发展，泛函分析、傅里叶分析成为新的学科代表和处理复杂问题的有力工具；非线性分析、非标准分析等更是当今最活跃的数学分支之一，显示了分析数学的无穷魅力和强大生命力．

以微积分为主体内容的高等数学，是世界上所有大学的几乎所有专业都在自觉开设的必修课程．而且自上个世纪初叶，古典微积分的知识已逐渐进入中学课堂．作为人类历史上最为宝贵的这一文化遗产，正在成为世人皆知的常识，其深邃而耀眼的思想光辉，已成为当代大学生科学素质中最为基本、至关重要的组成部分．

附录Ⅱ　常用中学数学公式

一、三角函数公式

1. 诱导公式

角度＼函数	sin	cos	tan	cot
$-\alpha$	$-\sin\alpha$	$\cos\alpha$	$-\tan\alpha$	$-\cot\alpha$
$90°-\alpha$	$\cos\alpha$	$\sin\alpha$	$\cot\alpha$	$\tan\alpha$
$90°+\alpha$	$\cos\alpha$	$-\sin\alpha$	$-\cot\alpha$	$-\tan\alpha$
$180°-\alpha$	$\sin\alpha$	$-\cos\alpha$	$-\tan\alpha$	$-\cot\alpha$
$180°+\alpha$	$-\sin\alpha$	$-\cos\alpha$	$\tan\alpha$	$\cot\alpha$
$270°-\alpha$	$-\cos\alpha$	$-\sin\alpha$	$\cot\alpha$	$\tan\alpha$
$270°+\alpha$	$-\cos\alpha$	$\sin\alpha$	$-\cot\alpha$	$-\tan\alpha$
$360°-\alpha$	$-\sin\alpha$	$\cos\alpha$	$-\tan\alpha$	$-\cot\alpha$
$360°+\alpha$	$\sin\alpha$	$\cos\alpha$	$\tan\alpha$	$\cot\alpha$

2. 和(差)角公式

$\sin(\alpha\pm\beta)=\sin\alpha\cos\beta\pm\cos\alpha\sin\beta$；$\cos(\alpha\pm\beta)=\cos\alpha\cos\beta\mp\sin\alpha\sin\beta$；

$\tan(\alpha\pm\beta)=\dfrac{\tan\alpha\pm\tan\beta}{1\mp\tan\alpha\cdot\tan\beta}$；　$\cot(\alpha\pm\beta)=\dfrac{\cot\alpha\cdot\cot\beta\mp1}{\cot\beta\pm\cot\alpha}$.

3. 和差化积公式

$\sin\alpha+\sin\beta=2\sin\dfrac{\alpha+\beta}{2}\cos\dfrac{\alpha-\beta}{2}$；$\sin\alpha-\sin\beta=2\cos\dfrac{\alpha+\beta}{2}\sin\dfrac{\alpha-\beta}{2}$；

$\cos\alpha+\cos\beta=2\cos\dfrac{\alpha+\beta}{2}\cos\dfrac{\alpha-\beta}{2}$；$\cos\alpha-\cos\beta=-2\sin\dfrac{\alpha+\beta}{2}\sin\dfrac{\alpha-\beta}{2}$.

4. 积化和差公式

$\sin\alpha\cdot\sin\beta=-\dfrac{1}{2}[\cos(\alpha+\beta)-\cos(\alpha-\beta)]$；

$\cos\alpha\cdot\cos\beta=\dfrac{1}{2}[\cos(\alpha+\beta)+\cos(\alpha-\beta)]$；

$\sin\alpha\cdot\cos\beta=\frac{1}{2}[\sin(\alpha+\beta)+\sin(\alpha-\beta)]$.

5. 平方和关系

$\sin^2\alpha+\cos^2\alpha=1$；$\sec^2\alpha=1+\tan^2\alpha$；$\csc^2\alpha=1+\cot^2\alpha$.

6. 倍角公式

$\sin2\alpha=2\sin\alpha\cos\alpha$；$\cos2\alpha=2\cos^2\alpha-1=1-2\sin^2\alpha=\cos^2\alpha-\sin^2\alpha$；

$\cot2\alpha=\frac{\cot^2\alpha-1}{2\cot\alpha}$；$\tan2\alpha=\frac{2\tan\alpha}{1-\tan^2\alpha}$.

7. 半角公式

$\sin\frac{\alpha}{2}=\pm\sqrt{\frac{1-\cos\alpha}{2}}$；$\cos\frac{\alpha}{2}=\pm\sqrt{\frac{1+\cos\alpha}{2}}$；

$\tan\frac{\alpha}{2}=\pm\sqrt{\frac{1-\cos\alpha}{1+\cos\alpha}}=\frac{1-\cos\alpha}{\sin\alpha}=\frac{\sin\alpha}{1+\cos\alpha}$；

$\cot\frac{\alpha}{2}=\pm\sqrt{\frac{1+\cos\alpha}{1-\cos\alpha}}=\frac{1+\cos\alpha}{\sin\alpha}$.

二、代数式

1. 乘法公式

$a^2-b^2=(a+b)(a-b)$；$a^3-b^3=(a-b)(a^2+ab+b^2)$；

$a^3+b^3=(a+b)(a^2-ab+b^2)$；$(a\pm b)^3=a^3\pm3a^2b+3ab^2\pm b^3$.

2. 二项式定理

$(a+b)^2=a^2+2ab+b^2$，

$(a+b)^3=a^3+3a^2b+3ab^2+b^3$，

……

$(a+b)^n=C_n^0a^n+C_n^1a^{n-1}b+C_n^2a^{n-2}b^2+\cdots+C_n^{n-1}ab^{n-1}+C_n^nb^n$.

3. 数列求和公式

等差数列：a_1，a_1+d，a_1+2d，…，a_1+nd，…；

$$s_n=\frac{n(a_1+a_n)}{2}=na_1+\frac{n(n-1)}{2}d;$$

等比数列：a_1，a_1q，a_1q^2，…，a_1q^{n-1}，…；

$$s_n=\frac{a_1(1-q^n)}{1-q}=\frac{a_1-a_nq}{1-q},\ q\neq1;$$

$1+2+3+\cdots+n=\frac{1}{2}n(n+1)$；

$2+4+\cdots+2n=n(n+1)$；

$1+3+5+\cdots+(2n-1)=n^2$；

$1^2+2^2+3^2+\cdots+n^2=\frac{1}{6}n(n+1)(2n+1)$；

$1^3+2^3+3^3+\cdots+n^3=\frac{1}{4}n^2(n+1)^2$；

$1^2+3^2+5^2+\cdots+(2n-1)^2=\frac{1}{3}n(4n^2-1)$；

$1^3+3^3+5^3+\cdots+(2n-1)^3=n^2(2n^2-1)$；

$1\cdot 2+2\cdot 3+\cdots+n(n+1)=\frac{1}{3}n(n+1)(n+2)$.

附录Ⅲ　极坐标简介

一、极坐标系

在平面上任取一点O，称为**极点**，从该点引一条水平的射线Ox，称为**极轴**，再选定一个长度单位和角度的正方向(一般取逆时针方向为正)，这样就构成了一个**极坐标系**，如附图3-1所示．

对于平面上任何一点P，可以用一对有序的实数(ρ, φ)与其对应：其中ρ表示线段OP的长度，φ表示Ox到OP的角度，这里ρ称为**极径**，φ称为**极角**，(ρ, φ)称为点P的**极坐标**，记为$P(\rho, \varphi)$.

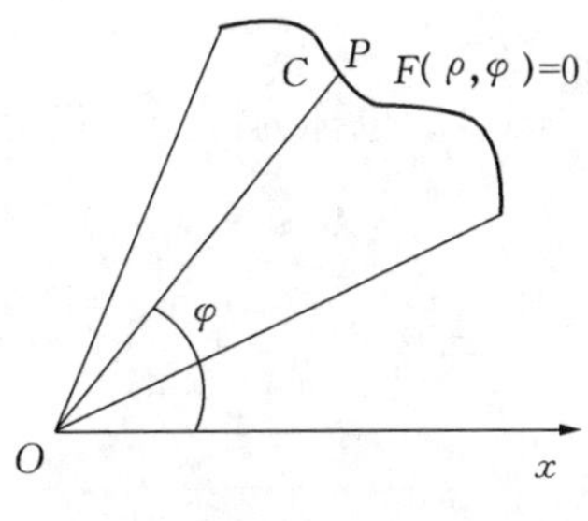

附图3-1

在极坐标系中，任意有序实数对(ρ, φ)也可以确定唯一一个点P，但是平面上的一个点P，其极坐标表示并不唯一：显然(ρ, φ)与$(\rho, \varphi+2n\pi)(n\in\mathbf{N})$均表示同一个点．极径$\rho$当然是一个非负值，但为了研究问题方便，如果$P$的极坐标为$(\rho, \varphi)$，也常在$OP$的反向延长线上取$OP'=OP$，并规定点$P'$的坐标是$(-\rho, \varphi)$.

二、曲线的极坐标方程

对于平面极坐标系中的曲线C和方程$F(\rho, \varphi)=0$：如果满足此方程的每一个解(ρ, φ)作为坐标点都在曲线上，而曲线C上每一点的无穷多个极坐标(见上，指终边相同的极角)中，至少有一个满足此方程，则称方程$F(\rho, \varphi)=0$为曲线C的极坐标方程(附图3-1).

三、极坐标与直角坐标的互换

把平面直角坐标系的坐标原点作为极点，以x轴的正半轴为极轴，且在两种坐标系中取相同的长度单位，可把直角坐标化为参数方程：

设点P的直角坐标是(x, y)，点P的极坐标是(ρ, φ)，则通过参数方程：

$$\begin{cases} x=\rho\cos\varphi, \\ y=\rho\sin\varphi, \end{cases} \tag{1}$$

可将直角坐标化为极坐标．当然，还可由此得到其反向表示(参数方程化为直角坐标方程)：

$$\begin{cases}\rho^2 = x^2 + y^2,\\ \tan\varphi = \dfrac{y}{x}.\end{cases}$$

例如，圆 $x^2+y^2=a^2$，$(x-a)^2+y^2=a^2$ 通过变换公式(1)可分别化为

$$\rho = a,\ \rho = 2a\cos\theta,$$

而椭圆$\dfrac{x^2}{a^2}+\dfrac{y^2}{b^2}=1$ 通过变换公式

$$\begin{cases}x = a\rho\cos\theta,\\ y = b\rho\sin\theta,\end{cases} \tag{2}$$

可化为 $\rho=1$.

公式(2)也称为广义极坐标变换．

附录Ⅳ　复数简介

形如 $a+b\mathrm{i}$ 的数称为**复数**，其中的 a，b 为实数，而 i 是满足 $\mathrm{i}^2=-1$ 的一个数，由于任何实数的平方不等于－1，所以 i 不是实数——称为虚数单位．

为明确起见，复数 $z=a+b\mathrm{i}$ 中的 a 称为该复数的实部，b 称为该复数的虚部，并分别用 $\mathrm{Re}z$ 和 $\mathrm{Im}z$ 表示，即 $\mathrm{Re}z=a$，$\mathrm{Im}z=b$. 当虚部等于零时，该复数就是实数；如果复数的实部等于零，而虚部不等于零，则称为纯虚数．由此可知，复数集包含了实数集，因而是实数集的扩张．

复数的四则运算规定为

$(a+b\mathrm{i})+(c+d\mathrm{i})=(a+c)+(b+d)\mathrm{i}$；

$(a+b\mathrm{i})-(c+d\mathrm{i})=(a-c)+(b-d)\mathrm{i}$；

$(a+b\mathrm{i})(c+d\mathrm{i})=(ac-bd)+(ad+bc)\mathrm{i}$　（c 与 d 不同时为零）；

$\dfrac{a+b\mathrm{i}}{c+d\mathrm{i}}=\dfrac{1}{c^2+d^2}[(ac+bd)+(bc-ad)\mathrm{i}]$　（c 与 d 不同时为零）.

复数有多种表示形式，如上形式 $z=a+b\mathrm{i}$ 叫作复数的代数式．

附录Ⅴ　分类积分表

一、含有 $ax+b$ 的积分

1. $\int \frac{\mathrm{d}x}{ax+b} = \frac{1}{a}\ln|ax+b|+C$.

2. $\int (ax+b)^{\omega}\mathrm{d}x = \frac{1}{a(\omega+1)}(ax+b)^{\omega+1}+C(\omega\neq -1)$.

3. $\int \frac{x}{ax+b}\mathrm{d}x = \frac{1}{a^2}(ax+b-b\ln|ax+b|)+C$.

4. $\int \frac{x^2}{ax+b}\mathrm{d}x = \frac{1}{a^3}\left[\frac{1}{2}(ax+b)^2-2b(ax+b)+b^2\ln|ax+b|\right]+C$.

5. $\int \frac{1}{x(ax+b)}\mathrm{d}x = -\frac{1}{b}\ln\left|\frac{ax+b}{x}\right|+C$.

6. $\int \frac{1}{x^2(ax+b)}\mathrm{d}x = -\frac{1}{bx}+\frac{a}{b^2}\ln\left|\frac{ax+b}{x}\right|+C$.

7. $\int \frac{x}{(ax+b)^2}\mathrm{d}x = \frac{1}{a^2}\left(\ln|ax+b|+\frac{b}{ax+b}\right)+C$.

8. $\int \frac{x^2}{(ax+b)^2}\mathrm{d}x = \frac{1}{a^3}\left(ax+b-2b\ln|ax+b|-\frac{b^2}{ax+b}\right)+C$.

9. $\int \frac{1}{x(ax+b)^2}\mathrm{d}x = \frac{1}{b(ax+b)}-\frac{1}{b^2}\ln\left|\frac{ax+b}{x}\right|+C$.

二、含有 $\sqrt{ax+b}$ 的积分

10. $\int \sqrt{ax+b}\,\mathrm{d}x = \frac{2}{3a}\sqrt{(ax+b)^3}+C$.

11. $\int x\sqrt{ax+b}\,\mathrm{d}x = \frac{2}{15a^2}(3ax-2b)\sqrt{(ax+b)^3}+C$.

12. $\int x^2\sqrt{ax+b}\,\mathrm{d}x = \frac{2}{105a^3}(15a^2x^2-12abx+8b^2)\sqrt{(ax+b)^3}+C$.

13. $\int \frac{x}{\sqrt{ax+b}}\mathrm{d}x = \frac{2}{3a^2}(ax-2b)\sqrt{ax+b}+C$.

14. $\int \frac{x^2}{\sqrt{ax+b}}\mathrm{d}x = \frac{2}{15a^3}(3a^2x^2-4abx+8b^2)\sqrt{ax+b}+C$.

15. $$\int\frac{1}{x\sqrt{ax+b}}\mathrm{d}x=\begin{cases}\dfrac{1}{\sqrt{b}}\ln\left|\dfrac{\sqrt{ax+b}-\sqrt{b}}{\sqrt{ax+b}+\sqrt{b}}\right|+C & (b>0),\\ \dfrac{2}{\sqrt{-b}}\arctan\sqrt{\dfrac{ax+b}{-b}}+C & (b<0).\end{cases}$$

16. $$\int\frac{1}{x^2\sqrt{ax+b}}\mathrm{d}x=-\frac{\sqrt{ax+b}}{bx}-\frac{a}{2b}\int\frac{\mathrm{d}x}{x\sqrt{ax+b}}.$$

17. $$\int\frac{\sqrt{ax+b}}{x}\mathrm{d}x=2\sqrt{ax+b}+b\int\frac{\mathrm{d}x}{x\sqrt{ax+b}}.$$

18. $$\int\frac{\sqrt{ax+b}}{x^2}\mathrm{d}x=-\frac{\sqrt{ax+b}}{x}+\frac{a}{2}\int\frac{\mathrm{d}x}{x\sqrt{ax+b}}.$$

三、含有 $x^2\pm a^2$ 的积分

19. $$\int\frac{\mathrm{d}x}{x^2+a^2}=\frac{1}{a}\arctan\frac{x}{a}+C.$$

20. $$\int\frac{\mathrm{d}x}{(x^2+a^2)^n}=\frac{x}{2(n-1)a^2(x^2+a^2)^{n-1}}+\frac{2n-3}{2(n-1)a^2}\int\frac{\mathrm{d}x}{(x^2+a^2)^{n-1}}.$$

21. $$\int\frac{\mathrm{d}x}{x^2-a^2}=\frac{1}{2a}\ln\left|\frac{x-a}{x+a}\right|+C.$$

四、含有 $ax^2+b(a>0)$ 的积分

22. $$\int\frac{\mathrm{d}x}{ax^2+b}=\begin{cases}\dfrac{1}{\sqrt{ab}}\arctan\sqrt{\dfrac{a}{b}}x+C & (b>0),\\ \dfrac{1}{2\sqrt{-ab}}\ln\left|\dfrac{\sqrt{a}x-\sqrt{-b}}{\sqrt{a}x+\sqrt{-b}}\right|+C & (b<0).\end{cases}$$

23. $$\int\frac{x}{ax^2+b}\mathrm{d}x=\frac{1}{2a}\ln|ax^2+b|+C.$$

24. $$\int\frac{x^2}{ax^2+b}\mathrm{d}x=\frac{x}{a}-\frac{b}{a}\int\frac{\mathrm{d}x}{ax^2+b}.$$

25. $$\int\frac{1}{x(ax^2+b)}\mathrm{d}x=\frac{1}{2b}\ln\left|\frac{x^2}{ax^2+b}\right|+C.$$

26. $$\int\frac{1}{x^2(ax^2+b)}\mathrm{d}x=-\frac{1}{bx}-\frac{a}{b}\int\frac{\mathrm{d}x}{ax^2+b}.$$

27. $$\int\frac{1}{x^3(ax^2+b)}\mathrm{d}x=\frac{a}{2b^2}\ln\frac{|ax^2+b|}{x^2}-\frac{1}{2bx^2}+C.$$

28. $$\int\frac{1}{(ax^2+b)^2}\mathrm{d}x=\frac{x}{2b(ax^2+b)}+\frac{1}{2b}\int\frac{1}{ax^2+b}\mathrm{d}x.$$

五、含有 $ax^2+bx+c(a>0)$ 的积分

29. $$\int\frac{1}{ax^2+bx+c}\mathrm{d}x=\begin{cases}\dfrac{1}{\sqrt{4ac-b^2}}\arctan\dfrac{2ax+b}{\sqrt{4ac-b^2}}+C & (b^2<4ac),\\[2ex] \dfrac{1}{\sqrt{b^2-4ac}}\ln\left|\dfrac{2ax+b-\sqrt{b^2-4ac}}{2ax+b+\sqrt{b^2-4ac}}\right|+C & (b^2>4ac).\end{cases}$$

30. $$\int\frac{x}{ax^2+bx+c}\mathrm{d}x=\frac{1}{2a}\ln|ax^2+bx+c|-\frac{b}{2a}\int\frac{1}{ax^2+bx+c}\mathrm{d}x.$$

六、含有 $\sqrt{x^2+a^2}\,(a>0)$ 的积分

31. $$\int\frac{1}{\sqrt{x^2+a^2}}\mathrm{d}x=\operatorname{arsh}\frac{x}{h}+C_1=\ln(x+\sqrt{x^2+a^2})+C.$$

32. $$\int\frac{1}{\sqrt{(x^2+a^2)^3}}\mathrm{d}x=\frac{x}{a^2\sqrt{x^2+a^2}}+C.$$

33. $$\int\frac{x}{\sqrt{x^2+a^2}}\mathrm{d}x=\sqrt{x^2+a^2}+C.$$

34. $$\int\frac{x}{\sqrt{(x^2+a^2)^3}}\mathrm{d}x=-\frac{1}{\sqrt{x^2+a^2}}+C.$$

35. $$\int\frac{x^2}{\sqrt{x^2+a^2}}\mathrm{d}x=\frac{x}{2}\sqrt{x^2+a^2}-\frac{a^2}{2}\ln(x+\sqrt{x^2+a^2})+C.$$

36. $$\int\frac{x^2}{\sqrt{(x^2+a^2)^3}}\mathrm{d}x=-\frac{x}{\sqrt{x^2+a^2}}+\ln(x+\sqrt{x^2+a^2})+C.$$

37. $$\int\frac{1}{x\sqrt{x^2+a^2}}\mathrm{d}x=\frac{1}{a}\ln\frac{\sqrt{x^2+a^2}-a}{|x|}+C.$$

38. $$\int\frac{1}{x^2\sqrt{x^2+a^2}}\mathrm{d}x=\frac{\sqrt{x^2+a^2}}{a^2x}+C.$$

39. $$\int\sqrt{x^2+a^2}\,\mathrm{d}x=\frac{x}{2}\sqrt{x^2+a^2}+\frac{a^2}{2}\ln(x+\sqrt{x^2+a^2})+C.$$

40. $$\int\sqrt{(x^2+a^2)^3}\,\mathrm{d}x=\frac{x}{8}(2x^2+5a^2)\sqrt{x^2+a^2}+\frac{3a^4}{8}\ln(x+\sqrt{x^2+a^2})+C.$$

41. $$\int x\sqrt{x^2+a^2}\,\mathrm{d}x=\frac{1}{3}\sqrt{(x^2+a^2)^3}+C.$$

42. $$\int x^2\sqrt{x^2+a^2}\,\mathrm{d}x=\frac{x}{8}(2x^2+a^2)\sqrt{x^2+a^2}-\frac{a^4}{8}\ln(x+\sqrt{x^2+a^2})+C.$$

43. $$\int\frac{\sqrt{x^2+a^2}}{x}\mathrm{d}x=\sqrt{x^2+a^2}+a\ln\left(\frac{\sqrt{x^2+a^2}-a}{|x|}\right)+C.$$

44. $\int \frac{\sqrt{x^2+a^2}}{x^2}\mathrm{d}x = -\frac{\sqrt{x^2+a^2}}{x} + \ln(x+\sqrt{x^2+a^2}) + C.$

七、含有$\sqrt{x^2-a^2}\,(a>0)$的积分

45. $\int \frac{1}{\sqrt{x^2-a^2}}\mathrm{d}x = \ln|x+\sqrt{x^2-a^2}| + C.$

46. $\int \frac{1}{\sqrt{(x^2-a^2)^3}}\mathrm{d}x = -\frac{x}{a^2\sqrt{x^2-a^2}} + C.$

47. $\int \frac{x}{\sqrt{x^2-a^2}}\mathrm{d}x = \sqrt{x^2-a^2} + C.$

48. $\int \frac{x^2}{\sqrt{(x^2-a^2)^3}}\mathrm{d}x = -\frac{1}{\sqrt{x^2-a^2}} + C.$

49. $\int \frac{x^2}{\sqrt{x^2-a^2}}\mathrm{d}x = \frac{x}{2}\sqrt{x^2-a^2} + \frac{a^2}{2}\ln|x+\sqrt{x^2-a^2}| + C.$

50. $\int \frac{x^2}{\sqrt{(x^2-a^2)^3}}\mathrm{d}x = -\frac{x}{\sqrt{x^2-a^2}} + \ln|x+\sqrt{x^2-a^2}| + C.$

51. $\int \frac{1}{x\sqrt{x^2-a^2}}\mathrm{d}x = \frac{1}{a}\arccos\frac{a}{|x|} + C.$

52. $\int \frac{1}{x^2\sqrt{x^2-a^2}}\mathrm{d}x = \frac{\sqrt{x^2-a^2}}{a^2x} + C.$

53. $\int \sqrt{x^2-a^2}\,\mathrm{d}x = \frac{x}{2}\sqrt{x^2-a^2} - \frac{a^2}{2}\ln|x+\sqrt{x^2-a^2}| + C.$

54. $\int \sqrt{(x^2-a^2)^3}\,\mathrm{d}x = \frac{x}{8}(2x^2-5a^2)\sqrt{x^2-a^2} + \frac{3a^4}{8}\ln|x+\sqrt{x^2-a^2}| + C.$

55. $\int x\sqrt{x^2-a^2}\,\mathrm{d}x = \frac{1}{3}\sqrt{(x^2-a^2)^3} + C.$

56. $\int x^2\sqrt{x^2-a^2}\,\mathrm{d}x = \frac{x}{8}(2x^2-a^2)\sqrt{x^2-a^2} - \frac{a^4}{8}\ln|x+\sqrt{x^2-a^2}| + C.$

57. $\int \frac{\sqrt{x^2-a^2}}{x}\mathrm{d}x = \sqrt{x^2-a^2} - a\arccos\frac{a}{|x|} + C.$

58. $\int \frac{\sqrt{x^2-a^2}}{x^2}\mathrm{d}x = -\frac{\sqrt{x^2-a^2}}{x} + \ln|x+\sqrt{x^2-a^2}| + C.$

八、含有$\sqrt{a^2-x^2}\,(a>0)$的积分

59. $\int \frac{1}{\sqrt{a^2-x^2}}\mathrm{d}x = \arcsin\frac{x}{a} + C.$

60. $\int \frac{1}{\sqrt{(a^2-x^2)^3}}\mathrm{d}x = \frac{x}{a^2\sqrt{a^2-x^2}} + C$.

61. $\int \frac{x}{\sqrt{a^2-x^2}}\mathrm{d}x = -\sqrt{a^2-x^2} + C$.

62. $\int \frac{x}{\sqrt{(a^2-x^2)^3}}\mathrm{d}x = \frac{1}{\sqrt{a^2-x^2}} + C$.

63. $\int \frac{x^2}{\sqrt{a^2-x^2}}\mathrm{d}x = -\frac{x}{2}\sqrt{a^2-x^2} + \frac{a^2}{2}\arcsin\frac{x}{a} + C$.

64. $\int \frac{x^2}{\sqrt{(a^2-x^2)^3}}\mathrm{d}x = \frac{x}{\sqrt{a^2-x^2}} - \arcsin\frac{x}{a} + C$.

65. $\int \frac{1}{x\sqrt{a^2-x^2}}\mathrm{d}x = \frac{1}{a}\ln\frac{a-\sqrt{a^2-x^2}}{|x|} + C$.

66. $\int \frac{1}{x^2\sqrt{a^2-x^2}}\mathrm{d}x = -\frac{\sqrt{a^2-x^2}}{a^2x} + C$.

67. $\int \sqrt{a^2-x^2}\,\mathrm{d}x = \frac{x}{2}\sqrt{a^2-x^2} - \frac{a^2}{2}\arcsin\frac{x}{a} + C$.

68. $\int \sqrt{(a^2-x^2)^3}\,\mathrm{d}x = \frac{x}{8}(5a^2-2x^2)\sqrt{a^2-x^2} + \frac{3a^4}{8}\arcsin\frac{x}{a} + C$.

69. $\int x\sqrt{a^2-x^2}\,\mathrm{d}x = -\frac{1}{3}\sqrt{(a^2-x^2)^3} + C$.

70. $\int x^2\sqrt{a^2-x^2}\,\mathrm{d}x = \frac{x}{8}(2x^2-a^2)\sqrt{a^2-x^2} + \frac{a^4}{8}\arcsin\frac{x}{a} + C$.

71. $\int \frac{\sqrt{a^2-x^2}}{x}\mathrm{d}x = \sqrt{a^2-x^2} + a\ln\frac{a-\sqrt{a^2-x^2}}{|x|} + C$.

72. $\int \frac{\sqrt{a^2-x^2}}{x^2}\mathrm{d}x = -\frac{\sqrt{a^2-x^2}}{x} - \arcsin\frac{x}{a} + C$.

九、含有 $\sqrt{\pm ax^2+bx+c}\,(a>0)$ 的积分

73. $\int \frac{1}{\sqrt{ax^2+bx+c}}\mathrm{d}x = \frac{1}{\sqrt{a}}\ln|2ax+b+2\sqrt{a}\sqrt{ax^2+bx+c}| + C$.

74. $\int \sqrt{ax^2+bx+c}\,\mathrm{d}x = \frac{2ax+b}{4a}\sqrt{ax^2+bx+c} + \frac{4ac-b^2}{8\sqrt{a^3}}\ln|2ax+b+$

$2\sqrt{a}\sqrt{ax^2+bx+c}| + C$.

75. $\int \frac{x}{\sqrt{ax^2+bx+c}}\mathrm{d}x = \frac{1}{a}\sqrt{ax^2+bx+c} - \frac{b}{2\sqrt{a^3}}\ln|2ax+b+$

$$2\sqrt{a}\ \sqrt{ax^2+bx+c}\ |+C.$$

76. $\int \frac{1}{\sqrt{c+bx-ax^2}}\mathrm{d}x = -\frac{1}{\sqrt{a}}\arcsin\frac{2ax-b}{\sqrt{b^2+4ac}}+C.$

77. $\int \sqrt{c+bx-ax^2}\,\mathrm{d}x = \frac{2ax-b}{4a}\sqrt{c+bx-ax^2}+$

$$\frac{b^2+4ac}{8\sqrt{a^3}}\arcsin\frac{2ax-b}{\sqrt{b^2+4ac}}+C.$$

78. $\int \frac{x}{\sqrt{c+bx-ax^2}}\mathrm{d}x = -\frac{1}{a}\sqrt{c+bx-ax^2}+\frac{b}{2\sqrt{a^3}}\arcsin\frac{2ax-b}{\sqrt{b^2+4ac}}+C.$

十、含有$\sqrt{\pm\frac{x-a}{x-b}}$或$\sqrt{(x-a)(b-x)}$的积分

79. $\int \sqrt{\frac{x-a}{x-b}}\mathrm{d}x = (x-b)\sqrt{\frac{x-a}{x-b}}+(b-a)\ln(\sqrt{|x-a|}+\sqrt{|x-b|})+C.$

80. $\int \sqrt{\frac{x-a}{b-x}}\mathrm{d}x = (x-b)\sqrt{\frac{x-a}{b-x}}+(b-a)\arcsin\sqrt{\frac{x-a}{b-a}}+C.$

81. $\int \frac{\mathrm{d}x}{\sqrt{(x-a)(b-x)}} = 2\arcsin\sqrt{\frac{x-a}{b-a}}+C\quad(a<b).$

82. $\int \sqrt{(x-a)(b-x)}\,\mathrm{d}x = \frac{2x-a-b}{4}\sqrt{(x-a)(b-x)}+$

$$\frac{(b-a)^2}{4}\arcsin\sqrt{\frac{x-a}{b-a}}+C\quad(a<b).$$

十一、含有三角函数的积分

83. $\int \sin x\mathrm{d}x = -\cos x+C.$

84. $\int \cos x\mathrm{d}x = \sin x+C.$

85. $\int \tan x\mathrm{d}x = -\ln|\cos x|+C.$

86. $\int \cot x\mathrm{d}x = \ln|\sin x|+C.$

87. $\int \sec x\mathrm{d}x = \ln\left|\tan\left(\frac{\pi}{4}+\frac{x}{2}\right)\right|+C = \ln|\sec x+\tan x|+C.$

88. $\int \csc x\mathrm{d}x = \ln\left|\tan\frac{x}{2}\right|+C = \ln|\csc x-\cot x|+C.$

89. $\int \sec^2 x\mathrm{d}x = \tan x + C$.

90. $\int \csc^2 x\mathrm{d}x = -\cot x + C$.

91. $\int \sec x\tan x\mathrm{d}x = \sec x + C$.

92. $\int \csc x\cot x\mathrm{d}x = -\csc x + C$.

93. $\int \sin^2 x\mathrm{d}x = \frac{x}{2} - \frac{1}{4}\sin 2x + C$.

94. $\int \cos^2 x\mathrm{d}x = \frac{x}{2} + \frac{1}{4}\sin 2x + C$.

95. $\int \sin^n x\mathrm{d}x = -\frac{1}{n}\sin^{n-1} x\cos x + \frac{n-1}{n}\int \sin^{n-2} x\mathrm{d}x + C$.

96. $\int \cos^n x\mathrm{d}x = \frac{1}{n}\cos^{n-1} x\sin x + \frac{n-1}{n}\int \cos^{n-2} x\mathrm{d}x + C$.

97. $\int \frac{\mathrm{d}x}{\sin^n x} = -\frac{1}{n-1}\frac{\cos x}{\sin^{n-1} x} + \frac{n-2}{n-1}\int \frac{\mathrm{d}x}{\sin^{n-2} x}$.

98. $\int \frac{\mathrm{d}x}{\cos^n x} = \frac{1}{n-1}\frac{\sin x}{\cos^{n-1} x} + \frac{n-2}{n-1}\int \frac{\mathrm{d}x}{\cos^{n-2} x}$.

99. $$\begin{aligned}\int \cos^m x\sin^n x\mathrm{d}x &= \frac{1}{m+n}\cos^{m-1} x\sin^{n+1} x + \frac{m-1}{m+n}\int \cos^{m-2} x\sin^n x\mathrm{d}x \\ &= -\frac{1}{m+n}\cos^{m+1} x\sin^{n-1} x + \frac{n-1}{m+n}\int \cos^m x\sin^{n-2} x\mathrm{d}x.\end{aligned}$$

100. $\int \sin ax\cos bx\mathrm{d}x = -\frac{1}{2(a+b)}\cos(a+b)x - \frac{1}{2(a-b)}\cos(a-b)x + C$.

101. $\int \sin ax\sin bx\mathrm{d}x = -\frac{1}{2(a+b)}\sin(a+b)x + \frac{1}{2(a-b)}\sin(a-b)x + C$.

102. $\int \cos ax\cos bx\mathrm{d}x = \frac{1}{2(a+b)}\sin(a+b)x + \frac{1}{2(a-b)}\sin(a-b)x + C$.

103. $\int \frac{\mathrm{d}x}{a+b\sin x} = \frac{2}{\sqrt{a^2-b^2}}\arctan\frac{a\tan\frac{x}{2}+b}{\sqrt{a^2-b^2}} + C(a^2 > b^2)$.

104. $\int \frac{\mathrm{d}x}{a+b\sin x} = \frac{1}{\sqrt{b^2-a^2}}\ln\left|\frac{a\tan\frac{x}{2}+b-\sqrt{b^2-a^2}}{a\tan\frac{x}{2}+b+\sqrt{b^2-a^2}}\right| + C(a^2 < b^2)$.

105. $\int \frac{\mathrm{d}x}{a+b\cos x} = \frac{2}{a+b}\sqrt{\frac{a+b}{a-b}}\arctan\left(\sqrt{\frac{a-b}{a+b}}\tan\frac{x}{2}\right) + C(a^2 > b^2)$.

106. $\int \frac{dx}{a+b\cos x}=\frac{1}{a+b}\sqrt{\frac{a+b}{a-b}}\ln\left|\frac{\tan\frac{x}{2}+\sqrt{\frac{a+b}{b-a}}}{\tan\frac{x}{2}-\sqrt{\frac{a+b}{b-a}}}\right|+C(a^2<b^2)$.

107. $\int \frac{dx}{a^2\cos^2 x+b^2\sin^2 x}=\frac{1}{ab}\arctan\left(\frac{b}{a}\tan x\right)+C$.

108. $\int \frac{dx}{a^2\cos^2 x-b^2\sin^2 x}=\frac{1}{2ab}\ln\left|\frac{b\tan x+a}{b\tan x-a}\right|+C$.

109. $\int x\sin ax\,dx=\frac{1}{a^2}\sin ax-\frac{1}{a}x\cos ax+C$.

110. $\int x^2\sin ax\,dx=-\frac{1}{a}x^2\cos ax+\frac{2}{a^2}x\sin ax+\frac{2}{a^3}\cos ax+C$.

111. $\int x\cos ax\,dx=\frac{1}{a^2}\cos ax+\frac{1}{a}x\sin ax+C$.

112. $\int x^2\cos ax\,dx=\frac{1}{a}x^2\sin ax+\frac{2}{a^2}x\cos ax-\frac{2}{a^3}\sin ax+C$.

十二、含有反三角函数的积分(其中 $a>0$)

113. $\int \arcsin\frac{x}{a}dx=x\arcsin\frac{x}{a}+\sqrt{a^2-x^2}+C$.

114. $\int x\arcsin\frac{x}{a}dx=\left(\frac{x^2}{2}-\frac{a^2}{4}\right)\arcsin\frac{x}{a}+\frac{x}{4}\sqrt{a^2-x^2}+C$.

115. $\int x^2\arcsin\frac{x}{a}dx=\frac{x^3}{3}\arcsin\frac{x}{a}+\frac{1}{9}(x^2+2a^2)\sqrt{a^2-x^2}+C$.

116. $\int \arccos\frac{x}{a}dx=x\arccos\frac{x}{a}-\sqrt{a^2-x^2}+C$.

117. $\int x\arccos\frac{x}{a}dx=\left(\frac{x^2}{2}-\frac{a^2}{4}\right)\arccos\frac{x}{a}-\frac{x}{4}\sqrt{a^2-x^2}+C$.

118. $\int x^2\arccos\frac{x}{a}dx=\frac{x^3}{3}\arccos\frac{x}{a}-\frac{1}{9}(x^2+2a^2)\sqrt{a^2-x^2}+C$.

119. $\int \arctan\frac{x}{a}dx=x\arctan\frac{x}{a}-\frac{a}{2}\ln(a^2+x^2)+C$.

120. $\int x\arctan\frac{x}{a}dx=\frac{1}{2}(a^2+x^2)\arctan\frac{x}{a}-\frac{a}{2}x+C$.

121. $\int x^2\arctan\frac{x}{a}dx=\frac{1}{3}x^3\arctan\frac{x}{a}-\frac{a}{6}x^2+\frac{a^3}{6}\ln(a^2+x^2)+C$.

十三、含有指数函数的积分

122. $\int a^x dx=\frac{1}{\ln a}a^x+C$.

123. $\int e^{ax}dx = \frac{1}{a}e^{ax} + C.$

124. $\int xe^{ax}dx = \frac{1}{a^2}(ax-1)e^{ax} + C.$

125. $\int x^n e^{ax}dx = \frac{1}{a}x^n e^{ax} - \frac{n}{a}\int x^{n-1}e^{ax}dx.$

126. $\int xa^x dx = \frac{x}{\ln a}a^x - \frac{1}{(\ln a)^2}a^x + C.$

127. $\int x^n a^x dx = \frac{1}{\ln a}x^n a^x - \frac{n}{\ln a}\int x^{n-1}a^x dx.$

128. $\int e^{ax}\sin bx\,dx = \frac{1}{a^2+b^2}e^{ax}(a\sin bx - b\cos bx) + C.$

129. $\int e^{ax}\cos bx\,dx = \frac{1}{a^2+b^2}e^{ax}(b\sin bx + a\cos bx) + C.$

130. $\int e^{ax}\sin^n bx\,dx = \frac{1}{a^2+b^2n^2}e^{ax}\sin^{n-1}bx(a\sin bx - nb\cos bx) + \frac{n(n-1)b^2}{a^2+b^2n^2}\int e^{ax}\sin^{n-2}bx\,dx.$

131. $\int e^{ax}\cos^n bx\,dx = \frac{1}{a^2+b^2n^2}e^{ax}\cos^{n-1}bx(a\cos bx + nb\sin bx) + \frac{n(n-1)b^2}{a^2+b^2n^2}\int e^{ax}\cos^{n-2}bx\,dx.$

十四、含有对数函数的积分

132. $\int \ln x\,dx = x\ln x - x + C.$

133. $\int \frac{dx}{x\ln x} = \ln|\ln x| + C.$

134. $\int x^n \ln x\,dx = \frac{1}{n+1}x^{n+1}\left(\ln x - \frac{1}{n+1}\right) + C.$

135. $\int (\ln x)^n dx = x(\ln x)^n - n\int (\ln x)^{n-1}dx.$

136. $\int x^m (\ln x)^n dx = \frac{1}{m+1}x^{m+1}(\ln x)^n - \frac{n}{m+1}\int x^m (\ln x)^{n-1}dx.$

十五、含有双曲函数的积分

137. $\int \mathrm{sh}\,x\,dx = \mathrm{ch}\,x + C.$

138. $\int \operatorname{ch} x \mathrm{d}x = \operatorname{sh} x + C$.

139. $\int \operatorname{th} x \mathrm{d}x = \ln \operatorname{ch} x + C$.

140. $\int \operatorname{sh}^2 x \mathrm{d}x = -\frac{x}{2} + \frac{1}{4}\operatorname{sh}2x + C$.

141. $\int \operatorname{ch}^2 x \mathrm{d}x = \frac{x}{2} + \frac{1}{4}\operatorname{sh}2x + C$.

十六、定积分的若干公式

142. $\int_{-\pi}^{\pi} \cos nx \mathrm{d}x = \int_{-\pi}^{\pi} \sin nx \mathrm{d}x = 0$.

143. $\int_{-\pi}^{\pi} \cos mx \sin nx \mathrm{d}x = 0$.

144. $\int_{-\pi}^{\pi} \cos mx \cos nx \mathrm{d}x = \begin{cases} 0, & m \neq n, \\ \pi, & m = n. \end{cases}$

145. $\int_{-\pi}^{\pi} \sin mx \sin nx \mathrm{d}x = \begin{cases} 0, & m \neq n, \\ \pi, & m = n. \end{cases}$

146. $\int_{0}^{\pi} \sin mx \sin nx \mathrm{d}x = \int_{0}^{\pi} \cos mx \cos nx \mathrm{d}x = \begin{cases} 0, & m \neq n, \\ \pi/2, & m = n. \end{cases}$

147. $I_n = \int_{0}^{\frac{\pi}{2}} \sin^n x \mathrm{d}x = \int_{0}^{\frac{\pi}{2}} \cos^n x \mathrm{d}x$，$I_n = \frac{n-1}{n} I_{n-2}$.

附录Ⅵ　练习题答案与提示

习题 1－1(练习题)

1. (1) $[-1, 2]$；　(2) $\left(k\pi-\frac{\pi}{2}, k\pi+\frac{\pi}{2}\right)$，$k\in\mathbf{Z}$；

(3) $\{x \mid x\in\mathbf{R}$，且 $x\neq1$，$x\neq2\}$.

2. (1) $f\left(\frac{\pi}{2}\right)=1$，$f(x_0)=\sin x_0+\cos x_0$，$f(x_0+\Delta x)=\sin(x_0+\Delta x)+\cos(x_0+\Delta x)$；

(2) $\varphi\left(\frac{\pi}{6}\right)=\frac{1}{2}$，$\varphi\left(-\frac{\pi}{4}\right)=\frac{\sqrt{2}}{2}$，$\varphi(-2)=\sin 2$，$\varphi(3)=0$.

3. (1) 不相同，因为定义域不同；(2) 不相同，因为定义域不同；

(3) 相同，因为定义域与对应法则均相同.

4. $f(\varphi(x))=\sin x^2$；$\varphi(f(x))=\sin^2 x$.　5. $f(x)=x^2-2$.

6. $\varphi(x)=\begin{cases}(x-1)^3, & 1\leqslant x\leqslant2,\\ 3(x-1), & 2<x\leqslant3.\end{cases}$

7. (1) $y=\log_a u$，$u=\sqrt{x}$；　(2) $y=u^{10}$，$u=1-x^2$；

(3) $y=u^3$，$u=\tan v$，$v=\sqrt{s}$，$s=1-x^2$.

8. $f(x)=(x-2)^2\mathrm{e}^{x-2}+4$.

9. $f(x-2)=\begin{cases}2x-3, & x\geqslant2,\\ x^2-2x-1, & x<2.\end{cases}$

习题 1－2(练习题)

1. (1) $y=\frac{\arcsin x}{3}$，$x\in[-1, 1]$；

(2) $y=\arccos(2-x)$，$x\in[1, 3]$.

2. (1) $D=\{x \mid x\geqslant-2\}$；　(2) $D=\{x \mid x\leqslant1\}$；

(3) $D=\{x \mid x\in\mathbf{R}$，且 $x\neq-\frac{2}{3}\}$；　(4) $D=(-\infty, +\infty)$.

习题 1－3(练习题)

1. (1) 收敛于 3；　(2) 收敛于 0；　(3) 发散；　(4) 收敛于 0.

3. 第 26 项之后各项与$\frac{1}{2}$的距离小于$\frac{1}{100}$；

第$\left[\frac{1}{4\varepsilon}+\frac{1}{2}\right]$项之后各项与$\frac{1}{2}$的距离小于ε.

4. （1）2；　（2）0；　（3）$\frac{1}{5}$；　（4）2.　6. 0.

习题 1-4(练习题)

1. （1）3；　（2）0；　（3）6；　（4）−2.

3. $\lim\limits_{x\to0}f(x)$不存在.

4. $\lim\limits_{x\to0}f(x)$不存在.

5. （1）2；　（2）0；　（3）$\sqrt{2}$；　（4）−9；　（5）0；

（6）0；　（7）$\frac{1}{2}$；　（8）$\frac{1}{4}$.

6. （1）4；　（2）$\lim\limits_{x\to0}f(x)$不存在；　（3）$\lim\limits_{x\to\frac{\pi}{2}}f(x)$不存在.

7. （1）0；　（2）0；　（3）−2；　（4）0.

习题 1-5(练习题)

1. （1）1；　（2）1；　（3）$\frac{2}{3}$；　（4）$\frac{1}{2}$；　（5）$-\sin a$.

2. （1）e^{-1}；　（2）e^2；　（3）e^2；　（4）e^k；　（5）e^3.

4. $a=-7$，$b=6$.　5. e.

习题 1-6(练习题)

1. （1）0；　（2）0.

3. （1）$\frac{5}{3}$；　（2）$\begin{cases}0, & n>m,\\ 1, & n=m,\ m,\ n\text{为正整数};\\ \infty, & n<m,\end{cases}$

（3）2；　（4）$-\frac{2}{3}$.

总练习一

1. （1）$(-\infty,4)\cup(4,5)\cup(5,6)\cup(6,+\infty)$；　（2）1；

（3）1；　（4）1；　（5）−2；　（6）小；　（7）$-\frac{3}{2}$；

（8）1，−1.

2. （1）C；　（2）B；　（3）A；　（4）D；　（5）B；

（6）D；　（7）D；　（8）C.

3. $\pm\sqrt{\frac{1+2x^2}{1+x^2}}$.

4. $x(x\neq 1)$；$1-x(x\neq 1)$.

5. (1) $\dfrac{2\sqrt{2}}{3}$； (2) $\dfrac{2}{3}$； (3) $\dfrac{1}{2}$； (4) ∞；

(5) 0； (6) e^2； (7) $\mathrm{e}^{-\frac{3}{2}}$； (8) $\sqrt[3]{abc}$.

习题 2－1(练习题)

1. (1) $x=1$ 为第一类可去间断点，修改函数为

$$f_1(x)=\begin{cases}\dfrac{x^2-1}{x^2-3x+2}, & x\neq 1,\ 2,\\ -2, & x=1,\end{cases}$$

即连续；$x=2$ 为第二类(无穷)间断点.

(2) $x=0$ 为第一类可去间断点，修改函数为

$$f_1(x)=\begin{cases}\dfrac{\tan x}{x}, & x\neq 0,\ x\neq k\pi+\dfrac{\pi}{2},\ k\in\mathbf{Z},\\ 1, & x=0,\end{cases}$$

即连续；$x=k\pi+\dfrac{\pi}{2}$，$k\in\mathbf{Z}$ 为第二类无穷间断点.

(3) $x=0$ 是可去间断点，修改函数为 $g(x)=\begin{cases}x^2, & x<0,\\ 0, & x=0,\\ x, & x>0,\end{cases}$ 即连续.

(4) $x=0$ 是跳跃间断点； (5) $x=1$ 是跳跃间断点.

2. $a=1$. 3. $a=1$.

4. $x=\pm 1$ 为跳跃间断点.

5. $f(x)$在$(-1,\ 0)$和$(0,\ 2]$上连续；

习题 2－2(练习题)

1. (1) 0； (2) 0； (3) $\dfrac{1}{2}$； (4) 1.

2. $f(x)$在$(2,\ +\infty)$上连续.

3. $a=1$.

总练习二

1. (1) $a=b$； (2) 0，e； (3) $x=2$，$x=3$； (4) 跳跃；

(5) 4； (6) 0； (7) 7； (8) 0.

2. (1) D； (2) B； (3) C； (4) C； (5) D；

(6) C； (7) B； (8) B.

3. (1) $\sqrt{2}$； (2) ln2； (3) 9.

4. $f(x)$在点 $x=0$ 不连续.

5. $x=1$ 为 $f[g(x)]$的跳跃间断点.

6. $a=0$，$b=1$.

习题 3-1(练习题)

1. $2x^2$；c.

2. (1) $f'(x_0)$；　(2) $\frac{1}{2}f'(x_0)$；　(3) $-2f'(x_0)$.

3. 1.

4. (1) 2；　(2) 3；　(3) 5；　(4) $-\frac{1}{9}$.

5. (1) $\frac{2}{3}x^{-\frac{1}{3}}$；　(2) $-3x^{-4}$；　(3) $2^x\ln 2$；　(4) $-\frac{19}{15}x^{-\frac{34}{15}}$.

6. $\varphi(a)$.

7. -2.

8. $6\sqrt{3}x-12y+6-\sqrt{3}\pi=0$，$12\sqrt{3}x+18y-9-2\sqrt{3}\pi=0$.

9. $y=\mathrm{e}x$；$x+\mathrm{e}y-\mathrm{e}^2-1=0$.

10. 0.　　11. C.　　12. B.　　13. 0.　　14. 1.

15. (1) m；　(2) $-m$.

16. $a=-1$，$b=2$.

习题 3-2(练习题)

1. (1) $4x^3-\frac{12}{x^3}+\frac{2}{x^2}$；　(2) $3x^2+3^x\ln 3-\mathrm{e}^x$；

(3) $3x^2\ln x+x^2$；　(4) $\frac{1-\ln x}{x^2}$；

(5) $2x\sin x+x^2\cos x$；　(6) $\mathrm{e}^x\left(\frac{1}{2}\sin 2x+\cos 2x\right)$；

(7) $\sec^2 x$；　(8) $\frac{1+\cos t+\sin t}{(1+\cos t)^2}$；

(9) $\sec x(\tan x+\sec x)$；　(10) $\frac{x\mathrm{e}^x-2\mathrm{e}^x}{x^3}$.

2. (1) $\sqrt{3}-\frac{1}{2}$；　(2) $1+\frac{\sqrt{2}}{2}-\frac{\pi\sqrt{2}}{8}$；

(3) $f'(0)=-\frac{1}{3}$，$f'(2)=-3$.

3. 切线方程为 $y-\left(\frac{\pi}{2}+1\right)=x-\frac{\pi}{2}$，即 $y=x+1$；

法线方程为 $y-\left(\frac{\pi}{2}+1\right)=-\left(x-\frac{\pi}{2}\right)$，即 $y=-x+\pi+1$.

4. (1) $\frac{1}{x}$；　(2) $(2x+1)\cos(x^2+x)$；　(3) $-2xe^{-x^2}$；

(4) $\frac{2x}{1+x^2}$；　(5) $-3\sin 6x$；　(6) $\frac{-x}{\sqrt{9-x^2}}$；

(7) $\frac{-e^{-x}}{1+(e^{-x})^2}$；　(8) $\frac{\pi}{2\sqrt{1-x^2}(\arccos x)^2}$；

(9) $\cot x$；　(10) $\frac{2}{\sin 2x}$.

5. (1) $2x\sin^2 2x+2x^2\sin 4x$；　(2) $-\frac{x}{\sqrt{(1+x^2)^3}}$；

(3) $e^{-\frac{x}{2}}\left(3\cos 3x-\frac{1}{2}\sin 3x\right)$；　(4) $-\frac{1}{1+x^2}$；

(5) $-\frac{6(x+1)^2}{(x-1)^4}$；　(6) $\frac{x\cos x-\sin x}{x^2}$；

(7) $-\frac{2x}{\sqrt{1-x^4}}$；　(8) $\frac{1}{\sqrt{a^2+x^2}}$；

(9) $\sec x$；　(10) $-6x\tan(10+3x^2)$.

6. (1) $\frac{xe^{x^2}}{\sqrt{1+e^{x^2}}}$；　(2) $n\sin^{n-1}x\sin(n+1)x$；

(3) $\frac{1}{x\ln x}$；　(4) $\frac{1-\sqrt{1-x^2}}{x^2\sqrt{1-x^2}}$或$\frac{1}{(1+\sqrt{1-x^2})\sqrt{1-x^2}}$；

(5) $-\frac{1}{(1+x)\sqrt{2x(1-x)}}$；　(6) $\frac{4}{(e^t+e^{-t})^2}$；

(7) $-\frac{1}{x^2}\cos\frac{1}{x}e^{\sin\frac{1}{x}}$；　(8) $\arccos\frac{x}{2}$.

8. $\frac{e^2+2e-1}{2(1+e^2)}$.　9. $-\ln 2-1$.　10. $\frac{1}{2}$.

11. $2+\frac{1}{x^2}$.　12. $e^{2x}(1+2x)$.

13. (1) $(2x+3)f'(x^2+3x)$；　(2) $2x\cos f(x^2)f'(x^2)$.

习题 3-3(练习题)

1. (1) $y'=9(3x+5)^2$，$y''=54(3x+5)$；

(2) $y'=\cos(x^3)\cdot 3x^2$，$y''=6x\cos(x^3)-9x^4\sin(x^3)$；

(3) $y'=-\frac{1}{(x-1)^2}$，$y''=\frac{2}{(x-1)^3}$；

(4) $y'=\frac{1}{(1-x)^2}$，$y''=\frac{2}{(1-x)^3}$；

(5) $y'=\sec^2 x$，$y''=2\sec^2 x\tan x$；

(6) $y'=e^x(\sin x+\cos x)$，$y''=2e^x\cos x$；

(7) $y'=(2x^2+1)e^{x^2}$，$y''=(4x^3+6x)e^{x^2}$；

(8) $y'=\dfrac{1}{\sqrt{1+x^2}}$，$y''=-\dfrac{x}{\sqrt{(1+x^2)^3}}$；

(9) $y'=\dfrac{2x}{1+x^2}$，$y''=\dfrac{2-2x^2}{(1+x^2)^2}$；

(10) $y'=\dfrac{1}{6}\left(-\dfrac{1}{(x-4)^2}+\dfrac{1}{(x+2)^2}\right)$，$y''=\dfrac{1}{3}\left(\dfrac{1}{(x-4)^3}-\dfrac{1}{(x+2)^3}\right)$.

2. $-\dfrac{\pi^2}{8}$.

3. (1) $y'=3x^2f'(x^3)$，$y''=6xf'(x^3)+9x^4f''(x^3)$；

(2) $y'=\dfrac{e^xf'(e^x)}{f(e^x)}$，$y''=\dfrac{[e^xf'(e^x)+e^{2x}f''(e^x)]f(e^x)-e^{2x}[f'(e^x)]^2}{[f(e^x)]^2}$.

5. (1) $-4e^x\sin x$；　(2) $-\dfrac{19!}{(1+x)^{20}}x^2+\dfrac{40\times18!}{(1+x)^{19}}x-\dfrac{380\times17!}{(1+x)^{18}}$.

6. (1) $y^{(n)}=ne^x+xe^x$；　(2) $y^{(n)}=-2^{n-1}\sin\left[2x+(n-1)\cdot\dfrac{\pi}{2}\right]$；

(3) $y^{(n)}=\dfrac{(-1)^{n-1}n!}{(1+x)^{n+1}}$.

8. (1) $y^{(n)}=4^{n-1}\cos\left(4x+\dfrac{n\pi}{2}\right)$；

(2) $y^{(n)}=(-1)^n n!\left[\dfrac{1}{(x-1)^{n+1}}-\dfrac{1}{(x+4)^{n+1}}\right]$.

习题 3-4(练习题)

1. (1) $\dfrac{dy}{dx}=\dfrac{xy+2}{x(4y^3-x)}$；　(2) $\dfrac{dy}{dx}=-\dfrac{2xe^y}{1+x^2e^y}$；

(3) $\dfrac{dy}{dx}=\dfrac{1}{1-\varepsilon\cos y}$；　(4) $\dfrac{dy}{dx}=-\dfrac{e^{x+y}+y\cos(xy)}{e^{x+y}+x\cos(xy)}$.

2. 切线方程为 $y=-2x+1$，法线方程为 $y=\dfrac{1}{2}x+1$.

3. (1) $-\dfrac{2}{y^3}$；　(2) $-2\csc^2(x+y)\cot^3(x+y)$；

(3) $\dfrac{2xy+2ye^y-y^2e^y}{(x+e^y)^3}$；　(4) $\dfrac{-2(x^2+y^2)}{(y+x)^3}$.

4. (1) $(\sin x)^{\frac{1}{x}}\left(-\dfrac{1}{x^2}\ln\sin x+\dfrac{1}{x}\cot x\right)$；

(2) $\sqrt[3]{\dfrac{x-4}{\sqrt[3]{x^2+1}}}\left[\dfrac{1}{3(x-4)}-\dfrac{2x}{9(x^2+1)}\right]$;

(3) $\dfrac{\sqrt[3]{x+1}(3-x)^2}{(x+2)^3}\left[\dfrac{1}{3(x+1)}-\dfrac{2}{3-x}-\dfrac{3}{x+2}\right]$;

(4) $\sqrt{xe^x\sqrt{1+\sin x}}\left[\dfrac{1+x}{2x}+\dfrac{\cos x}{4(1+\sin x)}\right]$.

5. (1) $-\dfrac{\sqrt{1+t}}{\sqrt{1-t}}$;　(2) $\dfrac{\cos\theta-\theta\sin\theta}{1+\sin\theta+\theta\cos\theta}$;　(3) $\dfrac{(e^t-y^2)(1+t^2)}{2ty-2}$.

6. $1-\sqrt{2}$.　7. 3.

8. (1) 切线方程为 $y=\dfrac{3}{2}x+\dfrac{1}{2}$；法线方程为 $y=-\dfrac{2}{3}x+\dfrac{1}{2}$.

(2) 切线方程为 $y=\dfrac{1}{2}x+1$；法线方程为 $y=-2x+1$.

9. (1) $-\dfrac{2}{t^5}$;　(2) $\dfrac{\sin t}{a\cos^4 t}$;　(3) $\dfrac{1}{f''(t)}$.

10. (1) $y'=x^xe^{-x}\ln x$;　(2) $y'=\dfrac{y^x\ln y+1}{1-xy^{x-1}}$;

(3) $y'=\left(\dfrac{a}{b}\right)^x\left(\dfrac{b}{x}\right)^a\left(\dfrac{x}{a}\right)^b\left(\ln\dfrac{a}{b}-\dfrac{a}{x}+\dfrac{b}{x}\right)$.

11. $\left.\dfrac{dx}{dt}\right|_{x=8}=\sqrt{5}$(m/s).　12. $\left.\dfrac{ds}{dt}\right|_{t=2}=144\pi(\mathrm{m^2/s})$.　13. $\dfrac{dA}{dt}=4(\mathrm{m^2/s})$.

习题 3-5(练习题)

1. 当 $\Delta x=1$ 时，$\Delta y=8$，$dy=7$；
当 $\Delta x=0.1$ 时，$\Delta y=0.71$，$dy=0.7$；
当 $\Delta x=0.01$ 时，$\Delta y=0.0701$，$dy=0.07$.

2. (1) $(2x+1)dx$;　(2) $e^{-x}(\cos x-\sin x)dx$;

(3) $-8(2x+3)^{-5}dx$;　(4) $3(\sin x+\cos x)^2(\cos x-\sin x)dx$;

(5) $3(\tan x+1)^2\sec^2 x dx$;　(6) $\left(10x^9+\dfrac{\cos 2x}{\sqrt{\sin 2x}}\right)dx$;

(7) $-\dfrac{2x}{|x|\sqrt{2-x^2}}dx$，$|x|<1$;　(8) $(2^x\ln 2+2x\ln x+x)dx$;

(9) $\dfrac{1}{1+x^2}dx$;　(10) $\dfrac{2x}{1+x^2}dx$.

3. (1) $d(3x+C)=3dx$;　(2) $d\left(\dfrac{x^3}{3}+C\right)=x^2dx$;

(3) $d\left(\dfrac{\sin 2t}{2}+C\right)=\cos 2t dt$;　(4) $d(\ln|x+2|+C)=\dfrac{1}{x+2}dx$;

(5) $d\left(\frac{2^x}{\ln 2}+C\right)=2^x dx$； (6) $d\left(-\frac{e^{-3x}}{3}+C\right)=e^{-3x}dx$；

(7) $d\left(\arcsin\frac{x}{2}+C\right)=\frac{1}{\sqrt{4-x^2}}dx$； (8) $d(3\sqrt[3]{x}+C)=\frac{1}{\sqrt[3]{x^2}}dx$.

4. (1) $\sqrt{402}\approx 20.05$； (2) $\sqrt[3]{26.91}\approx 2.997$；

(3) $\sin 29°30'\approx 0.4924$； (4) $\arcsin 0.498\approx 29°14''$.

5. $-\pi dx$. 6. $\frac{dx}{(x+y)^2}$.

7. $\left[f'(\ln x)\cdot\frac{1}{x}\cdot e^{f(x)}+f(\ln x)e^{f(x)}\cdot f'(x)\right]dx$.

8. 利用公式 $f(x)\approx f(0)+f'(0)x$.

9. $|\Delta L|\approx 0.0223(\mathrm{m})$.

10. (1) $\alpha=2\arcsin\frac{x}{2R}$； (2) $d\alpha=\frac{2}{\sqrt{4R^2-x^2}}dx$.

总练习三

1. (1) $\frac{1}{4}$； (2) e^{-1}； (3) -6； (4) $\lambda>2$；

(5) $(2t+1)e^{2t}$； (6) 0，$2x\arctan\frac{1}{x}-\frac{x^2}{x^2+1}$，$\pi$；

(7) $60\left[\frac{1}{(x+1)^6}-\frac{1}{(x-1)^6}\right]$； (8) $(\ln 2-1)dx$.

2. (1) D； (2) D； (3) A； (4) A； (5) A；

(6) A； (7) D； (8) C.

3. $\frac{dy}{d\rho}=-\frac{CDe^{-\frac{D}{\rho}}}{\rho^2}$.

4. (1) $\frac{dy}{dx}=\frac{1}{\sqrt{-x^2+2x+1}}$； (2) $\frac{dy}{dx}=\frac{1}{2(1+\sqrt{1+x})}$；

(3) $\frac{dy}{dx}=-\frac{\sin x+ye^{xy}}{xe^{xy}+2y}$； (4) $\frac{dy}{dx}=\frac{y(x\ln y-y)}{x(y\ln x-x)}$.

5. (1) $y'=(2x^2+1)e^{x^2}$，$y''=(6x+4x^3)e^{x^2}$；

(2) $y'=2x\sin(1-x^2)$，$y''=2\sin(1-x^2)-4x^2\cos(1-x^2)$.

6. (1) $(\sin^2 x)^{(n)}=-2^{n-1}\cos\left(2x+\frac{n}{2}\pi\right)$；

(2) $y^{(n)}=\frac{(-1)^n n!}{6}\left[\frac{1}{(x-4)^{n+1}}-\frac{1}{(x+2)^{n+1}}\right]$，$n=1, 2, \cdots$.

7. $y''(0)=\frac{1}{9}$.

8. (1) $\frac{dy}{dx}=\frac{1}{t}$, $\frac{d^2y}{dx^2}=-\frac{1+t^2}{t^3}$;

(2) $\frac{dy}{dx}=\frac{-\sin t}{2t}$, $\frac{d^2y}{dx^2}=-\frac{t\cos t-\sin t}{4t^3}$.

9. $x+y-e^{\frac{\pi}{2}}=0$.

10. 当切点按 x 轴正向沿曲线趋于无穷远时，$a\to+\infty$，有 $\lim\limits_{a\to+\infty}S=+\infty$；

当切点按 y 轴正向沿曲线趋于无穷远时，$a\to0^+$，有 $\lim\limits_{a\to0^+}S=0$.

11. $\sqrt[3]{1.03}\approx1.01$.　12. $a=-2$，$f'(0)=1$.

习题 4-1

1. (1) $\xi=\frac{\pi}{2}$；　(2) $\xi=\pm\sqrt{1-\frac{4}{\pi^2}}$；　(3) $\xi=\frac{14}{9}$.

3. 两个根，分别在区间$(-1，1)$和$(1，3)$内.

6. 提示：取 $g(x)=x^2$，运用柯西中值定理.

7. 提示：取 $F(x)=xf(x)$，运用拉格朗日中值定理.

10. 提示：取 $f(x)=\frac{\ln x}{x}$，运用拉格朗日中值定理.

11. 提示：取 $F(x)=f^2(x)-x^2$，运用罗尔定理.

12. 提示：取 $F(x)=x^3f(x)$，运用罗尔定理.

习题 4-2

1. (1) $\ln a-\ln b$；　(2) $-\frac{1}{2}$；　(3) $\frac{1}{4}$；　(4) 1.

2. (1) 1；　(2) $\frac{5}{3}$；　(3) $\frac{1}{2}$；　(4) 0.

3. (1) $\frac{2}{\pi}$；　(2) 1；　(3) 0；　(4) 1；　(5) ∞；　(6) $+\infty$.

4. (1) e^{-1}；　(2) e^{-1}；　(3) 1；　(4) e.

5. (1) $\frac{4}{3}$；　(2) 0；　(3) 1.

6. 1.　7. $f''(a)$.

---

8. $a=-1$，$b=\frac{1}{6}$.　　9. $f(x)$在 $x=0$ 处不连续.

10. $p=3$，$c=-\dfrac{4}{3}$.

11. $f(0)=-1$，$f'(0)=0$，$f''(0)=\dfrac{4}{3}$.

习题 4-3

1. $f(x)=(x-1)-\dfrac{1}{2}(x-1)^2+\dfrac{1}{3}(x-1)^3-\dfrac{1}{4}(x-1)^4+\cdots+$

$(-1)^{n-1}\dfrac{1}{n}(x-1)^n+o[(x-1)^n]$.

2. $f(x)=8a+4b+c+d+(12a+4b+c)(x-2)+(6a+b)(x-2)^2+$
$a(x-2)^3$.

3. $f(x)=\tan x=x+\dfrac{1}{3}x^3+o(x^3)$.

4. $\ln 1.05\approx 0.049$.

6. $f(x)=x\mathrm{e}^{-x}=x-x^2+\dfrac{1}{2!}x^3+\cdots+(-1)^n\dfrac{1}{n!}x^{n+1}+o(x^{n+1})$.

---

7. $\mathrm{e}^x\sin x=x+x^2+\dfrac{x^3}{3}+o(x^3)$.

8. (1) $\dfrac{1}{2}$；　(2) $-\dfrac{1}{12}$；　(3) $-\dfrac{1}{12}$.

9. $y=\dfrac{1}{2}+\dfrac{x-1}{2^2}+\dfrac{(x-1)^2}{2^3}+\cdots+\dfrac{(x-1)^n}{2^{n+1}}+o[(x-1)^n]$.

习题 4-4

1. (1) 单调增区间$\left[\dfrac{1}{2},+\infty\right)$，单调减区间$\left(-\infty,\dfrac{1}{2}\right]$；

(2) 单调增区间$(-\infty,0]$和$[2,+\infty)$，单调减区间$[0,2]$；

(3) 单调增区间$[0,1]$，单调减区间$[1,2]$；

(4) 单调增区间$\left(-\infty,\dfrac{1}{5}\right]$和$[1,+\infty)$，单调减区间$\left[\dfrac{1}{5},1\right]$；

(5) 单调增区间$\left[\dfrac{1}{2},+\infty\right)$，单调减区间$\left[0,\dfrac{1}{2}\right]$；

(6) 当$n\pi<x<n\pi+\dfrac{\pi}{3}$及$n\pi+\dfrac{\pi}{2}<x<n\pi+\dfrac{5\pi}{6}$时单调增，

当$n\pi+\dfrac{\pi}{3}<x<n\pi+\dfrac{\pi}{2}$及$n\pi+\dfrac{5\pi}{6}<x<(n+1)\pi$时单调减.

4. (1) 凹区间$[1,+\infty)$，凸区间$(-\infty,1]$，拐点为$(1,5)$；

（2）凹区间$[-1,1]$，凸区间$(-\infty,-1]$和$[1,+\infty)$，拐点为$(-1,\ln 2)$和$(1,\ln 2)$；

（3）凹区间$(0,+\infty)$，凸区间$(-\infty,0)$；

（4）凹区间$[e^{\frac{3}{2}},+\infty)$，凸区间$(0,e^{\frac{3}{2}}]$，拐点为$\left(e^{\frac{3}{2}},\frac{3}{2}e^{-\frac{3}{2}}\right)$.

6. $a=\frac{3}{2}$，$b=3$，$c=-\frac{3}{2}$.

---

7. 若$b<0$，有且仅有一个实根；若$b=0$，方程$f(x)=0$无实根.

若$b>0$，当$f(x_0)<0$时，方程有两个不相等的实根；当$f(x_0)=0$时，方程只有一个实根；当$f(x_0)>0$时，方程无实根.

习题 4－5

1. B.

2. （1）极大值为$f(0)=0$，极小值为$f(1)=-1$；

（2）无极值；　（3）极小值为$f(0)=0$；

（4）无极值；

（5）极大值为$f\left(2k\pi+\frac{\pi}{4}\right)=\frac{\sqrt{2}}{2}e^{2k\pi+\frac{\pi}{4}}(k=0,\pm1,\pm2,\cdots)$，

极小值为$f\left(2k\pi+\frac{5\pi}{4}\right)=\frac{\sqrt{2}}{2}e^{2k\pi+\frac{5\pi}{4}}(k=0,\pm1,\pm2,\cdots)$；

（6）极小值为$f(\sqrt[3]{2})=\sqrt[3]{2}+\frac{\sqrt[3]{2}}{2}$；（7）极小值为$f(0)=1$；

（8）极大值为$f(1)=\frac{\pi}{4}-\frac{1}{2}\ln 2$.

3. $a=2$，此时有极大值$f\left(\frac{\pi}{3}\right)=\sqrt{3}$.

4. $a=-\frac{2}{3}$，$b=-\frac{1}{6}$，$f(1)=\frac{5}{6}$为极小值，$f(2)=2-\frac{2}{3}(\ln2+1)$为极大值.

5. （1）最大值为$f(4)=142$，最小值为$f(1)=7$；

（2）最大值为$f\left(\frac{\pi}{4}\right)=\sqrt{2}$，最小值为$f\left(\frac{5\pi}{4}\right)=-\sqrt{2}$；

（3）最大值为$f\left(\frac{3}{4}\right)=\frac{5}{4}$，最小值为$f(-5)=-5+\sqrt{6}$.

6. 第3项.

7. 当底宽为$x=\sqrt{\frac{40}{4+\pi}}$时，才能使截面的周长最小，从而所用建造材料

最省．

8. 最短距离 $d=d\left(-\frac{1}{2}\right)=\frac{\sqrt{5}}{4}$.

9. 当圆内接等腰三角形底边长为$\frac{4\sqrt{5}}{5}R$时，该底与此底上的高之和最大.

10. 当每套月房租定在 1800 元时，可获得最大收入．

11. 点 $x=x_0$ 不是极值点．

13. 函数的极大值为 $y(0)=-1$，极小值为 $y(-2)=1$.

习题 4－7

1. 曲率为 $K=2$，曲率半径为 $\rho=\frac{1}{2}$.

2. 曲线在 $t=t_0$ 处的曲率为 $K=\frac{2}{|3a\sin(2t_0)|}$.

3. 曲线的弧微分为 $\mathrm{d}s=\sqrt{1+\frac{x^2}{16y^2}}\,\mathrm{d}x$，在点 $M(0,1)$处的曲率为 $K=\frac{1}{4}$.

4. $a=\pm\frac{1}{2}$，$b=1$，$c=1$.

5. 抛物线上点$\left(\frac{9}{8},-3\right)$和点$\left(\frac{9}{8},3\right)$处的斜率为 0.128.

6. 点(1，3)(即抛物线的顶点处)的曲率最大，为 $K=4$.

7. 在点 $x=\frac{\sqrt{2}}{2}$处曲率半径最小，为 $\rho=\frac{3\sqrt{3}}{2}$，该点处的曲率为 $K=\frac{2\sqrt{3}}{9}$.

8. 45400(N).

*9. 曲率圆方程为$(x-3)^2+\left(y-\frac{3}{2}\right)^2=\frac{1}{4}$.

总练习四

1. (1) 递增；　(2) $-\frac{1}{\ln 2}$；　(3) 2；　(4) $\frac{4}{3}$；

(5) $y=3x-9$；　(6) $a=-1$，$b=3$；　(7) $x=-\frac{1}{2}$；

(8) 小.

2. (1) C；　(2) A；　(3) B；　(4) A；　(5) D；

(6) A；　(7) C；　(8) A.

3. (1) $-\frac{\mathrm{e}}{2}$；　(2) $\frac{1}{6}$；　(3) $\frac{9}{2}$；　(4) e^2；　(5) $\frac{1}{3}$.

5. 有两个根，分别在区间(1，2)和(2，3)内．

6. 提示：取 $F(x)=\dfrac{f(x)}{x}$，$G(x)=\dfrac{1}{x}$，运用柯西定理．

9. $a=1$，$b=-3$，$c=-24$，$d=16$.

10. 当剪去的扇形的圆心角为 $2\pi\left(1-\sqrt{\dfrac{2}{3}}\right)$时，所围成的圆锥形漏斗的容积最大．

11. 取点 $M\left(\dfrac{2}{3}a，\dfrac{4}{9}a^2\right)$时，所围成的三角形面积最大．

13. (1) $f(0)=0$，$f'(0)=0$，$f''(0)=4$；　(2) e^2.

14. 应生产 6000 件．

习题 5-1(练习题)

1. $y=\ln|x|+1$.　2. 64(m).

3. (1) $-\dfrac{1}{x}+C$；　(2) $\dfrac{2}{7}x^{\frac{7}{2}}+C$；

(3) $\dfrac{m}{m+n}x^{\frac{m+n}{m}}+C$；　(4) $\dfrac{1}{5}x^5+\dfrac{2}{3}x^3+x+C$；

(5) $x-\arctan x+C$；　(6) $\dfrac{1}{1+\ln 3}3^x e^x+C$；

(7) $3\arctan x-2\arcsin x+C$；　(8) $e^x-2\sqrt{x}+C$；

(9) $2x-\dfrac{5}{\ln 2-\ln 3}\left(\dfrac{2}{3}\right)^x+C$；　(10) $\tan x-\sec x+C$；

(11) $\dfrac{1}{2}x+\dfrac{1}{2}\sin x+C$；　(12) $\sin x-\cos x+C$；

(13) $-\cot x-\tan x+C$；　(14) $\dfrac{4}{7}x^{\frac{7}{4}}+4x^{-\frac{1}{4}}+C$.

习题 5-2(练习题)

1. (1) $\dfrac{1}{7}$；　(2) $\dfrac{1}{10}$；　(3) $-\dfrac{1}{2}$；　(4) $\dfrac{1}{12}$；　(5) $\dfrac{1}{2}$；

(6) -2；　(7) 2；　(8) $-\dfrac{2}{3}$；　(9) $\dfrac{1}{5}$；　(10) $\dfrac{1}{2}$；

(11) $\dfrac{1}{3}$；(12) -1；(13) -1.

2. (1) $\dfrac{1}{5}e^{5x}+C$；　(2) $-\dfrac{1}{202}(3-2x)^{101}+C$；

(3) $-\dfrac{1}{2}\ln|1-2x|+C$；　(4) $-\dfrac{1}{2}(2-3x)^{\frac{2}{3}}+C$；

(5) $-\frac{1}{a}\cos ax-be^{\frac{x}{b}}+C$；　(6) $-2\cos\sqrt{t}+C$；

(7) $\ln|\tan x|+C$；　(8) $\arctan e^x+C$；

(9) $\frac{1}{2}\sin x^2+C$；　(10) $-\frac{1}{3}(2-3x^2)^{\frac{1}{2}}+C$；

(11) $-\frac{1}{3\omega}\cos^3(\omega t+\varphi)+C$；　(12) $-2\sqrt{1-x^2}-\arcsin x+C$；

(13) $\frac{3}{2}(\sin x-\cos x)^{\frac{2}{3}}+C$；　(14) $-\frac{1}{x\ln x}+C$；

(15) $\frac{1}{3}\sec^3 x-\sec x+C$；　(16) $\ln|\ln\ln x|+C$；

(17) $(\arctan\sqrt{x})^2+C$；　(18) $-\frac{10^{2\arccos x}}{2\ln 10}+C$；

(19) $-\ln|\cos\sqrt{1+x^2}|+C$；　(20) $\frac{1}{2}\arctan(\sin^2 x)+C$.

3. (1) $\frac{1}{2}a^2\left(\arcsin\frac{x}{a}-\frac{x}{a^2}\sqrt{a^2-x^2}\right)+C$；(2) $\sqrt{x^2-9}-3\arccos\frac{3}{|x|}+C$；

(3) $-\frac{\sqrt{1+x^2}}{x}+C$；　(4) $\arcsin x-\frac{x}{1+\sqrt{1-x^2}}+C$；

(5) $\arcsin e^x+e^x\sqrt{1-e^{2x}}+C$；　(6) $\arccos\frac{3}{|x|}+C$；

(7) $\frac{1}{\sqrt{2}}\ln(\sqrt{2}x+\sqrt{1+2x^2})+C$.

习题 5－3(练习题)

1. (1) $-x\cos x+\sin x+C$；　(2) $-e^{-x}(x+1)+C$；

(3) $\frac{1}{3}x^3\ln x-\frac{1}{9}x^3+C$；　(4) $2\sqrt{x}(\ln x-2)+C$；

(5) $2x\sin\frac{x}{2}+4\cos\frac{x}{2}+C$；　(6) $-\frac{1}{x}\arctan x-\frac{1}{2}\ln\left(1+\frac{1}{x^2}\right)+C$；

(7) $-\frac{1}{5}x(2-x)^5-\frac{1}{30}(2-x)^6+C$；

(8) $-\frac{x}{4}\cos 2x+\frac{1}{8}\sin 2x+C$；

(9) $x\arctan x-\frac{1}{2}\ln(1+x^2)-\frac{1}{2}(\arctan x)^2+C$；

(10) $3e^{\sqrt[3]{x}}(\sqrt[3]{x^2}-2\sqrt[3]{x}+2)+C$；

(11) $-\frac{2}{17}e^{-2x}\left(\cos\frac{x}{2}+4\sin\frac{x}{2}\right)+C$；

(12) $\frac{x}{2}[\cos(\ln x)+\sin(\ln x)]+C$;

(13) $\tan x\ln\cos x+\tan x-x+C$;

(14) $\frac{1}{2}\sec x\tan x+\frac{1}{2}\ln|\sec x+\tan x|+C$;

(15) $\frac{1}{1+x}e^x+C$;

(16) $\frac{1}{2}e^x-\frac{1}{5}e^x\sin 2x-\frac{1}{10}e^x\cos 2x+C$.

2. $\frac{x\sec^2 x-2\tan x}{x}+C$.

3. $I_n=\frac{1}{2a^2(n-1)}\left[\frac{x}{(x^2+a^2)^{n-1}}+(2n-3)I_{n-1}\right]$，且 $I_1=\frac{1}{a}\arctan\frac{x}{a}+C$.

习题 5-4(练习题)

(1) $\ln|x-2|+\ln|x+5|+C$;

(2) $\ln|x|-\frac{1}{2}\ln|x^2+1|+C$;

(3) $\frac{1}{x+1}+\frac{1}{2}\ln|x^2-1|+C$;

(4) $\frac{1}{3}x^3+\frac{1}{2}x^2+x+8\ln|x|-4\ln|x+1|-3\ln|x-1|+C$;

(5) $\ln|x+1|-\frac{1}{2}\ln(x^2-x+1)+\sqrt{3}\arctan\frac{2x-1}{\sqrt{3}}+C$;

(6) $\frac{1}{\sqrt{2}}\arctan\frac{\tan\frac{x}{2}}{\sqrt{2}}+C$;

(7) $\ln\left|1+\tan\frac{x}{2}\right|+C$;

(8) $\ln\left|\frac{\sqrt{2x+1}-1}{\sqrt{2x+1}+1}\right|+C$;

(9) $2\sqrt{x}-4\sqrt[4]{x}+4\ln(\sqrt[4]{x}+1)+C$;

(10) $x-4\sqrt{x+1}+4\ln(\sqrt{x+1}+1)+C$;

(11) $2x\sqrt{e^x-1}-4\sqrt{e^x-1}+4\arctan\sqrt{e^x-1}+C$;

(12) $\frac{1}{\sqrt{14}}\arctan\left(\frac{\sqrt{2}}{\sqrt{7}}\tan x\right)+C$.

习题 5-5(练习题)

(1) $\frac{1}{\sqrt{5}}\ln\left|x+\sqrt{x^2-\frac{7}{5}}\right|+C$;

(2) $\frac{x\sqrt{3x^2+4}}{2}+\frac{2\sqrt{3}}{3}\ln(\sqrt{3}x+\sqrt{3x^2+4})+C$;

(3) $\frac{x^3}{3}\arcsin\frac{x}{3}+\frac{1}{9}(x^2+18)\sqrt{9-x^2}+C$;

(4) $-\frac{1}{20}\mathrm{e}^{-2x}\sin 3x(\sin 3x+3\cos 3x)-\frac{9}{40}\mathrm{e}^{-2x}+C$;

(5) $-\frac{1}{x}-\ln\left|\frac{1-x}{x}\right|+C$;

(6) $-\frac{\sqrt{5-x^2}}{5x}+C$;

(7) $\frac{x}{4}(x^2-1)\sqrt{x^2-2}-\frac{1}{2}\ln\left|x+\sqrt{x^2-2}\right|+C$;

(8) $\frac{2}{15}\sqrt{15}\arctan\left(\sqrt{\frac{1}{15}}\tan\frac{x}{2}\right)+C$.

总练习五

1. (1) $\frac{1}{3}\cos^3 x-\cos x+C$;　(2) $\frac{1}{x}+C$;

(3) $F(\ln x)+C$;　(4) $\frac{1}{4}f^2(x^2)+C$;

(5) $\frac{2}{\sqrt{1-4x^2}}$;　(6) $\ln|x+\cos x|+C$;

(7) $(x+1)\mathrm{e}^{-x}+C$;　(8) $-\frac{1}{3}\sqrt{1-x^3}+C$.

2. (1) B;　(2) C;　(3) B;　(4) C;　(5) A;

(6) D;　(7) D;　(8) B.

3. (1) $\frac{1}{2}\ln\left|\frac{\mathrm{e}^x-1}{\mathrm{e}^x+1}\right|+C$;　(2) $(\mathrm{e}^x+1)\ln(\mathrm{e}^x+1)-\mathrm{e}^x+C$;

(3) $2\sqrt{x^2+2x+2}-\ln(x+1+\sqrt{x^2+2x+2})+C$;

(4) $-\frac{1}{2}\left(\arctan\frac{1}{x}\right)^2+C$;

(5) $\frac{2}{3}(\mathrm{e}^x+1)^{\frac{3}{2}}-2\sqrt{\mathrm{e}^x+1}+C$;

(6) $\tan\frac{x}{2}-\ln|1+\cos x|+C$.

4. (1) $\ln|x|+\frac{1}{x}-\frac{1}{2x^2}-\ln|1+x|+C$；

(2) $\arctan\sqrt{x^2-1}+C$ 或 $\arccos\frac{1}{x}+C$ 或 $-\arcsin\frac{1}{x}+C$.

习题 6-1(练习题)

1. $\int_{-1}^{2}(x^2+1)\mathrm{d}x$.

2. (1) $\frac{1}{2}(b^2-a^2)$；　(2) $\mathrm{e}-1$.

5. (1) $\int_0^1 x^2\mathrm{d}x$ 较大；　(2) $\int_3^4 \ln^2 x\mathrm{d}x$ 较大；

(3) $\int_0^1 x\mathrm{d}x$ 较大；　(4) $\int_0^1 \mathrm{e}^x\mathrm{d}x$ 较大.

6. (1) $6\leqslant\int_1^4(x^2+1)\mathrm{d}x\leqslant 51$；　(2) $\pi\leqslant\int_{\frac{\pi}{4}}^{\frac{5\pi}{4}}(1+\sin^2 x)\mathrm{d}x\leqslant 2\pi$.

习题 6-2(练习题)

1. 0；$\frac{\sqrt{2}\pi}{8}$.

2. (1) e^{x^2-x}；　(2) $\frac{1}{2\sqrt{x}}\cos(x+1)$；　(3) $-\frac{2\sin x^2}{x}$；

(4) $2x\sqrt{1+x^4}-2\sqrt{1+4x^2}$.

3. $-\frac{\cos x}{\mathrm{e}^y}$.

4. (1) 6；　(2) $\frac{17}{6}$；　(3) $\frac{\pi}{6}$；　(4) $\frac{\pi}{3}$；　(5) $\frac{\pi}{4}+1$；

(6) $1-\frac{\pi}{4}$；(7) 0；　(8) 4；　(9) $\frac{5}{2}$；　(10) $\frac{8}{3}$.

5. 10 m.　6. (1) 1；　(2) 12.

8. $\varphi(x)=\begin{cases}\frac{1}{3}x^3, & 0\leqslant x<1,\\ \frac{1}{2}x^2-\frac{1}{6}, & 1\leqslant x\leqslant 2.\end{cases}$

习题 6-3(练习题)

1. (1) 0；　(2) 0；　(3) $\frac{\pi}{6}-\frac{\sqrt{3}}{8}$；

(4) $1+\ln 2-\ln(1+\mathrm{e})$；　(5) $1-\mathrm{e}^{-\frac{1}{2}}$；　(6) $2+2\ln\frac{2}{3}$；

(7) $\frac{1}{16}\pi a^4$； (8) $\frac{1}{6}$； (9) $\sqrt{2}-\frac{2\sqrt{3}}{3}$；

(10) $2(\sqrt{3}-1)$； (11) $\frac{4}{3}$； (12) $\frac{\pi}{2}$.

2. (1) 0； (2) 0； (3) $\frac{3\pi}{2}$； (4) $\frac{\pi^3}{324}$.

3. 1.

7. (1) $1-\frac{2}{e}$； (2) $\frac{1}{4}(e^2+1)$； (3) $\frac{\pi^2}{4}-2$；

(4) $\frac{\pi}{4}-\frac{1}{2}$； (5) $2-\frac{3}{4\ln 2}$； (6) $\frac{1}{5}(e^{\pi}-2)$；

(7) $\frac{1}{2}e(\sin 1-\cos 1)+\frac{1}{2}$；

(8) $\begin{cases}\dfrac{1\cdot 3\cdot 5\cdot\cdots\cdot m}{2\cdot 4\cdot 6\cdot\cdots\cdot(m+1)}\cdot\dfrac{\pi}{2}, & m\text{ 为奇数},\\ \dfrac{2\cdot 4\cdot 6\cdot\cdots\cdot m}{1\cdot 3\cdot 5\cdot\cdots\cdot(m+1)}, & m\text{ 为偶数}.\end{cases}$

习题 6-4(练习题)

1. (1) $\frac{3}{2}-\ln 2$； (2) $b-a$； (3) $\frac{7}{6}$； (4) $2\sqrt{2}-2$.

2. $\frac{16}{3}p^2$. 3. $3\pi a^2$.

4. (1) $2\pi a x_0^2$； (2) $\frac{3}{10}\pi$； (3) $\frac{\pi^2}{2}$，$2\pi^2$.

5. $\frac{128}{7}\pi$，$\frac{64}{5}\pi$. 6. $\frac{1}{2}\pi R^2 h$. 7. $\frac{4\sqrt{3}}{3}R^3$.

8. (1) $1+\frac{1}{2}\ln\frac{3}{2}$； (2) $2\sqrt{3}-\frac{4}{3}$； (3) $\sqrt{2}(e^{\frac{\pi}{2}}-1)$.

10. (1) 39000 元，195 元； (2) 93750 元.

11. $0.3x^2-10x$；$-0.3x^2+30x$；50. 12. 4 百台；0.5 万元.

13. $\frac{27}{7}kc^{\frac{2}{3}}a^{\frac{7}{3}}$($k$ 为比例常数). 14. 18375πkJ.

15. 205.8kN.

习题 6-5(练习题)

1. (1) 1； (2) $\frac{1}{2}$； (3) $\frac{2\pi}{\sqrt{3}}$； (4) 发散；

(5) 发散； (6) π； (7) 发散； (8) $\frac{\pi}{2}$.

2. 当 $k>1$ 时，收敛于 $\dfrac{1}{(k-1)(\ln 2)^{k-1}}$；当 $k\leqslant 1$ 时，发散．

总练习六

1. (1) $\dfrac{1}{200}$；　(2) e；　(3) 0；　(4) $\dfrac{\pi}{8}$；

   (5) $2x^3\sqrt[3]{1+x^4}$；　(6) $\dfrac{1}{\pi}$；　(7) $b-a-1$；　(8) 0．

2. (1) B；　(2) D；　(3) D；　(4) B；　(5) C；

   (6) B；　(7) C；　(8) C．

3. $\sqrt{2}+1$．

4. (1) $\dfrac{1}{12}\pi^2$；　(2) $\dfrac{41}{2}$；　(3) $\dfrac{\pi}{2}$；　(4) $\dfrac{1}{2}\pi^2$；

   (5) $+\infty$；　(6) π；　(7) $\dfrac{\pi}{2}$．

6. -1．　7. (1) $\pi(\pi^2-4)$；　(2) $3\pi^2$．　8. $\dfrac{16}{3}$．

9. (1) $\dfrac{4}{3}$；　(2) $\dfrac{16}{15}\pi$；　(3) $\dfrac{\pi}{2}$；　(4) $2\sqrt{5}+\ln(2+\sqrt{5})$．

习题 7-1(练习题)

1. (1) $y'=\dfrac{y}{x}$；　(2) $y'=ky$；

   (3) $|(x-y/y')(y-xy')|=2a^2$；

   (4) $(y-xy')^2+(x-y/y')^2=l^2$．

2. (1) 一阶，非线性；　(2) 一阶，非线性；　(3) 二阶，线性；

   (4) 二阶，线性；　(5) 一阶，非线性．

4. $y=-\dfrac{1}{3}x^3$．

习题 7-2(练习题)

1. (1) $2x^3+5x^2-10y=C$；　(2) $x^2+y^2-2\ln|x|=C$；

   (3) $(\arctan x)^2-2y+C=0$；　(4) $2e^{3x}-3e^{-y^2}=C$；

   (5) $x-y+\ln|xy|=C$；　(6) $(1+x)(1+y^2)=Cx$；

   (7) $e^x-e^y=C$；　(8) $(y+3)(\tan x+\sec x)=C$．

2. (1) $y=e^{x^2}$；　(2) $x+2\ln|3-y|=1$；

   (3) $x+1=e^{\frac{1}{y}-1}$；　(4) $x^2+y^2=25$．

3. (1) $y=x^2+C$；　(2) $y=x^2+3$；

   (3) $y=x^2+4$；　(4) $y=x^2+\dfrac{5}{3}$．

4. $f(x)=e^x-1$. 5. 提示：两边求导. 6. $y^3=x$.

习题 7-3(练习题)

1. (1) $\ln(x^2+y^2)+2\arctan\dfrac{y}{x}=C$; (2) $e^{\frac{y}{x}}=Cy$;

(3) $e^{-\frac{y}{x}}+\ln|x|=C$; (4) $y^2=2C\left(x+\dfrac{C}{2}\right)$.

2. (1) $\dfrac{x}{y}+\ln|y|=0$; (2) $y^2=2x^2(\ln x+2)$;

(3) $\sin\dfrac{y}{x}=\ln|x|$.

3. (1) $2\arctan\dfrac{y+2}{x-1}=\ln[(x-1)^2+(y+2)^2]+C$;

(2) $x+y=\tan(x+C)$; (3) $y=\dfrac{1}{x}e^{Cx}$;

(4) $y^2=Cx$.

习题 7-4(练习题)

1. (1) $y=\dfrac{x^3}{2}+Cx$; (2) $y=\dfrac{1}{x}(C-\cos x)$;

(3) $y=e^{-x^2}(x^2+C)$; (4) $y=\dfrac{x^2}{3}+\dfrac{3x}{2}+2+\dfrac{C}{x}$;

(5) $x=Cy^3+\dfrac{y^2}{2}$.

2. (1) $y=\sin x-1+2e^{-\sin x}$; (2) $y\sin x+5e^{\cos x}=1$;

(3) $y=\dfrac{2}{3}(4-e^{-3x})$.

3. (1) $y=\dfrac{(x+C)^2}{x}$; (2) $\dfrac{1}{y}=-\sin x+Ce^x$;

(3) $\dfrac{1}{x^2}=1-y^2+Ce^{-y^2}$; (4) $2xy^2-x^2y^2=1$.

4. $y=x-\dfrac{1}{2}+\dfrac{1}{2}e^{-2x}$.

5. $y(x)=\begin{cases} x-1, & 0<x\leqslant 1, \\ 1-e^{1-x}, & x>1. \end{cases}$

习题 7-5(练习题)

1. (1) $y=\dfrac{x^3}{6}-\sin x+C_1x+C_2$; (2) $y=\dfrac{e^{2x}}{4}+\ln|x|+C_1x+C_2$;

(3) $y=C_1\ln|x|-\dfrac{x^2}{4}+C_2$; (4) $y=C_1\sin x+C_2-\dfrac{\sin 2x}{2}-x$;

（5）$C_1y^2-1=(C_1x+C_2)^2$；　（6）$y-C_1\ln|y+C_1|=x+C_2$.

2.（1）$y=-\frac{\sin 2x}{4}+\frac{3}{2}x+1$；　（2）$y=\frac{x^3}{3}+\frac{x^2}{2}+1$；

（3）$y=\left(\frac{1}{2}x+1\right)^4$；　（4）$y=\ln\frac{1}{8}(x^2+4)$.

3. $y=\frac{x^3}{6}+\frac{1}{2}x+1$.

4. $f(x)=x^2+1$.

习题 7－6（练习题）

1.（1）线性无关；　（2）线性相关.

2. $C_1e^{x^2}+C_2xe^{x^2}$.

3.（1）$y=C_1e^{2x}+C_2e^{3x}$；　（2）$y=C_1\cos x+C_2\sin x$；

（3）$y=C_1e^{2x}+C_2e^{-\frac{4}{3}x}$；　（4）$y=C_1e^{x}+C_2e^{-2x}$；

（5）$y=(C_1\cos 2x+C_2\sin 2x)e^{-3x}$；　（6）$y=(C_1+C_2x)e^{\frac{5}{2}x}$；

（7）$y=C_1e^{-6x}+C_2\cos x+C_3\sin x$；

（8）$y=C_1+C_2x+C_3x^2+C_4x^3+C_5e^{-x}+C_6xe^{-x}$.

4.（1）$y=e^x+e^{3x}$；　（2）$y=(2+x)e^x$；　（3）$y=e^{-x}-e^{4x}$；

（4）$y=e^{2x}\sin 3x$；（5）$y=2\cos 5x+\sin 5x$.

5.（1）$y''-2y=0$；　（2）$y''-2y'+5y=0$，$y=e^x(C_1\cos 2x+C_2\sin 2x)$.

6. $x=e^t-e^{-2t}$.　　7. 1.

习题 7－7（练习题）

1.（1）$y^*=ae^{4x}$；　（2）$y^*=(ax^2+bx+c)e^x$；

（3）$y^*=ax^3+bx^2+cx$；　（4）$y^*=a+b\cos 4x+c\sin 4x$；

（5）$y^*=(a\cos 2x+b\sin 2x)xe^x$.

2.（1）$y=C_1e^{-x}+C_2e^{-5x}+\frac{1}{16}e^{3x}$；

（2）$y=C_1+C_2e^{-3x}+\frac{x^2}{3}+\frac{4}{9}x$；

（3）$y=C_1e^{-x}+C_2e^{5x}+\frac{6}{5}x^2-\frac{48}{25}x+\frac{252}{125}$；

（4）$y=(C_1+C_2x)e^{3x}+\frac{x^2}{2}\left(\frac{1}{3}x+1\right)e^{3x}$；

（5）$y=C_1e^{-x}+C_2e^{-2x}+\left(\frac{3}{2}x^2-3x\right)e^{-x}$；

（6）$y=(C_1\cos 2x+C_2\sin 2x)e^x-\frac{1}{4}xe^x\cos 2x$；

(7) $y=C_1\cos 2x+C_2\sin 2x+\frac{1}{3}x\cos x+\frac{2}{9}\sin x$.

3. (1) $y=\frac{11}{16}+\frac{5}{16}e^{4x}-\frac{5}{4}x$;

(2) $y=\frac{1}{2}e^{-x}-\frac{1}{5}e^{-2x}-\frac{3}{10}\cos x+\frac{1}{10}\sin x$;

(3) $y=\frac{x}{8}+\frac{1}{8}x\sin 2x-\frac{1}{16}\sin 2x$.

4. 提示：易证非齐次方程的两解之差一定是其对应的齐次方程之解，所以 y_1-y_3 与 y_2-y_3 是方程对应齐次方程的两个线性无关解.

---

5. (1) $C_1e^{-x}+C_2e^{2x}+xe^x$;　　(2) $y''-y'-2y=e^x-2xe^x$.

6. $\varphi(x)=\frac{1}{2}\cos x+\frac{1}{2}\sin x+\frac{1}{2}e^x$.

总练习七

1. (1) 三；　(2) 二；　(3) 二，非线性；　(4) 3.

2. (1) D；　(2) C；　(3) C；　(4) A；

(5) B；　(6) C；　(7) B；　(8) D.

3. (1) $x^2-y^2=C$;　　(2) $3x^4+4(y+1)^3=C$;

(3) $y=C\sqrt{1+x^2}$;　　(4) $\ln\frac{y}{x}=Cx$;

(5) $x^2+y^2=(x\pm C)^2$;　　(6) $y=Ce^x-x-2$;

(7) $y^{-\frac{1}{3}}=-\frac{3}{7}x^3+Cx^{\frac{2}{3}}$;　　(8) $y^2=e^{-x^2}\left(\frac{x^2}{2}+C\right)$;

(9) $x=Cy-ye^y$;　　(10) $y=-\cos x+C_1x+C_2$;

(11) $\frac{4}{C_1^2}(C_1y-1)=(x+C_2)^2$;　　(12) $y^2=C_1x+C_2$.

4. (1) $y=7e^{-\frac{x}{2}}+3$;　　(2) $x=-y^2(\ln|y|-1)$;

(3) $y=3e^x+2(x-1)e^{2x}$;　　(4) $2x\sin y=\sin^2 y+\frac{3}{4}$.

5. (1) $y''+2y'+y=0$;　　(2) $y'''+2y''+5y'=0$.

6. (1) $y=C_1e^x+C_2e^{-3x}-\frac{4x}{3}-\frac{8}{9}$;

(2) $y=C_1e^x+C_2e^{2x}+x\left(\frac{1}{2}x-1\right)e^{2x}$;

(3) $y=C_1\cos x+C_2\sin x-\frac{1}{2}x\cos x$;

(4) $y=-5e^{x}+\frac{7}{2}e^{2x}+\frac{5}{2}$；

(5) $y=xe^{-x}+\frac{1}{2}\sin x$；

(6) $y=\left[\frac{2}{e}-\frac{1}{6}+\left(\frac{1}{2}-\frac{1}{e}\right)x\right]e^{x}+\frac{x^3}{6}e^{x}-\frac{x^2}{2}e^{x}$.

7. (1) $P(x)=-\frac{1}{x}$，$f(x)=\frac{3}{x^3}$；　(2) $y=C_1+C_2x^2+\frac{1}{x}$.

8. $y=C_1+C_2e^{x}+C_3e^{-2x}+\left(\frac{1}{6}x^2-\frac{4}{9}x\right)e^{x}-x^2-x$.

9. $\varphi(x)=\cos x+\sin x$.

10. $T=\frac{0.3}{400\ln 2.5}\approx 8.2\times 10^{-4}$(s).

11. $y=2500+Ce^{0.04t}$.

参考文献

韩云瑞，2001. 高等数学典型题精讲 . 大连：大连理工大学出版社 .

华东地区高等农林水院校《高等数学》编写组，1992. 高等数学 . 合肥：安徽教育出版社 .

李春喜，等，1998. 生物统计学 . 北京：科学出版社 .

李心灿，2003. 高等数学 . 2 版 . 北京：高等教育出版社 .

梁保松，等，2007. 高等数学 . 2 版 . 北京：中国农业出版社 .

刘玉琏，等，2003. 数学分析 . 4 版 . 北京：高等教育出版社 .

苏德矿，等，2004. 微积分 . 北京：高等教育出版社 .

同济大学数学系，2007. 高等数学 . 6 版 . 北京：高等教育出版社 .

王家军，等，1998. 数学分析 . 乌鲁木齐：新疆科技卫生出版社 .

张国印，等，2006. 高等数学 . 南京：南京大学出版社 .

朱勇，等，1989. 高等数学中的反例 . 武汉：华中理工大学出版社 .

Dale Varberg，2003. Calculus. 影印本 . 8th ed. 北京：机械工业出版社 .

Thomas，2004. Calculus. 影印本 . 10th ed. 北京：高等教育出版社 .

数据

高等数学．上册／张香云，王家军主编．—3版．—北京：中国农业出版社，2018.8（2020.7重印）

普通高等教育农业部“十三五”规划教材　全国高等农林院校“十三五”规划教材

ISBN 978-7-109-24328-6

Ⅰ.①高…　Ⅱ.①张…　②王…　Ⅲ.①高等数学-高等学校-教材　Ⅳ.①O13

中国版本图书馆CIP数据核字（2018）第153360号

中国农业出版社出版
（北京市朝阳区麦子店街18号楼）
（邮政编码100125）
责任编辑　魏明龙
文字编辑　魏明龙

北京中兴印刷有限公司印刷　　新华书店北京发行所发行
2009年7月第1版　　2018年8月第3版
2020年7月第3版北京第3次印刷

开本：720mm×960mm　1/16　　印张：18.75
字数：330千字
定价：36.00元

（凡本版图书出现印刷、装订错误，请向出版社发行部调换）